Sasaoka Masatoshi
笹岡正俊

資源保全の環境人類学

インドネシア山村の野生動物利用・管理の民族誌

ENVIRONMENTAL ANTHROPOLOGY FOR CONSERVATION

An Ethnography of Wildlife Resource Use and Management in a Mountain Community in Seram, East Indonesia

コモンズ

CONTENTS ● ENVIRONMENTAL ANTHROPOLOGY FOR CONSERVATION

第2章　狩猟獣のサブシステンス利用――肉の分配の社会文化的意味――　113

序章　研究の課題と方法

村びとと森の地図を作成する（アマニオホ村）

一　問題の所在と研究の視座

1　熱帯における自然保護をめぐる近年の議論

熱帯の多くの国ぐにでは、これまで欧米由来の原生自然保護(protectionism)の思想を背景に、「柵と罰金のアプローチ(fences-and-fines approach)」による自然保護[(1)]、すなわち保護地域管理や野生動物の捕獲・採取・商取引の規制などをとおして地域の人びとを資源利用から締め出す、強権的・排他的な自然保護が進められてきた[Songorwa 1999: 2063; Brown 2002: 6-7; Mogelgaard 2003: 3-4]。しかし、このような「上から、外から」の保護は、生物資源に強く依存して暮らす地域の人びとから、法令の無視などの「日常的抵抗」[Scott 1976]や武力を用いた直接的な反対行動で迎えられ、十分な成果を上げられなかった。

そのため、一九八〇年代以降、地域住民の理解と協力を得て、暮らしと保全を調和させる取り組みが求められていく[Neumann 1998：岩井二〇〇一：西崎二〇〇一：服部二〇〇四]。また、一九九〇年代なかばからは、地域コミュニティの自決権や資源に対する権利の尊重という観点から、「社会的に公正な保全(socially just conservation)」を求める声も強まった[Fortwangler 2003: 26-31][(2)]。

以上を背景に、一九八〇年代なかばから九〇年代初頭以降は、地域住民の福祉向上を促進しながら生物資源の保全を図る「総合的保全開発プロジェクト(Integrated Conservation and Development Projects: ICDPs)」[Wells and

Brandon 1992]や、生物資源利用のコントロールの権限と責任の地域住民への委譲を強調した「コミュニティ基盤型保全(Community-Based Conservation: CBC)」[Western and Wright 1994]や「コミュニティ基盤型天然資源管理(Community-Based Natural Resource Management: CBNRM)」[Alcorn 2005]が世界各地で盛んに行われていく。これらの取り組みは、具体的には、おもに保護地域におけるバッファーゾーン(緩衝地帯)管理に代表される「保護と利用の融合」、保護地域の観光利用など保全活動から得られる経済的便益の共有、そして行政機関や非政府組織など保護を推進する側と地域住民が共同で資源利用・管理にかかわる意思決定を行う制度づくりなどの活動からなる[Hackel 1999: 727; 西崎二〇〇一：六〇：Balint 2006: 137]。

しかしながら、こうしたいわゆる「参加型保全」[3]が始まってから二〇年以上が経った今日、それらの取り組みは、一部の例外を除いて、生物多様性の保全という点でも、また地域住民の理解と協力を得るという点でも、十分な成果を上げることができなかった[Gibson and Marks 1995; Songorowa 1999; 岩井二〇〇一：Goldman 2003; 西崎二〇〇四：服部二〇〇四：McShane and Newby 2004; Wells et al. 2004; Mulder and Coppolillo 2005]。

参加型保全には、次のようなさまざまな問題が指摘されている。まず、経済的便益をめぐる問題である。総合的保全開発プロジェクトに代表されるように、参加型保全の活動のなかには、地域の社会経済開発と保全を組み合わせて行おうとするものが少なくない。だが、多くのプロジェクトにおいて、保全活動や保全と組み合わせて行われる開発から十分な利益が得られなかったこと、あるいは仮に利益が得られたとしても、それが平等に分配されなかったことなどが指摘されてきた[Songorwa 1999: 2062-2063; Kellert et al. 2000: 709; Wells et al. 2004: 407]。

また、地域の社会経済開発と保全を組み合わせようとする考え方そのものに対する疑問も出されている。すなわち、社会経済開発によってうまく便益が生じたとしても、それが必ずしも生物資源に脅威を与える諸活動をやめさせるのに十分なインセンティブを生むとはかぎらないこと、そして、むしろ開発が人びとの資源利用圧を高めたり、他地域からの移住者を引き寄せたりして、逆に生物資源に対する脅威を高めてしまう可能性がある、といった問題である[Wilshsen et al. 2002: 26-30; Wells et al. 2004: 407]。

なお、こうした問題をふまえて、近年では、地域住民の生活と保全を間接的にしか結びつけてこなかったこれまでのやり方に代わる新たな保全手法として、生態系サービスへの直接的な支払い(Payment for Environmental Services: PES)に期待をよせる研究者・実務家も少なくない。生態系サービスへの直接的な支払いは、保全活動を行う地域住民や土地保有者に現金を支払うことによって保全と生活を直接結びつけるもので、従来の参加型保全よりも経済的で確実な保全手段と考えられるようになってきている[Wunder 2005]。

また、参加型保全をめぐる別の問題として、資源管理の権限委譲が部分的にしか行われず、住民が利用や保全の責任と権利をもつという、本来の意味での「参加型アプローチ」を採用できなかったという指摘もある[Gibson and Marks 1995: 952; Songorwa 1999: 2062; Jones and Murphree 2004: 86-89; Springer 2009: 27]。そもそも、コミュニティ基盤型アプローチの考え方が広く支持されるようになった背景には、地域の人びとが周囲の環境の複雑な生態プロセスや資源動態について豊富な知識をもち、資源の持続的な利用に大きな関心やインセンティブをもっている(あるいはもちえる)ため、より効果的かつ実効的に資源管理や保全活動を行うことができるという認識があった[Mulder and Coppolillo 2005: 45; Tsing et al. 2005: 1]。

しかし、現実には、住民が利用・管理の責任と権限をもつという本来の意味での実質的参加は、さまざまな理由から多くの自然保護計画で実現されなかった。熱帯の多くの地域において、土地に対する最終的権限は国が保持したままであり、人びとを主体とする資源管理・保全の柱となるはずの「権限委譲(devolution)」は部分的にしか行われていない。最終的な決定権を地域住民は手にしていないのが現状である[Gibson and Marks 1995: 952; Barrow and Murphree 2001: 31; Fortwangler 2003: 34-36; Jones and Murphree 2004: 86-89; Cernea and Schmidt-Soltau 2006: 1817]。

さらに、以上のような技術的・政策的な問題とは別に、参加型保全プロジェクトの多くが、生物資源の脅威として間違った対象をターゲットに据えてきたという、より根本的な批判もある。参加型保全の取り組みの多くは保護地域内・周辺に暮らす貧しい人びとの開発要求を満たすことによって保護地域への圧力を軽減する目的で始められた。ところが、保護地域への脅威としてより深刻な影響を及ぼしてきたのは、地域住民による小規模農業や狩猟よりも、鉱山開発、道路建設、ダム建設、移住事業、プランテーション、商業伐採などの大規模開発である。こうした根本原因はしばしば、参加型保全のスキームの外に置かれてきた[McShane and Newby 2004: 56; Wells et al. 2004: 406]。

以上のように、参加型保全がはらむ問題が数多く指摘されるなかで、かつて保護地域管理において否定された強権的・排他的手法を必要に応じて復活させるべきであるとする「新たな原生自然保護主義（neoprotectinism）」論が巻き起こっている[たとえば、Hackel 1999; Terborgh 1999; オーツ 二〇〇六など][4]。そこでは、①生物多様性の保全は人類が取り組むべき緊急の道義的な課題である、②研究目的での利用や制限されたエコツーリズムなどを例外として一切の人為的影響を受けない厳正な保護地域管理によってのみ自然は護られる、③自然と調和的なコミュニティ像は「神話」である、④たとえ資源に依存する地域社会に否定的な影響を与えようとも、住民を排除したトップダウン型の強硬な保護を正当化すべきである、といった考え方が共有されている[Hutton 2005; Budcher and Dressler 2007][5]。

以上述べてきたように、熱帯地域における自然保護の理論や実際の取り組みに対しては、さまざまな批判がよせられている。しかし、筆者は既述した批判点とは若干、次元の異なる問題として、自然保護をめぐる「フレーミング」[佐藤 二〇〇二b：四三][6]にかかわる次のような認識次元の問題に着目したい。すなわち、「ローカルな文脈（その地域固有の歴史的・社会的・文化的・生態的・経済的諸条件との関係性）」のなかに埋め込まれた「人と自然との複雑で多面的なかかわりあい」が、しばしば自然保護を推進しようとする「外部者」の一方的なまなざしによって切り取られ、過度に単純化されてきた、という問題である。

2 「人―自然関係」の過度に単純化・一般化された表象

(1) 保護を推進する側と地域住民の力の関係

これまで参加型保全の理論や実践においては、「参加型(participatory)」、あるいは「コミュニティ基盤型(Community-Based)」というレトリックが盛んに強調されてきた。しかし、実際に「どのような自然を、どのように護っていくか」という保全をめぐる「問題」を最終的に定義し、現場で保全を推進していく実質的な主導権を手にしているのは、多くの場合、あくまでも政府組織や非政府組織(NGO)、そして保全にかかわる研究者などの「外部者」である[たとえば、Borrini-Feyerabend et al. 2000: 90; Brown 2002: 11; Chapin 2004: 21; Li 2002: 276など]。Goldman[2003: 834-835]が適切に表現したように、熱帯(途上国)の自然は、外部者の「特権的な知識(privileged knowledge)」に基づいて、護られるべき自然とそうでない自然とに分断されており、地域の人びとは「知識を有する能動的なエージェント(active knowing agents)」としてではなく、自然保護の道具としてしかみなされていない、という傾向が依然としてある。

このように、自然保護を推進しようとする政府・非政府組織(の役人・スタッフ)や自然保護にかかわる研究者――以下、「外部者」もしくは「よそ者」――と地域の人びととのあいだには、一方が状況を規定し、もう一方がそれに従う(あるいは、ときに直接的・間接的な抵抗を行う)という意味において、明らかに非対称的な力関係が存在している。そうした関係をひとつの背景として、ローカルな文脈に埋め込まれた複雑で多面的な「人と自然とのかかわりあい」の実像は、しばしば一方的なまなざしによって切り取られ、過度に単純化・一般化される形で表象されてきた。(7)

(2)「人と自然とのかかわりあい」の表象にみられる二つの傾向

そのような単純化・一般化のなかでも、ここではとくに、熱帯地域における自然保護から地域の人びとを疎外する大きな要因になってきたと思われる次の二つの点について述べておこう。すなわち、①地域住民にとっての資源利用の意味に対する総合的理解の欠如と、②地域の人びとが生物多様性の維持・向上や資源保全に果たす役割の軽視である。以下、順にみていこう。

(ア)地域住民にとっての資源利用の意味に対する総合的理解の欠如

ここ数十年来、地域の人びとのニーズや意思への配慮が自然保護を成功させるための鍵である、という考え方が広く支持されるようになった。とはいえ、実際の取り組みや議論をみるかぎり、ローカルな文脈をふまえながら、地域住民の視点に立って野生生物資源利用の意味を理解しようとする姿勢は、必ずしも十分ではない[Shepherd 2004: 365]。

本書が対象とするインドネシアを含め、多くの熱帯の国ぐにでは、絶滅の恐れのある希少野生生物が「保護種」に指定され、しばしばその利用(捕獲・採取、商取引など)が全面的に禁止されてきた。こうした希少野生生物保護の取り組みでは、種の絶滅という不可逆的なプロセスを回避するために「予防原則(precautionary principle)」がとられることが少なくない[Broad et al. 2003: 13]。そのような場合、最初に「保護」ありきの政策がとられることが多く、希少野生動物を利用している地域の人びとの視点に立って、その利用が、どのような人びとにとって、いかなる意味で、どの程度重要なのかは、あまり問題にされてこなかった。また、いったん国の法律で利用が禁止されると、「違法行為」となってしまった地域の人びとの希少野生生物利用はアンダーグラウンド化し、外部者にとって不可視の存在になっていく。

「違法行為」を地域の人びとの視点から描くには、何よりも地域住民との信頼関係、およびそれを醸成するための長い時間が必要となる。しかし、現実にはそのような条件を備えた調査研究が行われることはきわめて少ない。その一つの反映として、希少野生生物に関しては、その違法商取引——たとえばペット用生体取引(pet trade)や野生鳥獣の肉の販売(bushmeat trade)など——の経済的重要性や流通をマクロな視点から論じた研究や、希少種の個体数動向を評価した研究は散見される。だが、地域の人びとの生活世界のなかで「希少」野生生物利用がもつ意味や重要性を明らかにした研究は、ほとんど存在していない[Cooney and Jepson 2006: 20; Roe et al. 2002: 9]。

本書の第3章では、セラム島の山地民によるオウム猟を取り上げる。そこで明らかにするように、山地民は国の法律で保護動物に指定されているオオバタンなど、ペットとして需要のある野生オウムを生け捕りしている。密猟と違法商取引に警鐘を鳴らしている文献では、野生オウムの個体数減少の原因として地域住民の「乱獲」があげられている。しかし、本書で詳しくみていくように、少なくとも筆者が調査をした山地民は、現金収入源としてのオウムに対して、恒常的に経済的重要性を見出しているわけではなく、あくまで臨時的収入源としてしか位置づけていない。オウムに対して山地民が見出している価値は、彼らを取り巻くその時々の経済的条件——具体的には主収入の多寡や他の現金獲得手段へのアクセスの容易さ——などによって文脈依存的に大きく変動する。(8)

従来、セラム島の野生オウムは地域住民の「乱獲」によって減少してきたと言われてきた。だが、少なくとも筆者が調査した山地民のオウム猟は、「乱獲」などと単純に呼べるようなものでは決してない(第3章参照)。しかしながら、これまでの保護をめぐる議論では、希少野生生物資源と地域の人びとの文脈依存的で複雑な関係を解きほぐすような努力はあまり行われてこなかったのである。

地域住民の視点から野生生物利用の意味を明らかにする努力が十分に払われてこなかったという傾向は、多くの参加型保全の取り組みや議論においてもあてはまる。そもそも総合的保全開発プロジェクトの基本的な考え方は、「生物多様性の保全によって地域の人びとが被るあらゆる損失は金銭によって補償されなくてはならない」というものである[Garnett et al. 2007]。おもにアフリカを中心に行われてきた野生動物保全のためのコミュニティ基盤型保全の多くも、野生動物が将来にわたって存在することや、野生動物の利用（たとえばエコツーリズムやスポーツハンティングなど）から経済的な利益が得られるようにすることで、地域住民に保全インセンティブを与える試みであった[Nielsen 2006: 510]。このように、現状では住民参加型保全プロジェクトの多くは、山越言の言葉を借りるならば「保護区において自然保護を実行する事実上の『主体』である行政および自然保護団体が、歴史的に『厄介者』であった地域住民を、経済的利益という『アメ』でもって『協力者』として取り込んでいく試み」[山越二〇〇六：一一二]にとどまっているのである[9]。

しかし、地域の人びとの理解と協力を得るのに経済的便益の創出とその分配のみが重要であるかのような議論は、途上国の農山村住民が必ずしも経済的な報酬だけを重要な便益と考えていないという重要な事実を見落としている[Berkes 2004: 627]。過去の保全の取り組みのなかには、社会文化的価値を含めて、地域の人びとが野生動物利用に見出している価値を包括的に理解しなかったために、ザンビアのＡＤＭＡＤＥ（Administrative Management Design for Game Management Areas: 狩猟獣管理地域のための行政的管理設計）プロジェクトのように、十分な成果を上げられなかった事例もみられる[Bennett et al. 2000; Gibson and Marks 1995; 服部二〇〇四][10]。

熱帯の農山村住民は、単に栄養学的・経済的な欲求充足のためだけに、つまり、「胃袋を満たす」あるいは「懐を満たす」ためだけに、野生生物資源を収獲しているとは限らない。野生生物資源利用は、「生きがい」のように、ときにローカルな文脈に埋め込まれた社会文化的な欲求充足と深くかかわっている場合もある[Bennett and Robinson 2000a: 2-3; Roe et al. 2002: 8]。野生動物利用が、人びとの生き方や文化的アイデンティティなどと密接にかかわっているような場合には、地域の人びとを安易に「純粋な功利主義者」であると描写することは、人びとを保全活動から疎外する危険性をはらんでいる[Galvin et al. 2006: 159]。経済的便益供与を伴った保全の取り組みは、功を奏する場合と、そうでない場合があり得るのである。

したがって、自然保護と地域の人びとを疎遠にしないためには、人びとが資源に対して見出している価値に配慮しつつ、野生生物資源利用の意味を理解する努力が求められる。しかし、以上みてきたように、熱帯地域におけるこれまでの自然保護の取り組みや議論をみるかぎり、そのような努力は必ずしも十分に払われてこなかったのである。

(イ) 地域の人びとが生物多様性の維持・向上や資源管理に果たす役割の軽視

熱帯諸国における自然保護の取り組みや議論では、地道なフィールドワークに基づく十分な検討がなされないまま、「地域の人びと＝生物多様性の(潜在的)脅威」とみなされることが少なくない。たとえ、地域の人びとが生物多様性の維持・向上や野生生物資源の管理に対して何らかの肯定的な役割を果たしているような場合でも、そうした役割はしばしば見落とされたり、軽視されたりする傾向があった[たとえば、Chidhakwa 2001; Colding and Folke 2001: 596; Fortwaranger 2003: 38–39; Fraga 2006; Jones 2006: 487; Herrmann 2006; 山越二〇〇六など]。

そもそも総合的保全開発プロジェクトは、本来的に地域の人びとの「破壊的な資源利用」を軽減するための保全戦略であり、「地域の人びと＝生物多様性への(潜在的)脅威」であるという見方が前提になっていた[Hughes and Flintan 2001: 9]。コミュニティ基盤型保全においても、成功の鍵として経済的便益に焦点が当てられてきたことからうかがえるように、地域住民は自らの意思に基づいて自発的に保全を進めていく存在とはみなされていないことが多い。また、参加型保全の取り組みのなかで、地域住民はしばしば「エコシステム」や「生物多様性」といった欧米由来の概念を教える「保全教育(conservation education)」の対象とされてきた[Jeanrenaud: 2002: 22; 服部二〇〇四：一二三：山越二〇〇六・一一二]。

地域の実情を把握することなく、野生生物資源に依存して暮らす熱帯の農山村住民を「自然の破壊者」、あるいは「生物多様性の（潜在的）脅威」とみなすような、人と自然の相互関係を過度に単純化・一般化した認識は、少なくとも二つの点で問題がある。

第一に、人間は「自然」の「破壊者」としての側面だけではなく、「創造者」としての側面をもつ。生態人類学の一分野として発展してきた「歴史生態学（historical ecology）」は、これまで、人間の手が加わっていないと考えられてきた「手つかずの自然」が、実は人間と「自然」との相互作用の結果として生み出されたものであることを明らかにしてきた[Headland 1997]。そうした研究の代表的なものには、人による森林破壊の結果残存した天然林であるとこれまで考えられてきたギニアの森が、実は人為的に作り出されたものであったことを明らかにしたフェアヘッドとリーチ[Fairhead and Learch 1996]の研究や、「伝統的焼畑」のような小規模な人為的撹乱が、地域の森の相対的に高い生物多様性の維持や野生生物資源と人との共生関係の構築に寄与することを示したベイリー[Bailey 1996]やスポンセル[Sponsel 1992]などの研究がある。(11)

生物多様性の維持・向上、あるいは破壊という観点からみた人と自然とのかかわりあいは、地域固有の歴史・生態・社会・文化・経済的諸条件との相互作用の影響を受けるため、それぞれの地域で異なる。したがって、過度に一般化された認識を前提に議論をする前に、それぞれの地域において、そうしたかかわりあいの実相――ここでの文脈に即して言えば「景観（landscape）」(12)の歴史的成立過程――を丹念に明らかにしていく作業が必要となる。その結果、その地域で「望ましい（とされる）自然」や生物多様性に対する人為の肯定的な影響の存在が確認できれば、人間活動を生物多様性の単なる阻害要因としかみない自然保護のあり方は根本的な見直しが必要となる[市川二〇〇三：五九]。

第二に、一般に熱帯の農山村には、〝自然（資源）と人〟、および〝自然（資源）をめぐる人と人〟との関係を秩序づける何らかの社会規範(価値・慣行・制度・法)――たとえば、土地や樹木の保有に関する社会的取り決めや、マルク諸島の「サシ(sasi)」(後述)のように特定地域や特定資源の利用を一定期間禁止する慣行など――が存在しており、人びとはそれを通じて独自のやり方で資源利用をコントロールしている。このような在地の資源管理は、たとえそれが第一義的には、資源利用をめぐる村びと同士、あるいは村落間の紛争を回避するために生み出されたものであったとしても、あるいは、秋道智彌が「神聖性のなかのコモンズ」[秋道二〇〇四：二一八―二二〇]として論じた「聖なる森」や「精霊の宿る海や河」のように、超自然的存在を祀るためのものであったとしても、結果的には、人と自然(資源)の関係の持続可能性を高めているような場合もある[Alcorn 1993; Wiersum 1997; Gadgil et al. 1998; Colding and Folke 2001：室田・三俣二〇〇四：一五一―一六一(13)：笹岡二〇〇七a]。

以上述べた、土地・植生への人為的介入を通じて多様な生態環境を作り出したり、在地の規範をとおして野生生物資源の利用をコントロールしたりすることで、地域の生物多様性の維持・向上や資源保全に寄与する営為は、歴史的に周縁化され、政治的に非常に弱い立場にある人びとによって実践されている場合が多い。そのため、外部の者の目に映りにくい「不可視」の存在となっており、しばしば見落とされるか、過小評価されるかしてきた[Alcorn 2005: 39-40](14)。そのことも、野生生物資源に依存して暮らす熱帯の農山村住民を「自然の破壊者」、あるいは「生物多様性の潜在的(将来の)脅威」とみなす認識を助長する一つの要因になってきたと思われる。

ところで、地域の人びとの自然保護や資源管理における主体性が問題にされるときに、よく取り上げられる議論に、「伝統社会」の住人や「先住民」を「原初の保全主義者(original conservationist)」[Nadasdy 2005: 292]とみなすステレオタイプ化された見方への懐疑論がある。こうした議論は、「地域住民＝自然の破壊者／生物多様性の脅威」という見方を助長してきたと考えられているため、ここで簡単にふれておくことにしよう。

ヨーロッパでは、フランスの思想家ジャン・ジャック・ルソー(Jean-Jacques Rousseau)のように、古くから、「伝統社会」の住人を他者と調和的に生きる「無垢な野蛮人」として理想化する立場が存在した。このような見方は、後に先住民族の権利回復運動や環境主義の言説と共鳴する形で発展し、レッドフォードが「生態学的に高貴な野蛮人(ecologically noble savage)」と呼んだように、地域の環境と調和・共存する「原初の保全主義者」として理想化されていく[Redford 1991: 46; Nadasdy 2005: 292-293]。

しかし、人と自然との関係を極端に単純化したこのような楽観的な見解に対しては、一九八〇年代以降、おもに人類学者の実証研究によって厳しい批判がなされてきた。たとえば、ペルー・アマゾンで狩猟採集民を対象に調査をしたアルヴァード[Alvard 1993]は、長期の持続可能性のために短期の利得最大化を犠牲にするような(資源利用にかかわる)意思決定を「保全」と定義したうえで、一見、環境と調和しているかに見える狩猟採集民の資源利用にも、「保全」的な態度は確認できなかったと述べている。また、世界各地の民族誌資料をもとに、自然と人間の関係のあり方を検討したスミスとウィシュニィ[Smith and Wishnie 2000]も、「保全」を「資源枯渇、種の絶滅、生息地劣化の防止・軽減を目的としたあらゆる行動や実践」と定義したうえで[Smith and Wishnie 2000: 501]、「保全」を自発的に行っているような事例は稀であると結論づける。

これと同様の反論や批判は数多く提示されており[たとえばHames 2007を参照]、現在では、地域の人びとを無批判に自然と調和的に生きる保全主義者とみなす「生態学的に高貴な野蛮人」像は退けられている。そして、地域の人びとと自然との関係を過度に単純化したイメージに対する以上のような反証は、(同様に人と自然との関係を単純化した)「地域住民＝生物多様性の脅威」論の擁護者によって、その主張の根拠に使われてきた[たとえば、オーツ二〇〇六：八二-八五]。そこでは、地域住民が仮に自然に対して調和的に生きているようにみえても、それは低人口密度、相対的に低い技術水準、市場経済への未統合などに起因する「副産物」にすぎず、今後、国家や市場の影響を受けながら急速に進む社会変化のなかで、彼/彼女らは否応なしに自然に対して破壊的にふるまうようになる、といったことを前提とした議論が行われている[Wilshusen et al. 2002: 32]。

たしかに、アルヴァード[Alvard 1993]やスミスとウィシュニィ[Smith and Wishnie 2000]のように「保全」を厳格に定義するならば、熱帯の農山村において明確な「保全」意識をもった人びとを見出すのは困難であろう。しかし、そのことは、熱帯地域におけるすべての農山村コミュニティには、資源利用の持続可能性を高め、自然を護ることに寄与するような文化的・社会的基盤が欠如している、ということをただちに意味するものではない。「原初の保全主義者」をめぐる議論は、Nadasdy が指摘するように、欧米由来の理念や価値をものさしに地域住民の行動を評価するという点で、「帝国主義者のパースペクティブ(imperialist perspective)」に立つものである[Nadasdy 2005: 293]。このように、一方的な視点から「保全」を狭く定義し、それに依拠して地域住民が「保全」的であるか否かを問うような「本質主義」的な議論を重ねることは、地域の人びとと自然との多面的で複雑なかかわりあいを理解するうえでは、あまり生産的とは言えない。

既述のとおり、地域の人びとは、資源枯渇や種の絶滅の回避や自然の持続的利用という明確な「保全」意識を必ずしも共有していないかもしれないが、地域固有の自然観・超自然観を含む在来知[15]に基づいて、独自の方法で資源利用をコントロールしている場合がある[16]。したがって、その点を見逃すことなく(また理想化するのでもなく)、どのような条件のもとで、人と野生生物資源の関係の持続可能性が高められているのかを具体的に明らかにし、それが地域の資源管理や生物多様性の保全にいかに役立てられるかを論じるほうが、現実の自然保護問題にアプローチするうえでは有益であろう。

また、「新たな原生自然保護主義」論の擁護者のように、急速に進む社会変化のなかで、地域住民が否応なしに自然に対して破壊的にふるまうようになるといった非常に単純化された想定も、社会的・政治的・経済的環境の変化に対する人びとの自己創出的な対応能力や主体性を過小評価しすぎているといえよう。ポリティカルエコロジーや地域研究などの諸研究［たとえば、Bryant and Bailey 1997: 11-15; 市川一九九四；湖中二〇〇六など］が示してきたとおり、地域の人びとは国家や市場に圧倒され、翻弄されるだけの受け身的な存在では決してない。変化する社会状況に、対抗したり、「翻訳的適応」［大野一九九八：三一-三二］を試みたりするなど、自律的に対処していく潜在能力をもった存在である。国の政策や市場経済への統合などの影響を受けていても、地域の人びとには、必要であれば外部からの支援を受けながら、そのような変化に順応する形で、〝自然（資源）と人の関係の持続可能性〟を高めていくような自己創出的な対応を試みる可能性がある。しかし、そのような地域住民の（潜在的な）能力や主体性は、しばしば見過ごされたり軽視されたりしてきた。

必要なのは、地域の人びとの資源管理の独自の方法を、「自然と共生するための知恵」の実例として安易に称揚するのではなく、また国家や市場の影響を受けつつ急速に進む社会変化のなかで「やがて消えいくもの」とみなすのでもない、まなざしである。そして、それが、どのような条件のもとで、いかなる方法によって、自然（資源）と人の関係の持続可能性の向上（あるいは低下）に関与しているのかを、実例に即して個別具体的に明らかにすることであろう。なぜなら、自然（野生生物資源）がどのようなプロセスで保全（維持・充実）され、あるいは逆に破壊されているか、という点について、地域住民と「よそ者」の認識が大きく食い違っている場合、両者の信頼関係の構築は望めないからである［Mulder and Coppolillo 2005: 170］。したがって、上記のような作業は、自然保護をめぐる「問題」のより適切な「フレーミング」を行うことを可能にするだけでなく、保護を推進しようとする「よそ者」と地域住民との信頼関係を構築するうえでも非常に重要な意味をもつはずである。しかしながら、これまでの熱帯地域の自然保護をめぐる議論や実践をみるかぎり、そのような試みが十分に行われてきたとは言い難い。

3 自然保護におけるシンプリフィケーション

佐藤仁［二〇〇二a］は、「開発」や「環境保護」の名のもとに行われているさまざまな介入やその背後にある知識形態を読み解くためのヒントを与えてくれる概念として、Scottが述べた「シンプリフィケーション（simplification）」［Scott 1998: 2-4, 76-77, 82-83］に着目している。「シンプリフィケーション」とは、「複雑な社会を政治家や役人のレンズに合わせて規格化し、制御しやすい状態に再編成する」指向性［佐藤二〇〇二a：一六］、あるいは「政府の利害関心から外れるものを無視し、関心の中心に含まれるものは『読みやすく（legibleに）』操作化する働きかけ」［佐藤二〇〇二a：一六］を意味する。(17)

これまで述べてきたように、熱帯地域における自然保護の取り組みでは、地域の人びとにとっての野生生物利用の意味・重要性が正しく理解されなかったり、「野生生物―人」関係の持続可能性の向上に地域の人びとが果たす役割が看過されたりしてきた。このように、それぞれの地域に固有の「人と自然とのかかわりあい」は、その複雑性や多面性が捨象され、過度に単純化・一般化されるかたちで理解される傾向が強かった。

こうした表象を背景に、自然保護を推進しようとする「外部者（役人・NGO・研究者など）」が、生物多様性の保全という普遍的な価値の実現のために、ローカルな文脈に埋め込まれていた複雑で多面的な「人と自然とのかかわりあい」に介入し、そうしたかかわりあいをより制御しやすい形に一元化・規格化し、再編成していく作用を、本書では「自然保護におけるシンプリフィケーション（simplification in conservation）」と呼ぶことにしたい。

自然保護におけるシンプリフィケーションの例としては、先述したADMADEのように、エコツーリズム開発と組み合わされたコミュニティ基盤型保全があげられよう。そうした取り組みは、それまでの多様な人と野生動物とのかかわり――それは、単に、栄養学的・経済的価値だけではなく、たとえば猟の共同性を通じて得られる喜びや猟果分配による社会関係の維持、そして自らの勇敢さや優秀さを示すアイデンティティ形成など、社会文化的価値の実現を可能にしていたかもしれない人と野生動物の関係――が、観光資源利用という経済的な側面に限定された、きわめて単純なかかわりに組み換えられてしまう場合がある。配慮すべき地域の人びとの「暮らし」が経済的側面に狭く限定されることで、参加型保全の現実の取り組みは、（その実効性はさておいても）外部者にとって、より容易で操作可能性の高いものにされてきた。

また、多くの参加型保全が具体的な保全手法として取り入れているゾーニングに基づく保護地域管理も、シンプリフィケーションの一例とみなすことが可能であろう。ゾーニングに基づく保護地域管理は、資源利用を完全に禁止し、徹底的に保護する場所とある程度は利用を認める場所など、目的に応じて土地を固定されたいくつかの区域に分けて、保護地域の管理を行うものであり、総合的保全開発プロジェクトにおいて中心的役割を担ってきた手法である[18]。

このような管理方法は一見、生物多様性の保護と地域の暮らしを調和させるうえで理にかなっているようにみえるが、その基本的前提には、地域住民は生物多様性の（潜在的）脅威であるとする想定があり、地域の人びとが地域の自然と相互浸透的なかかわりあいをもちながら、自然の「創造者」としての役割を果たしてきたかもしれないことは、しばしば不問に付されてきた。

また、ゾーニングに基づく保護地域管理は、狩猟採集民や牧畜民のように移動生活を繰り返している人びとや広い範囲にわたってパッチ状に資源を収獲している人びとの現実の土地・資源利用とはしばしば相容れないものであり[Goldman 2003: 841-845; 服部二〇〇四：一一九-一二一、本書第4章、第5章]、ある特定の区域において資源利用の集中化を促進し、結果として資源の荒廃を招く恐れすらある[服部二〇〇四：一二一]。空間的・時間的に土地利用・管理のあり方を固定化するゾーニング手法は、保護を推進する側にとっては、空間を把握しやすく管理しやすいものにする。しかしながら、それはしばしば、柔軟で複雑な在地の土地利用・保有の仕組みを無視し、結果的に崩壊させ、地域の人びとの生活に深刻な被害を与えるとともに、場合によっては地域の自然にも悪影響を及ぼす危険性をはらむものでもある［Goldman 2003: 845; 服部二〇〇四：一二一］。

さらに、必ずしも参加型保全と組み合わされて実施されているものではないが、希少野生生物利用の中央集権的・一元的な法的規制も、自然保護における「シンプリフィケーション」の例としてあげられよう。希少野生生物利用のコントロールは、地域ごとに現場の実情に合わせて規制の内容が決められるのではなく、一般に、国が「上から、外から」施行する法によって一元的に行われることが多い。たとえば、ある地域では、ある希少種の商業利用が、主収入が得られなかったときの臨時的・副次的収入源として、生存のために細々と断続的に行われている一方で（第3章参照）、別の地域では同じ種が利潤最大化のために数多く利用されているということがあり得る［Hutton and Dickson 2001: 441; Cooney and Jepson 2006: 20–21; 笹岡二〇〇八a］。しかし、その場合でも、そうした希少野生生物と人とのかかわりの多様性は無視され、一元的な保護政策によって、その希少種の商取引を全面的に禁止する場合が少なくない［Cooney and Jepson 2006］。

以上のように、現実の自然保護の取り組みにおいて、「見えにくく」また「操作しにくい」複雑で多面的な「人と自然とのかかわりあい」は、しばしば過度に画一化・単純化された形で表象され、それをもとに作成された、現実の「人と自然とのかかわりあい」と相容れない保護計画の実施をとおして、人と自然の相互関係は、しばしばより画一的で単純化された形に組み換えられてきた、と言ってよい[(19)]。

4　シンプリフィケーションを伴った自然保護が地域の人びとに強いる「受苦」

改めて指摘するまでもないことだが、こうした組み換えは、しばしば地域の人びとの慣習的な資源利用や土地へのアクセスを制限するものであり、土地・仕事・住居の喪失、周縁化、食料安全保障の崩壊、病気の罹患率や死亡率の増大、共有資源へのアクセスの喪失、そして社会関係の解体をとおして、地域の人びとの暮らし向きを悪化（貧困化）させるリスクを伴うものである[Cernea and Schmidt-Soltau 2006: 1810, 1818-1823]。Geisler によると、全世界では少なくとも八五〇万人が、保全活動によって貧困化のリスクに直面しているという[Geisler 2003: 71]。

保護地域の面積は年々、増加し続けている。参加型保全アプローチに対する懐疑的な見方の強まりを背景に、今後、保護地域管理が強化される可能性もある。また、種の絶滅はますます深刻な問題として取り上げられるようになると予想され、希少種保護を目的とする法の強化をとおして、野生生物資源に強く依存する地域の人びとの暮らし向きを悪化させる可能性がある。それらの点をふまえると、参加型保全アプローチが広く支持されるようになって久しいものの、自然保護をとおして地域の人びとが貧困化のリスクを負わされるという事態は、決して遠い過去のものではない。現在も世界各地で進行しつつある、同時代の現象なのである[Brockington and Igoe 2006: 452-453]。

シンプリフィケーションを伴った自然保護は、以上述べたような、目に見える形での貧困化のリスクを負わせる可能性をはらむだけではない。外部者にとっては「不可視」のさまざまな「受苦（損害や苦痛を被ること）」を強いる可能性——たとえば、社会関係の維持・形成やアイデンティティの構築に深くかかわる野生生物資源の利用を禁止したり、特定の土地に対する宗教的・神話的つながりを断ち切ったりすることによって、ときに社会的・文化的に固有の存在として、地域の人びとが「『自分たちはこのように生きるのだ』という生き方」を生きることを否定する可能性——をも含んでいる。

「価値観」の否定や「生き方」の無理解は、深い「受苦」を地域の人びとに強いるものであろう。ところが、多くの場合、自然保護を推進しようとする外部者の側には、それが「受苦」であるとの認識はきわめて乏しい。それに関連して、以下、「先住民族の自然観を手がかりに環境正義の地平を広げるための試論」を展開している細川弘明［二〇〇五］の議論をみてみることにしよう。

細川は、従来の「受苦」の概念が見落としてきた、正当な受苦として社会的に認知されないできた側面のひとつとして、「自然と人間の身体的感応性」を取り上げている。その具体的事例として彼が紹介しているのは、オーストラリア先住民族（アボリジニ）の起源神話における重要な登場人物「ブガワンバ」の化身とされる岩の崩落と、その後に続く老人の死をめぐる興味深いエピソードである。

それによると、「ブガワンバ」の岩はきわめて聖性の高い存在だったが、周辺地域でリゾート開発が進むにつれ、多くの釣り客やキャンプ客がこの岩のある地域に立ち入るようになった。地域の人びとが「ヨソモノの異臭をかがされ、ブガワンバはさぞや不快を覚えているのではないか」と憂慮するなか、この岩はハリケーンの暴風で崩落してしまう。その後、この岩にまつわる神話を「あずかる」老人は、岩の崩落に衝撃を受け、心労のあまり死亡した（と多くの人は考えた）。しかし、彼の死を「リゾート開発による受苦死」と受けとめる人は、アボリジニ以外にはごく少なかった［細川二〇〇五：五六―五七］。

ここでみたような自然環境を構成する諸要素とそこで暮らす人間とのあいだの「身体感応性」は、人が長い時間をかけて社会的に共有してきた重要な感覚のひとつであり、また、「自然のなかで暮らす感覚であると同時に、自然が破壊されたときに、それを自らの痛み、怒り、悲しみとして鋭敏に捉える感覚」［細川二〇〇五：五七］でもある、という。このきわめてローカルな文脈に埋め込まれた「感応性」が、「『特殊』あるいは『不可解』で『異なる』感覚であるとされてしまうと、彼らの感覚で自然や環境が破壊されていても、その破壊が社会的に認知されない（中略）ことになる」［細川二〇〇五：五七］。そして、そのような身体感覚としての痛み、怒り、悲しみを環境問題における「受苦」として正当に位置づける（中略）仕組み」を現代の主流社会は欠いている［細川二〇〇五：五七］。

このような状況は、地域の人びとが受ける苦しみを測るものさしが外部者によって用意され、受苦が「受苦」として認められないといういわば「追加的な苦痛」、さらには、部分的で不十分な「補償」を正当なものとして押しつけられる苦痛などを地域の人びとに与えかねない［細川二〇〇五：六二］。この細川の議論はリゾート開発が結果的にもたらした受苦についてのものだが、熱帯における自然保護がしばしば人びとに強いてきた（あるいは今後強いるであろう）「受苦」についても、当てはまる部分が少なくないであろう。

5 「地域の人びとが可能なかぎり主体性を発揮できる自然保護」の模索

(1) 社会的公正を組み込んだ自然保護の必要性

生物多様性の減少は、地域住民の資源利用だけで引き起こされることは稀である。多くの場合、大規模開発に起因する生息地破壊など他の要因が絡み合いながら進行する［Broad et al. 2003: 4］。生物多様性に破壊的な影響を与える要因としては、地域住民による資源利用よりも、大規模開発のほうがより深刻である。だが、現実の自然保護（生物多様性保全）政策は、おもに保護地域管理と希少野生生物の収獲（捕獲・採取）と商取引の法的規制によって進められており[20]、一般に、生息地破壊の最大の原因である開発行為は、保護地域の外で行われるかぎりにおいて容認されている

（さらに、それは地域の人びとの生活にしばしば甚大な被害を及ぼすものでもある）。

保護地域周辺に暮らす人びとや、野生生物資源に強く依存して生計を営む人びとは、いわゆる「辺境」と呼ばれる地域に暮らす、歴史的に周縁化されてきた農山村住民であることが多い［Neumann and Hirsch 2000: 33-37, Roe et al. 2002: 2; Campbell and Luckert 2002: 8］。したがって、「シンプリフィケーションを伴った自然保護」——それは先述のとおり、単に目に見える形での暮らし向きの悪化だけではなく、社会文化的に固有の存在として自分たちの「生」を生きる権利を侵害する危険性をはらむものである——は、生物多様性の保全というグローバルな価値の実現に伴うコストの負担や「受苦」を、歴史的に周縁化されてきた、いわゆる社会的・政治的「弱者」に一方的に強いるものであり、戸田清の言う「環境問題の構造にみるエリート主義」［戸田一九九四：一八］による不公正さをはらむ[21]。

こうした自然保護のあり方は、言うまでもなく道義的な観点から判断して問題がある。また、地域の人びとの理解や協力が得られないことで、自然保護を推進する側にとってもマイナスであろう。今後、熱帯地域で行われるあらゆる自然保護には、歴史的に周縁化されてきた地域の人びとに一方的に「受苦」を強要することのない、「社会的公正／社会正義（social justice）」を基本的構成要素として組み込んだ取り組みが求められる［Chapin 2004: 29-30; Wilshusen et al 2003］。

（2）地域住民が「対等なパートナー」となることのむずかしさ

それでは、そうした「社会的公正」を基本的構成要素として組み込んだ自然保護とは、具体的には、いかなるものだろうか。

ウィルシューセンらによると、自然保護に必要とされる社会的公正は、対等なパートナーとしての政策決定過程におけるあらゆるレベルでの「参加」の権利、自己表象（self-representation）と自律の権利、そして自らの政治的・経済的・文化的システムを選択する権利といった「自己決定権(right to self-determination)」に基づいて築かれるものであるという[Wilshusen et al 2003: 15]。同様に、福永真弓[二〇〇六：一八五]は、住民参加型保全の現場で必要となる「社会的公正」として、①「誰のための、どのような自然環境を、なぜ守るべきなのか」という問いの投げかけとその答えを明確化していく過程——社会制度や政治的決定過程——への「参加」が等しく保障されているかどうか、という公正さと、②それを支えるものとして、先住民や地域住民がその存在と生き方を差別されることなく正当に承認され、利害関係者として社会制度や政治的決定過程に姿を現せる、という意味での公正さをあげている[福永 2006: 185]。

自然保全・資源管理にかかわる意思決定過程への「参加」が社会的公正の実現の要件とされているわけである。ここでいう「参加」は、戸田が「環境的公正(environmental justice: 環境正義とも訳される)」——環境保全と社会的公正の同時達成——の追求に求められる要件として述べている「参加」概念、すなわち、「意思決定過程に実際に影響を与えることのできる批判的参加」[戸田一九九四：一一]と通底するものであろう[22]。

しかし、そのような本来の意味での「参加」の実現は、一筋縄ではいかないことが予想される。それは、たとえば「協働管理(collaborative management)」における現実の「参加」の実態からもうかがい知ることができる。

近年の保全をめぐる議論において、初期のコミュニティ基盤型保全やコミュニティ基盤型天然資源管理が想定してきたような同質的で静的な地域コミュニティ像への批判や、保全・資源管理の成功には地域コミュニティを取り巻くより大きな組織・制度との連携の必要性が認識されてきたことなどを背景に、「協働管理——ある自然資源に利害関係もつ当事者(地域住民、政府、NGOなど)が管理に関わる権限、責任、便益を共有する管理手法——に注目が集まっている[笹岡二〇一〇][23]。

利害当事者がともに自然保護・資源管理の方法について交渉することを可能にする、協働管理に代表されるような自然保護のガバナンスが、今後重要な意味をもつこと自体は間違いない。だが、ここで注意が必要なのは、地域の人びとが意思決定の場に参画できる制度が整備されれば自動的に公正性が担保されるわけではないという点である。なぜなら、協働管理が謳うような仕組みが形式上整い、保全をめぐる意思決定の場に地域の人びとが姿を現すことができたとしても、これまで歴史的に周縁化されてきた人びとは、その歴史的周縁性ゆえに、必ずしも「対等なパートナー」として意思決定に影響力を行使できるとは限らない——つまり、戸田のいう「批判的参加」が可能であるとは限らない——からである。[24] 以下、この点について、比較的早い時期（一九七〇年代後半）より先住民と政府組織の協働管理の仕組みが整ったカナダ極北地域の事例から考えてみよう。

極北地域のイヌイトは一九七〇年代以降、自分たちのあずかり知らぬところで決定された、絶滅の恐れのある野生生物種（カリブーやクジラや渡り鳥など）の保全政策や資源開発への異議申し立てとして、環境の管理や開発の過程に主体的に参加する権利を主張してきた。また、イヌイトの「伝統的な生態学的知識（Traditional Ecological Knowledge: TEK）」[25]が、その正確さや説明力、現象を再現する際の妥当性などの点で近代科学に勝るとも劣らないものであり、環境管理の面でも優れた能力を有していることが、しだいに明らかになってきた。

そうした流れを受けて、北極圏では一九七〇年代後半から九〇年代前半にかけて、イヌイトが国家や地方自治体の行政組織とともに参加する、協働管理の制度が次々とつくられていった。こうした協働管理制度では、野生生物資源管理のために行われる調査、分析、意思決定の全過程に、イヌイトが国家や地方自治体の行政組織と「対等」の資格で参加できるとともに、その調査と分析の過程では、近代科学の「科学的な生態学的知識（Scientific Ecological Knowledge: SEK）」とイヌイトの伝統的な生態学的知識が「対等」な資格で協力すべきであると謳われている。

地域住民と行政組織が責任と権限を分かち合い、協力して資源管理にあたるという制度は一見、理想的な状況にあるかにみえる。しかし、その理想的状態は形式的な外観だけであり、伝統的な生態学的知識に基づくイヌイトの意見は事実上、黙殺されてきたことが指摘されている。たとえば、アラスカのクスコクウィム(Kuskokuim)川でのサケ猟の禁止の是非をめぐる先住民と政府の交渉過程を会話分析の手法で分析したモーロゥとヘンゼル[Morrow and Hensel 1992]の研究によると、ユピック(Yup'ik: 当地の先住民)と政府のあいだで展開される交渉の場では、「近代科学の基準に従った述語や話法、論理が尊重され、科学者の報告に信頼性が置かれるのに対して、伝統的な生態学的知識に従った述語や話法、論理で語るユピックの古老には、型通りの発言の機会が与えられるだけで、その発言は政策決定にはほとんど何の影響も与えていない」[大村 二〇〇二b：一五七–一五八]。

このように、本来は対等な立場で交渉を行うべき意思決定過程でも、科学的な生態学的知識あるいは、「特権的な知識」をもった研究者など外部者が主導権を握り続け、イヌイトの伝統的な生態学的知識は依然として排除され、イヌイトは政策決定に実質的な影響を与えられていない[大村二〇〇二b：一五六–一五八][26]。その要因としては、伝統的な生態学的知識と科学的な生態学的知識のそれぞれを基礎づけているイデオロギーの間の相違や[27]、より根本的には、先住民社会と主流社会とのあいだの「権力の不均衡な構造」が指摘されている[大村二〇〇二b：一六四]。

以上に述べたのと同様の問題は、近年になって協働管理とともに、新たな自然保護戦略として取り上げられることの多い「順応的管理(adaptive managemen)についても指摘できる。順応的管理は、あらかじめ作成されたマスタープランに従って保護計画を進めるのではなく、住民との対話を通じて、また、地域を取り巻く多用な状況とその変化に応じて、計画を練り直していく管理手法である[市川二〇〇二：三〇三；服部二〇〇四：一一四]。たとえば、この方法を取り入れて進められているカメルーン共和国東部州の自然保護について論じている市川光雄は、そこでの取り組みに対して一定の肯定的な評価を示しつつも、狩猟採集民バカ(Baka)のような人びとが保護計画に積極的に参加するのには、依然としてさまざまな障壁があると指摘する。

それは、第一に、保護計画やそれと抱き合わせで進められる開発計画が彼らの「文化の否定」を伴うことであるという。開発計画にかかわっている政府組織とNGOは、バカにとっての開発は「一層の定住化と農耕化」であり、バカ社会にリーダーを作ることによって、こうした変化を容易にできると考えている。しかし、これらはいずれも、平等主義的な社会を作って、森の中で季節的な移動をしながら狩猟採集を行うバカの現実の生活と文化の否定を意味するものであるという[市川二〇〇二：三〇三]。

第二に、保護計画の導入方法に関する問題である。この地域では、「対話」をとおして地域住民を保護の方向へ誘導することが期待されているリーダー役が地域住民から選ばれ、自然保護の教育と計画の普及にあたっている。「アニマテール」と呼ばれるこのリーダー役は、バカとの関係で常に優位な立場に立つ農耕民から選ばれ、教育・普及活動も彼ら農耕民の言葉で行われるという。市川は、平等主義的なバカの社会から、リーダー役を選ぶことはむずかしいかもしれないが、「日頃から農耕民に従属的な地位を強いられ、侮蔑のまなざしで見られているバカの人々が、農耕民出身のアニマテールの言葉を素直に信用するとは思えない」と指摘している[市川二〇〇二：三〇三―三〇四]。

(3)「深い地域理解」の必要性

筆者は先に、熱帯における自然保護では多くの場合、どのような自然をどのように守っていくかという「問題」を最終的に定義し、現場で自然保護を推進していく実質的な主導権を手にしているのは、あくまでも地域住民ではなく外部者であり、両者のあいだには非対称的な力関係が存在していると述べた。このような「権力の不均衡な構造」や、それに基づく他者(＝地域住民)に対する偏った認識――地域住民にとっての野生生物資源の利用の意味・重要性、および生物多様性保全・資源管理に果たす地域住民の役割を十分に理解せず、彼／彼女たちを経済的便益を純粋に追求する功利主義者とみなしたり、生物多様性の脅威とみなしたりするような誤った認識――があるかぎり、政府組織(中央・地方政府)、NGO、そして地域住民など、その地域の自然保護・資源管理に直接・間接にかかわる「利害当事者」が、意思決定の場に身を置くことができる仕組みを形式的に整えたり、あるいは住民との「対話」や地域を取り巻く状況とその変化に応じて計画を練り直していく管理方式の体裁を整えたりしても、地域住民にとっての本来の意味での「参加」は必ずしも実現できず、その結果、彼らの声も現実の政策に反映されない可能性がある。

そうした状況は、先に述べた「自然保護のシンプリフィケーション」を招き、その地域に固有の人と自然の相互関係を看過し、断ち切る。そして、より画一的で単純化された形に組み換えることで、地域の人びとに可視・不可視のさまざまな「受苦」を強いる危険性をはらむ。

筆者はここで協働管理や順応的管理のような新たな保全戦略に対して、「意味がない」などと言って、ケチをつけたいわけでは決してない。それらの戦略は間違いなく有効であろう。ただし、ここで強調したいのは、そのような考え方や手法を自然保護に形式的に取り入れたとしても、自然保護にかかわる外部者の側に、細川がいうような「異なる者」（＝地域住民）との「一歩踏み込んだ次元での『共生』」〔細川二〇〇五：六三〕を追求する——地域の人びとの自然に対する異なる価値観を（ごくごく部分的なりとも）身体化して共有しようとする——姿勢[28]や、それに根差した「人と自然とのかかわりあい」に関する「深い地域理解」がなければ、現場で展開される自然保護——とくに歴史的に周縁化された人びとが暮らす熱帯のいわゆる「辺境」と呼ばれるような地域における自然保護——は、結果的に地域の自然や自然保護の活動から住民を疎外することになりかねない、という点である[29]。

以上をふまえると、「上から、外から」の政策によって、地域の人びとに「受苦」を強いることのない自然保護（社会的公正を伴った自然保護）の実現のために、保護にかかわる外部者の側に求められるのは、まず何よりも、可能なかぎり地域住民の「生活世界[30]」に入り込みながら、少なくとも、これまで不十分な形でしか理解されてこなかった二つの点——すなわち、「地域の人びとにとっての野生生物利用の意味・重要性」および「生物多様性や野生生物資源の保全に地域の人びとが果たす役割」——に着目して、ローカルな文脈に埋め込まれた「人と自然とのかかわりあい」の諸相に対する理解を深めることではないだろうか。そして、そうした「深い地域理解」をふまえて、「地域の人びとが可能なかぎり主体性を発揮できる自然保護」のあり方――「住民主体型保全（conservation based on the local people's direction）」[31]――を模索していくことが必要ではないだろうか。[32]

こうした視座に立脚して、本書では熱帯地域における特定の社会を対象に選び、「人と自然とのかかわりあい」の諸相の詳細な記述・分析を通じて、「住民主体型保全」を模索していくために求められる視点やアプローチについて考察する。

6　本書の課題

本書が対象として取り上げるのは、地域の人びとが、国によって保護された自然地域（マヌセラ国立公園）や「希少」野生動物を利用しながら生計を営む一方、国の自然保護政策とはかけ離れたところで「在来知」に基づく独自の方法により「野生動物―人」関係の持続可能性を高めるような営為が実践されている、インドネシア東部セラム島の山地民社会である。

セラム島は生物地理学上、東洋区とオーストラリア区の漸移地帯に位置し、高い生物多様性を誇る地域のひとつとして知られるウォーレシア（ボルネオ島とニューギニア島に挟まれる島々とフィリピン諸島からなる地域）の東半分を占める島嶼群、マルク諸島のほぼ中心に位置している。セラム島はマルク諸島最大の島であり、中央部にマヌセラ国立公園（Taman Nasional Manusela）がある。公園周辺には、サゴヤシ（*Metroxylon* sp.）[33]からのでんぷん採取、根栽畑作、果樹などの有用樹木の（半）栽培、クスクス（*Phalanger orientalis*, *Spilocuscus maculates*; 樹上棲有袋類）、セレベスイノシシ（*Sus celebensis*）、そしてティモールシカ（*Cervus timorensis*）を中心とする狩猟鳥獣の狩猟、ペット用生体取引を目的とした野生オウムの生け捕り、多種多様な林産物採取などを生業とする人びとが居住している。

本書では、セラム島のなかでも国立公園に隣接した中央山岳地帯の山地民コミュニティに焦点を当てる。セラム島山地民社会の特徴は、すでに述べたように、国立公園や保護動物に強く依存して生計を営んでいる点である。

この地域の主食は、サゴヤシから採れるでんぷん、サゴ(*sago*)である。しかし、サゴは、ほぼ純粋なでんぷん質からなり、タンパク質をほとんど含んでいないため、サゴ食には、陸棲であれ水棲であれ、また、野生のものであれ、家畜化されたものであれ、タンパク給源となる動物性資源が十分に得られる環境を必要とする。とくに内陸部に暮らす山地民は、沿岸民のように海で漁労を行えないため、狩猟獣は山地民の暮らしになくてはならない食材と言えよう(第2章参照)。

そうした狩猟獣のうち、村人が頻繁に食しているクスクスやティモールシカは、「植物・動物種の保存に関する一九九九年第七号政府令(Peraturan Pemerintah No.7 Tahun 1999 Tentang Pengawetan Jenis Tumbuhan dan Satwa)」で、「保護動物」に指定された[Departmen Kehutanan 2003: 144-145][34]。その結果、それらの動物の利用は「生物資源および生態系の保全に関する一九九〇年第五号法(Undang-undang No.5 Tahun 1990 Tentang Konservasi Sumber Daya Alam Hayati dan Ekosistemnya)」に基づいて禁じられ、違反者に対しては(少なくとも法規上は)、かなり厳しい禁固刑もしくは罰金刑が科せられることになった。また、この法律によって国立公園内での狩猟が原則的に禁止されているものの、周辺に居住する人びとは、しばしばそれら保護動物を対象とした狩猟を国立公園内で行っている。

セラム島山地民のなかには、副次的収入源として野生オウムを生け捕りにして販売している人びとがいる。おもに捕獲されているのは三種類のオウムである。とくに、沿岸部の市場へのアクセスがきわめて悪い内陸山地部に暮らす人びとにとって、軽量で持ち運びが容易で、かつ単価が高いこれらのオウムは、村から市場に出せる数少ない農林産物のひとつである。このうち、オオバタン(*Cacatua moluccensis*)とズグロインコ(*Lorius domicella*)はクスクスやティモールシカ同様、「保護動物」に指定されており、捕獲・販売が全面禁止されているが、しばしば「違法」に国立公園内で生け捕りされている。

このようにセラム島山地民によるおもにサブシステンス目的の狩猟獣の利用も、また、もっぱら商業目的の野生オウムの利用も、法規上は国によって禁止された「違法行為」である。しかし、国立公園において、野生生物保護のための施策が厳格には実行されていないため、自然保護政策と地域の暮らしのあいだに目立った軋轢は生じていない(35)。

現在までのところ、セラム島山地民の野生動物利用について明らかになっていることはそう多くはない。セラム島における野生動物利用を(部分的にでも)扱った数少ない先行研究には、中央セラム南海岸沿岸で調査したエレンによるナウル(Naulu)人の動物の民俗分類に関する民族生物学的研究[Ellen 1993c]や居住と環境利用のパターンに関する生態人類学的研究[Ellen 1978]、そして、セラム島における野生動物と人との関係史についての概説[Ellen 1993a]や中央セラムの内陸低地でフアウル(Huaulu)人のタブーについて調査をしたヴァレリの文化人類学的研究[Valeri 2000]などがある。

だが、それらの研究は、狩猟獣やオウムの利用の実態やその社会経済的重要性を詳細に明らかにしたものではない(ただし、エレンの研究[Ellen 1978]には狩猟獣の捕獲方法や捕獲量について比較的詳しい記述がある)。地域の人びとの理解と協力が得られる自然保護を行うためには、人びとが資源に対して見出している価値の文脈依存性や多元性に配慮しつつ、野生生物資源利用の意味や重要性を理解することが必要である。しかし、そのような観点からの包括的な研究はまだ行われていない。

さて、研究対象社会のもうひとつの特徴は、「在来知」に依拠した独自の方法で「人—野生動物」関係の持続可能性を高めるような営為がみられることである。これは、次の二点から指摘できる。

第一に、マルク諸島の農山村住民は、この地域独特の「在来農業(36)」を媒介に、この地域の「豊か」で多様性に富んだ森林景観の創成・維持に深くかかわっていると考えられる。インドネシア東部島嶼部からオセアニアに至る地域では、バナナやイモ類など、栄養繁殖作物（根栽作物）を主作物とした「根栽農耕」が行われている［中尾二〇〇四：二五一―二八〇］。なかでも、マルク諸島やニューギニア島低湿地帯の一部では、既述のとおり、イモ類やバナナに加えて、サゴヤシから採れるでんぷん（サゴ）が、主食として、人びとの暮らしを支えるうえで非常に重要な役割を果たしてきた。熱帯における農業の多くは移動耕作であり、多かれ少なかれ「農」と「森」は相克的な関係にある。これに対して、サゴヤシ半栽培を基盤とした根栽農耕では、半永続的に利用できるサゴヤシ林から大量の食糧が得られるため、移動耕作の経営規模が比較的小さくてすみ、農地造成の際の森林伐採圧力が相対的に低く抑えられていると考えられる［笹岡二〇〇七d］。

また、山地民は広大な天然林のなかで、土地・植生に対して多様な半栽培的なはたらきかけを行っている。その結果、フォレストガーデン、ダマール採取林、竹林、サゴヤシ林など、人為が加わることで形成されながらも非常に自然度の高い多様な生態環境が生み出されている。先に筆者は、人間活動に起因する生態系の適度な攪乱が、特定の野生生物にとって良好な生育環境を生み出したり、地域の相対的に高い生物多様性の維持に寄与したりする場合があると述べた（一七ページ）。セラム島内陸山地部においても、在来農業を通じた「豊かで多様性に富んだ森林景観」の創成・維持によって、この地域の野生動物に何らかの形で肯定的な影響を与えている可能性がある。

人間活動によって希少野生生物の生存が支えられたり、生物多様性が保たれたりしている場合には、人を自然の破壊者や生物多様性の脅威とみなして、「守られるべきであるとする自然」から分離するような自然保護のあり方は、見直しが必要となる。したがって、前記の点を明らかにすることは、「人間を内に含む生態系」のなかで自然保護を考えていくうえで非常に重要な課題となる。だが、マルク諸島を対象にそのような観点からなされた研究は、現在までのところ、ほとんど皆無といってよい。

第二に、マルク諸島一円には、すでにふれとおり、特定地域へのアクセスや特定資源の収穫を一定期間禁止する「サシ」と呼ばれる村落基盤型の強固な資源管理慣行が存在している［秋道一九九五a：一九四-二〇〇：村井一九九八：一五-六六：笹岡二〇〇〇a：笹岡二〇〇〇b：笹岡二〇〇一a：秋道二〇〇四：七一-一〇五］。

中央集権的で一元的な自然資源管理政策の失敗を背景に、一九八〇年代以降、研究者やNGO、そして政府組織のあいだで、自然資源の管理に果たす地域コミュニティの役割への期待が高まるなか、サシは住民による「下からの資源管理」の実践事例として注目を浴び、これまで数多くの研究が行われてきた。しかし、それらのほとんどは、おもに、オオイワシ(*Thryssa baelama*)やナマコや高瀬貝(*Tectus niloticus*)といった海産資源を対象とした研究である［たとえば、Kissya 1993; 秋道一九九五a：一九四-二〇〇：Rahail 1995; Mantjoro 1996; Salipi and Surmiati 1996; Ruttan 1998; Thorburn 2000; Novaczek et al. 2001; Thorburn 2001; Harkes and Novaczek 2002; Harkes and Novaczek 2003; 秋道二〇〇四：七一-一〇五など］。森林資源を対象としたサシについては、拙論文［笹岡二〇〇一a：笹岡二〇〇一b：Sasaoka 2003］を除き、ほとんど資料化されていない。

「サシ」という言葉は、マルク諸島とその周辺地域における慣習的な資源利用規制を示す一般名称として用いられており、各地域に独自の呼称がある。本書が対象とする中央セラムの山地民社会では、猟場としての森へのアクセスを一時的に禁じるサシが行われており、土地の言葉でセリカイタフ(*seli kaitahu*)とも呼ばれている。セリカイタフは、「減少した狩猟獣を増やすため」、および「狩猟獣を増やす目的で森を休ませているあいだに他の村人による森の無断利用を防ぐため」に、一定期間猟場としての森の立ち入りや利用を禁止するものである。このルールに違反した者には祖霊や精霊によって何らかの災厄がもたらされる、と信じられている。つまり、セリカイタフは超自然的存在が監視や制裁の役割を果たす資源管理慣行であり、山地民の超自然観と密接に結びついた営為なのである。

このような森林資源管理の民俗は、地域の人びとが主体性を発揮できる熱帯の自然保護について議論するうえで重要な主題になり得るが、それについてわかっていることは現在のところ非常に限られている。筆者の先行研究[笹岡二〇〇一a：笹岡二〇〇一b：Sasaoka 2003]も、セリカイタフの実施方法や制裁メカニズム、そして実施状況に関する表面的な記述にとどまる。

山地民の視点に可能なかぎり接近して、超自然的存在（あるいは人びとの超自然観）が具体的にどのようにかかわりながら、また、森林利用を律するその他の規範とどのようにかかわりあいながら、森林利用秩序が生み出されているのか、そうした在地の資源管理は人と野生動物の関係の持続可能性にどのような影響を及ぼしているのか、人びとの超自然観と密接に結びついた在地の資源管理は近年どのような変化を経験してきているのか、といった点は明らかにできていない。さらに、住民主体型保全を推進するうえで、このような在地の資源管理が、いかなる可能性や問題をもっているのかも、検討されるべき課題として残されている。

このようにセラム島山地民社会は、熱帯地域における「住民が主体性を発揮できる自然保護」について考えるうえで、非常に興味深い対象でありながら、自然保護との関連で「人と自然とのかかわりあい」を明らかにするような研究が十分に行われているとは言い難い。

以上をふまえて本書では、セラム島の僻地山村を対象に、おもに人類学が行ってきたような長期滞在型フィールドワークの研究手法を用いて、可能なかぎり山地民の「生活世界」に入り込みながら、ローカルな文脈に埋め込まれた「人と野生動物とのかかわりあい」の諸相を詳細に、また包括的に描き出したい。これは、いわば「野生動物利用・管理の民族誌」を描く試みと言えるものである。そうした民族誌的な記述分析を通じて、セラム島における今後の自然保護について若干の政策提言を行うとともに、より一般的なインプリケーション（本研究から導かれる示唆）として、熱帯の住民主体型保全に求められる視点やアプローチについて考察する。

具体的には、本書の課題は次の三点にまとめられる。第一に、主要狩猟獣と野生オウムに焦点を当て、資源がもつ価値の多元性や文脈依存性に配慮しつつ、地域の人びとにとっての野生動物利用の意味や重要性を包括的に明らかにする。第二に、「在来農業」および「超自然観と結びついた資源管理」に焦点を当て、そうした「在来知」に基づく山地民の営為が「野生動物―人」関係の持続可能性にいかなる影響を与えているのかを詳細に描き出す。そして、第三に、以上の作業を通じて明らかになった山地民と野生動物とのかかわりあいの諸相をふまえながら、この地域における自然保護について若干の政策提言を行うとともに、より一般的なインプリケーションとして、これまでの自然保護に対するひとつの対抗モデルとなり得る「住民主体型保全」を実現するために、保護にかかわる外部者にはいかなる視点やアプローチが求められるかについて考察する。

既述のとおり、現在までのところ、セラム島では人びとの暮らしに実質的な影響を与えるような目立った自然保護の取り組みは行われてきていない。ただし、そうしたイニシアティブがまったく存在していなかったわけではない。たとえば、一九九〇年代なかばに世界銀行が計画していた「マルク保全・自然資源(Maluku Conservation and Natural Resource: MACONAR)」プロジェクトである。

これは、すでに設定されている陸域の国立公園(マヌセラ国立公園)の管理強化と第二の国立公園(北マルクのロラバターアキタジャウェ国立公園:Taman Nasional Lolabata-Akitajawe)の設定、アルー諸島およびバンダ諸島周辺の海洋公園の拡張と管理、「環境親和的な活動」に対して与えられる開発資金の提供や伝統的資源管理システムの復興をとおして、保全と持続的資源利用を図るための地域コミュニティ支援、コミュニティ・NGO・私的セクターの参画によるエコツーリズム開発と保護地域計画・管理、セラム島のオウムを含むいくつかの希少種に焦点を当てた生物多様性のモニタリング、そして環境意識向上プログラム、といった要素からなる総合的な保全プロジェクトである。[37]だが、一九九九年初頭に、マルク州のほぼ全域でムスリム住民とクリスチャン住民のあいだの「宗教抗争」[38]が起き、治安がきわめて不安定になったため、このプロジェクトは頓挫した。[39]その後、マルク諸島ではこのような大規模な保全プロジェクトは行われていない。

抗争勃発から約三年後の二〇〇二年二月、ムスリム側とクリスチャン側双方の住民代表が集まった「和平会議」で、武装解除や紛争の終結が決定され、争いは徐々に終息に向かった〔笹岡二〇〇二〕。その後、散発的には住民の衝突やテロ事件などが起きたものの〔笹岡二〇〇三：笹岡二〇〇五a：笹岡二〇〇七c〕、マルク州の治安は徐々に正常化していった。こうしたなかで、援助機関や政府組織、そしてＮＧＯ（国際自然保護団体やそのローカル・パートナー）などさまざまなアクターが活動を再開する条件が整いつつあると言える。先述のとおり、本書では、「人と自然とのかかわりあい」の包括的で詳細な理解に依拠しながら、この地域に特徴的な住民主体型保全を推進するために求められる施策について検討する。こうした作業は、今後マルク諸島で行われるさまざまな保全の取り組みにとっても有益な知見をもたらすと思われる。

二　研究の方法と本書の構成

1　研究の方法

(1) マクロな政治経済環境との相互作用を視野に入れたコミュニティスタディ・アプローチ

本書では先述のとおり、野生動物利用に地域の人びとが見出している意味・重要性、および「在来知」に基づいた山地民の実践が「人—野生動物」関係の持続可能性に与える影響を明らかにする。容易に想像できるように、そのような課題に取り組むためには、山地民の生活の経済的・社会的・文化的側面にかかわる、きわめて多岐にわたる調査項目を扱わなくてはならない。したがって、フィールド調査では、地域の人びとの暮らしの全体像に迫ることができるようなアプローチが必要となる。

そこで本書では、主として生態人類学や経済人類学で用いられてきた民族誌的手法のひとつ、コミュニティスタディ(community study)のアプローチを基本的な研究手法として採用した。これは、ひとつの村を拠点にした長期滞在型フィールドワークを通じて、村レベルで生起する事象の詳細な資料化を可能にするアプローチであり、従来、市場から一定の独立性を保ち、自然資源に大きく依存する社会の構造を描くうえで大きな力を発揮してきた。

しかし、コミュニティスタディ・アプローチに対しては、政策や市場などのマクロな政治的・経済的環境とコミュニティとの相互作用(外部環境によるインパクトとコミュニティの側の抵抗や適応)といった動態的側面を見落としてきた、という批判もよせられている。僻地に位置するセラム島山地民社会は、村を取り巻くマクロシステムから一見相対的に自律しているようにみえるが、当然ながら、外界から切り離されて存在しているわけではない。

したがって、本書では、全体を通じて、共同体レベルの事象をより広域の事象と結びつけて把握するように心がけ、村の暮らしにみられる動態的側面、すなわち、政策や市場とのかかわりのなかで生じている、あるいは生じつつある暮らしの変化を見逃さないように心がけた。その一環として、たとえば、国立公園政策や野生オウムの違法商取引に対する取り締まりへの山地民の反応、近年の北海岸沿岸部で急速に進む開発とそれに対する山地民の対応、彼ら特有の市場経済との付き合い方、森林資源管理の民俗に見られる近年の変化などに焦点を当てた調査も行った。

(2) 調査の概要

本書が調査地として選んだのは、セラム島の中央山岳地帯に位置するアマニオホ(Amanioho)村[40]である(八〇ページ

図1−2参照)。コビポト山(一五七七m)とビナヤ山(三〇二七m)の間に広がるマヌセラ渓谷の底に位置するアマニオホ村は、周囲を熱帯林に囲まれた人口約三二〇人(約六〇世帯、二〇〇七年時点)の山村である。セラム島中央部で、もっとも僻地に位置するといってよい。

村びとの生業は、サゴ採取、バナナ・タロイモ・キャッサバ・サツマイモなどを主作物とする「根栽農耕」、クスクス・ティモールシカ、セレベスイノシシをはじめとする狩猟鳥獣の猟、ロタン(籐:ヤシ科のツル植物で茎が家具や籐などの材料として利用される)、ハチミツ、ダマール(Shorea属、Hopea属、Agathis属などの樹木から採れる樹脂。調査村ではもっぱらマニラコパールノキ *Agthis damara* から樹脂が採られている)など林産物の採取である。これらの多くは、自給目的で行われている。このほか、村びとは、塩・灯油・衣類・洗濯石鹸・食用油・調味料など生活必需品の購入のため、沿岸部の村に出稼ぎに出て、丁字(クローブ:フトモモ科の植物の花蕾で、香辛料としての需要がある)の摘み取りや、サゴの採取・販売を行う。また、沿岸部の村ではオウムやハチミツなど林産物を販売したり、村内で村長や小学校の先生などに、野生動物(シカ・イノシシ・クスクス・ヘビなど)の肉やサゴを販売したりして現金を得ている。

既述のとおり、セラム島中央部には、一九八二年に設置されたマヌセラ国立公園(面積一八万九〇〇〇ha)がある。これは島の面積の約一〇%を占める広大な国立公園である。公園に半島状に食い込む部分には、アマニオホ村を含めて四つの村があり、約九〇〇人が暮らす[41]。アマニオホ村と国立公園の境界は最短で二〜三kmしか離れておらず、村人が慣習的に利用してきた村の領地(*petuanan*)の約半分は国立公園に含まれる。

調査は二〇〇三年二月から二〇一〇年一一月にかけて、のべ約一年間、断続的に行われた[42]。本書が依拠するデータのほぼすべては、その期間に集められたものである。また、アマニオホ村に加えて、かつてアマニオホ村の村びとが盛んに交易を行っていた南海岸沿岸のウォル(Wolu)村、現在アマニオホ村の村びとが丁字の摘み取りの出稼ぎに向かう南海岸沿岸のハトゥメテ村、そして、村びとがよく買い物する北海岸低地の移住村やクラマットジャヤ集落などでも、調査を行った。それらはすべて、筆者が現地語(*sou upa*)を混ぜながらインドネシア語を用いて実施したものである。

なお、本書が扱う対象の多くは、国によって保護された動物の利用・管理であり、それについての聞き取りや参与観察は、村びとの警戒心を煽りかねない。したがって、調査に先立ち、国による「上から、外から」の自然保護政策に反対する筆者の考えや、人びとの暮らしの保全を図る自然保護の方策を探りたいという筆者の研究動機を村びとたちに丁寧に伝えることを心がけた。そのような機会がもてたことや、筆者とアマニオホ村との付き合いが比較的長かったこと、そして、山地民による違法な野生動物利用がすでに「公然の秘密」となっていることなどから、村びとたちはおおむね調査に協力的であった。[43]

2　本書の構成と個別研究課題

本書で扱う主題は以下の四つである。すなわち、①狩猟獣のサブシステンス利用の意味、②野生オウムの商業利用の意味、③在来農業によって結ばれる野生動物と人の「緩やかな共生」関係、④超自然的存在が介在する森林利用秩序の成り立ち、である。これら四つの主題のそれぞれが、第2章から第5章までを構成する。

第2章と第3章では、セラム島山地民による野生動物利用の実態と、それが山地民の生活世界のなかでもつ意味や重要性を明らかにする。第4章と第5章では、第2章と第3章で位置づけが明確になった野生動物と人との関係の持続可能性が、在来知に基づく山地民の営為によっていかに維持されたり高められたりしているかについて議論する。また、終章では、こうして明らかになった点をふまえて、セラム島の自然保護に求められる施策について提言する。

本書のより一般的なインプリケーションとして、今後、「住民主体型保全」を模索・推進していくうえで、研究者をはじめとする保護にかかわる「外部者」にいかなる視点やアプローチが求められるかについても、検討を加える（図序-1）。

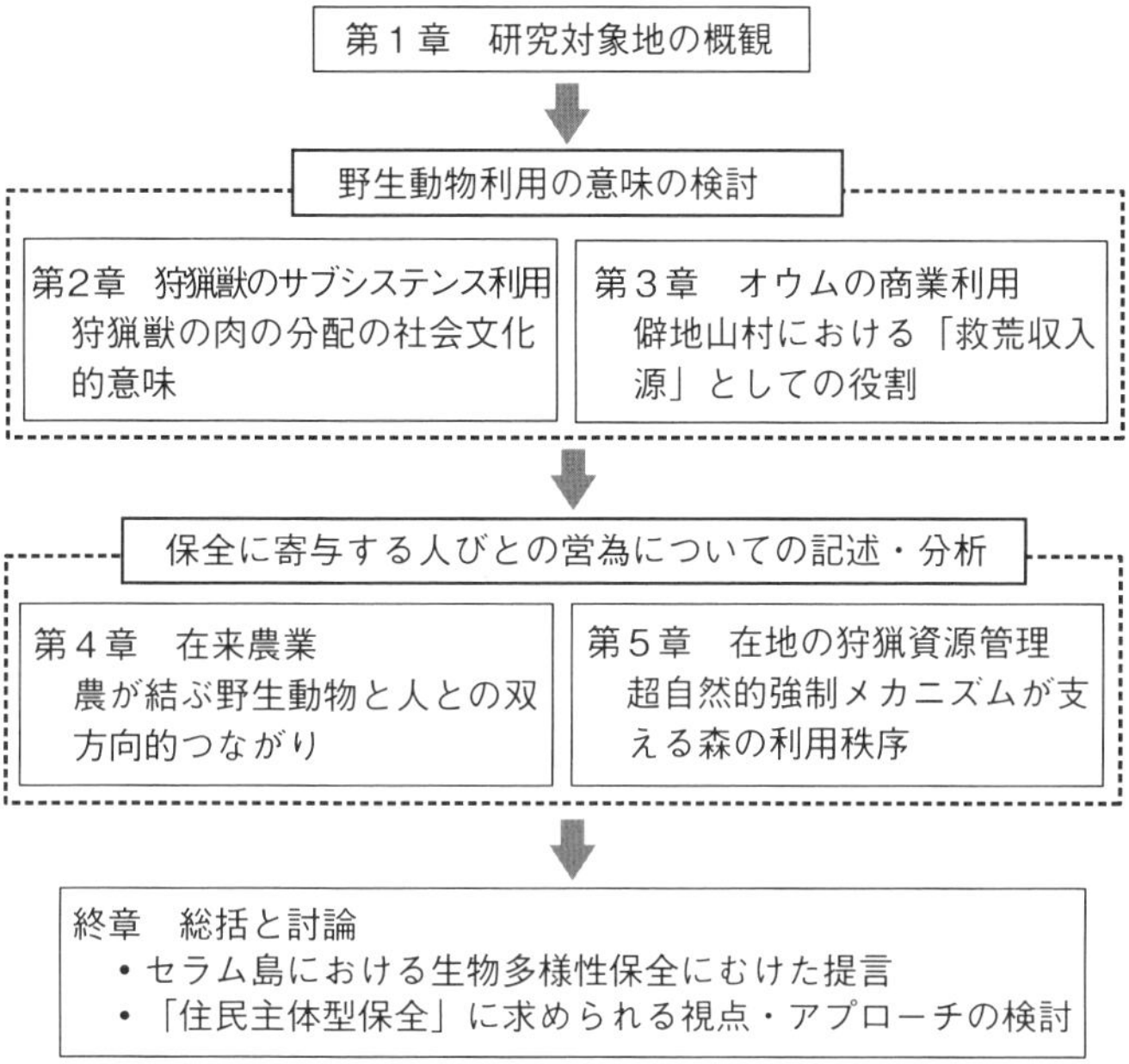

図序-1　本書の構成

以下、各章で取り組む個別課題について述べていこう。

（1）狩猟獣のサブシステンス利用（第2章）

熱帯地域における野生動物利用は、一般に、肉を食用に利用するなどの「サブシステンス利用（subsistence use）」[44]と、野生動物の生体（生け捕りされた個体）や体の一部を販売して現金を得る商業利用（commercial use）に区分できる。野生動物のある一つの種が、サブシステンス目的で利用されるとともに、剰余が商業目的で利用されるということはよくあるが[Bennett and Robinson 2000a: 2]、セラム島内陸山地部では、サブシステンス利用される野生動物と商業利用される野生動物の区別は比較的明瞭である。

サブシステンス利用されている野生動物は、サゴ食民である山地民の食生活を支えるクスクスやセレベスイノシシなどの中・大型哺乳類をはじめとする食用狩猟鳥獣である。これらの一部は村内で販売される場合もあるが、ほとんどが自家消費されるか、他者に分与される形で利用されている。一方、オオバタン、ズグロインコ、ヒインコ(*Eos Bornea*)などの野生オウムは、稀に空気銃猟で打ち落とされた個体が食用に利用されたり、オオバタンの冠羽が伝統舞踊(*pusali*)の際の髪飾り(*laka hora*)の材料として用いられたりすることはある。しかし、日々の食生活を支えるうえでオウムが果たす役割はきわめて限られており、装飾用の材料を取るためだけにオオバタンが捕獲されることもない。山地民がオウム猟を行うのは第一義的に現金を得るためであり、ほとんどの場合オウムは生け捕りされ、麓の村で販売される。

アマニオホ村における狩猟獣の利用は、おもにサブシステンス目的で行われている。これは、サゴヤシ利用と並んでこの地域の「食」の根幹を支える活動であり、村びとのほぼ全員が行っているものである。一方、おもに商業目的でのオウム猟は、第3章で明らかにするように、猟の技能をもった一部の村人しか行っていない。また、狩猟獣については、自家消費されるのと同じ量、あるいはそれ以上の量が他世帯に分配されているのに対して、捕獲されたオウムの販売収益が他者に分配されることはほとんどない。そのことを反映して、狩猟獣の利用に関して肉の分配に焦点を当ててみると、単に「胃袋を満たす」ための活動ではなく、社会関係の維持・形成や、「分かち合うこと」をよしとする山地民の価値観などと深くかかわる営為である。一方、オウムの利用は、もっぱら現金を得るという経済的な欲求充足を指向した活動である。

資源利用の重要性の文脈依存的性格も、狩猟獣とオウムとのあいだで大きな違いがある。山地民は、オウムに対して、恒常的に経済的重要性を見出しているわけではない。オウム利用の重要性は、僻地山村を取り囲む経済的諸条件の変化に応じて、文脈依存的に大きく変動する。しかし、狩猟獣は山地民の毎日の「食」を支えるものであり、その重要性は、オウムほどには村を取り囲むマクロ環境の状態によって変動するわけではない。

以上の差異をふまえて、野生動物のサブシステンス利用と商業利用については、それぞれ独立した章を設けて、異なる視点に立ち、その意味を明らかにしたい。

まず、第2章では、地域の人びとが野生動物に見出している価値、あるいは利用を通じて実現している価値の多元性をふまえ、クスクスをはじめとする狩猟獣のサブシステンス利用がもつ社会文化的意味を明らかにする。

筆者の観察のかぎり、狩猟獣の肉は山地民誰もが強く好むものでありながら、入手には大きな不確実性が伴うため、山地民は他者の猟の成否や「希少資源」である肉の分配のあり方に強い関心を抱いている。それゆえ、肉の分配をめぐるやりとりは、強い社会文化的意味を帯びた行為になっている。結論を先取りして言うと、セラム島山地民にとって狩猟獣の肉の分配は、山地民が共有する「分かち合いの倫理」や祖霊と「共に生きる」彼らの超自然観などに基礎づけられた、社会文化的欲求を充足するための実践であり、彼／彼女らの「生き方」と深くかかわるものでもある。

こうした野生動物利用の社会文化的側面は、自然保護をめぐる議論において、これまで必ずしも正面から取り上げられてこなかった。地域住民にとっての野生動物利用の意味が語られるとき、議論の中心にほぼ据えられてきたのは、その栄養的あるいは経済的側面（もしくはその両方）であり、社会文化的な側面についてはほとんど言及されてこなかったのである。だが、サブシステンス目的の野生動物利用がもつ意味の社会文化的側面を詳細に明らかにする作業は、野生動物利用がもつ意味のより不可視の部分に光をあてることを意味する。現行の自然保護政策が厳密に適用された場合に地域の暮らしに与える影響を正確に評価するうえでも、「住民主体型保全」を模索・推進していくうえでも、何らかの有益な知見をもたらすはずである。

以上をふまえて、第2章では、野生動物「利用」における、狩猟獣の「捕獲」「分配」「消費（摂食）」「販売」[45]といった諸相のなかでも、とくに分配に着目し、それを支える人びとの動機や意味づけに関する分析を行うことを通じて、サブシステンス目的の野生動物利用がもつ社会文化的な意味について議論したい。

(2) 野生オウムの商業利用(第3章)

第3章では、ペット用生体取引(以下、「ペット・トレード」)の目的で捕獲されているオオバタンをはじめとする野生オウムの商業利用に焦点を当て、山地民がオウムに見出している価値が、村を取り囲む経済的諸条件の変動に応じて変化することに留意しながら、僻地山村経済におけるオウム捕獲・販売活動の位置づけを明らかにする。そして、オウムを獲り、売るという営為が、僻地山村の暮らしにおいてどのような意味をもち、村びとにどのように価値づけられているのかについて議論する。

マルク諸島原産のオウムとインコ(以下、単に「オウム」と表記(46))は、国内・国外を問わず、飼鳥として高い人気がある。セラム島でも、多くのオウムが罠猟によって生け捕りにされ、域外に輸出されてきた[Marsden 1995: 207–212; Taylor 1992: 87]。とくに内陸部の僻地山村のように、道路が通っておらず、麓の村へのアクセスがきわめて悪い地域では、軽量で単価の高いオウムは市場に出せる数少ない林産物のひとつである。

アマニオホ村を含む中央セラム内陸山地部では、これまで七種類のオウムがペット・トレード用に捕獲されてきた。なかでも、捕獲頻度や販売収入の点からとくに重要なのは、既述のとおり、オオバタン、ズグロインコ、ヒインコの三種である。それらのうち、中央マルクの固有種であるオオバタンとズグロインコは、生息地の破壊とともに、地域住民の捕獲によって個体数が大きく減少してきたと考えられており[Bowler and Taylor 1989: 17; Forshaw and Cooper 1989: 82, 141; Taylor 1992: 87–88; Birdlife International 2001: 1638, 1665–1666]、国際自然保護連合(IUCN)の「レッドリスト」で「危急種(VU:VULNERABLE)」と評価されている。また、前述のとおり「植物・動物種の保存に関する一九九九年第七号政府令」によって保護動物に指定され、その捕獲や商取引が禁じられたものの、地域住民による捕獲・販売は現在に至るまで続いている[Kinnaird 2000: 14-15; Metz and Nursahid 2004: 8-9; Shepherd and Sukumaran 2004: Kompas Cyber Media 2005]。

希少野生オウム――個体数が減少傾向にあり、希少種であると評価されているオオバタンとズグロインコを、本書では必要に応じて「希少オウム」と表記する――の密猟や違法商取引が絶えないことに対して、現在までのところ、インドネシアの国内外の自然保護団体からは次のような反応がみられる。

たとえば、インドネシアの野生動物保護団体プロ・ファウナ・インドネシア(Pro Fauna Indonesia)は、政府に密猟者や密輸業者に確固たる措置を求めてキャンペーンを行っている[47]。また、米国の野鳥保護団体プロジェクト・バード・ウォッチ(Project Bird Watch)は、野生オウム類の保護活動を進める国際NGOワールド・パロット・トラスト(World Parrot Trust: WPT)の支援のもとに、捕獲されたオオバタンを住民から買い取って放鳥するなどの取り組みを行っている[48]。さらに、インドネシア政府(林業省)と共同でさまざまな自然保護プロジェクトを実施してきた国際野鳥保護団体バードライフ・インターナショナル(Birdlife International)は、厳格な州政府令の制定、新たな監視ポストの設置、公平な罰金刑(捕獲者に軽く、仲買人や輸出者に重い科料を科す刑)の施行など、密猟や違法取引の取り締まりを強化するための施策を提案している[Birdlife International 2001: 1638-1639, 1667-1668]。

しかし、バードライフ・インターナショナルが提案するような強権的・排他的アプローチの実効性は、これまでの「柵と罰金のアプローチ」の失敗の歴史から明らかなように、はなはだ疑わしい。また、国立公園の外では、オウムの個体数減少に大きな影響を与えると考えられている商業伐採などの資源開発が容認されている一方で、地域住民の捕獲・商取引を規制の対象とするような施策は、地域の人びとから公正なものとして受け入れられない可能性もある[49]。

希少オウムの保護に対しては、このように、インドネシア国内外で比較的高い関心がよせられており、具体的な保護のための外部からの介入によって、保護を推進する側の価値（「希少野生動物の保護」や「生物多様性の保全」）と地域住民の価値（生活の保全）とが対立する状況が生まれる可能性がある。そのような事態を解消するためには、地域の人びとが可能なかぎり主体的に取り組むことができるような希少オウムの保全策を考えなければならない。

そのための第一歩として、希少オウムが、どんな人びとにとって（コミュニティ内のどのくらいの、どのような属性をもつ人びとにとって）、どのような意味において、どの程度重要なのか、具体的に明らかにされなくてはならないだろう。ところが、現在までのところ、セラム島のオウムに関する先行研究は、沿岸部・都市部における違法商取引の実態や生息密度を対象にしたものがほとんどである。地域住民の暮らしに焦点を当てながら、オウムの経済的重要性を詳細に評価した研究は皆無と言ってよい[50]。

第3章では、オウムに対して山地民が見出している価値が村を取り囲む経済的諸条件の変動に応じて文脈依存的に変わることに留意しながら、セラム島の僻地山村住民にとってのオウム利用がいかなる意味をもっているのかを明らかにする。

（3）在来農業を通じて生み出される人と野生動物の「緩やかな共生」関係（第4章）

第4章では、「自然を構成する人為」としての「在来農業」を媒介とする野生動物と人とのかかわりあいに着目する。そして、サゴヤシへの強い依存と、半栽培的な自然環境（土地・植生）とのかかわりあいに特徴づけられたセラム島山地民の在来農業が、この地域の森林景観の成り立ちにどのように関係しているのかを明らかにし、在来農業を媒介に、野生動物と山地民とのあいだに、いかなる相互関係が生み出されているかについて論じる。野生動物と人とのかかわりあいという観点から、マルク諸島の在来農業を論じた研究はほとんど存在しておらず、この課題はまったく新しい試みであると言ってよい。

第4章で取り組む作業課題は大きく、以下の二つである。第一は、サゴヤシへの強い依存に特徴づけられるマルク諸島の在来農業が、この地域の森が卓越する景観の成り立ちにどのようにかかわっているのかを、サゴヤシ林の土地生産性と、サゴ（サゴヤシから採れるでんぷん）を補完するバナナやイモ類を主作物とする畑の経営規模の分析を通じて検討することである。第二は、集落を取り囲む森のなかで山地民が行っている「半栽培」的なはたらきかけ（有用樹木の保育など）が、いかに多様性に富んだ生態環境を創り出しているかを明らかにすることである。

以上に取り組んだうえで、セラム島山地民社会における在来農業が、豊かで多様性に富んだ森林景観の成り立ちに深くかかわっており、在来農業を媒介項としてこの地域の野生動物と人とのあいだにどのよう相互関係が生み出されているかを検討する。

（4）超自然的存在が介在する猟場としての森の利用秩序の成り立ち（第5章）

アマニオホ村では、集落から少し離れた場所に広がっている原生林・老齢二次林は「猟を行う場所」とみなされ、カイタフ（*kaitahu*）と呼ばれている。カイタフは、小川、崖、巨大な岩、大木、そして山道などを境界にして細かく区分されており、そのそれぞれに特定の保有者が存在する。山地民は、基本的にこの森林区を単位に猟を行う。通常、山地民は一つの森林区、面積が小さい場合には隣接する二つの森林区に集中的に罠を仕掛け、数日間に一度罠を見回る。こうして、しばらくのあいだ猟を続け、狩猟獣が捕獲できなくなると、既述したセリカイタフの禁制をかけて森を「閉じる」。森のアクセスをコントロールするこうした在地の制度は、森の保有をめぐる社会的取り決めや森林利用権の配分慣行（森の非排他的利用慣行）とともに、山地民が実践する狩猟資源の管理に深くかかわる社会規範である。

アマニオホ村でそうした社会規範に人びとを従わせるうえで重要な役割を果たしているのは、前節で述べたように、祖霊や精霊といった超自然的存在である。「超自然的強制メカニズム」とでも言うべきしくみに支えられたセラム島山地民の森林資源管理の実践については、これまで十分に資料化されてきたとは言えない。数少ない先行研究でも、超自然存在が具体的にどのような形で介在しながら森林利用をめぐる秩序が生み出されているのか、超自然的な存在や力へのリアリティが村の暮らしのなかでどのように付与されているのか、超自然的強制メカニズムに支えられた資源管理は人と野生動物の関係の持続可能性にどのような影響を及ぼしているのか、また、そのような在地の資源管理には近年どのような変化がみられるのか、といった点は明らかにされていない。したがって、本章ではそれらの点を詳細に明らかにすることを試みる。

(5) 総括と提言(終章)

終章では、以上で明らかにされた知見をふまえて、セラム島における自然保護について若干の政策提言を行い、「住民主体型保全」の模索・推進に必要な「人—自然相互関係」についての深い理解を可能にするために、保護にかかわる外部者にいかなる視点やアプローチが求められるかについて考察する。

そして最後に、「住民主体型保全」を推進するためには、ローカルな文脈に埋め込まれた複雑で多面的な「人と自然とのかかわりあい」を断ち切るのではなく、可能なかぎり生かしていくような保全策が求められること、そして、そうした保全策を推進するためには、複雑で多面的で地域固有性を備えた「かかわりあい」の詳細な記述分析を可能にする「民族誌的手法(ethnographic approach)」が有効ではないか、という問題提起を行いたい。

(1) 自然環境を守る行為を指す言葉として「保護(protection)」「保全(conservation)」「保存(preservation)」がある。井上真[二〇〇四b:七八-七九]によると、「保護」はもっとも一般的な言葉であり、「保全」や「保存」の意味で用いられることもある。これに対して、「保全」は「利用しながら保護すること」、「保存」は「利用しないで(手をつけないで)保護すること」の意味で使用される。本書では、とくに断りがないかぎり、「自然保護」という言葉を、人が望ましいと考える「自然」を守ろうとする行為全般を指すものとして、広い意味で用いる。人びとが望ましいと考える「自然」は多様である。したがって、そこには、人為を排除して原生的な「自然」を保護することや、人が何らかの働きかけをすることで「二次的自然」を保存・維持・改良すること、さらには、野生生物資源の利用を規制し、人と資源の持続可能性を高めたりすることなども含まれる。

（2）国際自然保護連合（ＩＵＣＮ）などの自然保護団体が一九八〇年に発表した『世界自然保護戦略（World Conservation Strategy）』では、保全において地域住民のニーズに配慮する必要が明言されている。また、一九八二年に開催された第三回「公園・保護地域に関する世界会議（World Congress on Parks and Protected Area: WCPPA）」では、「保全における地域住民参加の促進」が宣言された。さらに、一九九二年の第四回「公園・保護地域に関する世界会議」では、保護地域の設立と管理およびその内部と周辺での資源利用は、社会的に応答的で公正なものでなくてはならない」と宣言された。しかし、この段階では、保護地域管理政策によって影響を受ける人びとに完全な意思決定権を与えることを推奨するまでには至っておらず、「保全目的と共存できるかぎりにおいて、人為的活動の存続や開発が許容される」と述べられるにとどまっている。一九九〇年代なかば以降、国際自然保護団体は、先住民族の土地・資源への権利を認める方向で大きく前進する。一九九六年にＩＵＣＮは「先住民族の土地やテリトリーに保護地域を設置する場合、それに先立って、彼らの合意を取り付ける必要がある」という決議を採択した。同じ年、世界自然保護基金（ＷＷＦ）は、伝統的に所有・占有・利用してきた土地・資源に対する権利を先住民族が有すること、および、その権利が効果的に保護されねばならないことを定めた「先住民族と保全に関する原則声明」を採択している。さらに二〇〇〇年、ＩＵＣＮは保全の基礎的条件として社会的公正の統合と促進を謳った「保全と自然資源の持続的利用における社会的公正（social equity）に基づく政策」を採択した[Fortwangler 2003: 26-31]。だが、後述するように、土地や自然資源に対する地域住民（先住民）の権利が全面的に認められ、「資源管理の責任と権限を地域の人びとが手にする」という意味での住民参加が実現されたケースは、現時点ではまだ少ない。

（3）「参加型保全」という用語を本書では、総合的保全開発プロジェクトやコミュニティ基盤型保全など、原生自然保護の克服をめざす新たな自然保護の理念や実践の総称として用いる。

（4）保護のための強制力の適用に関しては、軍事力の活用も視野に入れるべきであるとする極論もある[Terborgh 1999: 199, 201]。武力で地域の人びとを抑え込むという手法の倫理的問題を問わないとしても、軍が野生オウムの違法商取引に関与していると言われているインドネシアのように[Kinnaird 2000: 15]、軍がしばしば自己の利益のために権力を乱用してきたことをふまえると、保全という崇高な「使命」に軍が忠実に従うことを前提としたこのような議論は、実現可能性という点でも問題があると言わなければならない。

（5）保護の現場や国際的自然保護組織で働く研究者やスタッフのなかには、こうした主張を支持する者が少なくないという[Chapin 2004: 21; Dowie 2006: 12]。

（6）ここで「フレーミング」とは、「何を中心的な問題に据え、それをどのように解決すべきかを方向づける枠組みの設定」を指す[佐藤二〇〇二b：四三]。

（7）「新たな原生自然保護主義」論も、「人と自然のかかわりあい」に対する次のような想定が前提にある。すなわち、生物多様性の保全上重要な地域の住民は、たとえこれまで自然と調和的に暮らしてきたとしても、今後、急速に進む社会変化（人口増加、近代的技術の導入、市場経済への統合）のなかで、農地拡大による生息地破壊や狩猟・採取圧の増大などを引き起こし、自然に対して破壊的な影響を与えざるをえないという認識である。ここでも、ローカルな文脈に埋め込まれた複雑な地域の実像は捨象され、「人と自然とのかかわりあい」は極度に一般化されている[Wilshusen et al. 2002: 31-32]。

（8）ふだんそれほど重要な役割を果たしていない野生動植物が、凶作時や端境期などの臨時的収入源や救荒食物などとして重要な役割を果たしている、という報告は数多い[たとえば、Woodford 1997 in Roe et al. 2002: 19; Neumann and Hirsch 2000: 34; Ros-Tonen and Wiresum 2003: 14など]。つまり、野生動植物に見出されている価値は、しばしば村を取り囲む諸条件の変化と連動して、文脈依存的に変化する。しかし、野生生物資源の利用にみられるこのような性格は、比較的短期の調査ではしばしば見落とされやすい。

（9）参加型保全プロジェクトでは、コミュニティの開発課題が、しばしば「間に合わせ」の参加型簡易調査（ＰＲＡ）の結果に基づいて特定されてきた。そうした開発課題は、しばしば地域住民のニーズというより、ドナーの好みを反映したものになっていると批判されている[Wells et al. 2004: 407-408]。

(10)むろん、このような事例とは異なり、地域の人びとが観光という新たな形態を媒介にした野生動物利用を積極的に受け入れている、と報告されている事例もある。たとえば、岩井［一九九九］を参照。

(11)日本では、水田耕作による生態系の適度な人為的攪乱――「中程度攪乱」［安室 二〇〇〇：一四一］――が水辺の生物多様性の維持・向上に重要な役割を果たしてきたことが明らかにされている。水田生態系を含め、日本における耕地生態系や草地生態系がいかに地域の生物多様性の維持・向上に寄与してきたかについては、安室［二〇〇〇］を参照。

(12)歴史生態学は、「景観」のなかに明確に表れた「人為」と「自然の作用」の双方向的関係を追跡しようとする。歴史生態学において、「景観」は「自然と文化の共同作業の産物」を意味する［Balee and Erickson 2006: 2］。

(13)日本をフィールドとした研究で、人と人との関係の持続可能性を高めることが結果的に人と自然（資源）のあいだの関係の持続可能性を高めていることを明らかにした研究としては、菅［二〇〇六］や川田［二〇〇六］などを参照。

(14)アルコーンは、国際的自然保護団体やそのパートナーであるローカルな非政府組織、そして政府組織が多額の予算のもとに実施する「保全」を「大きな保全（Big Conservation）」と呼び、ここで述べたようなときに超自然観とも結びついている在地の資源管理を「小さな保全（Little Conservation）」と呼んでいる［Alcorn 2005: 39-40］。「小さな保全」は、歴史的に周縁化され、政治的に弱い立場にある人びとによって実践されている場合が多く、しばしば外部者によって把握されにくい不可視の存在である［Alcorn 2005: 39-40］。地域の人びとの資源管理にかかわる慣行や知識、そして土地や資源に対する権利が無視されるとき、「小さな保全」は「大きな保全」にその存在を脅かされることさえある［Alcorn 2005: 41］。

(15)ここで言う「在来知（indigenous knowledge）」とは、ある地域に暮らす人びとの長年の経験や試行錯誤によって試され、発展させられてきた知識を意味している。在来知は、特定の土地と結びついた固有性を有し、非公式的なものであり、多くの場合、口頭や模倣によって伝えられ、文字で記録されることがあまりない。また、日々の生活における実践の結果として生み出され、維持されるものであり、理論的というよりは経験的な知識である。さらに、変化する環境に順応的で、時として失われたり、あるいは（失われていたものが）再発見されたりするなど、ダイナミックに変化する。そして、より広範な文化のなかに位置づけられるもので、統合的で全体性を備えた知識である［Boven and Morohashi 2002: 12-13; Ellen and Harris 2000: 4-5］。なお、身のまわりの自然に強く依存して暮らす人びとにとっての「在来知」は、篠原徹の言う「自然知」――自然に内在する力を抽出し、変形する生活技術から自然のなかに隠喩を見出し、自分たちの世界の物語の素材として使うことまでを含む、自然と対峙したときに発揮されるあらゆる民俗的知識[篠原一九九六：三〇]――と、内容的に重なるものであろう。また、Ellen and Harris[2000: 3]が指摘するように、伝統的な生態学的知識(民俗分類体系、生態系の動態的なプロセスに関する知識、世界観、呪術、芸術、生業技術、禁忌などを含む、先住民族の知恵と信念と実践の統合的体系)も在来知と互換可能な概念である。しかし、「伝統的(traditional)」という言葉が、「扱いに注意の必要な」伝統―近代という二分法を連想させるため、以下、本書では引用などで必要な場合を除いて、伝統的な生態学的知識という言葉を用いない。伝統的な生態学的知識や「自然知」を含め、地域の人びとが自然とのかかわりあいのなかで長年にわたって編み出し、維持し、変化させてきた、超自然観を含む広い意味での環境全体についての知識体系を示すものとして、「在来知」という言葉を用いる。

(16) 欧米の環境思想をもとに一方的な視点から「保全」を厳格に定義して、非西欧世界の地域住民が自然の保全主義者であるか否かを問うことは、彼/彼女らの持続的な資源利用の実践を不当に排除することになる、といった指摘は、ベルケス[Berkes 2004: 628]、マッケイとアチェソン[McCay and Acheson 1987: 14-15]、ワドリーとコルファー[Wadley and Colfer 2004: 329]などでもみられる。

(17) Scottは「シンプリフィケーション」を進める主体として、政府を念頭に置いているが[Scott 1998: 2-4]、自然保護の場合、それに国際自然保護団体やそのパートナーであるローカルNGOなどが加わる。なお、〝simplification〟には「単純化」などの訳をあてることが可能だろうが、ここでは、複雑で多様な現実を制御可能なかたちに単純化・画一化する国家権力による働きかけ、といった特異な意味をもった概念として用いるため、カタカナで「シンプリフィケーション」と表記した。

(18) 総合的保全開発プロジェクトでは、厳正に保護されるコアゾーンを取り囲むバッファーゾーンでアグロフォレストリーなどの開発が行われることになっている。

(19) シンプリフィケーションを伴う自然保護は、ローカルな文脈に埋め込まれていた多様な「人と自然とのかかわりあい」に介入し、それを普遍的な価値(ここでの文脈では希少種の保護や生物多様性の保全)の実現のために再編成するという意味において、「(外発的)開発」と共通した性格をもつ。佐藤仁は次のように述べている。「地域に応じてバラバラだった伝統や慣習にもとづく仕組みを中央集権的に統一し、一元化・規格化していくことは、政府の統治機能を強めることにほかならない。移動耕作を営み、一定の場所に継続的に居住しない人びとや、入会林などローカルな慣習に基づいて管理される資源は、よそ者から『読み取れない』だけではなく、『上からの』効果的な統制を困難にする邪魔な存在でしかない。その意味では森林を人々から切り離して保存するという考え方も、所得と市場が支配している生活空間をことさら重んじてきた『開発』の思想と同一軸で理解することができる。目的が経済開発であれ、環境保護であれ、資源と空間を御しやすいように配置する『部分極大化』の発想」が、シンプリフィケーションなのである」[佐藤二〇〇二a：一九四–一九五]。

(20) このような法的規制が合理性をもたない場合もある。既述のとおり、地域の人びとは、人と自然・資源との関係の持続可能性を高めるための独自の工夫を行っている場合がある。利用を全面的に禁止する法的規制は、そうした利用しながら管理する地域の人びとの実践を否定するからである。

(21) 戸田清は「①環境破壊の原因、②その影響、③対策、という『環境問題のサイクル』において、①環境破壊の主たる責任はエリート(情報・意思決定の権限、富・威信などの面で特権的な立場にある集団ないしは個人)にあり、②影響は弱者にしわ寄せされ、③対策もエリート本位に行われることが多い」とし、これを「環境問題の構造にみるエリート主義」[戸田一九九四：一八]と呼んでいる。

(22) 戸田は、環境的公正に求められる「参加」とは、「従属的参加」あるいは、参考意見を提出するのみで決定権限を与えられない(意思決定主体への)同化による参加ではなく、「意思決定過程に実際に影響を与えることのできる批判的参加」[戸田一九九四：一二]でなくてはならないと述べている。

(23) 初期のコミュニティ基盤型保全やコミュニティ基盤型天然資源管理に関する議論において、コミュニティ(村落やその他の地域資源利用者集団)はしばしば同じ利害関心や規範を共有した人びとからなり、また外界から相対的に孤立し、自然と調和的な生活を営んできた静的な社会として表象されてきた。しかし、現実のコミュニティには多様な利害関心や規範が存在し、成員間で資源をめぐる争いが生じている事例もある。また、ローカルな資源利用・管理のあり方も、世界市場や国家、あるいは国際的な政策的取り決めといった外部要因と相互作用しながら常に変動している。したがって、コミュニティに対する管理の権限・責任の全面的委譲が自動的に資源管理の成功を導くとは限らない。コミュニティ基盤型保全やコミュニティ基盤型天然資源管理に関する多くの事例研究も、コミュニティが中心的な役割を果たすことの重要性を主張しながらも、それを超える大きな組織・制度の役割を全否定していない。むしろ、それらの取り組みの成功のためには、その管理システムがより高次の行政組織によって正当性／正統性を付与されることが重要である、と指摘している。以上を背景に、近年の保全・資源管理をめぐるガバナンス論では、コミュニティの役割を重視しつつも、地方自治体や中央政府、NGOなどがさまざまな深度で関わりながら、ともに資源を管理する協働管理に関心が移ってきている［笹岡二〇一〇a］。

（24）同様の指摘が、井上真の持続的森林管理のための「協治」論でもなされている。井上は、「森は地域住民だけのものである」という考えは「グローバル化および森林利用の多様化が進んだ現在では、偏狭な地元主義（ローカリズム）と見なされやすい」として、「地域住民が中心になりつつも、外部の人々と議論して合意を得たうえで協働（コラボレーション）して森を利用し管理する」という「開かれた地元主義」［井上二〇〇四a：一三九］が必要であると述べる。そして、この理念が結晶化したものが、地域住民を中心とする森林の「協治」――すなわち「中央政府、地方自治体、住民、企業、NGO・NPO、地球市民などさまざまな主体（利害関係者）が協働（コラボレーション）して資源管理をおこなう仕組み」［井上二〇〇四a：一四〇］――であるとしている。しかし、森へのかかわりの深さを無視して、誰でも平等に森林政策の形成過程に関与したとすると、多数派の都会人、あるいは政治力のあるエリートたちの意見が政策として採用されてしまうという問題もでてくる。それをふまえて井上は、「よそ者がある地域の森林の『協治』に関わることに正統性をもたせるための原則」として、「かかわりの深さに応じた発言権を認めよう」とする「かかわり主義」を提唱している［井上二〇〇四a：一四二］。「かかわり主義」は、自然保護や資源管理において、地域の人びとにとっての公平性を確保するひとつの方法になり得ると考えられるが、「かかわりが強いか弱いかは、誰がどう判断すればよいのか」という課題も残されている［宮内二〇〇六：五］。

（25）「伝統的な生態学的知識」について、大村敬一は次のようにまとめている。「TEKは単なる知識体系としてではなく、民俗分類体系、生態系の動態的なプロセスに関する知識、世界観、呪術、芸術、生業技術、禁忌などを含む、先住民族の知恵と信念と実践の統合的体系として定義され（Berkes 1993, 1999; Hunn 1993; Lewis 1993; Nakashima 1991）、近代科学と肩を並べるもうひとつのパラダイム（中略）として語られてきた。つまり、TEKとは、欧米の近代科学の基準における『自然』環境についてだけでなく、『社会』や『超自然』をも含むかたちで先住民に把握されている環境全体について、過去何世紀にもわたるその環境との相互作用を通して先住民がそれぞれに鍛え上げてきた知識と信念と実践の統合的体系の総称であり、欧米の近代科学とは異なってはいるが、知的所産として近代科学と対等な世界理解のパラダイムのことを意味しているのである」[大村二〇〇二b：一五一]。

(26) ここでは、形式的に「参加」をしても、決定に影響を与えられないという問題を取り上げたが、それとは別に、意思決定の場に姿を現した地域住民の「代表」が、さまざまな社会的差異を内包する地域社会の声を代弁できる「本当の代表」なのか、という別の厄介な問題もある。

(27) 伝統的な生態学的知識を近代科学に統合することの重要性が認識され、実際に統合のための具体的な試みが行われるようになったものの、ここで述べたように、伝統的な生態学的知識と科学的な生態学的知識の統合は進まず、むしろ挫折しつつあるとの認識が広まりつつある。これら二つのパラダイムは相互に共約不可能なほど異なっているだけではなく、野生生物の増減の理由など同一の現象に対する説明が食い違ってしまう場合もある。伝統的な生態学的知識と科学的な生態学的知識のあいだにみられる相違には、具体的には、定性的―定量的、直感的―合理的、全体的でコンテキスト依存的―分析的で還元主義的、倫理的―没価値的、主観的で経験的―客観的で実証的、環境の対象化と環境の管理指向の弱さ―環境の対象化と環境の管理指向の強さ、などがある。こうした相違は、セルトー(Michel de Certeau)の言う「戦術」のイデオロギーと「戦略」のイデオロギーという正反対のイデオロギーに基礎づけられているために生じた結果ではないかと大村は述べている。セルトーによれば、「戦略」とは、「周囲の環境から身を引き離し、一望監視的あるいは鳥瞰的な視点から環境を一挙に見通して対象化する実践主体が、その対象化した環境をコントロールしようとする実践様式」である。一方、「戦術」とは、「環境との密接な関係に巻き込まれながら、その中に一瞬あらわれる機会をつかみ、その機会を利用して『その場しのぎ』的に『うまくやる』機略」のことである。大村は、伝統的な生態学的知識を共同管理の場で活かしていくための方策として、このように異なるイデオロギーに基礎づけられた二つのパラダイムを無理に統合するのではなく、「両者を共存させながら、使い分けていくためのシステム」[大村二〇〇二b：一五九―一六四]の模索という方向性を打ち出している。

(28) 先述の福永は、参加型保全政策に求められる重要な要件のひとつとして「先住民や地域住民がその存在と生き方を差別されることなく正当に承認される」という意味での「公正さ」をあげている。細川が主張するような「自然に対する異なる価値観を身体化して共有」しようとする姿勢は、そうした「公正さ」の実現に通じるものであろう。

(29) 保全にかかわる外部者の側にはここで述べたような深い地域理解が求められるが、むろん、その一方で、地域住民やそのアドヴォケーター(環境・人権NGOなど)の側には、自然保護における社会的公正を勝ち取るための運動が求められるであろう。また、自分たちが自然とどのようにかかわってきたのか、その特質を地域の人びと自身が知ることは、そのような運動を推進していくうえでも有効な力となると考えられる。したがって深い地域理解は、保全にかかわる外部者の側だけではなく、地域の人びと自身にとっても重要な意味をもつと思われる。

(30) 複数の人びとが生活する場においては、人びとの生活の範域をさまざまなレベルで設定できる。そして、ある社会問題や社会的関心が生じると、その問題や関心の種類に基づいて生活を共有する範域を仮設できる。そこでは、当該の問題や関心レベルに合わせた一定程度の日常生活の共有があり、また一定程度の生活意識の共有がある。鳥越皓之[一九九七：二七]は、このような日常生活が共有され、生活意識が一定程度共有されている観念世界を「生活世界」と呼んでいる。本書でも、日常生活や生活意識をある程度共有した人びとによって意味づけられ、共有された世界像を「生活世界」と呼ぶことにする。なお、人は平坦な単一のリアリティに生きているのではなく、人びとが生きる世界にはさまざまな形で限定された意味の領域がある。江原[一九八五：五七]はそのようなリアリティの多元性をふまえて、特定社会の全成員もしくは一定範囲の成員に共有された世界像と特定社会の一成員からみた世界像を区別し、前者を「生活世界」、後者を「生きられる世界」と呼んでいる(生活世界論の詳細については江原[一九八五]を参照)。

(31) 本書では、このように地域の人びとの主体性に最大の価値を置く自然保護の理念を、これまでの「参加型保全」と区別するために、「住民主体型保全」と呼ぶことにしたい。

(32) 住民主体型保全の模索という立場を必ずしも明示したものではないが、本書と共通した問題意識を背景に、熱帯の「自然保護における地域住民の主体性」を扱った研究には、日本人の手によるものだけでも、環境人類学、環境社会学、地域研究などの分野において、次のようなものがある。たとえば、「協働管理」や「順応的管理」の考え方を取り入れながら、新たな自然保護計画が進められているカメルーン共和国東部州で調査を行った服部志帆[二〇〇四]は、この地域に暮らす狩猟採集民バカの生業活動・食生活・物質文化に着目して、彼らの生活を成り立たせている要素を明らかにし、ゾーニングや狩猟規制といった保護計画の内容や環境教育のあり方に関する問題点について検討している。一方、エチオピア連邦共和国のマゴ国立公園の周辺村で調査をした西崎伸子[二〇〇四]は、住民が自主的に狩猟の管理を始めた事例を取り上げ、その実態と形成過程を明らかにし、この試みが地域社会内や公園当局との関係に及ぼしている影響とモデルケースとして他地域に展開する可能性について検討している。また、タンザニア連合共和国のセレンゲティに暮らすイコマ(Ikoma)を調査した岩井雪乃[二〇〇二]は、支配的な権力や近隣民族との相互関係の変化に伴って、イコマが狩猟活動をどのように変化させ、生計や社会における意味づけを変えてきたかを分析し、科学的・合理的管理に依拠した生態系保全重視の法規制とイコマの生活実践の乖離点を明らかにしながら、両者の折衷の方向性について検討している。さらに、チンパンジーと共存してきたことで知られるギニア共和国南東部のボッソウ(Bossou)村で調査を行った山越言[二〇〇六]は、チンパンジー生息地における村びとの森林伐採行動の経緯と背景についての分析をとおして、近代的自然保護運動から疎外されてきた地域の人びとには、自然保護に対する動機付けや理念が「欠如」しているとみなし、彼／彼女らの自然保護の主体的な担い手としての能力に疑問符をつける立場を批判的に再検討している。これらの研究はいずれも、アフリカを対象としているが、フィールド調査を通じて得られた「人と自然とのかかわりあい」に関する深い地域理解のうえに、人びとが主体性を発揮し得る保全のあり方を展望しようとする点で本書と共通する。

(33)ヤシ科の熱帯木本植物のうち一二属が、樹幹の髄部にでんぷんを貯蔵するヤシとして知られている。そのなかでも、南北緯一〇度の東南アジア島嶼部やメラネシアの低湿地に分布するサゴヤシ(*Metroxylon* 属のヤシ)はでんぷん生産力がとくに高く、古くからマルク諸島からニューギニアにかけて食料として利用されてきた[山本、一九九八：三]。

(34)「植物・動物種の保存に関する一九九九年第七号政府令」では、オウムを含むこれらの計二三六種の動物(哺乳類、鳥類、両生類、爬虫類、魚類、昆虫類、花虫類)が「保護動物(satwa yang dilindungi)」に指定されている[Departmen Kehutanan 2003: 141-150]。

(35)とはいっても、現行の自然保護政策は山地民の暮らしを否定してしまう内容をもっており、将来的に山地民の暮らしを不安定にさせかねない。したがって、現行の自然保護政策が厳格に施行された場合に、地域の人びとにいかなる影響が及ぶのかを、単に食生活の悪化や現金収入の減少といった可視的な影響だけではなく、価値観や生き方の否定といった不可視的な影響も含め、可能なかぎり包括的に理解しておくことが求められる。

（36）本書では、近藤史に倣って「在来農業」という用語を「人びとがその風土の中で育み、共有し、主体的に営む農業」［近藤二〇〇三：一〇四］という意味で用いる。また本書では、「在来農業」の概念に、有用木本性植物の植栽・保育・利用（アーボリカルチュア）を含めて考えている。

（37）世界銀行のウェブサイト参照。http://www-wds.worldbank.org/external/default/main?pagePK=64193027&piPK=64187937&theSitePK=523679&menuPK=64187510&searchMenuPK=64187283&siteName=WDS&entityID=000094946_99031911061544（アクセス日：二〇〇五年一一月七日）。

（38）インドネシア国内の他地域で生じた「水平抗争（konflik horizontal）」――アチェの独立戦争のように地域社会対中央政府（国家権力）の「垂直抗争（konflik vertical）」ではない、宗教・民族集団間の争い――と比較しても、マルク抗争はもっとも規模が大きく、抗争勃発から二〇〇二年初頭までの三年間で、死者の数は八〇〇〇～一万人（政府発表では約三〇〇〇人）、避難民数は人口二一〇万人の約四分の一に相当する五〇万人を超えたと言われている。マルク抗争の経緯、背景、地域社会への影響などの詳細については、尾本ほか［二〇〇一］および笹岡［二〇〇一c：二〇〇一d：二〇〇三：二〇〇五a：二〇〇五b］を参照。

（39）中央マルク県の県都マソヒ（Masohi）にある地方開発企画局で行った聞き取り（二〇〇五年二月二二日）による。

（40）山地民による違法な野生動物利用は、いわば「公然の秘密」になっているので、本書がそれらの違法行為を明らかにしたからといって、山地民が逮捕されるような事態を招くことは、現実には考えにくい。しかし、念のため、調査村の名に仮名を用いる。

（41）北セラム郡役場の未公刊統計資料（二〇〇三年）による。

（42）アマニオホ村でのフィールド調査は、二〇〇三年二月一一日～三月一七日、〇三年五月二四日～八月二二日、〇三年一一月八日～〇四年三月八日、〇四年九月二六日～一〇月二五日、〇四年一二月九日～〇五年一月二四日、〇五年八月三一日～九月一〇日、〇七年二月七日～二一日、そして、一〇年一〇月二四日～一一月一日に行った。

（43）筆者は一九九八年に二回、アマニオホ村で調査を行っている。また、二〇〇一年には、「宗教抗争」で疲弊した山地民と内陸山村に逃げ込んだ沿岸部の避難民に対する緊急支援を行うための調査で滞在した。セラム島中央部の南北両海岸沿岸域では、二〇〇〇年から〇一年にかけてムスリムとクリスチャンの争いが起き、多くのクリスチャン住民が内陸部に避難していた[笹岡二〇〇一c]。

(44) 本書において「サブシステンス利用」とは、商業目的以外の利用をすべて含み、自家消費だけではなく、肉の分与も含むものとする。

(45) 本書では資源の「利用」を、資源が自然から引き離されて暮らしに取り込まれるまでの一連の過程をすべて含む包括的な意味で捉えている。

(46) オウムもインコも、オウム目(Psittaciformes)オウム科(Psittacidae)に属する。オウム科に属する鳥のうち、「オウム」は頭上に羽冠があって尾羽の短い鳥を指し、「インコ」は羽冠がないか、尾羽が長い鳥を指すとされてきたが、両者の区別は厳密ではない。以下、本書で「オウム」というとき、インコも含めてオウム科に属する鳥を指す。

(47) プロ・ファウナ・インドネシアのウェブサイト http://www.profauna.or.id/Indo/index-indo.html(アクセス日：二〇〇五年一一月七日)、および Kompas Syber Media の記事(http://www.kompas.com/teknologi/news/0503/30/161326.htm. アクセス日：二〇〇五年一一月七日)を参照した。

(48) プロジェクト・バード・ウォッチのホームページ(http://www.indonesian-parrot-project.org/news.html)(アクセス日：二〇〇五年一一月七日)を参照した。

(49) 一九九〇年代末に生息密度調査をした Kinnaird et al は、オオバタンの営巣木ビヌアン(*Octmeles sumatrana*)や餌となる実をつけるイチジク属の樹木(*Ficus* spp.)の密度とオオバタンの生息数のあいだに正の相関があることを明らかにした[Kinnaird et al. 2003: 232]。一九九〇年代初頭より中央セラムの北海岸沿岸部で本格的に始まった商業伐採(国立公園内での違法伐採を含む)やその他の開発事業は、広大な低地熱帯林を破壊し、オオバタンの営巣木や餌となる木を奪い、個体数に大きな影響を与えたと考えられている。しかし、オオバタン保護の施策は、もっぱら国立公園管理と捕獲・商取引の取り締まりに頼っており、公園外で行われる開発行為は容認されている(しばしば、公園内の違法伐採も見逃されている)。Kinnaird et al. によると、一九九〇年代後半の時点で、セラム島の約半分が木材コンセッション(伐採権)の発給対象地となり、島内の保護地域の三〇%以上はコンセッション地域と重なっている。したがって、オオバタンへのもっとも重大な潜在的脅威となるのは、住民の密猟よりも木材伐採による生息地破壊であり、今後保護のために求められるのは、適切な伐採管理や違法伐採の取り締まりであるという[Kinnaird et al. 2003: 233-235]。これまで、社会的・経済的に周縁的な位置に立つ地域住民の捕獲が絶滅への最大の脅威とみなされてきたなか、企業活動のコントロールを保護にむけた第一の課題と位置づけるこのような見解は、社会的公正の観点からみて重要である。

(50) セラム島の稀少野生オウム(オオバタンとズグロインコ)に関する数少ない先行研究には、以下のものがある。一九九八年に「野性生物保全協会インドネシアプログラム(Wildlife Conservation Society-Indonesian Program)」などのNGOが実施したオオバタンの長期保全計画策定のための生息密度調査[Kinnarid. et al. 2003]、オオバタンの生息密度と植生との関係に焦点を当てたMarsdenの一連の研究[Marsden 1995; Marsden, 1998; Marsden and Fielding, 1999]、そして、違法取引に言及したMarsden[1995: 207-212]、Taylor[1992]、Kinnaird[2000]などの報告である。なお、Badcockの報告[1996a, 1996b]と拙論文[Sasaoka, 2003]では、オウム交易が山村経済に果たす役割について若干の言及がなされているが、どちらも短期間の聞き取りに基づいており、オウムの経済的役割を詳細に分析したものではない。そもそも、セラム島のオウムにかぎらず、ペット・トレードの対象種の経済的役割をコミュニティ・レベルで評価した研究自体、非常に少ない[Cooney and Jepson 2006: 20]。

第1章

研究対象地の概観

アマニオホ村のメインストリート

一　マルク諸島の自然と社会

1　自然環境

インドネシア東部島嶼地域とフィリピン諸島を含む多島海は、一九世紀の偉大な博物学者で、ダーウィンとともに進化論を唱えたウォーレス（Alfred Russell Wallace：一八二三〜一九一三）の名にちなんでウォーレシア（Wallacea）と呼ばれている。より正確には、ウォーレシアは、バリ島とロンボク島の間を通り、ボルネオ島の東を北上するウォーレス線からフィリピン諸島の西を北上するハックスレー線へ続く線と、西パプアの西側を南北に走るライデッカー線とに挟まれる地域（海域）である（図1-1）。

スマトラ島、ボルネオ島、ジャワ島、バリ島などの島々は、かつて東南アジア大陸部と地続きとなっており、スンダランドと呼ばれる一つの大陸であった。一方、オーストラリアとニューギニア島もかつては陸続きであり、サフルランドと呼ばれる一つの大陸をつくっていた。ウォーレシアは、この二つの大陸のあいだに広がる島嶼域であり、深い海に隔てられた島々は、これまで一度も陸化したことがないと考えられている［尾本ほか二〇〇一：vii］。

本書が対象とするマルク諸島——モルッカ諸島とも呼ばれる——は、ウォーレシアの西側半分を占める島嶼域であり、スラウェシ島とニューギニア島に挟まれた約一〇〇〇の島々からなる。(1) インドネシア共和国の行政区分によると、ハルマヘラ島とその周辺の島々からなる北マルク州、ブル島、セラム島、アンボン・レアセ諸島、バンダ諸島、ケイ諸島、そしてアルー諸島からなるマルク州で構成されている。(2) マルク諸島は八五万㎢の広さを誇るが、そのほと

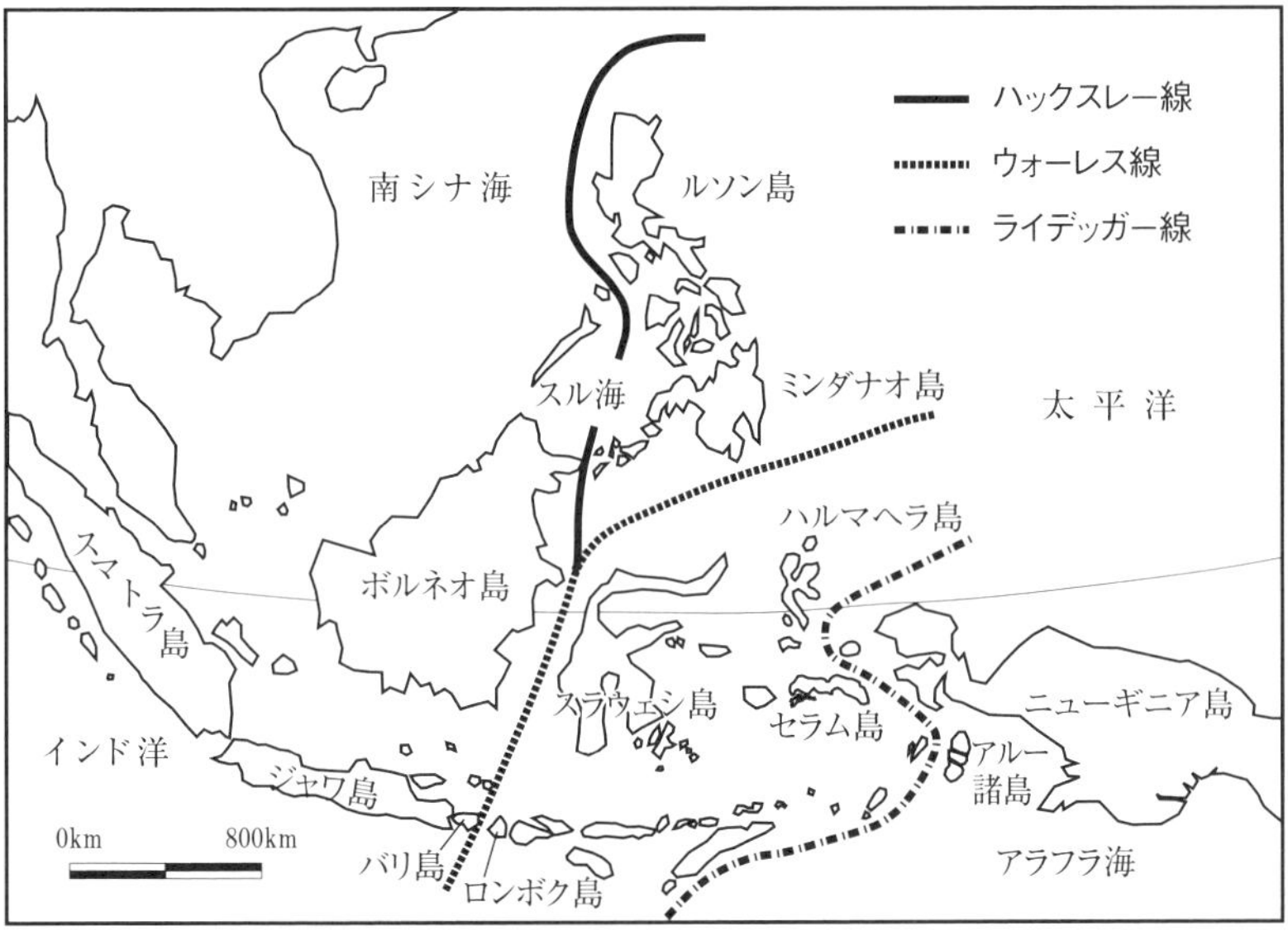

図1-1　ウォーレシア

んどは海であり、陸域は約一〇%にすぎない。

表1-1に示されるとおり、インドネシアのなかでマルク諸島の野生動物の種数は、それほど多くない。とくに、哺乳類の種数は六九種類と、七地域(スマトラ、ジャワ、カリマンタン(ボルネオ)、スラウェシ、ヌサテンガラ、マルク、西パプア(イリアンジャヤ))のなかでもっとも少ない。これは、この地域がこれまでに一度も陸化していないことの反映である。しかし、生息種数に占める固有種の割合は比較的高く、鳥類の固有種率は全地域で最大の値を占めている[Welp et al. 2002: 276]。そのなかには、セラム島とその周辺にしか生息しない固有種で、世界的にも保護に対する高い関心を集めており、本書第3章で取り上げるオオバタンが含まれる。

マルク諸島の中心に浮かぶセラム島(この島嶼域最大の島)を例にとってこの地域の植生を概観すると、海抜五〇〇mまでの沿岸低地部にはMyrtaceae科、Myristicaceae科、Lauraceae科、Guttiferae科の樹木が優先する低地熱帯雨林が広がり[Edward et al. 1993: 66]、海抜五〇〇〜一五〇〇mの内陸山岳部は*Agathis* spp, *Casuarina*

表 1-1　インドネシアの固有種

地域	鳥類 種数 [a]	鳥類 固有種数 [b]	鳥類 固有種率 [b/a]	哺乳類 種数 [a]	哺乳類 固有種数 [b]	哺乳類 固有種率 [b/a]	爬虫類 種数 [a]	爬虫類 固有種数 [b]	爬虫類 固有種率 [b/a]
スマトラ	465	2	0.4%	194	10	5.2%	217	11	5.1%
ジャワ	362	7	1.9%	133	12	9.0%	173	8	4.6%
カリマンタン	420	6	1.4%	201	18	9.0%	254	24	9.4%
スラウェシ	289	32	11.1%	114	60	52.6%	117	26	22.2%
ヌサテンガラ	242	30	12.4%	441	12	2.7%	77	22	28.6%
マルク	210	33	15.7%	69	17	24.6%	98	18	18.4%
イリアンジャヤ	602	52	8.6%	125	58	46.4%	223	35	15.7%

出所 : Welp et al.［2002:276］.

montana, Duabanga mollucana, Diospyros spp などが生育する高地熱帯雨林となっている。このほか、汽水域に広がるマングローブ林や、海岸の砂浜に分布する海岸植生、マングローブ林の後背地にパッチ状に分布する低地湿地林、大型河川のほとりに分布する河岸植生、海抜一五〇〇m以上の山岳地域に分布する熱帯コケ林などがある［Sub Balai Konservasi Sumber Daya Alam Maluku 1997: I-8-I-10］。

インドネシアでは一九六六年のスハルト政権発足以降、巨大財閥が進める森林伐採やアブラヤシを中心とするプランテーション開発などによって、急速に森林が消失した［笹岡二〇〇四］。そうしたなかにあって、マルク諸島は西パプア（イリアンジャヤ）に次いで森林率が高い地域で、土地の七割以上は森林に覆われている。グローバル・フォレスト・ウォッチ（Global Forest Watch）の推計によると、一九八五年から九七年にかけて、マルク諸島では森林率に大きな変化が見られなかったとされている（表1-2）。一方、インドネシア政府と世界銀行の評価では同じ期間に一三％の森林が減少していると推計されており、実のところ、この地域における森林資源動向については正確な事実がわかっていない［FWI and GFW 2002: 12-13］。

いずれにしても、スマトラやカリマンタンで進行しているようなオイルパーム農園の開発や違法伐採、森林火災による大規模な森林消失が生じて

表 1-2　インドネシア各島（島嶼群）の森林率

島・島嶼域	1985年 土地面積 [ha]	1985年 森林面積 [ha]	1985年 森林率 [%]	1997年 土地面積 [ha]	1997年 森林面積 [ha]	1997年 森林率 [%]	減少率（1985～97）[%]
スマトラ	47,581,650	22,938,825	48	47,574,550	16,430,300	35	－28
ジャワ	13,319,975	1,274,600	10	13,315,550	1,869,675	14	47
バリ	563,750	96,450	17	563,150	76,700	14	－20
カリマンタン	53,721,675	39,644,025	74	53,721,225	29,637,475	55	－25
スラウェシ	18,757,575	11,192,950	60	18,753,025	7,950,900	42	－29
ヌサテンガラ	6,645,625	686,775	10	6,639,925	450,450	7	－34
マルク	7,848,175	5,790,800	74	7,846,600	5,820,975	74	1
イリアンジャヤ	41,405,500	35,192,725	85	41,403,850	33,382,475	81	－5
計	189,843,925	116,817,150	62	189,817,875	95,618,950	50	18

出所：FWI（Forest Watch Indonesia）and GFW（Global Forest Watch）[2002:12]。

いないことや[Welp et al. 2002: 277]、人口密度が低いことなどを背景に、マルク諸島は、インドネシアのなかで比較的、豊かな森が残された地域であるといってよい。とはいえ、本書が対象とするセラム島中部の北海岸沿岸部のように、一九九〇年代より移住村の造成やエビ養殖場の建設、そして商業伐採が行われるなど、低地熱帯林地域ではさまざまな開発が進行しつつある。

2　民族・歴史・文化

(1) アリフル人

マルク諸島には二〇一〇年時点で約二五七万人が暮らしており、人口は沿岸部に集中している(3)。一般に、沿岸部にはムスリムの村、クリスチャンの村、両宗教集団の混成村が点在し、内陸部にはクリスチャンの村（住民の一部はアニミスト）が点在する。沿岸部に暮らすムスリム住民の一部は、スラウェシ島やジャワ島などからの移住者やその子孫である。それ以外の、もともとセラム島、ブル島、そしてハルマヘラ島の内陸部に住んでいたとされる先住民は、アリフル（*Arifuru*）と呼ばれている。

アリフル人がいつごろからこの地域に住むようになったのか、確かなことはわかっていない。メラネシア西部など隣接地域における考古学的証拠に依拠すると、セラム島にはおそらく紀元前四万〜六万年ごろには人が住んでいたと考えられている[Ellen 1993a: 193]。アリフル人の系統的な民族学的研究は今日までなされておらず、東南アジアで最古の民とされているネグリトとの関連など、わかっていないことが多い[沖浦二〇〇一：一七〇]。

ところで、「アリフル」という言葉は、マルク域外から移住してきたいわゆるマレー系の人びとと区別する目的で、マルク諸島の先住民を指すために用いられてきた呼称であり、特定の民族を指すわけではない。アリフルと総称される人びとのなかには他と峻別可能なさまざまな集団が含まれており、民族的な組成は複雑である。そのため、人類学者エレンはアリフル人の民族的な分類を放棄しているほどである[Ellen 1978: 10]。したがって、ここでは中央セラムに限って、アリフルの言語グループと文化類型について簡単に言及するにとどめておく。

ヴァレリによると、セラム島のアリフル人はすべてオーストロネシア語族に属し、少なくとも一九の言語グループに分類できる。本書の対象地である中央セラムには、言語学的・文化的に区分可能な四つのグループがあるという。すなわち、北海岸側低地から内陸部にかけて点在するフアウル(Huaulu)、ニサウェレ(Nisawele)[4]、サルメナ(Selumena)、マライナ(Maraina)、マヌセラ(Manusela)、マクアライナ(Makualaina)[5]、カバウハリ(Kabauhari)、マネオ(Maneo)などのマヌセラ・グループ、南海岸沿岸部のタルティ(Taluti)・グループ、マネオよりも東に位置するセティ(Seti)などの村と、近年になって北海岸沿岸部に移住した人びとの村からなるセティ・グループ、北海岸沿岸のサワイ(Sawai)、サレマン(Saleman)、ベシ(Besi)、ワハイ(Wahai)などのラウファファ(Laufafa)・グループである[Valeri 2000: 16-19]。

一方、文化類型としては、中央セラムに二つの型が認められる。創造神話とシャーマニズム儀礼をもち、首刈りの風習をもともともたなかったワハエラマ(Wahaerama =ワハイ)・タナバル(Tanabaru)群と、天父地母の交婚神話・年齢階梯制をもち、首刈り・割礼を行っていたファウルやマヌセラなどの諸群である[大林一九八七：四二二]。

マルク諸島には、そのほぼ全域に影響力をもつ広域の政治組織の単位として、パタシワ(*patasiwa*)とパタリマ(*patalima*)という連合があった。パタは「部分」、シワは「九」、リマは「五」の意をもつ。伝統的行事において、パタシワでは九が、パタリマでは五が大切な数字とされ、それぞれが共通の伝統や慣習法を共有すると信じられている。[6] パタシワとパタリマの起源については不明な点が多いが、一五世紀に権力を南に拡大していったテルナテ王国とティドレ王国が、軍事および統治の必要からセラム島の住民を二分するこのような制度を導入したと考えられている[スブヤクト、1985: 215-216]。セラム島の中部以西地域は西のパタシワと東のパタリマに大きくは区分でき、本書が対象にする中央セラム内陸部の村はパタシワに属する。

かつてこの地域は、パタシワとパタリマのあいだで争いが絶えなかった。争いが起きると、セラム島中部の山地村からも援軍を送っていた。しかし、ヌヌサク(*Nunusaku*)戦争と呼ばれる最後の争いで和平協定(*tomole fatale*)が結ばれて以来、パタシワ―パタリマ間の争いはなくなったという。

(2) 開かれた経済空間

マルク諸島の歴史において特筆すべきは、古くからこの海域が世界市場とつながりをもっていた点であろう。マルク諸島はかつて香料諸島(spice islands)と呼ばれていたように、丁字(*Syzygium aromaticum*)やニクズク(*Myristica fragran*)など香料の産地として有名であった[7](写真1-1、写真1-2)。

マルク諸島は、古くからインドのクジャラートを中心とする「インド洋貿易圏」に組み込まれていた。インド洋貿易圏は、東はマルク諸島、西はアフリカ東海岸に及ぶ広大な貿易圏であり、マウリヤ帝国(紀元前三一七ごろ～前一八〇年ごろ)のもとで古代インド文明が繁栄したころに成立したと考えられている。インド洋貿易圏内で取引された商品には銅や鉄や陶器などが含まれ、もっとも重要な商品はクジャラートやベンガルで生産される綿織物だった。丁字

写真 1-1　天日干しされる丁字（ウォル村）

写真 1-2　天日干しされるナツメグ（右、ニクズクの種子）とメース（左、ニクズクの実の仮種皮）（ハトゥメテ村）

やナツメグは、こうした織物をはじめとする商品を手に入れるための見返りの商品の一つであったと考えられる［鶴見二〇〇〇：八九；生田二〇〇一：一三三－一四八］(8)。

西洋に丁字とナツメグが知られるようになるのはそれぞれ一二世紀と一四世紀からで、実際にヨーロッパ人が東南アジア海域世界に進出して、これらの香料の交易に本格的に従事するようになるのは、一六世紀以降である。マラッカを攻略したポルトガルは、東部ジャワの香料交易港を経て一五一二年ごろに北マルクを訪れ、香料の産出量など詳細な記録を残している。その後、ポルトガルは各地に要塞を建設して、香料貿易の独占を図ろうとするが、後に進出してきたオランダとの覇権争いに敗れ、香料貿易から身を引くことになる。

オランダは一五九八年に北マルクに初めて船隊を送り、一六〇二年に設立されたオランダ東インド会社（VOC）によるバンダ諸島、アンボン、北マルクへの進出が始まる。一六〇五年にはアンボンをポルトガルから奪い、テルナテ王国を保護下に置いた。一六二一年にはバンダ島住民を虐殺して入植を進め、その二年後には、アンボンのイギリス商館の英国人とそこで傭兵として働いていた日本人など二十数名を殺害して（アンボン事件）、この地域にともに進出したイギリスを締め出すことに成功する。さらに、一六四六年にはジャワ人のマルク交易を禁じ、テルナテ島など北マルクの五つの島以外での丁字の栽培を禁じ、香料貿易の独占体制を築きあげていく［古川一九九七：四七五；鈴木一九九七：二〇六］。

本書が対象とするセラム島は、一六世紀初頭まで北マルクの丁字の生産地と、ナツメグの生産地であるバンダ諸島を結ぶ交易ルートの中継地である以外、香料貿易という点ではさほど重要な地域ではなかった。しかし、一六世紀に入ってから、おそらくは北マルクのマキアンからこの地へ丁字が導入され、少なくとも一七世紀初頭ごろにはセラム島でも生産が活発化する。比較的人口稠密なアンボン島やレアセ諸島では、丁字の生産に伴って十分な食糧の生産が困難となり、セラム島から主食であるサゴ（サゴヤシから採取されたでんぷん）を輸入していたという［Ellen 1979: 58-63］。セラム島中部南海岸のテルティ（Teluti）湾沿岸の村むらでも、商人がサゴを船に乗せ、ハルク島やサパルア島に売りに行っていたと、当地の村びとは語っていた。

サゴと交換されたのは、マカッサル人（Makisaro）が運んできた中国製や日本製の皿（*mutan, afara*）であり、婚資として利用された。調査対象村であるアマニオホ村の最長老によると、このサゴの販売（もしくはバーター）にはセラム島山地民もかかわっており、おそらくは一九四〇年ごろまで、テルティ湾沿岸のムスリムの村、ウォル村に出稼ぎに出てサゴ採取・販売を行い、皿を得ていたという。こうした出稼ぎは、山地民の言葉で「アイシャムタリ（*aisya mutari*）」と呼ばれていた。その原義は「船に（モノを）載せる」ことを意味しており、採取したサゴを船に載せる当時の人びとの姿を髣髴とさせる。いずれにしても、セラム島内陸山地部に暮らす僻地山村住民は、古くから交易ネットワークを通じて外の世界とつながっていたのである。

オランダ東インド会社は西欧列強を締め出して、香料貿易の独占体制を築きあげていったが、その隆盛は長くは続かなかった。一七七〇年にはフランスによって盗み出された丁字の苗木がモーリシャス諸島に移植され、一八世紀末から一九世紀初頭には、現在の丁字の主要な生産地となっているザンジバル島やペンバ島(タンザニア)に移植される。ナツメグも一七九六年にイギリスによって持ち出され、マレー半島近くのペナン島に移植されたし、フランスはマダガスカル島やモーリシャス諸島に移植した。こうした生産地の拡大によって香料価格は低下し、ヨーロッパにおける香料熱もしだいに冷めていく[吉田一九九七：一七二]。

マルク諸島における香料貿易が凋落した一八世紀以降、それを埋めるように急速に発展していったのは、中国で需要が高まった干しナマコ、燕の巣、白蝶貝、亀の甲、フカヒレなどの「特殊海産物」の交易であった。これらがいつごろから交易品として取引されるようになったのかは定かではないが、汪大淵が残した『島夷誌略』によると、少なくともこの記録が残された一四世紀には、銀や銅、そして綿織物などと交換で域外に輸出されていたようである[鶴見二〇〇〇：八五–九八：生田二〇〇一：一五一–一五二]。

これらの特殊海産物は、現在もマルク諸島の沿岸住民にとって重要な現金収入源である(今日では、これに冷凍エビやテングサ、そして高瀬貝(*Tectus niloticus*)が加わる)。また、かつてのような隆興は見られないが、一六世紀から一八世紀にかけてヨーロッパ人をひきつけた丁字やナツメグも、カカオやコプラ(kopra：ココナツの胚乳を乾燥させたもの)と並んで、沿岸農民の代表的な商品作物であり続けている。

(3) 資源管理慣行サシ

この地域の歴史・文化を理解するうえでもうひとつ重要だと思われるのは、序章で述べたサシ(*sasi*)と呼ばれる村落基盤型の自律的な資源利用規制の存在である。サシは陸域もしくは海域の特定地域への立ち入りや、特定資源の収穫を一定期間禁止する資源管理慣行であり[村井一九九八：秋道一九九五a：秋道二〇〇四]、マルク諸島を中心に西パプアや北スラウェシの一部地域を含むインドネシア東部島嶼部一円で見られる（写真1−3）。なお、オセアニア地域でも、類似の慣行が広く見られる〔秋道一九九七：三六三〕。

現在、「サシ」という言葉は、マルク諸島とその周辺地域における慣習的な資源利用規制を示す一般名称として用いられており、各地域に独自の呼称がある。たとえば、中央マルクのセラム島中央部では「セリ（*seli*）」〔笹岡二〇〇一ａ：一七七〕、東南マルクのケイ・ブッサール島では「ヨッ（*yot*）」、ケイ・クチール島では「ユトゥッ（*yutut*）」〔Rahail 1995: 39〕、アルー諸島では「ダタフン（*datahun*）」〔秋道一九九五ａ：一九五〕、北マルクのテルナテ島では「フソ（*fuso*）」〔Salipi and Surmiati 1996: 40〕、西パプアのジャヤプラ周辺では「ティヤイティキ（*tiyaitiki*）」〔村井一九八八：三五〕、北スラウェシのタラウド諸島では「エハ（*eha*）」〔Samura 1999: 221〕と呼ばれている（現在のサシの実態と今後の課題については笹岡〔二〇〇七ａ〕を参照）。

写真1-3　ココナツとココヤシの若い葉で作られた、ココヤシ林のサシの標識（アイルブッサール村）

サシが歴史資料に登場するようになるのは、一九世紀後半からである。それ以前にどのような形で行われていたのか、また、いつごろから行われるようになったのかについては、よくわかっていない。オオイワシ（*Thryssa baelama*）を対象とするサシで有名なハルク（Haruku）村（中央マルクのハルク島）の言い伝えに基づくと、この地域では少なくとも一六世紀末には行われていたという〔Mantjoro 1996: 22〕。

ベンダ・ベックマンらによると、サシはもともと超自然的存在(祖先の霊や精霊など)と人びとの媒介役を果たすシャーマンによって実施されていたと考えられる。サシの規制に人びとを従わせていたのは、「違反すると祖霊や精霊から何らかの災厄がもたらされる」という、超自然的な力への恐れであった。歴史資料の残っていない前植民地時代に、どのような資源がサシの対象になっていたのかつまびらかではないが、特定個人や集団の保有する樹木や農地の保護のために行われていたと考えられている[Benda-Beckmann et al. 1995: 7-9]。また、海や森での災難や猟・漁の失敗などの不運はそこに暮らす祖霊や精霊の怒りによって生じたと信じられており、サシはそれら祖霊・精霊の怒りを静めるために行われることもあったと考えられている[Benda-Beckmann et al. 1995: 6]。

マルク諸島には一五世紀以降、交易による外部との接触を通じて、イスラームとキリスト教が伝播し始め、以後、それら世界宗教の影響力は徐々に高まっていく。その過程で、地域によっては、それまでの祖霊・精霊信仰と結びついたサシが「教会(あるいはモスク)のサシ(*sasi gereja/ mesjid*)」へと変化した。しかし、その場合でも、多くの地域においてサシの実施にはなんらかの宗教儀礼が伴っており、「違反すると神の怒りに触れる」という信仰が人びとのサシへの同調の背景となっていることが少なくない。現在でもサシは人びとの超自然観と結びついた資源管理慣行であるといってよい[Harkes and Novaczek 2002: 248-249]。

ザーナーによると、サシに関する記録が現れ始める一九世紀から現代に至るまでに、サシの意味づけや実践に変化をもたらす二つの転機があった[Zerner 1994a: 1115-1116]。第一の転機は一九世紀の終わりから二〇世紀の初めにかけて生じたものである。この時期、とくに植民地支配の影響を強く受けたアンボン島やその周辺(アンボン・レアセ諸島)で、宗教色の強かったサシが合理的な法規範へと編成される動きがみられる。

ポルトガルとの争いの末、一七世紀初頭に丁字貿易の独占体制を確立したオランダ東インド会社は丁字の集荷を統制しやすいように、内陸部に住んでいた人びとを沿岸域に強制移住させた。こうして新たに形成された村はネグリ

（*negeri*）と呼ばれ、オランダによって任命された村長によって統治される。ネグリの領地や住民の構成は、以前の村落のそれと一致していなかったため、ネグリの整備は従来の権威システムを大きく変容させた［Benda-Beckmann et al. 1995: 11］。

一九世紀に入ると、オランダ東インド会社が解体され、オランダ植民地政府による直接統治が始まる。植民地経営の形は、貿易の支配から、土地・労働力の支配へと変わった。それに伴い、オランダは以前にもまして、土地に対する権利や村政府の権限をより明確に定め、村政府は村の領地における資源管理の権利と責任をもつものとされた［Benda-Beckmann et al. 1995: 14］。それまで植民地経営の柱であった強制栽培制度は、丁字価格の暴落を契機に一八六三年以降段階的に廃止され、新たに徴税制度が導入される。それに伴い、丁字の集荷・供出に協力することで利益を得ていた村長や村役人は、その収入を失った。この時期、丁字に代わって重要な換金作物となったのは、ココヤシやナツメグである［Benda-Beckmann et al. 1995: 15–16］。

植民地政府は村びとが税を支払うことが可能なように、換金作物の賢明な利用とそれを可能にする村政府の自治機能の強化に関心をもった。一方、ココヤシやナツメグなどを対象とするサシによって、その収益の一部を管理費として徴収していた村長や村役人は、村の土地・資源のコントロールに対する植民地政府の承認や支持を必要としていた。彼らの権限は必ずしも、すべての人びとから正統なものとして認められていなかったからである［Benda-Beckmann et al. 1995: 16–17］。

以上を背景に、一九世紀終わりから二〇世紀初めにかけて、いくつかの村が商品作物の保有権の保護や村の財源確保を目的としてサシの諸規則を成文化し、オランダ植民地政府から承認を得ている。そこでは、違反行為を特定して、違反者に科せられる罰金額なども定められていた。こうして、宗教色の強かった（超自然的な力が制裁機能を果たしていた）サシは、植民地権力や村のエリートの意向を反映しながら、商品作物の収穫をコントロールするためのより合理的な強制力(罰金など)に基づく実用的な法規範へと編成されていく[Zerner 1994a: 1088-1099; Benda-Beckmann et al. 1995: 13-20]。

いくつかの歴史資料が示すように、このような形で成文化と権威づけが行われたサシは「植民地権力の道具」ともいえる側面を有しており、ときとして地域の人びとの抵抗にあうこともあった[Zerner 1994a: 1097][9]。近年になって、資源管理における分権化と住民参加が求められるようになるなか、サシは住民自身のイニシアティブに基づく「下からの資源管理」として注目を集めている。だが、おそらくそのような理解は一面的であり、その時どきの権力関係に規定されながら発展してきたという側面もあった。

サシの意味づけや実践に変化をもたらした第二の転機は、一九八〇年代の終わりごろから九〇年代初頭にかけてである。この時期、環境保全や持続的開発をめぐる言説や運動に共鳴する形でサシを再解釈し、再興させる動きがみられるようになる。たとえば、ハルク村では、一九八〇年代なかばまでサシはそれほど重要な役割を果たしていなかった。しかし、当時の村長のイニシアティブによって新たにサシの諸規則が編成され、一九八五年に慣習法会議で承認された[Zerner 1994b: 100-101]。そのなかには、河岸地域での森林伐採や特定地域におけるマングローブ伐採の禁止など、環境保全に配慮した新たな規則が含まれていた。また、サシの目的は「生物資源の保全」と「資源から得られる便益の平等な分配」とされた[Kissya 1993: 4]。

インドネシアでは一九八〇年代初頭から環境保全や持続的開発にかかわる言説が力をもつようになっており[10]、地域住民による「優れた知恵と実践」としてサシを再評価する動きが研究者やNGOのあいだで活発化していく。さらに、一九八一年以降、人口・環境省(当時)が、環境保全に貢献した地域コミュニティに対して賞を与えるなど、資源管理にかかわる在地の慣行や制度に対する「官」の評価も高まった[11]。こうした政治的環境のなかで、サシは「持続的かつ公平な資源利用を保障する制度」として見直され、一部の地域ではそれに適合した形に再編成されていったのである[Zerner 1994b: 100-105]。

以上みてきたように、サシはその時どきの経済的・社会的・政治的環境に影響されながら、意味づけや内容をダイナミックに変化させてきており、その変化のあり方も地域により多様であったと考えられる。そのことをふまえながら、サシの利点や限界を含め、今後、この地域の資源管理のあり方を検討することが必要とされている[秋道一九九七：三六三]。

本書が対象にするセラム島中央内陸山地部には、セリカイタフ（*seli kaitahu*）と呼ばれる、おもに狩猟獣の利用を規制する、基本的にサシと同様の資源利用規制がある。これは、いわば「森のサシ」と呼べるものである。序章で述べたとおり、サシは住民による土着の「住民参加型」資源管理の事例として着目され、さまざまな研究が行われてきたが、そのほぼすべてが「海のサシ」に関する研究であった。そのため、「森のサシ」は、拙論文[Sasaoka 2003; 笹岡二〇〇一ａ：笹岡二〇〇一ｂ]を除いて、これまでほとんど資料化されていない。セリカイタフのような森林資源の民俗的な管理の可能性や課題の実例に即した検討も、本書でめざす目的のひとつである。

二　アマニオホ村の概況

1　地　理

フィールド調査を実施したアマニオホ村は、セラム島（東西の幅約三四〇㎞、面積約一万八六〇〇万㎢）の中央部、コピポト（Kopipoto）山（一五七七ｍ）とビナヤ（Binaya）山（三〇二七ｍ）のあいだに延びるマヌセラ峡谷に点在する山地民の

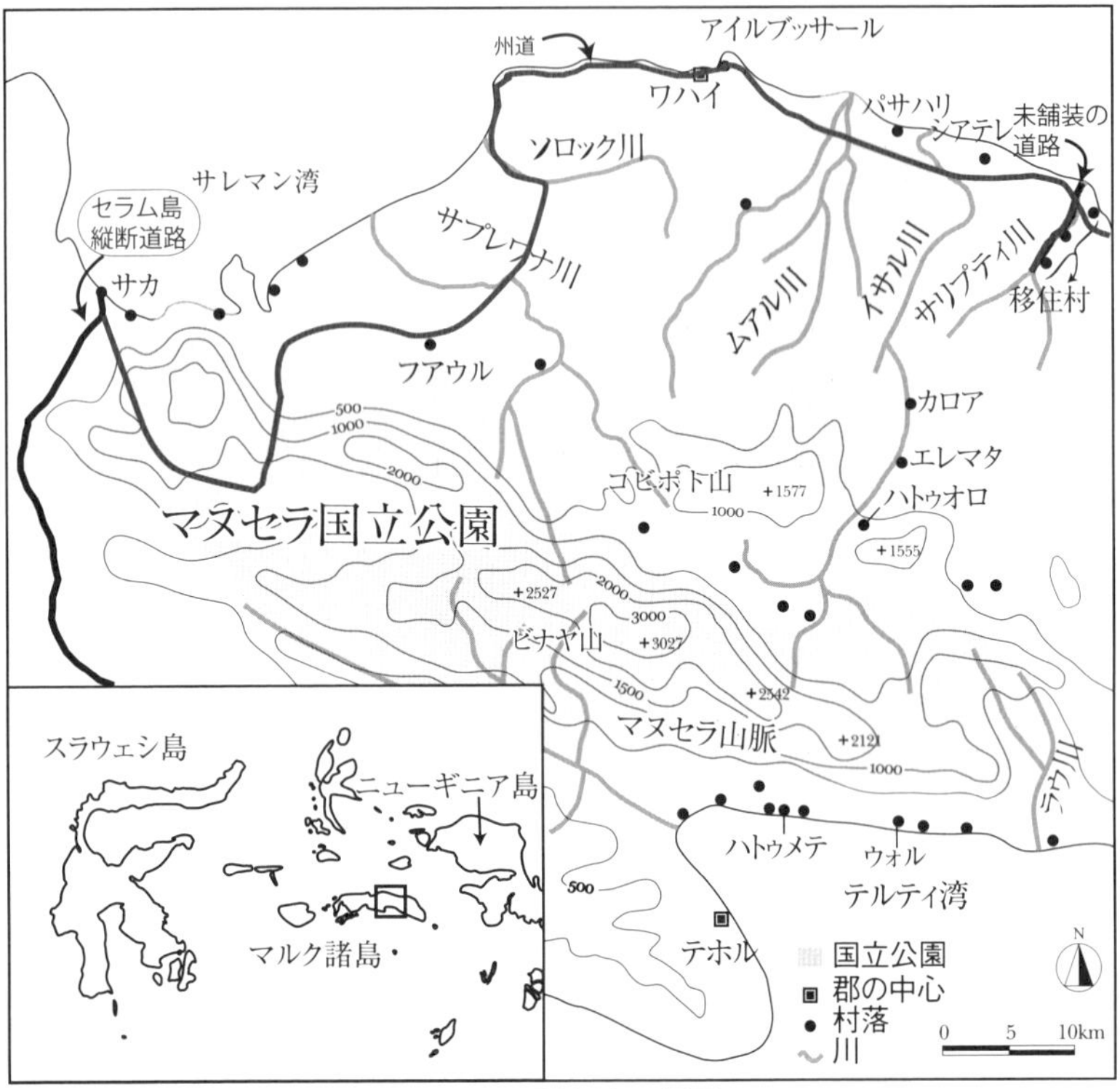

図1-2　調査地の概要

僻地山村[12]のひとつであり、標高約七三○mに位置している(図1-2)。行政的には中央マルク県北セラム郡(Kabupaten Maluku Tengah, Kecamatan Seram Utara)に属する(写真1-4)。

村は北海岸から直線距離で約四○km、南海岸から約一五kmの内陸に位置している。車が通行可能な道路は通じておらず、南海岸へは徒歩で一日から一泊二日、北海岸側へは同じく徒歩で一泊二日もしくは二泊三日ほどかかる。南海岸沿岸部へは、直線距離は短いものの一五○○〜二○○○mの山々が連なるマヌセラ山脈を越える必要があるため、非常に困難なルートである。一方、北海岸側への道は、長距離だが起伏が比較的少なく、天候がよければ歩きやすい。一九九○年代なかばにサリプティ(Sari Putih)川の中流に移住村(UPTO)がつくられ、その後、周辺地域で木材伐採が始まったことに伴い、未舗装だがバイクや自動車の通行可能な道が造られた。この道は、海岸線沿いに伸びる、郡都ワハイとコビ(Kobi)を結ぶ州道から内陸に約七～八㎞のところまで伸びている。この移住村造成と道路建設によって、山地民の北海岸沿岸部の村へのアクセスは大きく改善された(写真1-5)[13]。

この地域は熱帯湿潤気候で、低地の気温は二五～三〇度だが、アマニオホ村は標高が少し高いため、気温は低地より数度低くなる。朝晩は、吐く息が白くなるほどに冷え込むこともある。年平均降水量はワハイ周辺で約二一〇〇㎜

写真 1-4　アマニオホ村の遠景

写真 1-5　木材搬出用の車に乗せてもらう山地民(移住村)

[Edward 1993: 6–7]、季節風の影響から、アマニオホ村では五月から九月にかけて比較的雨の少ない日が続き、一〇月から四月ごろまでは比較的雨が多い。

2 村の略史と人びとの暮らし

アマニオホ村の住民はすべて先述のアリフル人で、他島からの移民や華人はいない。ヴァレリによると、中央セラムには四つの言語グループが存在するが、それらの違いは軽微である[Valeri 2000: 16–19]。ヴァレリがマヌセラ・グループと分類した内陸山村の言葉——彼らは自分たちの話す言葉をソウ・ウパ(*sou upa*)と呼ぶ——は、テルティ湾沿岸ではサウノル(Saunoru)村からラファ(Lafa)村あたりまでの地域、北海岸沿岸ではファアウル村からアイルブッサール(Air Besar)村のクラマットジャヤ(Keramat Jaya)集落、そしてセティ村あたりまでの地域において通用する。山地民自身も、これらの地域に暮らす人びとを同じ言葉を理解する一つの言語集団とみなしており、それに対する緩やかな帰属意識をもっている(14)。

村の長老たちによると、かつてこの地域一帯に住んでいた人びとは、親族関係で結ばれた複数の世帯ごとに、高床式の大家屋(*lalalala*)を建て、森の中に点在して暮らしていたという。当時の人びとは、数軒の大家屋からなる小集落を移動させたり、小集落間を頻繁に移動したりする、離合集散的な生活を送っていたと思われる。これらの小集落は、婚姻関係や親族関係で緩やかに結ばれていたであろうが、現在のような「村」としてのまとまりがあったかどうかは不明である。いずれにしても、一八九〇年ごろオランダ植民地行政の指導下、分散して暮していた人びとがケセイラトゥ(Keseilatu)と呼ばれる場所に集められ、現在のアマニオホ村の母体となる集落がつくられた。この地域で初めてキリスト教の布教が行われたのは、その少し前のことであり、最初にキリスト教に入信した祖先はサパルア

(saparua)島まで行って洗礼を受けたという。

　集落形成から約二〇年が経った一九一二〜一三年ごろ、村に最初の小学校が建てられ、公用語としてのインドネシア語教育が始まった。村の生活にかかわる重要な出来事については、略年表として表1-3にまとめた。なお、この表で断片的にふれられている現金収入源の歴史的変遷については、4節で述べる。

　調査を実施した二〇〇三年時点、アマニオホ村には約三二〇人、五九世帯が暮らしていた。[15] 一九八一年から二〇〇三年までの約二〇年間に人口は約四%しか増加しておらず、北セラム郡のアリフル人の村のなかでも増加率はかなり低い(表1-4)。村のセンサスを実施した二〇〇三年五月、三二〇人のうちアマニオホ村出身者は三〇一人(九四%)であった。また、成人男女一六六人のうち、小卒者は一二七人(七六・五%)、中卒者は一四人(八・四%、うち二人は高校中退)、そして高卒以上が五人(三・〇%)であった。[16] アマニオホ村は、セラム島のなかでもきわめてアクセスの悪い僻地山村といえるが、初等教育が早くから行われてきたことを背景に、村びとのインドネシア語のリテラシーは比較的高い。彼らは、村のなかでは日常的にはソウ・ウパを用いているが、一部の高齢者を除いて、ほとんどがインドネシア語を操ることが可能である。

　プロテスタント教会による布教が始まる一九世紀末ごろから、この地域には徐々にキリスト教が浸透していく。現在では村びとのほとんどがクリスチャンだが、一部にアニミストも存在する。キリスト教に入信しなかった彼らは集落に住むことを拒否し、集落から数㎞離れた場所に、三〜六家族が高床式の大家屋に共住している。[17] 調査時点で、このような大家屋が二つあった。

　集落には二本の道が平行して縦に細長く走っており、それを挟むように、サゴヤシの葉柄で壁を作り、サゴヤシの小葉で屋根を葺いた民家が立ち並ぶ。集落には、マルク・プロテスタント教会が運営する小学校(教員は二人、一人はナサハタ(Nasahata)村の住民、もう一人はアマニオホ村の住民で、ともに山地民)、教会、そして、診療所(Puskesmas)

オホ村の略史

1976年	村の教会(マラナタ教会)の建設開始。
1977年	村長が初めて発電機を購入(ただし、数年で故障)。
1982年	マヌセラ国立公園の設定。
1980年代初頭	北セラム郡の北海岸沿岸部(ソレア、カロア、シアテレ周辺)でメルバウ(*Intsia palembanica*)、メランティ(*Shorea* spp.)を中心とする木材伐採が始まる。シアテレ―カロア間に木材搬出用の道路ができ、北海岸沿岸部の村落へのアクセスがよくなる。
1980年代末(?)～	シアテレにカカオのプランテーションが造成され、出稼ぎに出て農園造成やカカオの枝打ち・収穫などの仕事に就く村びとが出始める。
1990年	教会完成。
1990年代初頭	北セラム郡の低地熱帯雨林の木材伐採が本格化する。
1993年	カカオ(ハイブリッド種)が植えられ始める。 村内に最初の診療所を建設。保健婦が1人赴任するが、数年で村を離れ、診療所は機能しなくなる。
1995～96年	北海岸を海岸線に並行して走る幹線道路から約7km内陸に入った場所に移住村(UPTO)が建設され、移住開始。それに伴い、UPTOまで未舗装の道が造られた。これにより、山地民の北海岸沿岸の村落へのアクセスが格段に改善された。
1990年代なかば	パサハリにエビ養殖場の建設・経営が始まる。
1998年	空気銃を購入する村びとが現れる。
2000年	島南海岸のテホル郡一帯でムスリムとクリスチャンの争いが発生し、テルティ湾岸の多くの住民(クリスチャン)が内陸山地村に避難。彼らの避難生活は約1年半続く。
2004年	村の小学校教師が発電機、テレビ、DVDを購入。 北海岸沿岸部とハトゥオロ村を結ぶ道路の建設予定の情報が村に入り、将来ハトゥオロ村にカカオのバイヤーが現れることを見越して、カカオの植栽ブームが起こる。
2006年	診療所の再建。村に保健師が赴任し、医薬品の入手が可能となる。 水道の架設。

出所：フィールド調査。
注：村の年長者であるFd・Li氏(1938年生まれ)と村長のYm・AP氏(1941年生まれ)を中心に、複数の村の年長者への聞き取り結果をまとめた。本書では、以下、村びとの個人名を表すのに、名と姓(所属クラン名)の略号を中点(・)で区切った略称(敬称略)を用いる。所属クラン名の略称については、表1－5を参照。

表1-3　アマニ

年	重要な出来事
19世紀末	キリスト教の布教が行われる。
1890年ごろ	森の中に点在する小集落の住民をケセイラトゥに集め、集落をつくる。
1910年ごろ	ワハイの警察とニサウェレ村(現在のロホ村、カニケ村)との大規模な争い(「シリハタの争い」)勃発。村の当時のラジャが両者の仲裁に入り、争いを治める。
1912～13年	最初の小学校建設。インドネシア語教育が行われるようになる。
1918年	原因不明の伝染病が蔓延。多くの村びとが死去。
1920年ごろ～	ダマール樹脂(kamalo)が主要な現金収入源となる(1960年代なかばまでワハイの華人商人に売られていた)。
1928～29年	アサケカに集落を移転。
1942～45年	日本軍の占領。村にも日本の軍人・教師が滞在し、日本語教育を行う。
1951～52年	南マルク共和国(RMS)軍のゲリラ到来。集落から徒歩で約2時間離れたワクク川付近に基地を造り潜伏。村びとはサゴなどの食料を供出。 インドネシア共和国軍のセラム島進攻の知らせを聞いた南海岸のテルティ湾沿岸の村びとが内陸山村に避難。 RMS軍掃討のため、インドネシア共和国軍や警官が村を頻繁に訪問するようになる。彼らに対するオウム・インコの販売を契機に、商業用オウム・インコ猟が行われるようになる。
1950年代なかば	テルティ湾沿岸村で丁字の摘み取りの出稼ぎを行うようになる。
1958年	原因不明の伝染病が蔓延。多くの村びとが死去。
1960年代なかば	現在集落がある場所(サラオリ)に小学校を建設。 マヌセラ、マライナ、マネオの住民が北海岸沿岸に位置するアイルブッサール村の墓地の裏手にある土地に移住し始め、小集落(クラマットジャヤ集落)を形成し始める。
1970年	集落をサラオリに移転。
1970年代初頭	一部の村びとが集落周辺に丁字を植え始めるが、多くは枯死。

表1-4　北セラム郡の村の人口推移

村　　名	位置	1981年 1)	1990年 2)	1996年 1)	2003年 1)	1981～2003年の人口増加割合
ワハイ	郡都	2660	3188	3618	6237	134%
アイルブッサール	沿岸低地	443	526	478	527	19%
パサハリ	沿岸低地	326	383	500	1202	269%
シアテレ	沿岸低地	77	1492	731	—	—
ソレア	内陸低地	61	92	108	149	144%
カロア	内陸低地	48	51	75	61	27%
エレマタ	内陸低地	74	90	173	127	72%
フアウル	内陸低地	72	187	351	233	224%
ハトゥオロ	内陸山地	35	46	—	69	97%
アマニオホ*	内陸山地	308	297	321	320	4%
ナサハタ*	内陸山地	217	206	282	305	41%
カイヨフィレケア*	内陸山地	253	259	261	283	12%
フフアロセラ*	内陸山地	62	—	55	—	—
マヌポトア*	内陸山地	131	—	200	—	—
マヌラケア*	内陸山地	154	—	110	—	—
サルメナ	内陸山地	68	—	105	65	−4%
カニケ	内陸山地	205	187	263	225	10%
ロホ	内陸山地	—	85	107	225	—

出所：1）1981年、1996年、2003年：北セラム郡役場（Kantor Kecamatan Seram Utara）の未公刊統計資料、2）1990年：Badcock[1996: 22-24]。

注：北セラム郡の中心であるワハイの人口と、ソウ・ウパの言語集団が暮らす北セラム郡の沿岸低地、内陸低地、内陸山地の村の人口のみを掲載した（サリプティ川以東のアリフル人の村や移住村は掲載していない）。*印のある村名は仮名。

がある。この診療所は二〇〇六年に新たに建設され、ハトゥメテ（Hatumete）村出身の保健師（男性）が赴任し、村びとはマラリア薬をはじめとする医薬品を集落で入手できるようになった。

アマニオホ村に商店はない。麓の村の商店で干し魚やタバコなどを仕入れて販売する村びとが稀にいるが、長い山道を徒歩で移動しなくてはならないため、持ち込める品物の量は限られている。集落内の商業活動はきわめて小規模にしか行われていない。

また、村に電気は通っていない。二〇〇四年に小学校教員が、〇六年には村長が発電機を購入したため、燃料があるかぎり、これらの家には夜、電気が灯されるようになった。

しかし、その他の家庭では、灯油ランプで灯りをとることが多い（灯油が底を尽けば、ダマールで灯りをとる）。小学校教員の家にはＤＶＤプレーヤーがあるので、たまに映画やアンボン人歌手の動画が流される。こうしたときは、老人や子どもを含む多くの村びとたちが彼の家に集まり、画面に釘付けになっていた。一方、水道に関しては、公共事業省の上水プログラムによって、森の中の湧き水と集落を結ぶ水道管と貯水槽が二〇〇六年に設置され、集落内に設けられた七つの水道口から取水が可能になった。

かつて村には無線機がひとつあったが、一九九〇年代末に故障して以来、使われていない。クラマットジャヤ集落やハトゥメテ村に暮らす親類などとの通信は、もっぱら麓の村に降りる村びとに託した手紙や伝言を通じて行われていた。また、八世帯がラジオを保有しており、乾電池があるかぎり、数軒先にも響き渡る音量で、インドネシア国営ラジオ・アンボン支局（RRI Ambon）の放送を流していた。したがって、村びとがニュースにアクセスする機会は少なくないといえる。

３　社会・政治組織

アマニオホ村には表１-５に示すように、一一の父系出自集団、ソア（*soa*）が存在する。ソアは、共通の祖先をもつと信じる人びとの集団であり、父系クランと言い換えてもよい。なおアマヌゥクアニには、アマヌゥクアニ・ペレアサタウン（Amanukuany Peleasataun）とアマヌゥクアニ・スサタウン（Amanukuany Susataun）のサブクラン（下位集団）が、マサウナには、マサウナ・ポトア（Masauna Potoa）とマサウナ・ラケア（Masauna Lakea）のサブクランがある。

これらのソアを構成する人びとの祖先は、もともとはリリハタ・ポトア（Lilihata Potoa）とリリハタ・ラケア（Lilihata Lakea）という二つの出自集団からなっていた。後に前者がアマヌゥクアニおよびマサウナになり、後者がエタロ

表 1-5　村を構成するソアと帰属世帯数

名　称	略号	世帯数
エタロ	E	16
アマヌゥクアニ	A	11
アマヌゥクアニ・ペレアサタウン	AP	8
アマヌゥクアニ・スサタウン	AS	3
リリハタ	Li	8
マロイ	My	7
イレラ	I	4
マサウナ	Ms	3
マサウナ・ポトア	MsP	2
マサウナ・ラケア	MsL	1
ラトゥムトゥアニ	La	3
エヤレ	Ey	3
マフア	Mh	2
パアイ	P	1
イレラ・ポトア	IP	1
合　計		59

出所：フィールド調査。
注：2003 年 8 月時点の世帯数。

(Etalo)、マロイ(Maloy)、ラトゥムトゥアニ(Latumutuany)、エヤレ(Eyale)、マフア(Mahua)、パアイ(Paai)に分岐したという。現在のリリハタの祖先はかつてヌサララ(Nusalala)と呼ばれるソアに属しており、彼らは他所からこの地域に移住してきた人びとであるという。[18] そして、イレラとイレラ・ポトアは隣村のナサハタ村の出身者である。一一のソア以外にも、かつてはペニサ(Penisa)、アライ(Alai)、そしてタマタユ(Tamatayu)などのソアがあったが、ずっと昔に他地域に転出した。

　村びとのなかには、北海岸沿岸のクラマットジャヤ集落、南海岸のハトゥ(Hatu)村やハトゥメテ村などに婚出する者がわずかながらいる。だが、多くの住民は村内かナサハタ村で結婚相手を探す。父系出自集団は外婚制の単位として機能している。一般に、あるソアからあるソアへの女性の流れは一方向的であり、女性の流れと逆方向に移動する婚資の流れも一方向的である。たとえば、マロイの女性はリリハタに婚出できる。しかし、逆に、マロイの男性がリリハタに属する女性を娶《めと》ることはアイスア・ラシア(*aisua lasia*:「血を返すこと」の意)と呼ばれ、忌み嫌われる。それぞれのクランに、女性を娶るべき望ましきソアがあり、それはマカエア(*makaea*)と呼ばれる。交差いとこ婚が奨励されており、男子は母の男兄弟の娘との結婚が望ましいとされている。

　アマニオホ村には地方行政の末端を担う組織として、政府指導のもとに形成された村政府と村議会が存在する。これはいわゆるフォーマルな政治行政組織といえるが、実態としては従来の慣習的な権威システムを組み込んだものとなっている。以下、村政府、村議会、そして「伝統的」な寄り合い組織を簡単に見ていこう。

インドネシアにおける村行政は、村長とそれを補佐する秘書、そして総務(pemerintahan)、開発(pembangunan)、社会(masyarakat)などの部門長を務める村役人から構成される村政府によって行われてきた。こうした村行政のあり方は、村の統治機構や業務を全国的に画一化・標準化することを意図した「村落行政に関する一九七九年第五号法(Undang-undang Nomor 5 Tahun 1979 tentang Pemerintahan Desa)」(以下「村落行政法」)に由来している。この法律の制定によって、村の代表は従来の伝統的指導者から、選挙によって選出され、県知事により任命される村長(kepala desa)へと替わり、議会的な役割を果たす組織として村長が議長を務める村落評議会(Lembaga Musyawarah Desa: LMD)[19]が組織された[島上 2003: 162-173]。アマニオホ村の村長Ym・APによると、内陸山地部でこのような官製組織の整備が進んだのは村落行政法制定からずいぶん経った一九九〇年代に入ってからだという[20]。

その後、「地方行政に関する一九九九年第二二号法(Undang-undang Nomor 22 Tahun 1999 tentang Pemerintahan Daerah)」(以下「地方行政法」)の制定により、これまで「郡長の直接下に位置する国家機構の最末端の行政組織」として位置づけられていた村は、「固有性と慣習に基づき、住民の権益を統治し、処理する権限をもつ」ものとされた。村や村長の名称も、その土地の固有の言葉を用いてよいことになり、村はネグリ、村長はラジャ(*raja*)と呼ばれるようになる。この新たな法律のもとでは、村落評議会に代わって村民によって選出された議員からなる村議会(Badan Perwakilan Desa: BPD)の設置が定められ、村長や村役人はそのメンバーを兼務できなくなった。村議会は村長の解任を県知事に提案する権限をもち、これまで郡長を通じて上位政府に責任を負っていた村長は、村議会を通じて村民に責任を負うことになる[島上 2003: 173-177]。

このように、フォーマルな行政・政治組織は、インドネシアにおける地方分権化の大きなうねりのなかで、民主化・村落自治の確立をめざして再編されていく。だが、アマニオホ村で地方行政法の制定前も後も村落評議会や村議会の役割を果たしてきたのは、マイラウ・マイラウ(*mailau mailau*)、あるいはサニリ・ネグリ(*saniri negeri*)と呼ばれる長老の寄り合い(長老組織)であったし、村長も村役人も以前と変わっておらず、実態として村の行政に大きな変化があったわけではない。ただし、現村長就任前に暫定村長を務め、新たに村議会の議長に就いた村の最年長者が、議会が有する村行政のチェック機能を強調する村落行政の変化に呼応する形で、これまで不透明だった政府支給の補助金の使途を問い質すなど村長への批判を強め、村内に緊張関係が生じつつあった。

先述の長老組織は、村の歴史、土地の保有関係、そして慣習法などについて深い知識をもち、あらゆる伝統的行事を取り仕切る土地の長(慣習法長)ラトゥヌサ(*latu nusa*)を代表とし、その補佐マイラウラティ(*mailau rati*)、そして村を構成するソアの代表である村の長老(*mailau*)たちからなる組織である。筆者が調査を開始した二〇〇三年時点では、アマヌゥクアニ・スサタウンのSa・ASがラトゥヌサを、アマヌゥクアニ・ペレアサタウンのPe・APがマイラウラティを務め、それに一一人の長老(エタロ:三人、リリハタ:二人、マサウナ:二人、パアイ:一人、マロイ:一人、アマヌゥクアニ・スサタウン:一人、エヤレ:一人)を加えた一三人が長老組織を構成していた(21)。

この長老組織にラジャを加えた村の長老たちからなる慣習法会議(*mailau maliyama*)が、村の権威システムの骨格を形作っており、ソア内部で決着がつかなかったさまざまな問題——婚外性交渉や土地の境界侵犯などによるもめごと、呪術による死や病をめぐる軋轢など——を調停し、「間違い」を犯した者に科料を科すなどの裁判機能を果たしている。また、新年に行われる民族舞踏(*pusali*)などの伝統行事の実施を取り仕切ったり、村の安全を祈願するための儀礼を執り行ったりする役割も担っている。

以上の組織のほかに、教会組織も村の暮らしのなかで非常に重要な役割を果たす。アマニオホ村の信徒の代表組織として男性五人、女性二人の七人からなる信徒評議会(*Majelis Jemaat*)があり、代表は村長が務めていた。彼らのうちの三人が交代で週に一度、日曜日の午前中に村の教会で開かれる礼拝で説法を行っていた。日曜の礼拝は、多くの村びとが一同に集まる数少ない機会である。村長や信徒評議会の役員は、礼拝が終わった後に村びとを引き止め、村の共益活動――たとえば、小学校の屋根の葺き替え、集落の草取り、教会修繕費用の徴収など――に関するさまざまな情報を伝達していた。

4　生業の概要と現金収入源の変遷

アマニオホ村の生業は、主食となるサゴヤシ(*Metroxylon* sp.)のでんぷん(サゴ)の採取、バナナやイモ類(タロイモ、キャッサバ、サツマイモ)などを主作物とする移動耕作、クスクス(*Spilocuscus maculates, Phalanger orientalis*)、チモールジカ(*Cervus timorensis*)、セレベスイノシシ(*Sus celebensis*)や各種野鳥の狩猟、ロタン(籐《とう》)、ハチミツ、各種樹木野菜、シダ植物の若芽をはじめとする多種多様な森林産物などの採取である。これらのほとんどは、おもに自給目的で行われている。

一方、村びとの主要な収入源は、南海岸沿岸の村で行う丁字の摘み取りである(第3章2参照)。村びとたちは、丁字がつぼみをつける九月初旬から一一月初旬にテルティ湾沿岸の村に出稼ぎに行き、農業労働者としてつぼみを摘み取る。収穫した丁字は通常その所有者と折半し、自分の持ち分を販売して現金を得る。しかし、丁字は毎年開花・結実するとは限らないため、不作年はズグロインコ(*Lorius domicella*)、オオバタン(*Cacatua moluccensis*)、そしてヒインコ(*Eos bornea*)などのオウムを捕獲して沿岸部の仲買人に販売したり、村内で野生鳥獣の肉を販売したりする人もいる(第3章で詳述)。また、沿岸部に出稼ぎに出て、そこに暮らす親族などからサゴヤシの利用権を得てサゴ採取を行い、収穫したサゴの一部を保有者に提供し、残りを販売する人もいる。こうして得た現金は、南北両海岸沿岸の商店

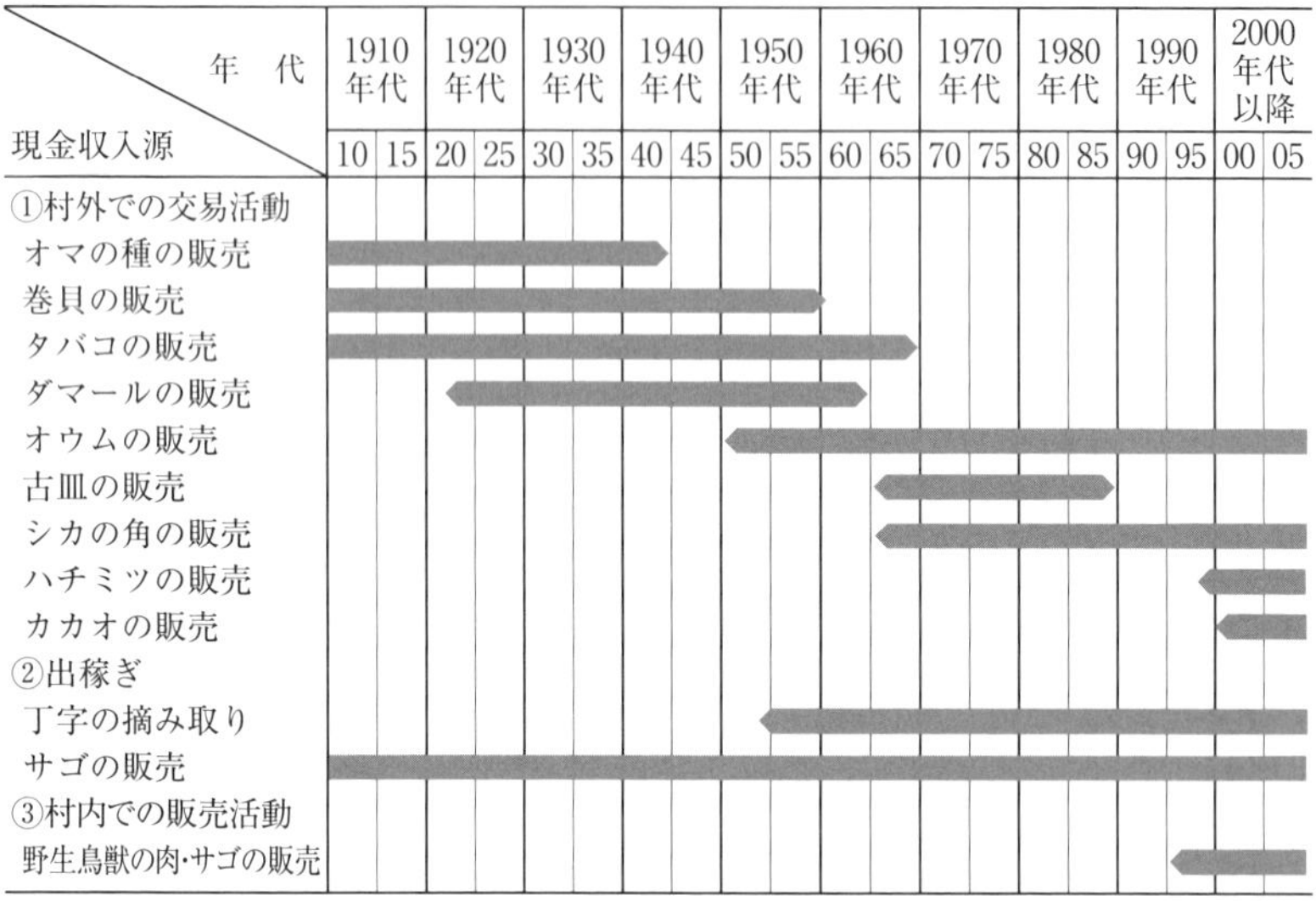

出所：フィールド調査。

図1-3　現金収入源の変遷

で、おもに塩、灯油、食用油、衣類など生活必需品を購入するのに使われる。

現金獲得活動のうち、サゴ採取・販売活動を除けば、その歴史は比較的浅い。二〇世紀初頭から現在に至るまでの約一〇〇年間をとってみても、図1-3に示すように大きく変化してきた。

アマニオホ村の年長者Fd・Liや村長のYm・APによると、彼らの父親がまだ若かったころ(おそらく、一九一〇年代)、村びとは、すでにウォル村など南海岸沿岸の村に、オマ(*oma*: *Artocarpus* sp.)[22]の種(*oma lea*)や北海岸の海で採取した巻貝の一種ポレ(*pole*：学名不明)、そして在来種のタバコ(*tambakau*)などを持って行って販売したり、それらを塩、食器、布・衣類、山刀などと物々交換したりしていたという。また、既述のとおり、沿岸部の村で住民に許可を得てサゴ採取を行い、それを販売(もしくはバーター)していた。「オマの種」は、オマの木の実から採った種を茹でた後に乾燥させたもので、オマが生育しない南海岸沿岸部ではたいへん好まれたが、一九四〇年代なかばから販売・物々交換されなくなったという。理由はわからない。村びとは現在も自家消費用に採取している。

アマニオホ村を含む中央セラムの山地民が北海岸沿岸のパサハリ村やシアテレ村の地先海でポレを採取する慣例は、かなり古い。採取の返礼に、村びとは沿岸村にマヌセラ産のタバコを持っていくことが習わしになっていた。山地民は浜辺に小屋を建て、そこに寝泊りしながら、集中的にポレを採取する。そして、殻を取って中身を竹ヒゴに通し、焚き火の上の棚に置いて燻製にした。それを村に持ち帰り、一部は自家消費し、残りを南海岸の沿岸村に運び、販売・交換したのである。しかし、理由は不明だが一九六〇年代初頭にはポレを南海岸沿岸村で売る村びとはいなくなった。現在も村びとはパサハリ村やシアテレ村を訪問し、ポレを採取しているが、村内で少量が売られるのみで、残りはすべて自家消費、もしくは贈答用の利用である。

タバコもかつて南海岸沿岸一帯で多くの需要があったものの、一九六〇年代末に、沿岸の住民が丁字の販売収入で潤い始めたことで商品経済化が進み、市販の紙巻タバコなどが好まれるようになる。その結果、一九六〇年代末にマヌセラ産タバコの販売量は激減した。かつてのように大規模ではないが、現在も村びとはタバコを栽培している。ビール瓶やペットボトルに詰めたマヌセラ産タバコが稀に沿岸部の年長者住民に売られることがあるが、ほとんどは自家消費・贈答用の利用である。

以上の交易品のほかに、マニラコパールノキから採れるダマールも重要な収入源であった(23)。ワハイの華人商人が、一九二〇年代初頭にパサハリ村で買い付けを始めて以来、山地民はダマールを背負い、パサハリ村まで数日かけて徒歩で運び、販売した。一九五〇年代なかばになると、商人は少し内陸に入ったカロア村で集荷を始めた。集められたダマールは、筏に乗せられてイサル（Isal）川を下って、パサハリ村に運ばれたという。このころ、ダマールはアマニオホ村をはじめとするセラム島山地民にとって、もっとも重要な現金収入源となっていた。しかし、一九六〇年代なかばに、ダマール市場の変化によって買い付けが行われなくなって以降、市場に出されることはなくなり、もっぱら

写真 1-6　ダマールを採取する村びと（アマニオホ村）

自家消費用となった（写真1―6）。

ダマール樹脂に代わって山地民の主要な収入源となっていくのは、一九五〇年代初頭に行われるようになったテルティ湾岸での丁字の摘み取りである。テルティ湾岸でもっとも早く丁字の栽培を始めた村のひとつはウォル村であるといわれている[24]。ウォル村の長老たちによると、村に最初に植えられた丁字は中央マルクのサパルア島から持ち込まれたもので、それは、Thomas Matulessy（一七八三〜一八一七）が反オランダ闘争「パティムラの反乱（Perang Pattimura）」を起こした一八一七年ごろだという。

一方、現在、アマニオホ村の住民の多くが丁字の摘み取りに出ているハトゥメテ村では、一九一〇年ごろに栽培が始まったが、植栽数は少なかった。収穫のために山地民の出稼ぎ労働者が必要とされるようになるのは、一九五〇年代に入ってからである。一九五〇年代初頭、マルクでは南マルク共和国（Republik Maluku Selatan: RMS）軍の独立運動があった。アンボン島でインドネシア共和国軍に鎮圧された南マルク共和国指導者たちはその後、セラム島に闘争の場を移す[25]。ハトゥメテ村を含むテルティ湾沿岸の住民たちの多くは、インドネシア共和国軍の掃討作戦に伴う混乱を恐れ、アマニオホ村など中央セラム島内陸山村に避難した。アマニオホ村とハトゥメテ村の古老によると、山地民が集団でテルティ湾沿岸に出稼ぎに出て丁字の摘み取りに参加するようになるのは、その混乱が収まり、テルティ湾岸の住民が自分たちの村に戻って間もなくのことで、おそらく一九五三年ごろである。避難生活のなかで世話になった沿岸住民がその返礼に山地民を丁字の摘み取りに誘ったのが始まりだと、Ym・APは話していた。

オウムの販売も、このころ新たに加わった収入源である。当時、南マルク共和国ゲリラの活動を偵察するために、テホル(Tehoru)やワハイからしばしば警官・軍人の訪問があった。そのとき彼らがズグロインコやオオバタンを購入して以来、オウムが販売されるようになったという。

このほか、先述の「アイシャムタリ」(七三ページ参照)を通じて入手された古皿が、一九六〇年代なかばから八〇年代末にかけて村に買い付けにきた商人に、一枚六〇万～一〇〇万ルピアで販売された。また、販売される量は少ないが、一九六〇年代なかばからシカの角が、九〇年代末からはハチミツが、沿岸部の小商店経営者に断続的に販売され始める。一九九〇年代なかばには、村の行政組織が整備され、村長や村役人が国から支給される現金を手にするようになったことを一つの要因として、村内で野生鳥獣の肉が販売され出した。それ以前は、野生鳥獣の肉が食事用の小皿と物々交換されることはあったが、現金で取引されることは稀だったという。とはいえ、販売される肉は捕獲された獲物の一部である。とくに大型哺乳類に関しては、現在も親族や隣人に必ず分配されている(第2章参照)。

このように、アマニオホ村の現金収入源は、市場の状況などにあわせて、この一世紀だけをとってもダイナミックに変化してきたことがわかる。

最後に、近年になって将来の主要な現金収入源として村びとの高い期待を集めているカカオについて、ふれておこう。村にカカオが植栽され始めたのは一九九三年ごろである。一九八〇年代末から九〇年代初頭にかけて、シアテレに造成されたカカオのプランテーションに出稼ぎに出る若者がおり、村に植えられたカカオの苗はそこから持ち出されたものであった。カカオの収穫は二〇〇〇年ごろから可能になったばかりで、調査時点では販売活動がまだ本格化しておらず、ごく一部の村びと(筆者が聞き取りを行った一九世帯では四世帯)が、年間五～一〇kgを一kgあたり六〇〇〇～七〇〇〇ルピアでハトゥメテ村や移住村の商店主に販売していた程度である。

写真 1-7　カカオの苗に水をやる村びと（アマニオホ村）

しかし、二〇〇四年に北海岸沿岸部とハトゥオロ(Hatuolo)村を結ぶ道路が建設される予定であるとの情報が村に舞い込み、将来、ハトゥオロ村でカカオの買い付けが行われることを見越して、ほとんどすべての村びとがカカオを植栽し始めた(写真1-7)。ハトゥオロ村までは、村びとの足で三〜四時間で行ける。カカオを背負って運んでも日帰りできる距離であり、近年のカカオ販売価格の上昇をふまえて、村びとは将来の現金収入源としてカカオへの期待を高めていた。

5　村を取り巻く開発と保護

(1)　中央セラムの開発

(ア)　南海岸沿岸と北海岸沿岸で異なる「開発の風景」

中央セラムにおける「開発の風景」は、南海岸沿岸と北海岸沿岸で大きく異なる。

南海岸沿岸部は、北海岸沿岸部と比較して開発があまり進んでおらず、丁字、ナツメグ、カカオなどが植えられた地元民の小規模農園が広がっている。海岸線から内陸に三㎞も入るとマヌセラ山脈山麓の急峻な斜面が迫っており、人為的撹乱をあまり受けていない熱帯林が豊富に残る。

それと対照的に、北海岸沿岸部では一九八〇年代末にシアテレ村にカカオのプランテーションが造成され、九〇年代なかばにはパサハリ村にエビ養殖場が建設された。また、パサハリ村以東の低地には、一九八〇年代初頭より政府主導の移住事業が推進され、熱帯林を切り開いて造成されたジャワ人の移住村が広がっている。とくに、コビ(Kobi)周辺は広大な低地熱帯林が水田に変わり、ジャワの農村と見間違うような田園景観である。[26] さらに、北セラム郡の低地熱帯林では、一九八〇年代よりメルバウ(*Intsia palembanica*)、メランティ(*Shorea* spp.)を対象とする商業伐採が始まり、九〇年代に本格化した(写真1-8)。このようにさまざまな開発によって、北海岸沿岸部一帯では、原生林・老齢二次林が内陸部に少し後退している。

写真1-8 違法伐採されたメルバウ(中央セラム北海岸沿岸部)

二〇〇六年、北海岸沿岸のサカ(Saka)を経由し、東部の町ブラ(Bura)と中央マルク県の県都マソヒ(Masohi)とを結ぶセラム島縦断道路(Jalan Trans Seram)が開通し、他地域から北セラム郡への交通の便が格段に改善された。[27] また、二〇〇九年にはヌサ・イナ・グループ社(PT Nusa Ina Group)が、北海岸沿岸部の三つの地域でオイルパーム農園を造成した(事業許可地総面積は約一万六五七七ha、二〇一〇年七月時点で植栽面積は三〇〇ha弱)。これらによって、この地域の開発は今後、加速されることが予想される。

このほか、現在はまだ計画段階だが、ハトゥオロ村付近のイサル川を堰き止めて発電用ダムを建設する計画がある。それによると、ダムによって生み出された電力は、南海岸のライム（Laimu）村に建設が計画されているセメント工場に供給される予定である。また、これもまだ計画段階だが、ヌサ・イナ・グループ社の子会社ヌサ・イナ・アグロ・マニセ社（PT Nusa Ina Agro Manise）がマヌセラ盆地（マヌセラ国立公園に半島状に食い込んだ飛び地）に、乳牛生産用の牧場とリンゴ園を造成する計画も持ち上がっている。これらの計画が実行されると、アマニオホ村を含む中央セラムの内陸山村住民の暮らしに多大な影響を及ぼすことは間違いない。しかしながら、これらの開発計画が実際に実行に移されるか否か、また実行されるとしてもそれがいつになるのかは不明である。

（イ） 変容する社会空間

このように、中央セラムの開発はおもに北海岸沿岸部で急速に進められてきた。それに伴う大量のムスリム移民の到来で、この地域の民族構成と社会空間は大きく変わりつつある。セラム島の沿岸部は一般に、ムスリムの村、クリスチャンの村、両者が混在する村が点在する。一方、イスラームの影響を受けなかった内陸部は、クリスチャンかアニミストの居住域となっている。沿岸部のムスリム移民は、数世紀にわたってスラウェシなどから移住してきた「古い移民ムスリム」と、近年の急速な開発に伴ってジャワなどからやってきた「新しい移民ムスリム」――中央セラム北海岸では工場労働者やプランテーション労働者として、あるいは移住事業の参加者として到来した移民ムスリム――に分かれる。このほか、もともと内陸部に住んでいた山地民が沿岸部に移り住み、その後イスラームに改宗した「先住民ムスリム」もいる。

中央セラムの山地民（内陸山地部の先住民クリスチャン・アミニスト）と古くから交易を通じて行き来のあったテルティ湾岸の先住民ムスリムとのあいだでは、同じ文化的・民族的基盤の共有が強く意識されており、おおむね良好な関係が維持されてきた[笹岡二〇〇一c：一九五—一九六；笹岡二〇〇六b：三三]。しかし、マルク「宗教抗争」がセラム島に飛び火するなかで、テルティ湾岸一帯でも二〇〇〇年初頭にムスリム住民とクリスチャン住民の武力衝突が相次いで生じた[(28)]。それによって、中央セラムの全域において、ムスリムとクリスチャンのあいだの緊張状態が続いたが、治安が回復するにつれて、ウォル村(テルティ湾岸でもっとも古い先住民ムスリムの村)では、山地民と沿岸部の先住民ムスリムとのあいだに結ばれていた慣習法に基づく紐帯を再確認し、再興させようという機運が高まった[(29)]。

だが、北海岸では少し状況が異なる。先述のように一九九〇年代に入って本格化した開発に伴い、北海岸沿岸部には大量のムスリム移民が到来した。それによって立派なモスク(イスラーム寺院)を建設するムスリム村も増えた。また、コビソンタ(Kobisonta)には、この地域のムスリム移民の子どもにイスラーム教育を受けさせるためのプサントレン(イスラーム寄宿塾)も建設された。アマニオホ村の村長によると、こうした大量のムスリム移民の到来とその後のイスラーム化によって、北海岸の先住民ムスリムは、共通の文化的・民族的な基盤を背景にした山地民との紐帯を弱める一方、移民ムスリムとのイスラームを基盤にした結びつきを強めていったという。同時に、移住村の造成に伴って、海岸線沿いの幹線道路から内陸部に伸びる道路が造られ、内陸山村から北海岸沿岸部へのアクセスが大幅に改善された。以上を背景に、山地民が北海岸沿岸部のムスリムと顔を突き合わせる機会も増えていく。

さらに、山地民と異民族・異教徒の出会う機会が増えるなかで、彼らが沿岸部のムスリムから蔑視や嘲弄の対象とされる機会が増えた。たとえば、山地民は、買い物に立ち寄った商店でムスリムの店員からひどく高圧的な態度であしらわれたり、もっとあからさまな形では、「オラングヌン(orang gunung:『山の人』の意味)はクスクスのような〝汚い肉〟を食べる」などとからかわれたりすることもあるという。それをひとつの背景として、山地民の多くは、北海岸沿岸部を「気の休まらない場所」と表現する[(30)]。開発が進むにつれて、山地民と沿岸ムスリムとのあいだに、大きな溝が広がりつつあるようにみえる。

（ウ）強化される文化的アイデンティティと開発へのまなざし

沿岸部に暮らすムスリムにとって、山地民は開発の大きなうねりのなかで、変化から取り残された存在といってよい。山地民が、沿岸ムスリムから「貧困」や「未開性」といったイメージと結びつけて語られ、まなざされる機会も増えたと言ってよい。筆者は山地民とともに森を歩いて、麓の村に降り立ったことが何度かある。そのときの観察に基づくいささか感覚的な判断では、山地民は相対的に「豊かな」沿岸民（とくに北海岸の移民ムスリム）に対して、「引け目」や「劣等感」を感じているようでもあった［笹岡二〇〇六b］。

しかし、そうしたネガティブな自己イメージを抱くと同時に、沿岸民から「貧しい」とみなされるような村の暮らし――彼ら自身の表現を借りるならば、「入ってくるお金も少ないが、出ていくお金も少ない」村の暮らし――を肯定的に受け入れ、山地民としての生き方に誇りを表明する村びとも多い。沿岸部で進む急速な開発は、山地民にこのようなアンビヴァレントな自己像を抱かせ、山地民としての文化的アイデンティティを強化しているようでもある（この点については第3章で詳しく述べる）。

いずれにしても、沿岸部で一九九〇年代に本格化した開発は、カカオ・プランテーションの出稼ぎに出る機会ができたことや（出稼ぎに出る者はごくわずかだが）、北海岸へのアクセスがよくなったことを除けば、山地民に実質的な恩恵をほとんど与えてこなかった。山地民は、買い物などのために麓の村に降りるたびに、めまぐるしく変化する「開発の風景」を驚きの目でもって傍観してきたにすぎない。

今後、この地域で進められる開発が山地民の暮らしにどのような影響を与えるかは未知である。ただし、沿岸部の先住民とムスリム移民とのあいだではすでに土地をめぐる争いが起きているし(31)、エビ養殖池の建設に伴って、わずかな補償と引き換えに自分たちの土地の一部を企業に明け渡したパサハリ村の村びとの多くは、誘致を受け入れたことで村での暮らしぶりは以前より悪くなったと不平をこぼしている(32)。

こうした状況を実際に目にし、あるいは沿岸部に移り住んだ山地民から聞いたりするなかで、沿岸部で進められている開発の波がやがて内陸山村にも及び、自分たちが慣習的に利用してきた土地・資源がジャワ人を中心とする域外からやってきたムスリムに支配されるのではないかという懸念を抱く山地民も少なくない。先述のダム建設計画が実現すれば、ハトゥオロ村まで道路が通じることになる。これについて筆者が話を聞いたアマニオホ村の一八人の成人男女（二二～六六歳）のうち約六割の一一人が、カカオをはじめ農林産物を市場に出すことが容易になることからハトゥオロ村までの道路建設は歓迎するものの、アマニオホ村までの開通には反対の意見をもっていた。その理由は、外部者の村へのアクセスが容易になる結果、沿岸部で起きている木材伐採の進行、土地・農地の買収、ドリアンなど商品価値をもった農林産物の盗難の増加などを心配しているためである。

このように、沿岸部で進められる「上から、外から」の開発を冷やかな目で眺め、「よそ者」が村の土地や資源へアクセスすることを憂慮したり、外の世界と一定の距離を保とうとしたりする山地民も少なくない。

(2) 自然保護をめぐる状況

(ア) 国立公園管理政策

セラム島の中央部には、島の面積の約一〇％を占めるマヌセラ国立公園（一八万九〇〇〇ha）がある。公園の前身は、農業大臣決定により一九七二年に指定された、ワイムアル（Wai Mual）地域（一万七五〇〇ha）とワイヌア（Wai Nua）地域（二万ha）の厳正自然保護地域（Cagar Alam）である。この両保護地域にビナヤ山の南東部地域を加えた形で公園候補地が一九八二年に決定され、九七年の林業大臣決定で、マヌセラ国立公園が指定された。

マヌセラ国立公園周辺には、一九九〇年代なかば時点で約三万二〇〇〇人が暮らしている。[33] アマニオホ村は国立公園に半島状に食い込んだ部分に点在する山村の一つであり、最短距離で集落から公園の境界までわずか三～四㎞しか離れていない。アマニオホ村の領域の約半分は公園内に含まれ、山地民が「猟場」とみなす「カイタフ（原生林・老齢二次林）のほとんども公園内に含まれる（第5章参照）。

国立公園内では、日常的に狩猟獣（とくに、クスクスとティモールシカ）の猟が行われるほか、一部の村びとによるズグロインコやオオバタンの猟も散発的に行われている。また、第4章で述べるダマール採取林やフォレストガーデンの造成や利用も、一部で行われている。公園内では、土地・資源の利用が後述するように原則的に禁じられているが、公園管理局による規制がまったく行われていないため、公園管理局と住民とのあいだに軋轢や紛争は生じていない。

国立公園の準拠法は、「生物資源および生態系の保全に関する一九九〇年第五号法（Undang - undang No.5 Tahun 1990 Tentang Konservasi Sumber Daya Alam Hayati dan Ekosistemnya）」（以下「生物資源・生態系保全法」）である。公園管理に関するより詳細な規定は、「自然保護地域と自然保全地域に関する一九九八年第六八号政府令（Peraturan Pemerintah No. 68 Tahun 1998 Tentang Kawasan Suaka Alam dan Kawasan Pelestarian Alam）」（以下「保護地域等に関する政府令」）で定められる。(34) これらの法令に基づき、国立公園は厳正に保護される「コアゾーン（zona inti）」、おもに観光・レクリエーション目的に利用される「利用ゾーン（zona pemanfaatan）」、「原生自然（海域の場合、海洋保護）ゾーン（zona rimbal zona perlindungan bahari）」、必要に応じて大臣によって決定される「その他のゾーン（zona lain）」からなるゾーニングによって管理され、生物多様性の保全が図られるとともに、研究・教育・観光・レクリエーションなどに活用されることとされている。(35)

国立公園では、「地域機能（fungsi kawasan）を変化させ得る活動」、すなわち、①生態系を構成する地域独自の潜在能力の破壊、②自然現象や自然の美観の破壊、③すでに決定された公園・ゾーンの面積の減少、④権限を有する公務員によって承認を得た管理・運営計画と調和しない行為が禁止されている。(36) これらの禁止行為を故意に行った者には、最長で一〇年の禁固刑、および最大で二億ルピアの罰金刑が科せられる（生物資源・生態系保全法第四〇条）[37]。主要収入源である丁字収入があった年でさえ、村びとの年間現金収入額が平均一四〇万ルピア程度（二〇〇三年）であったことをふまえると（第3章参照）、この刑罰がいかに重いものであるかがわかる。

「地域機能を変化させ得る活動」には、通常、地域住民の狩猟・林産物採取・森林伐採・農業などの土地・資源利用が含まれると考えられており、原則的にこれらの活動は公園内では禁止されている［米田二〇〇五：九六］。

しかし、その一方で、地域住民による資源利用を可能にする道が開かれていることも確かである。生物資源・生態系保全法説明書第三二条および保護地域等に関する政府令第三一条では、周辺住民の公園内の生物資源への依存などを考慮に入れて、コアゾーンと利用ゾーン以外の場所に独自のゾーンを設置できると決められている。それに関する細則を定めた「国立公園のゾーニング指針に関する二〇〇六年第五六号林業大臣規則（Peraturan Menteri Kehutanan No. 56/ Menhut-II/ 2006 tentang Pedoman Zonasi Taman Nasional）」（以下「ゾーニング指針」）では、地域住民が生活の必要を満たすために持続的な方法で資源利用を行うことが認められる「伝統ゾーン」の設定が可能であるとされており、住民の国立公園内の土地・資源の利用を許可する規定が盛り込まれている[38]。また、ゾーニング指針では、ゾーニングの過程において、地域住民やＮＧＯを含む関係者の協議が必要であると明記している[39]。このように、現行の国立公園管理法制は、少なくとも制度上は、地域住民の資源利用をある程度、許容する可能性を残したものである[40]。

筆者が国立公園管理局長に聞き取りを行った二〇〇五年二月の段階では、マヌセラ国立公園ではまだゾーニングが行われておらず、公園管理のための実質的な取り組みも行われていなかった[41]。地域の人びとによる資源利用がどの程度認められるのかは、今後のゾーニングを含む管理計画策定のプロセスで決まることになる。

公園管理局が二〇〇四年に作成した「二〇〇五年マヌセラ国立公園管理・発展計画（*Rencana Pengelolaan dan Pembangunan Taman Nasional Manusela Wilayah Utara dan Selatan Tahun 2005.*）」をみるかぎり、公園周辺部に暮らす人

びとの農業や狩猟は、公園内の「手つかずの自然」を損なう脅威のひとつとみなされている[Balai Taman Nasional Manusela 2004: 13](42)。このように「地域の人びと＝自然(生物多様性)の(潜在的)脅威」といった認識のもとで、ゾーニングに基づいて部分的かつ限定的にしか人びとの土地・資源利用を許容しないような管理計画が策定されるならば、これまで山地民が慣習的に狩猟や農業(とくにアーボリカルチュア：有用木本性植物の植栽・保育・利用)を行ってきた慣習地の少なくない部分が、資源利用が認められないエリアに組み込まれる可能性がある。

（イ）「希少」野生動物保護政策

以上述べた国立公園管理法制に加えて、「希少」野生動物保護に関する法令も、山地民の野生動物利用を禁止する内容である。インドネシア政府は生物資源・生態系保全法と「植物・動物種の保存に関する一九九九年第七号政府令(Peraturan Pemerintah No. 7 Tahun 1999 Tentang Pengawetan Jenis Tumbuhan dan Satwa)」(以下「種の保存に関する政府令」)に基づき、「希少性の高い」野生動物を「保護動物」(satwa yang dilindungi)に指定し、その利用を全面的に禁止している(43)。

セラム島山地民が利用している野生動物のなかでは、狩猟獣ではクスクスとティモールシカ、交易用オウムではオオバタンとズグロインコが指定された。「保護動物」の利用を禁止する法令に「意図的に」違反した者には、最長で五年の禁固刑、および最大で一億ルピアの罰金刑が、「過失」により違反した者には、最長で一年の禁固刑、および最大で五〇〇〇万ルピアの罰金刑が科せられる(生物資源・生態系保全法第四〇条)(44)。

とはいえ、中央セラムでは、稀に北海岸沿岸部でオウムの取引が監視されたり、オウムの没収と放鳥が行われたりすることを除いて、自然保護の取り組みはこれまでほとんど行われてこなかった。地域の野生動物利用と自然保護にかかわる法令とのあいだには潜在的軋轢が存在しているが、法が厳格に適用されないことで、山地民と国との野生動物資源をめぐる顕在的な紛争は生まれていない。

しかし、序章で述べたように、マルク「宗教抗争」が終息し、この地域の治安が回復しつつあるなか、さまざまな主体が、この間に取り組むことができなかった保全活動を始動すると予想される。今後、外部からの介入によって、保護を推進する側の価値(希少種の保護や生物多様性保全)と地域住民との価値(生活)が対立する状況が生まれる可能性がある。本書の目的のひとつは、ローカルな文脈に埋め込まれた「人と自然とのかかわりあい」をふまえつつ、今後の保全政策や現場での保全の取り組みに役立つ具体的な提言を行うことである。

(1) オーストラリアの北側に浮かぶアルー諸島は、インドネシアの行政区分上マルク州に含まれ、マルク諸島の一部を構成しているが、ウォーレシアには含まれない。

(2) もともと一つの州を構成していたマルク諸島は、二〇〇〇年に、北マルク州(州都：テルナテ)とマルク州(州都：アンボン)に分割された。

(3) インドネシア中央統計局(Badan Pusat Statistik：ＢＰＳ)のウェブサイトを参照。http://www.bps.go.id/tab_sub/view.php?tabel=1&daftar=1=&id_subyek=12&notab=1(アクセス日：二〇一一年九月二〇日)。

(4) ニサウェレは、現在のロホ(Roho)村とカニケ(Kanikeh)村にあたる。

(5) マクアライナは、現在のエレマタ(Elemata)村にあたる。

(6) この政治的区分は、東南マルクや北マルクにも存在する。この政治的連合は、東南マルクでは、ウル・リマ(ur lima)とウル・シワ(ur siwa)、北マルクではウリ・リマ(uli lima)とウリ・シワ(uli siwa)と呼ばれる。なお、北マルクのテルナテ王国はウリ・リマに、ティドレ王国はウリ・シワに属していた[Pattikayhatu et al. 1993: 20-21]。

(7) 丁字はフトモモ科の常緑樹で、つぼみを乾燥させて香料に用いる。現在では、クレテックタバコの原料としても用いられている。ニクズクはニクズク科の常緑樹で、球花の果肉を取り除くと網目状の仮種皮に包まれた種子がある。種子がナツメグ、仮種皮がメースで、ともに香料に用いられる。丁字もニクズクも防腐殺菌力が強く、肉の貯蔵や、薬、香料として利用されてきた［古川一九九七：四七四］。いずれもマルク諸島だけに生育していた植物であり、少なくとも一七世紀までは、これらの香料の産地はマルク諸島に限られていた［生田二〇〇一：一三二］。

（8）丁字とその利用法は、遅くとも紀元前一世紀ごろには中国でも知られており、中国の南朝の一つ梁（五〇二〜五五七年）の正史である『梁書』「海南伝」には北マルクのハルマヘラ島西海岸に点在するテルナテ島、ティドレ島、モティ（Moti）島などを指すと思われる「馬五国」という名称が記録されている。このころ東南アジア島嶼部で活動した商人はインド人とスマトラ南部を源郷とするマレー系諸民族であったので、おそらく丁字を輸出したのも彼らであると考えられる［生田一九九八：四五］。その後、九世紀に入ると、中国人がおそらくはフィリピンを経由してセレベス海に入り、北マルクに到達するようになったと考えられている。ただし、一三六八年に明朝が成立して「海禁令」という鎖国政策を実施したため、中国船の東南アジアへの渡航は制限され、一六世紀のなかごろまでほとんど途絶し、この地域に来航するのは、マラッカあるいはジャワからの船に限られるようになった［生田一九九八：四五］。なお、マレー半島では、一四世紀末から一五世紀初頭にマラッカ王国が成立し、一五世紀のなかごろから東南アジア島嶼部の国際貿易の中心地となる。マラッカのムスリム商人は中部・東部ジャワの海岸にあった港市に進出したり、新たに港市を建設したりして、周辺住民をイスラームに改宗させた。このようにしてジャワ島沿岸部の港市で形成されたジャワ・イスラーム文化がマルク諸島にも伝播され、このころからイスラームに改宗するマルク住民も現れる［生田一九九八：四九－五二］。

（9）オランダ植民地政府のサシに対する評価や対応は一貫性がなく、一八八〇年代には植民地行政官リエダル（Riedal）がサシの廃止を命令している。ベンダ・ベックマンらによると、村のエリートが私腹を肥やす手段としてサシの規則を乱用したためと考えられるという［Benda-Beckmann et al. 1995: 17–18］。廃止令がサシにどのような影響を与えたのか不明だが、その後、植民地政府内部でもサシの廃止による村の規制力の低下を批判する声が高まり、二〇世紀初頭には中央マルクのいくつかの村で再びサシを成文化・法典化する動きがみられるようになる［Zerner 1994a: 1096–1099; Benda-Beckmann et al. 1995: 18–20］。

（10）それを示すものとして、たとえば、人口・環境省の創設（一九七九年）、一〇〇以上のＮＧＯがかかわる「インドネシア環境フォーラム（ＷＡＬＨＩ）」の結成（一九八〇年）、そしてインドネシア初の環境基本法である環境管理法の制定（一九八二年）などがあげられる。

(11) この賞は「カルパタル(Kalpataru)賞」と呼ばれ、マルク諸島でも、サシの実践が評価されたいくつかの村が一九八〇年代に受賞している[Zerner 1994b: 103]。
(12) 内陸部の山岳地域は気候が冷涼であることなどから、低地と比較して①シカやイノシシなどの大型の狩猟資源が乏しい、②サゴヤシの生育が遅い、③有機物の分解が遅く土壌層が厚いために移動耕作の際に火入れを行わないこともある、などの特徴をもつ。こうした特徴を共有している標高四〇〇~五〇〇m以上の内陸奥地に位置する村の住民を、本書では必要に応じて「山地民」と呼ぶ。内陸山地部に暮らす人びとも自らのことをオラングヌン(orang gunung)、すなわち「山の人」と呼び、内陸山地部の居住者としての緩やかなアイデンティティを保持している。
(13) それまでは、北海岸のクラマットジャヤやワハイに向かうのに、エレマタ村で一泊し、カロア(Kaloa)村に下りた。そこからは、一九八〇年代初頭に造られた木材伐採道路を通り、途中一泊してシアテレ(Siatele)村に出た。ワハイ―コビ間を結ぶ沿岸道路で車が見つからない場合は、シアテレ村で一泊した。したがって、サリプティ川のルートができるまでは、二泊三日から三泊四日の道程である。
(14) シアテレ村、パサハリ(Pasahari)村など北海岸の沿岸村、およびサウノル村からラファ村に至る南海岸の沿岸村は、山地民がずっと昔に沿岸部に移住してつくった村である。クラマットジャヤ集落も山地民が一九六〇年代なかばごろに、アイルブッサール村の墓地の裏手にある土地に移住してつくった集落である。小学校卒業後進学するアマニオホ村の子どもたちはクラマットジャヤ集落に移り住み、集落内の中学校に通っている。
(15) ここで「世帯」とは、「住居や家計をともにする集団」を意味し、一つの世帯に複数の「家族」が含まれる場合もある。
(16) 学校の就学年数は日本と同じで、小学校が六年、中学校が三年、高等学校が三年である。
(17) ここで「家族」とは、基本的には一組の既婚の男女とその子どもからなる集団を意味する。ただし、死別や離婚によって配偶者がいない男性もしくは女性、およびそれらの男女とその子どもからなる集団、あるいは結婚したばかりで子どもがいない夫婦なども含んでいる。
(18) これを村内で公然と語ることはタブーになっている。村の形成史についての聞き取りを試みた筆者がこの問題にふれると、「村のまとまりを守るために、どのソアが先住者で、どのソアが移住者であるということを問題にしてはならない」と多くの村びとが語った。その一方で、集落から離れた高床式の大家屋に暮らし、系譜的にはエタロに属する人びとのなかには、ヌサララの子孫がこの地域の先住者の古いソア名である「リリハタ」を名乗ることに対する反感を示す人もいた。彼らによると、自分たちこそがこの地域の先住者であり、〝本来のリリハタの人間〟であるという。彼らは自分たちのソア名として「リリハタ」を用いていたが、混乱を避けるため、本書では彼らの所属ソアをエタロとして扱う。表1-5の世帯数も、これらの人びとをエタロとして集計した。

(19) 村落評議会は、村長が作成する村の予算案や村の決定を承認する役割を担った。しかし、議長が村長であることからもうかがえるように、行政と議会の分離は明確ではなく、評議会が村行政を監視・制御する力は弱い[島上二〇〇三：一七二]。

(20) 村落評議会のほかにも、スハルト政権期には、政府主導の開発プロジェクトの受け入れ機関である村落開発協議会(LKMD：Lembaga Ketahanan Masyarakat Desa)が「官」の指揮のもとでつくられた。これが村レベルでの実施主体となって、一九九〇年代なかば以降、「後進村落開発のための大統領令(Inpres Desa Tertinggal)」補助金により、コイの養殖(豪雨によって養殖池の水があふれて失敗)や養鶏などの開発プログラムが実施された。

(21) ラトゥムトゥアニ、マファア、イレラおよびイレラ・ポトアからは、長老組織のメンバーが出ていない。ラトゥムトゥアニはパアイの長老が、マファアはエタロが、イレラおよびイレラ・ポトアはマイラウラティが代表するものと考えられていた。この長老組織には、先述したフォーマルな政治組織である村議会の長も含まれている。

(22) 以後、動植物で和名のわからないものについては、現地語名をカタカナ表記する。初出時は、それに続いて、カッコ内で現地語名：学名を記す。

(23) 凝固したダマールは一般にコパル(copal,和名称は東インドダマール)と呼ばれ、ワニス(ニス)、エナメル原料、製紙原料、そしてリノリューム(床および壁面の被覆材料)の原料などに利用されてきた。

(24) 当時、ウォル村を含めた周辺の村はナマシナ(Namasina)と呼ばれる一つの村だった。

(25) スモキル博士(Dr. Chr. R. S. Soumokil)らは一九五〇年四月、インドネシア共和国へのマルクの編入を拒否して、アンボンで「南マルク共和国」樹立を宣言する。その支持者たちは、植民地時代に優遇措置を受け、インドネシア共和国編入によって自らの地位が低下することを心配した人びと(その多くはクリスチャン)であった。独立宣言後、インドネシア共和国側は話し合いのために使節団を派遣するが、交渉は決裂、一九五〇年一〇月に武力での鎮圧に踏み切る。アンボン島における独立闘争は年末までに鎮圧されたが、南マルク共和国指導者と戦闘軍（ＡＰＲＭＡ）はセラム島内陸部に潜り込み、一九六〇年代なかばまでゲリラ戦を続けた［Chauvel. 1990: 365-392］。このとき、アマニオホ村の周辺にも戦闘軍の兵士約二〇人が立てこもった。Fd・Liによると、彼らは集落から歩いて約二時間のワクク（Wakuku）川周辺に隠れ家をつくり、約二年間にわたって潜伏生活を続けたという。その間、村びとはサゴやイモなどの食糧を兵士に供出した。

（26）セラム島全体の人口密度が一九・五五人／㎢であるのに対して、北セラム郡の人口密度は五・三四人／㎢と低い［BPS Kabupaten Maluku Tengah. 2004］。インドネシア政府は一九八〇年代初頭より、人口希薄な北セラム郡のパサハリ村からコビ村に至る地域で移住事業を推進してきた。島全体で二八カ村ある移住村のうち一九カ村が北セラム郡に存在し、二〇〇三年時点でジャワ島などからの移民三万一五六四人（七八〇八世帯）が暮らしていた。この数は北セラム郡の人口の約七〇％に相当する。

（27）マヌセラ国立公園管理局長Ir. M. Latuiperissaへの聞き取り（二〇〇五年二月二一日）によると、公園管理局（Balai Taman Nasional Manusela：ＢＴＮＭ）は、この道路建設によって、オオバタンなどの希少野生動物の密猟や違法伐採など、国立公園内の生物資源への脅威が高まることを懸念しているという。

（28）これらの衝突は長くは続かなかったが、双方の住民に深い傷跡を残した。村を焼かれた多くのクリスチャン南海岸沿岸部住民は、アマニオホ村を含む山地民の村に避難する。森を抜ける長く過酷な逃避行のために、森の中で、あるいは避難先の村で命を落とした者も少なくなかった（詳細は笹岡［二〇〇一c］を参照）。

（29）筆者が二〇〇五年九月にウォル村を訪問したときに話を聞いた村の長老たちは、テルティ湾での争いで弱まったアマニオホ村との慣習法に基づく友好関係（malawali/waliwaと呼ばれる）を再確認し、復活させることが必要であると述べた。また、ウォル村に出発する前、筆者はアマニオホ村の村長から、ウォル村の村長に向けて、双方の慣習法組織のメンバーが集まって、慣習法上の紐帯を強めることが必要であるとの伝言を預かった。

（30）山地民の周縁化と差別については、笹岡［二〇〇六b］を参照。

（31）詳細は不明だが、エレマタ村や移住村の住民の話によると、村の慣習地（tanah adat）に移住村が造成されたコビ村では先住民と移住してきたジャワ人移民とのあいだで、土地をめぐる争いが生じ始めているという。

（32）養殖池の誘致で、サゴヤシ林やフォレストガーデン（果樹などが植栽・保育された樹園地）などの村人が代々受け継いできた永年性作物が植えられた土地が、わずかな現金による補償と引き換えに明け渡された。また、かつて集落は海岸沿いにあったが、人びとは海岸線から数㎞内陸部に入った幹線道路沿いに企業が整備した新集落に移転した。そのため、小船を使って海で漁に出るのが大変になったという(一九九八年に筆者がパサハリ村の村びとに対して行ったインタビューによる)。パサハリ村が慣習地を企業に売却したことに対して、多くの山地民は、「(移民でもないのに)自分たちが生まれた(資源の豊かな)土地にいながら貧しくなってしまう」間違った判断だったと語っていた。

(33) マヌセラ国立公園管理局のウェブサイト参照。http://balaitnmanusela.org/profile_keadaanSosial1.htm(アクセス日:二〇〇七年五月六日)。

(34) それらの法令の全文については、Departmen Kehutanan and JICA[2004a: 73-112]、および Departmen Kehutanan and JICA[2004b: 119-142]を参照。

(35) すべてのゾーンで、保存や利用に資する研究や教育を行うことが可能である。ただし、コアゾーンでは保護を目的とした活動といえども、狩猟、国立公園にもともと存在していなかった動植物の持ち込み、公園内での動植物の破壊・採取(捕獲)・伐採などが禁止されている。一方、利用ゾーンでは観光やレクリエーション目的の利用が可能である。また、原生自然ゾーンでは野生動物の生息地の整備や個体数の増加を図る活動が行われ、制限された自然ツーリズムを行うことが可能であるとされている(保護地域等に関する政府令第三九~五一条)。

(36) 地域の境界を示す標識の移動・破壊・消失や、採取・狩猟・伐採・破壊のために用いられる道具を所持している場合も、「地域機能を変化させ得る活動」の「初期行為(tindakan permulaan)」とみなされる(保護地域等に関する政府令第四四条)。

(37) コアゾーンの完全性(keutuhan:無傷の状態)を変化させ得る活動(コアゾーンの機能や面積を変化・消失させたり、非在来種の動植物を持ち込んだりする活動)は禁じられており(生物資源・生態系保全法第三三条)、そうした活動を意図的に行った者には、最長で一〇年の禁固刑、および最大で二億ルピアの罰金刑が、過失により行った者には、最高で一年の禁固刑、および最大で一億ルピアの罰金刑が科せられることが定められている(同法第四〇条)。また、利用ゾーンやその他のゾーンで、その機能と調和しない活動を行うことも禁じられており(同法第三三条)、そうした活動を意図的に行った者には、最長で五年の禁固刑、および最大で一億ルピアの罰金刑が、過失により行った者には、最長で一年の禁錮刑、および最大で五〇〇〇万ルピアの罰金刑が科せられることが定められている(同法第四〇条)。

(38) このゾーニング指針によると、「その他のゾーン」は、「伝統ゾーン(zona tradisional)」「修復ゾーン(zona rehabilitasi)」「宗教・文化・歴史ゾーン(zona religi, budaya dan sejarah)」「特別ゾーン(zona khusus)」からなる(第三条)。宗教・文化・歴史ゾーンは宗教活動のために利用されたり文化的・歴史的遺跡がある場所で、研究・教育・観光・宗教活動などに利用され、文化的・歴史的・宗教的価値を保護する。特別ゾーンはコアゾーンに隣接しない場所で、国立公園が設定される前にすでに住民が生活しており、その住民たちの権益、とりわけ電気・交通・通信施設のために利用される(第一条、五条、六条)。

(39) 国立公園のゾーン整備は生態・社会・経済・文化的側面に配慮して地域の潜在能力と機能を基礎に行われ(第三条)、とくにその他のゾーンの指定は地域の状況に応じて多様な形で行われること(第四条)が明記されている。また、ゾーニングの際には、公園管理局、地方政府、NGO、住民などからなる作業チームを結成し(第一〇条)、自然・社会環境に関するさまざまなデータを集め(第一一条)、それをもとにゾーニング案を作成し(第一二条)、関係者との協議を行うこと(第一三条)が明記されている。このように、少なくとも規則上は、住民参加を促し、地域の実情に沿った管理がめざされていることがうかがえる。

(40) 実際に、ジャワのグヌンハリムン―サラック国立公園(Taman Nasinal Gunung Halimun-Salak)[Galudra 2003]や中スラウェシのローレリンドゥ国立公園(Taman Nasional Lore Lindu)[Montesori 2000]などでは、伝統ゾーンが設定されているが、面積が小さいなどの問題も指摘されている。

(41) マヌセラ国立公園管理局(Balai Taman Nasional Manusela)長のラトゥペリサ氏(Ir. M. Latuiperissa)に対して、二〇〇五年二月二一日にマソヒで行ったインタビューによる。

(42) 「国立公園管理・発展計画」には、国立公園がかかえる問題や今後の管理計画について具体的なことはあまり書かれていないが、以下の記述をみるかぎり、住民の農業は公園内の「手つかずの自然」を損なう脅威のひとつとみなされているようである。「(マヌセラ国立公園の周辺に位置する村の)住民の森林資源(農地を含む)に対する依存は依然高く、彼らに対するより集中的な指導が求められる。(アマニオホ村を含む)マヌセラ渓谷の村むらやその他の(中略)山村は国立公園に頻繁にアクセスしているため、国立公園の手つかずの自然に影響を与えている。(中略)住民が国立公園の完全性に与える圧力はさまざまであり、それには、商業的木材伐採、移動耕作、林産物採取、狩猟が含まれる」(カッコ内著者補足)［Balai Taman Nasional Manusela 2004: 13-14］。また、国立公園管理局長のIr. M. Latuiperissa氏は、「現在は自然環境や生物多様性に深刻な影響を及ぼしていないとしても、今後、国立公園に対する重大な脅威に発展しかねない」として、国立公園内での農業を含むあらゆる土地・資源利用を将来的には制限する方向で山地民を含む地域住民を「指導」していきたいと語っていた(二〇〇五年二月二一日のインタビュー)。

(43) 種の保存に関する政府令では、山地民にとってとくに重要な野生動物であるクスクス、ティモールシカ、オオバタン、ズグロインコを含む計二三六種の動物(哺乳類、鳥類、両生類、爬虫類、魚類、昆虫類、花虫類)が「保護動物」に指定されている［Departmen Kehutanan 2003: 141-150］。

(44) 生物資源・生態系保全法では、①学術研究に必要な場合、②保護生物種の救援を行う場合、③保護生物種が人間の生活を脅かす場合を除き、保護動物の捕獲・傷害・殺害・保管・所有・飼育・輸送・商取引(すでに死亡している動物の体の一部の商取引・保管・所有も含む)などが禁じられている(第二一条)。

第2章 狩猟獣のサブシステンス利用

―肉の分配の社会文化的意味―

猟で仕留められたハイイロクスクス。村びとが捕獲・採取する動物性資源由来のタンパク質の約半分をクスクスが占める(アマニオホ村)

熱帯地域の住民にとって野生動物は、栄養学的・経済的価値に加えて、[1]社会文化的価値ももつ存在である[Bennett and Robinson 2000a: 1-3]。それぞれの野生動物と人との「利用を通じた直接的なかかわりあい」はさまざまであり、人びとが野生動物に見出している価値や資源利用の意味もさまざまである。序章で述べたように、セラム島山地民社会の文脈に即して言うと、第3章で焦点を当てるオウムの利用が経済的価値の実現という意味合いの強い営為である一方、クスクスなどの狩猟獣の利用は、「食」を支えるという栄養学的意味に加えて、分配を通じた社会関係の維持など強い社会文化的な意味をもつ。

本章では、セラム島山地民による狩猟獣のサブシステンス利用のなかでも、とくに肉の分配に着目し、分配を支える人びとの動機や意味づけに関する分析を通じて、その社会文化的意味について議論したい。この作業は、山地民の視点に接近しながら、分配という側面に焦点を当てて、サブシステンス目的の野生動物利用が地域の人びとにいかなる「生きられた経験」を与えているのかを明らかにする試みであるとも言えよう[2]。

結論を先取りすることになるが、山地民にとって狩猟獣の利用(分配)は、彼(彼女)たちの「生」の充実、あるいは生きがいと深くかかわる営為である。そうした生の充実は個人の主観に属するものであり、諸個人の多様な価値観から影響を受ける。それゆえ、本章で描こうとする事柄が、セラム島山地民社会においてどれほど一般性をもちうるのかという反論が予想される。しかし、生の充実や生きがいは、間違いなく諸個人が「このように生きるのがよい生き方なのだ」と考えている生を生きることのなかから得られるものであり、そうした生き方の理念や指針は、少なからず規範的な側面をもち、当該社会に埋め込まれたものである。したがって、本章では、生の充実を対象社会において共同性を帯びたものとして議論を進める。

本章ではまず、サゴ食民の食生活を安定的に支えるうえで主要狩猟獣が果たす役割について述べる。次に、主要狩猟獣を対象とした猟の実態を詳細に記述し、狩猟獣の肉がどのような手順で誰にどの程度分配されているか、分配の実相を明らかにする。さらに、分配に人びとを駆り立てる動機や意味づけに着目しながら、山地民にとって分配がいかなる社会文化的意味をもつ営為なのかについて考察する。

一　サゴ食民の食生活における狩猟資源の位置づけ

1　主要な狩猟獣

住民が採取・捕獲する野生生物資源のインベントリ（目録）調査によると、動物性資源は、哺乳類が一二種、鳥類が五二種（うち七種はおもに換金用）、爬虫類が三種、魚やエビなどの水生動物が六種、昆虫が二九種（二八種は幼虫、一種はハチミツ）、その他が五種（カエル四種、カタツムリ一種）で、全部で一〇七種にのぼった。これらのうち、交易用オウムを除くすべてが食用に利用されている。なかでも、捕獲量や摂食頻度の点からみてとくに重要なのが、クスクス（*Phalanger orientalis, Spilocuscus*

写真 2-1　セレベスイノシシ（アマニオホ村）

写真 2-2　ティモールシカ（アマニオホ村）

maculatus、本章中扉)、セレベスイノシシ(*Sus celebensis*、以下「イノシシ」、写真2-1)、そしてティモールシカ(*Cervus timorensis*、以下「シカ」、写真2-2)の三種の狩猟獣である(本書では以下、必要に応じてクスクス、イノシシ、シカの三種の中・大型哺乳類を主要狩猟獣と表現する)。

2　高いサゴ依存

山地民の食生活における狩猟資源の位置づけを検討するためには、まず、主食としてのサゴが果たす役割を理解する必要がある。したがって、ここで山地民のサゴへの高い依存の実態について確認しておこう。

アマニオホ村で摂取されているおもな主食食物(おもにエネルギー源となる食物)には、サゴ(サゴヤシから採取される

写真2-3　村びとの主食パペダ(右)と、川エビ、タケノコ、キノコなどのおかず(左)(アマニオホ村)

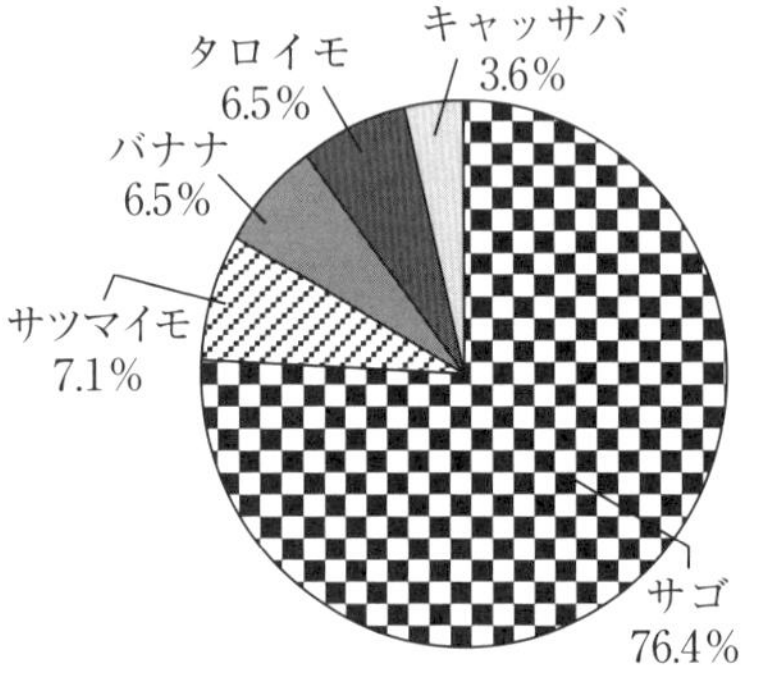

図2-1　主食食物の摂取割合(エネルギー比)

出所：フィールド調査。
注1：朝食19回(摂食者92人)、昼食17回(92人)、夕食21回(115人)の食事における主要主食食物の摂取量に基づく。
注2：エネルギー量は、単位可食部重量あたり、生サゴ2210kcal/kg、サツマイモ770kcal/kg、バナナ1150kcal/kg、タロイモ1300kcal/kg、キャッサバ1490kcal/kgとして算出した〔Ohtsuka and Suzuki 1990: 228〕。

でんぷん)、サツマイモ、バナナ、タロイモ、キャッサバなどがある。サゴは、水を加えて牛乳のような状態にし、そこに熱湯を加えて葛湯状にしたパペダ(*papeda*)に調理されて食されている(写真2-3)。筆者は二〇〇三年六月五日から八月三〇日まで、食事時にランダムに世帯を訪問し、食事の前後に主食食物の重量を計量して摂取量を求めた。それによると、これら主食食物から得られた全エネルギー量のうちサゴが占める割合は七六%に及んだ(図2-1)。

また、サゴの主食としての重要性は、一年を通して一貫している。筆者は一回の調査期間を一八～二二日間として、二〇〇三年五月～〇四年三月に四期の調査期間を設け、食卓にのぼった食物種に関するデータを収集した。この調査をもとに、主食食物の摂食頻度を示したのが図2-2である。摂食頻度は全食事回数に対する各食物の出現回数の比率で表している。すべての調査期間において、サゴの摂食頻度は〇・七以上であり、〇・一五前後で推移する他の主食食物と比べてきわめて高い。

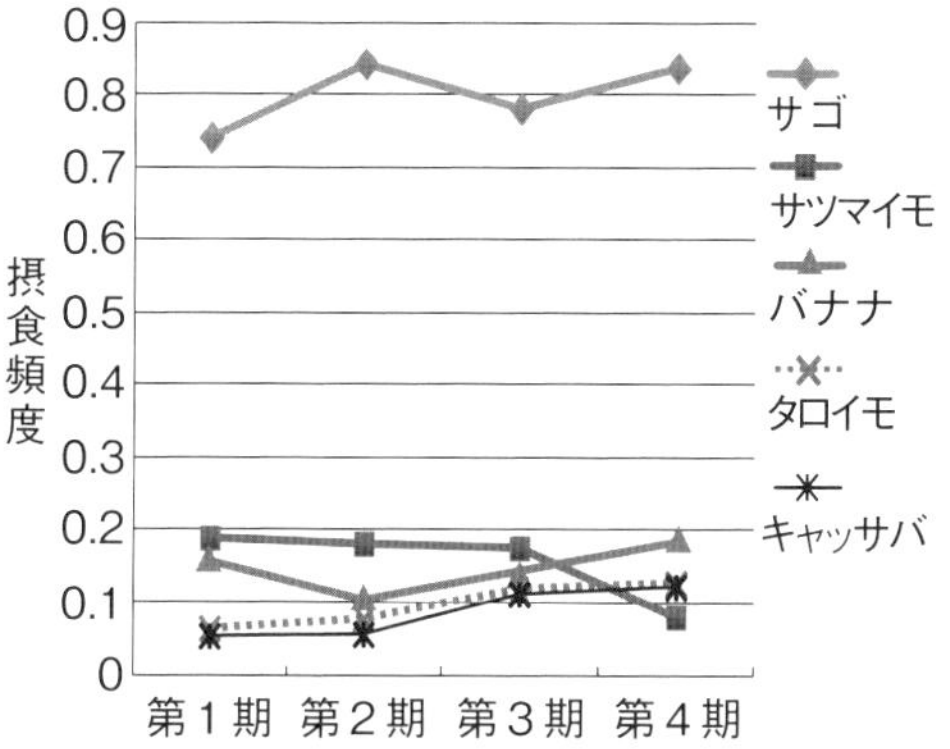

図2-2　主食食物の摂食頻度

出所：フィールド調査。
注1：摂食頻度は全食事回数に対する出現回数の比率。
注2：調査データは、各世帯に食事内容を調査シートに記入するように依頼し、筆者が巡回・確認して収集した。データ収集の期間と対象は次のとおり。①第1期：2003年5月24日～6月13日(21日間)、19世帯対象、1141回分、②第2期:2003年7月27日～8月16日(21日間)、16世帯対象、911回分、③第3期：2003年11月24日～12月15日(22日間)、17世帯対象、948回分、④第4期：2004年2月16日～3月4日(18日間)、15世帯対象、805回分。なお、住民は1日に3度の食事を摂るのが普通である。

比較的標高が高いアマニオホ村は、サゴヤシの生育限界に近い環境にある。村びとによると、気候が冷涼なために生育が遅く、一本に含まれるでんぷんも低地と比べてかなり少ないという。実際に、サゴヤシ一本あたりの平均でんぷん採取量を計量してみると六八kg／本(±四〇kg)で、エレンが報告しているセラム島沿岸部の一六五kg／本の四割程度にすぎず[Ellen

1979: 49]、サゴを主食として利用している他地域の値と比べても生産性はかなり低い。このように、セラム島内陸山地部はサゴヤシの生育適地ではないにもかかわらず、サゴが主食食物から得られる全エネルギー量の大部分を占め、もっとも頻繁に食べられているのは、次に述べるように主食食物として高く評価されているからである(3)。

筆者は、村の成人男女を対象に、サゴ、イモ類、バナナといった主食食物をどのような観点で評価しているか聞き取りを行った。その結果、村びと独自の評価基準として浮かび上がったのは、腹持ちがよい、喉が渇かず農作業などを行いやすい、毎日食べても飽きないという三点であった。そこで、二三人の村びとをランダムに選び、主要な主食食物について、この三点に関して一から五までの評価得点をつけてもらうと、すべてにおいてサゴは他の主食食物よりも高い評価を得た(図2-3)(4)。

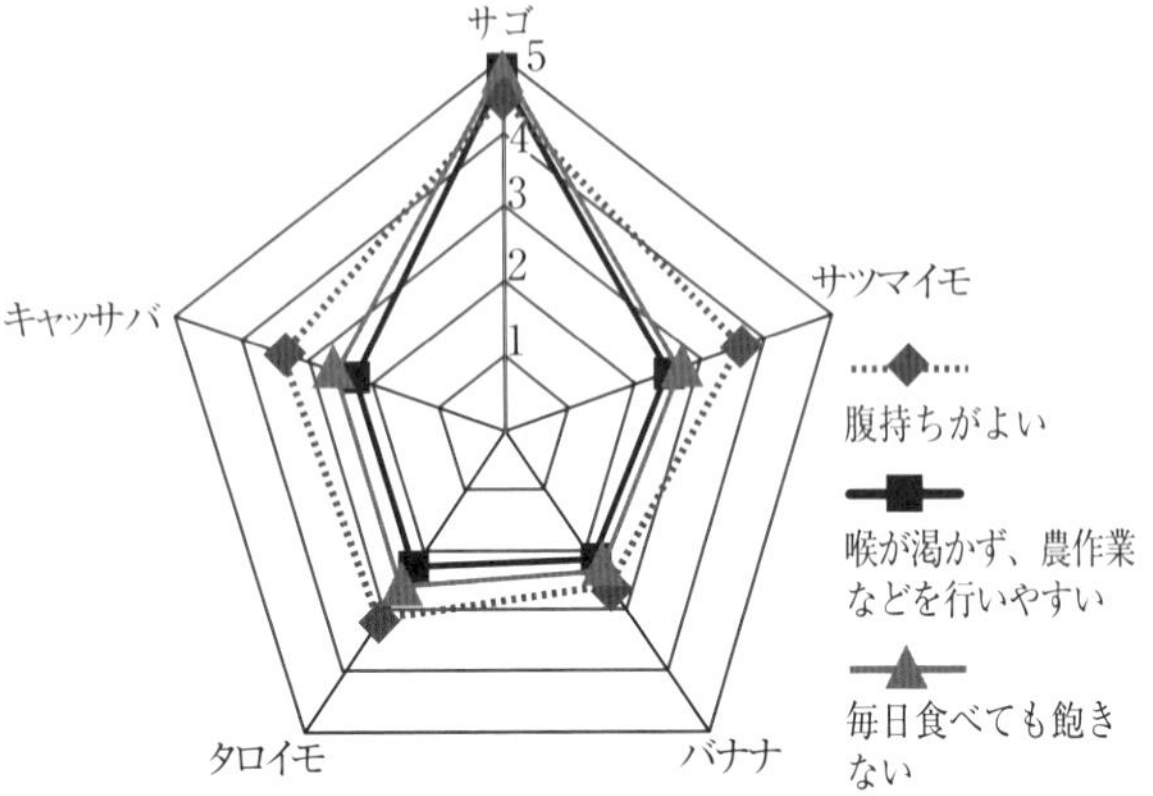

図2-3　主食食物の評価

出所：フィールド調査より作成。

3　「食」からみた狩猟獣の重要性

このようにアマニオホ村ではサゴに高い価値が見出されており、消費量に季節変動のない、安定的な主食になっている。しかし、サゴはエネルギー供給源としては優れているが、他の主食食物と比較してタンパク質含量が著しく少ない。そのため、サゴに強く依存する人びとは、水棲であれ陸棲であれ、十分な動物性食物が得られる環境が必要となる[大塚 1993: 23]。セラム島内陸山地部の場合、アクセスの悪さから、市場を通じた多量の肉や魚の購入や海での漁労はむずかしい。したがって、アマニオホ村で捕獲・採取される野生動物資源は、生計維持上、不可欠であるといえる。

前述したように、筆者は二〇〇三年五月下旬から〇四年三月上旬まで四期の調査期間（のべ調査日数八九日間）を設け、その間の動物の捕獲・採取数を記録した。その結果が表2-1である。

調査期間中、タンパク質量換算でもっとも多く捕獲・採取されていた動物性資源はクスクスであった。セラム島にはブチクスクス（*spilocuscus macu latus*）とハイイロクスクス（*phalanger orientalis*）の二種のクスクスが生息しているが、標高が比較的高いアマニオホ村付近にはブチクスクスの生息数が少なく、捕獲されたクスクスのほとんどがハイイロクスクスである。図2-4に示されるように、調査期間中に村びとが捕獲・採取した全動物性資源由来のタンパク質量——麓の村で購入される干し魚や北海岸沿岸部で採取される巻貝を除く——のほぼ半分をクスクスが占めていた。それにイノシシとシカの大型哺乳類を加えると、全体の八七・三%である。

タンパク質摂取量からみて、これら主要狩猟獣の次に重要なのは、オナガミヤマバト（*Gymnophaps mada*）やクロオビヒメアオバト（*Ptilinopus superbus*）などの野鳥である。これらの野鳥は、調査期間中に村びとが捕獲・採取した全動物性資源のタンパク質量の五・六%であった。野鳥の摂食量の割合は比較的少ないが、次に述べる食事調査の結果から示されるように、捕獲される特定の時期には摂食頻度が急激に増え、一時的に重要性が高まる。

主要狩猟獣と野鳥以外の動物性資源は、川で採れるエビ（学名不明）、コウモリ（*Pteropus* sp.）、アミメニシキヘビ（*Python reticulatu*）やセラムニシキヘビ（*Morelia clastolepis*）といった爬虫類、そして、サゴムシ（*Rhynchophorus ferrugineus*、写真2-4）をはじめとする昆虫などである。これらは、全動物性資源のタンパク質量の七・二%を占めていた。

資源の世帯あたり捕獲・採取数

個体あたり生体重量		生体重量[kg]	可食部割合[%]	可食部重量[kg]	可食部100gあたりタンパク質含量[g]	捕獲・採取された資源のタンパク質量[g]	全動物性資源のタンパク質の割合[%]
重量[kg]	出所						
1.781	フィールド調査(n=13)	38.877	65	25.270	20.0	5054.0	48.57%
1.400	フィールド調査(n=1)	0.320	65	0.208	20.0	41.6	0.40%
45.000	Elen[1996 : 629]	28.286	65	18.386	12.0	2206.3	21.20%
63.000	Elen[1996 : 611]	14.400	65	9.360	19.0	1778.4	17.09%
		3.991	65	2.594	22.4	581.2	5.59%
0.250	フィールド調査(n=18)	1.700	65	1.105	−	−	−
0.250	フィールド調査(n=3)	0.886	65	0.576	−	−	−
0.150	フィールド調査(n=1)	0.146	65	0.095	−	−	−
0.150	フィールド調査(n=1)	0.094	65	0.061	−	−	−
1.450	フィールド調査(n=3)	0.663	65	0.431	−	−	−
0.200	大きさに基づく推計値	0.503	65	0.327	−	−	−
0.007	フィールド調査(n=454)	0.898	100	0.898	18.0	161.6	1.55%
0.635	フィールド調査(n=15)	1.089	65	0.708	20.0	141.5	1.36%
11.500	フィールド調査(n=1)	0.657	65	0.427	18.8	80.3	0.77%
1.950	フィールド調査(n=1)	0.557	65	0.362	18.8	68.1	0.65%
0.006	フィールド調査(n=634)	0.557	100	0.557	7.5	41.8	0.40%
0.383	フィールド調査(n=9)	0.328	65	0.213	20.0	42.7	0.41%
1.700	フィールド調査(n=1)	0.291	65	0.189	22.4	42.4	0.41%
1.800	フィールド調査(n=1)	0.206	65	0.134	18.8	25.1	0.24%
0.013	フィールド調査(n=77)	0.168	100	0.168	18.8	31.6	0.30%
0.125	フィールド調査(n=2)	0.164	75	0.123	18.8	23.2	0.22%
0.021	フィールド調査(n=7)	0.244	100	0.244	9.8	23.9	0.23%
3.000	Elen[1996 : 611]	0.171	65	0.111	20.0	22.3	0.21%
1.000	大きさに基づく推計値	0.171	65	0.111	20.0	22.3	0.21%
0.010	大きさに基づく推計値	0.077	100	0.077	18.8	14.5	0.14%
0.008	フィールド調査(n=114, 殻をとったものを計量)	0.009	100	0.009	18.	1.6	0.02%
0.001	大きさに基づく推計値	0.011	50	0.006	9.8	0.6	0.01%

注2：調査期間中(のべ1561世帯・日)のハイイロクスクスおよびブチクスクスの捕獲総数は、それぞれ382頭と4頭であった。ブチクスクスの生息域は標高820 m付近までと言われている[Fox 1999]。

注3:「出所」の欄のnは生体重量などのデータを求めるのに用いられたサンプル数を示す。

注4：Townsend[2000 : 276]、Auzel and Wilkie[2000 : 422]、Eves and Ruggiero[2000 : 438]を参考にして、哺乳類(クスクス、イノシシ、シカ、コウモリ)、野鳥，爬虫類の可食部割合を生体重量の65%とした。川エビ、サゴムシ、川魚、イモムシ、カエル、カタツムリは、筆者の観察によると頭部や内蔵を含めてほぼすべて食されていたので、可食部割合を100%とした。また、毛虫については内臓を取り出していたので、目分量に基づく推定で可食部割合を50%とし、ウナギについては文部科学省科学技術・学術審議会資源調査分科会[2005]の「五訂増補日本食品標準成分表」に依拠して75%とした。

注5：サゴムシを除く動物性資源の単位可食部重量あたりタンパク質含量はEllen[1978 : 225] を参考にし、サゴムシについては三橋[2005 : 43]を参照した(三橋[2005 : 43]では複数の数値があげてあるので、ここではその平均値を用いた)。

表 2-1　調査期間中(89 日間)の動物性

動物種(地方名)	学　名	世帯あたり捕獲・採取数[頭(尾)]
クスクス(*ihishi*)		
ハイイロクスクス(*moli, elahu* など)	*Phalanger orientalis*	21.8
ブチクスクス(*makila, kapupu*)	*Spilocuscus maculatus*	0.2
セレベスイノシシ(*hahu*)	*Sus celebensis*	0.6
ティモールシカ(*manyaka*)	*Cervus timorensis*	0.2
野鳥(捕獲数上位５位＋その他)		
オナガミヤマバト(*mavene*)	*Gymnophaps mada*	6.8
クロオビヒメアオバト(*ovota*)	*Ptilinopus superbus*	3.5
アカメカラスバト(*nieli*)	*Columba vitiensis*	1.0
バラムネオナガバト(*pilaka*)	*Macropygia amboinensis*	0.6
パプアシワコブサイチョウ(*ka*)	*Aceros plicatus*	0.5
その他の野鳥		2.5
川エビ(*oko*)	?	128.3
コウモリ(*solo musunu*)	*Pteropus sp*	1.7
アミメニシキヘビ(*nipatora*)	*Python reticulatus*	0.1
セラムニシキヘビ(*tipolo tuni*)	*Morelia clastolepis*	0.3
サゴムシ(*ape*)	*Rhynchophorus ferrugineus?*	92.9
コウモリ(*solo musunu* を除く５種)	*Pteropus spp*	0.9
ニワトリ(*ayam*)	*Gallus gallus domesticus*	0.2
アンボイナホカケトカゲ(*pue*)	*Hydrosaurus amboinensis*	0.1
川魚(*talamili* など３種)	?	12.9
ウナギ(*ilo*)	?	1.3
イモムシ(*eti sei, apenolo* など 26 種)	?	11.6
ジャコウネコ(*soti*)	*Viverra tangalunga*	0.1
パームシベット(*kuhu*)	*Paradoxurus hermaphroditus*	0.2
カエル(*ilau* など４種)	*Litoria infrafrenata* など	7.7
カタツムリ(*keonia*)	?	1.1
毛虫(*matiapa*)	?	11.4

出所：フィールド調査より作成。
注１：2003 年５月下旬から 2004 年３月上旬まで４回の調査期間を設け、15〜19 世帯を対象に、その間の動物の捕獲・採取数を記録した。調査期間と対象世帯数は以下のとおり。第１期：2003 年５月 24 日〜６月 13 日(21 日間)、19 世帯(平均世帯人数：5.7 人／世帯)；第２期：2003 年７月 27 日〜８月 16 日(21 日間)、19 世帯(平均世帯人数：5.7 人／世帯)；第３期：2003 年 11 月 24 日〜12 月 22 日(29 日間)、17 世帯(平均世帯人数：5.9 人／世帯)；第４期：2004 年２月 16 日〜３月４日(18 日間)、15 世帯(平均世帯人数：5.7 人／世帯)。のべ調査日数は 89 日。なお、表中の捕獲・採取数の数値は、世帯あたりに換算した数値である。この数値は、調査期間中に記録された全捕獲・採取数を平均調査世帯数(17.5 世帯)で除して求めた。タンパク質量など他の数値も同様で、世帯あたりの数値を表している。調査期間を通じた世帯あたりの平均構成員数は 5.8 人であった。約６〜７割の世帯が世帯主とその妻、そして子どもたちからなる核家族で、約３〜４割が世帯主もしくは妻の親との同居世帯であった。

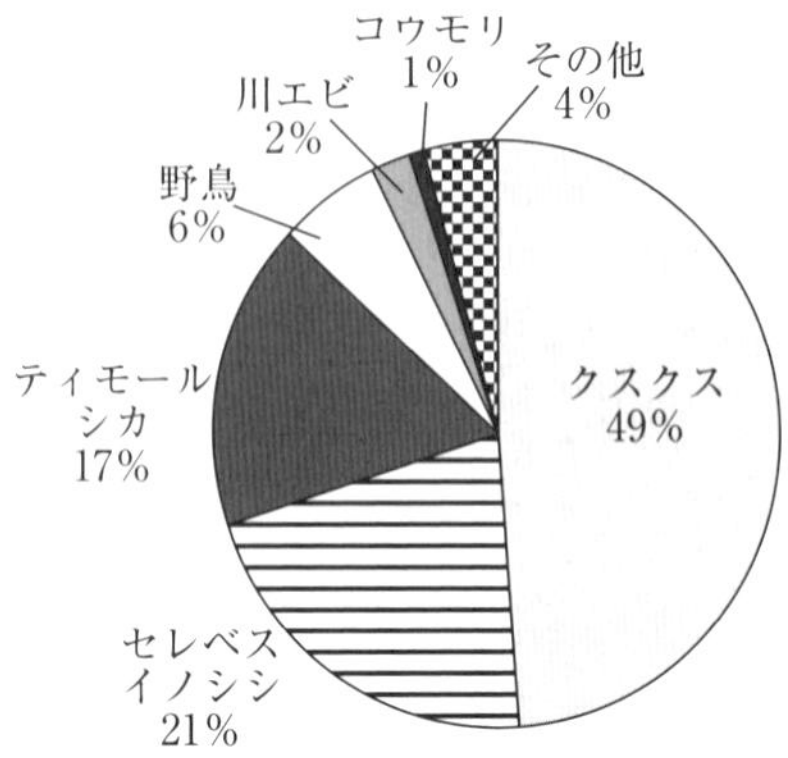

図2-4　タンパク質摂取量からみた動物性資源の重要性

出所：フィールド調査。
注1：図示しているのは、調査期間中(89日間)に捕獲・採取された全動物性資源量(タンパク質量換算)に占める割合である。
注2：データの収集方法については、表2-1の注1を参照。

写真2-4　でんぷんを採取するために切り倒されたサゴヤシの幹の残りの部分にでてくるサゴムシ。生でそのまま食べたり、竹の稈《かん》の中に入れて蒸し焼きにしたり、スープにする(アマニオホ村)

先述した食事調査では計三八〇五回の食事内容について記録したが、そのなかで献立にのぼった動物性食物の全回数は一七八四回である。各食物ごとの出現回数の割合(摂食割合)をみると、やはりクスクスがもっとも高く(二八・九%)、干し魚(一四・一%)、野鳥(一一・三%)、シカ(一〇・%)、川エビ(一〇・五%)、イノシシ(七・〇%)の順であった。このように、シカやイノシシよりも干し魚や野鳥の摂食割合が高いが、図2-5に示すようにこれらは摂食頻度の季節変動が大きい。

調査期間を通してもっとも頻繁に食されていたのはクスクスであり、その摂食頻度は〇・一〇〜〇・一七(二〜三日に一回)である。また、第四期のみ、干し魚と野鳥がクスクスの摂食頻度を一時的に上回っていた。干し魚の摂食頻度が急激に高まっているのは、沿岸部の商店で大量に買い込み、村内で販売した村びとがいたからである。多くの村びとは、二〇〇三年九月初旬から一一月中旬まで、南海岸沿岸部の村で丁子の摘み取りの出稼ぎに出ていた。そのため、彼らの家計は比較的潤っており、干し魚を購入する者が多かったのである。ただし、摂食割合や第四期の摂食頻度をみると比較的高い値を示しているものの、筆者の観察のかぎり、パペダ（一一六ページ参照）を食べる際の副食となるスープのだし汁として少量が用いられることが多く、タンパク質源としてはそれほど大きな役割を果たしていないと考えられる。

一方、野鳥の摂食頻度が高まっているのは、オナガミヤマバトなどの猟がこの時期に行われるためである。これらの野鳥はイタワ（*itawa* : *Litsea mappacea*）、アウォウ・ラサ（*awou lasa* : *Prunus grisea*）、アウォウ・トゥニ（*awou tuni* : *Prunus arboreus*）といった樹木の実を食べる。したがって、これらの樹木が結実する一～三月に、山地民はループ状にした釣り糸を木の棒などに多数取りつけた罠（*perangkap mika*）やトリモチ（*hapulu*）を用いて捕獲している。

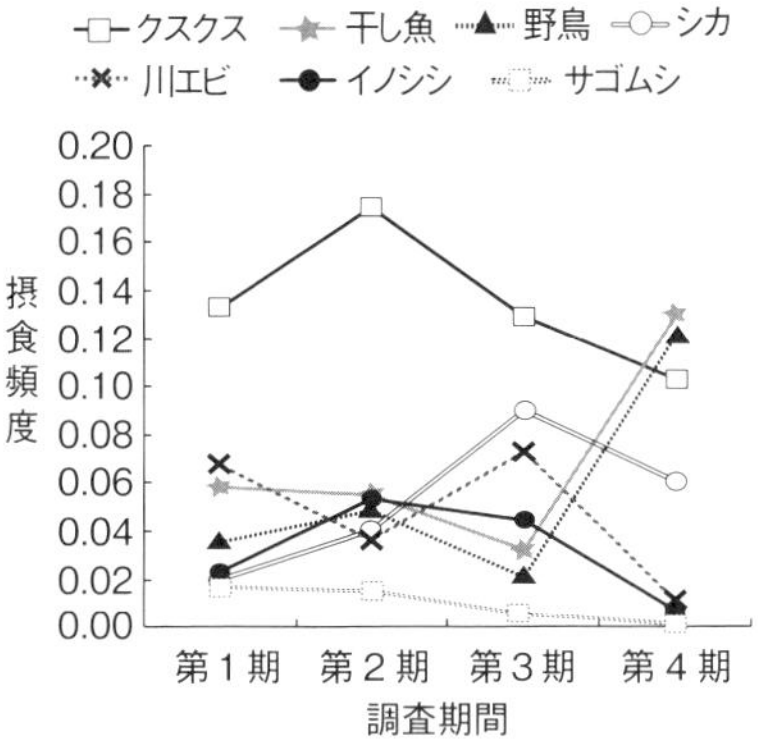

図2-5　主要動物性食物の摂食頻度

出所：フィールド調査。
注1：約10カ月の間に4回の調査期間を設け食事内容の調査を行った。調査期間と対象世帯数は表2-1と同じで、食事回数は第1期1141回、第2期911回、第3期948回、第4期805回である。女性（世帯主の妻）に、食事のたびに献立にのぼった食物の種類を調査シートに記入するように依頼した。調査期間中は筆者が毎日調査世帯を巡回し、記入事項を確認した。
注2：ここで「摂食頻度」とは「食事回数に対する当該食物の出現回数の比」を意味している。この図では摂食頻度の高かった上位7位までを表示している。
注3：「干し魚」は沿岸部の商店で購入する。

以上述べてきたように、アマニオホ村の村びとにとって、クスクス、イノシシ、シカの三種の中・大型哺乳類が全動物性タンパク質の大部分を占めており、サゴ食民である彼らの食生活を支えるうえで重要な役割を担っていると考えられる。とりわけ、約半分を占め、摂食頻度が季節的に著しく低下しないクスクスは、山地民の生計維持において欠くことのできない動物性資源といえる。

これら三種は、いずれも比較的生息域が広く、著しい個体数減少の兆

表2-2　アマニオホ村で利用されているおもな食用狩猟資源

動物種	IUCN カテゴリ[1)]	保護の有無[2)]	捕獲場所(国立公園内外)	
			内	外
クスクス				
ハイイロクスクス	LR/lc	保護	+++	
ブチクスクス	LR/lc	保護	+++	
セレベスイノシシ	LR/lc	-	+	++
ティモールシカ	LR/lc	保護	+++	
野鳥(捕獲数上位5位)				
オナガミヤバト	LC	-	+	++
クロオビヒメアオバト	LC	-	+	++
アカメカラスバト	LC	-	+	++
バラムネオナガバト	LC	-	+	++
パプアシワコブサイチョウ	LC	保護	+	++

出所：IUCN[2006]と Department Kehutanan[2003]より作成。
注1：国際自然保護連合(IUCN)は、「絶滅のおそれのある種のレッドリスト(The IUCN Red List of Threatened Species)」のなかで、世界中の動植物の絶滅の脅威の程度を個体数や分布域の状態に基づいて評価している。LR/lc(「低リスク／軽度懸念」)は、1994 Categories & Criteria(version 2.3)に、LC(「軽度懸念」)は2001 Categories & Criteria(version 3.1)に基づくカテゴリーで、もっとも絶滅の危険性の少ないランクを意味する。評価方法については、http://www.iucnredlist.org/info/categories_criteria1994#categories および http://www.iucnredlist.org/info/categories_criteria2001#categories を参照。
注2：「保護」とある種は、種の保存に関する政府令の付表に「保護動物」として記載されている[Departmen Kehutanan, 2003: 141-152]。詳細は第1章5(2)参照。

候も見られないため、「絶滅のおそれのある種のレッドリスト(The IUCN Red List of Threatened Species)」[5]のなかでは、もっとも絶滅の危険性の低い「低リスク・軽度懸念(LR/lc)」にランクされている(表2-2)。とはいえ、クスクスとシカに関しては、インドネシア国内の野生動物保護法制(「種の保存に関する政府令」)で「保護動物」に指定されており、少なくとも法律上は捕獲や消費が禁じられている。

二　猟の実際

1　猟場としての森

山地民の猟には、イノシシ、シカ、クスクスを対象とした罠猟、犬を用いた追い込み猟（対象はイノシシとシカ）、木登りクスクス猟などがある。

これらの猟はカイタフ（*kaitahu*）と呼ばれる森でおもに行われている。カイタフは集落から比較的離れた場所に位置し、これまで人間によって伐採されたことがないか、伐採されたとしてもはるか昔で、現在は大木が生えている原生林・老齢二次林であり、村びとから「猟場」と観念されている森である。ただし、後述するように、イノシシの罠猟は、畑の周辺やルカピ（*lukapi*、後述）で行われることがあるし、クスクスの罠猟も稀にサゴヤシ林の辺縁部や「古いルカピ」で行われる。なお、ルカピは、原生林・老齢二次林が伐採されて時間が経ち、すでに大木の根が腐って集約畑をつくることができる耕作可能地、もしくは、かつては根栽畑だった休閑地を意味している。

カイタフは、小川、崖、巨大な岩、大木、そして山道などを境界（*teneha*）にして細かく区分されており、それぞれに保有者（*kaitahu kua*）が存在する。罠猟は、基本的にこの森林区を単位に行われる。山地民は一つのカイタフ、もしくは面積が小さい場合には隣接する二つのカイタフに集中的に罠を仕掛け、数日間に一度、見回る。こうして、短い場合には一～二カ月、長い場合は一～二年も猟を続ける。

罠に獲物がかからなくなったら、罠をすべて取りはずし、セリカイタフ（*seli kaitahu*）と呼ばれる禁制をかけて、その森での猟をしばらくのあいだ禁止する。セリカイタフの実施は祖霊・精霊祭祀の儀礼を伴い、祖霊・精霊の超自然的な力によって、そこで猟を行った者は災厄を被ったり、失敗したりすると強く信じられている。この禁制がかけられた森では、禁制をかけた者も含めて、誰も猟を行うことができない。その後しばらくして動物が増えてきたら、禁制を解いて罠猟を再開する。このように、区分されたカイタフは解禁と禁猟が適用される地区単位をなし、猟場として循環的に利用されている（第5章で詳述）。

また、犬を用いたイノシシやシカの追い込み猟や木登りクスクス猟は、罠猟のように特定のカイタフで継続的に行われるものではない。セリカイタフを一時的に解き、しばらく利用されていなかったいくつかのカイタフで散発的に行われる。

2 イノシシとシカを対象にした猟

写真 2-5　シカの通り道に設置されたフスパナ（アマニオホ村）

イノシシとシカを対象にした猟には、罠猟（*rewa hus pana*/*rewa sula*）と犬を用いた追い込み猟（*sela*）がある。

罠猟でもっともよく用いられている罠は、約二mの竹槍（*tapi*）が水平方向に飛び出す槍罠フスパナ（*hus pana*）である（写真2-5）。フスパナは、柔らかくて丈夫な四mほどの竿（*husu pana kai*）の先端に竹槍を直角に取り付け、竿をしならせた状態で固定した罠で、獣道（*womu*）に設置される。槍は獣の心臓の高さに設定されている。竿を固定する止め木（*kamatuke*）には、獣道を横切るよう

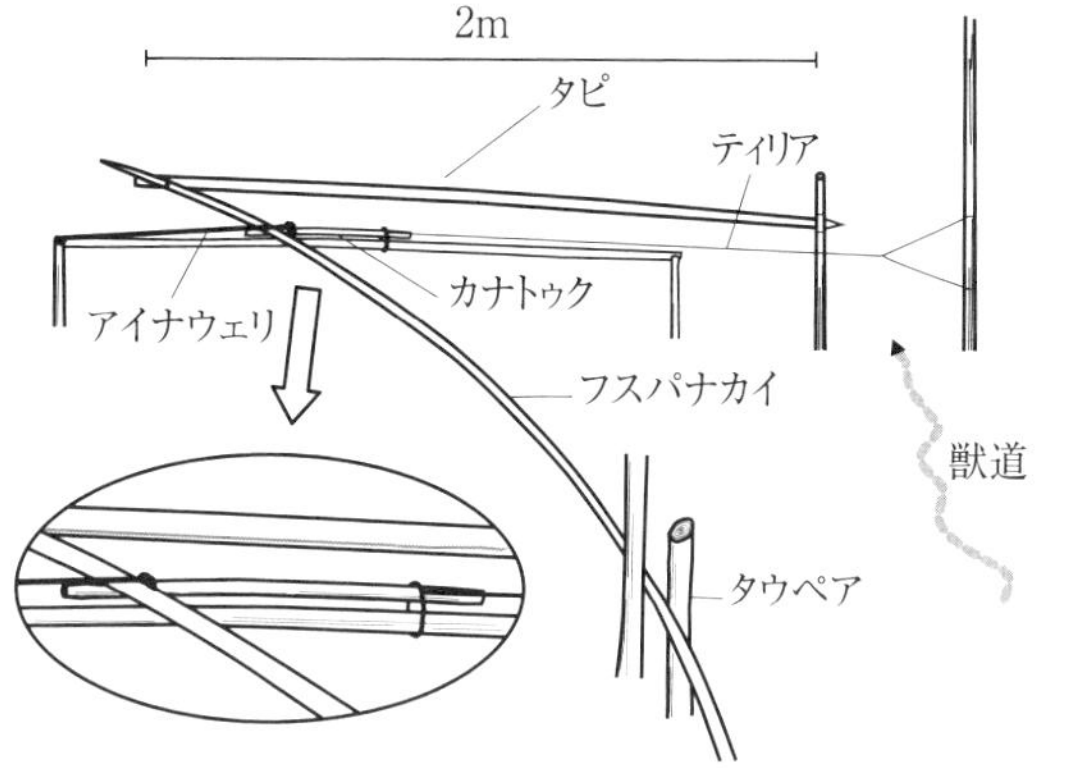

図2-6　イノシシ、シカを捕獲するための槍罠（フスパナ）

出所：フィールド調査より作成。
注1：アイナウェリには、サトウヤシ（*Arenga pinnata*）の黒色毛状の樹皮をよって作ったひもか、シロシロ（*silo-silo*；学名不明）やパウル（*paulu*；学名不明）などの丈夫な蔓を用いる。ティリアにも、腐りにくいパウルなどの蔓を用いる。竿として用いられる樹木には、よくしなり、丈夫なランサッ（*Langsium*；domesticum）、ニヘヒア（*nihehia*；学名不明）、カラフトゥ（*kalafutu*；学名不明）などの特定の樹木が用いられる。
注2：タピがむき出しの状態になって白く光っていると獣が寄ってこないため、実際には枯れたサゴヤシの葉や木の葉で覆う。

に張られた蔓（*tilia*）が結び付けられており、イノシシやシカが通って蔓に足を引っ掛けると、止め木がはずれて水平方向に飛び出した竹槍が獣を射抜く（図2-6）[6]。村びとは反り返った下草、藪の中にあいた小さな穴、そして足跡などで獣道を判別する。

シカを捕獲するためのフスパナは、カイタフに仕掛けられる。一方イノシシは、カイタフのほかにも集落から比較的近いルカピや根栽畑（集約畑や粗放畑）によく出没するため、畑や森に向かう道沿いや畑の辺縁部に仕掛けられることも多い。このように、カイタフ以外の場所に設置されたフスパナは、特別にロフロフ（*lofu lofu*）と呼ばれている。また、集落とカイタフを結ぶ幹線的な機能をもった山道（*halakai potoa*）――罠を見回るためのカイタフの中を通る小道（*hakalai lakea*）とは区別される――沿いに設置されたフスパナもロフロフと呼ばれる。

ロフロフは、その土地が誰の保有であろうと自由に取り付けることができる。この罠は人間に対しても危険なので、人通りのある場所では、ロフロフがあることを示す標識（木の幹や地面に突き刺した細長い杭の先端に切り込みを入れ、そこに細長い木の棒を水平に取り付ける）を立てる（写真2-6）。

写真2-6　ロフロフの標識（アマニオホ村）

筆者が行った猟果に関する調査期間（一二一ページ表2-1参照）に捕獲されたシカの五〇％、イノシシの八二％が罠猟で仕留められたものだった。

一方、追い込み猟では、数頭の犬を連れて森を歩く。イノシシやシカの臭いをかぎつけた犬に獣を追わせ、疲れて身動きがとれなくなったら、山刀で切りつけたり、槍で突いたりして仕留める。獣の臭いをかぎつけた犬はけたたましく鳴きながら獣を追い立てるので、ハンターはその鳴き声を頼りに犬の後を追う。なかには、森の中を大きな弧を描くように一巡して、狩猟者のいる場所にまで獣を追い立ててくる優れた犬もいるという。

3　クスクスを対象にした猟

クスクスは稀に空気銃で仕留められることがあるが[7]、多くの場合は罠猟（*rewa sohe*）や木登り猟（*paisya*）で捕獲される。これらの猟はほとんどの場合、カイタフで行われる。

ここでは、木登り猟の説明から始めよう。クスクスは、大木の洞（*kule*）や枝にできたコケの堆積物（*lumut utu*）に掘った穴の中で休息する。木登り猟では、木に登ってこれらの洞やコケの堆積物を探し、そこにできた穴の中に先端が鋭くとがった木の棒などを突き刺して、クスクスを仕留める。ただし、コケの堆積物は人が両手で抱えられないような巨木の枝にあることが多い。木登り猟でおもに探索の対象になるのは、大木の洞である。この猟は、多くは三人以上の集団で行われる。森で手分けしてクスクスを探し、仕留めた獲物は猟への貢献度にかかわらず、森にいっしょに入った者全員で均等に分配される。

一方、罠猟では、ロタン(籐)で作られたソヘ(*sohe*)と呼ばれる輪罠が用いられる(図2-7)。[8] クスクスは夜、採餌のために枝を伝って樹木から樹木へと移動する。通り道はシラニ(*silani*)と呼ばれ、ソヘはそこに設置される。ソヘにはループ状の二つの輪があり、クスクスがその輪の中に首を入れ、カナトゥケと呼ばれる木の棒に触れると、輪の一端に結び付けられてぶら下がっていた重しが落ち、クスクスを締め付ける仕組みになっている(写真2-7)。前述の猟果に関する調査に基づくと、この期間に捕獲されたクスクスの七一%はソヘで捕獲されていた。

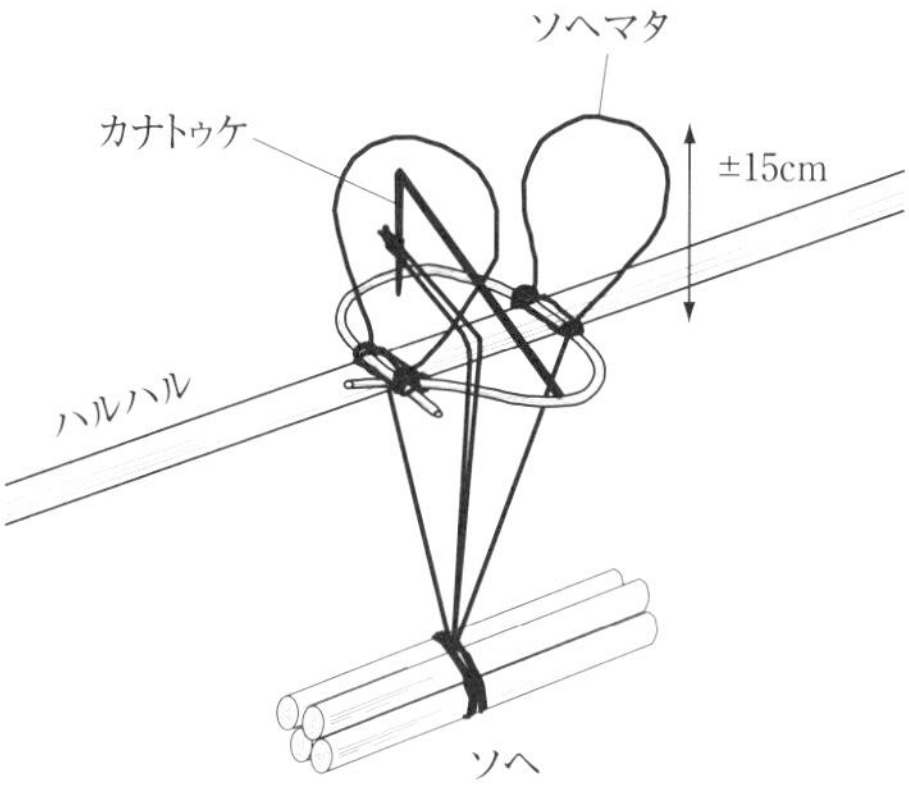

図2-7　クスクスを捕獲するための罠(ソヘ)
出所：フィールド調査より作成。

写真2-7　ソヘにかかったハイイロクスクス(アマニオホ村)

ソヘ猟が成功するかどうかは、クスクスが逃げないようにループの大きさや位置を「ほどよく」調節する技能に加えて、クスクスの通り道であるシラニを特定する能力にかかっていると言ってよい。山地民はクスクスの食痕、糞、小便の臭い、そして樹幹部の枝や葉の形状などを手がかりに、シラニがどのあたりにあるかを見極める。

クスクスは、アタウ(*atau* : *Syzygium luzonense*)、マサパ(*masapa* : *Syzygium malaccense*)、ハアナ(*haana* : *Gordonia excelsa*)、コリ(*kori* : *Lithocarpus celebicus*)などの実や、ハイスニ(*haisuni* : 学名不明)、アライナ(*alaina* : 学名不明)などの植物の若葉など、多種多様な植物の実や葉を食べている。また、スパ(*supa* : *Ficus* sp.)、アイルラ(*airula* : 学名不明)、ソラオト(*solaoto* : 学名不明)などの樹液を好んでなめるという。これらの樹木にはクスクスが樹皮をかじってはがした跡(*maloto*)が残っており、樹幹に無数の爪あと(*thisi tihineni*)がある。

村びとはときに、クスクスが餌として利用するこうした樹木を積極的に保育する。森でこうした樹木の幼木を見かけたら、その周囲の植生を刈り払ったり、近接する樹木の樹皮を剥いで枯死させたりして、成長を促すことがある。

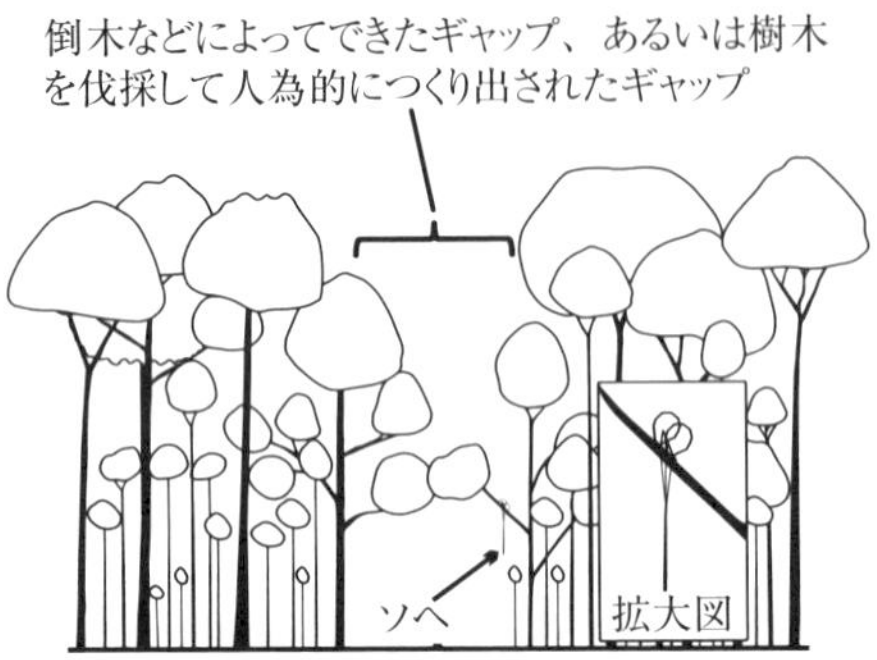

図 2-8　ソヘの設置

出所：フィールド調査。

そのほかにも、クスクスは枯死木の樹皮や自然倒木の根に付着している土(*maloto tana*)を食べたり、棘のないサゴ(*hapau, omahea, lapauno*)の枯死した葉柄の基部を食べたりすることもある(したがって、稀にサゴヤシ林にソヘが仕掛けられる)。また、自然倒木によって形成されたギャップ(間隙)の周辺でクスクスの糞尿を見つけたら、その周辺の林冠部を注意深く眺め、コケなどが付着していないきれいな枝や、展開方向とは逆向きに反り返った葉や葉柄の折れた葉(*hopea*)がないか探す。それらは、ふだんクスクスがシラニとして利用している枝である。

クスクスが採餌のためや通り道として利用している樹木を見つけると、周辺の樹木を伐採したり、枝を切り落としたりして、その樹木に接する枝を一つだけ残す。あるいは、接している周辺樹木をすべて切り倒した後、

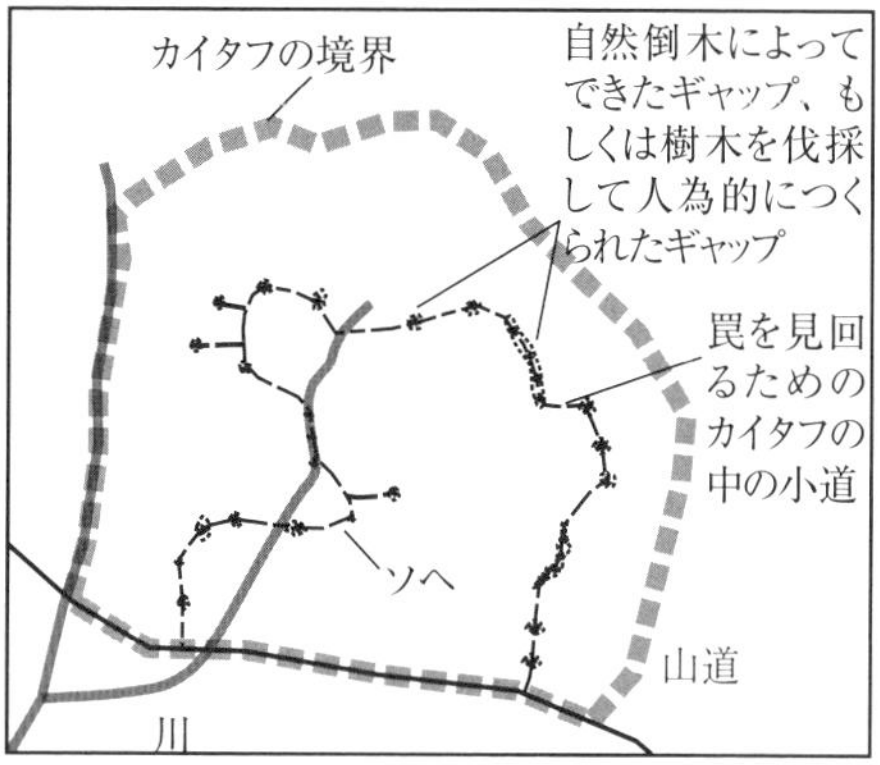

図2-9　カイタフの中の人為的ギャップ
出所：フィールド調査。

隣接する樹木と結ぶように木の棒(*haluhalu*)を取り付ける。その後、残された枝や取り付けた木の棒にソヘを設置する(図2-8)。

そのほか、倒木がつくり出した複数のギャップを結ぶように樹木を伐採したり、小川に沿って枝振りのよい樹木を伐採したりして、数十mにわたって樹冠が接することのない帯状のギャップ(*uhasami*)をつくる場合もある。ギャップにはクスクスが通過できる場所をいくつか残しておき、ソヘを設置する(図2-9)。

三　狩猟獣の分配

1　食物分配(*akasama*)における肉の位置づけ

村びとのあいだで、ほとんどすべての食物が日常的に分配の対象になっている。なかでも、狩猟獣の肉は特別な位置を占めているといってよい。村びとたちは、パペダは狩猟獣の肉(*peni*)と対になって初めて「本当の食事」となると言う[Valeri 2000: 170]。狩猟獣の肉は、村びとたちが副食のなかでもっとも美味で価値があるとみなしている食物である。[9]

村びとの誰もが常に猟に従事しているわけではなく、また猟を行っていても、常に獲物が得られるとは限らない。つまり、肉は誰もが強く好む食物だが、入手に大きな不確実性が伴う希少性の高い食物資源である。そのため、山地民は「肉の分配(*akalili*)」に強い関心を抱き、分配されるモノのなかでもっとも価値のある食物とみなしている。

2　分配の手順

猟で仕留められた獲物は仕留めた者に帰属すると考えられており、罠猟で仕留められた獲物は罠を仕掛けた人物のものとされる。こうした「獲物の持ち主」(*penikua*)[10]は、肉を誰にどれだけ分けるかについて決定するある程度の権利をもつ。ここで「ある程度の」と言うのは、持ち主が行う分配は義務権利関係に拘束される側面があり、仕留めた獲物に対して絶対的・排他的権利を行使できないためである。これについては後述する。

アマニオホ村では、獲物は猟を共同で行う者のあいだで均等に分けられている。また、同じ森で猟を行っていなくとも、同じ方面の森で行う者同士が連れ立って途中までの山道を歩き、帰りも山道で落ち合って集落に戻ることも多い。こうした場合でも、得られた獲物は「ともに山を歩いた者」のあいだで均等に分けられる。大型の獲物が獲れたときは、獲物を仕留めた者(*peni kua*)が数人の村びとに森から集落まで肉の運搬を手伝ってもらう。その際も、仕留めた者と運搬者(*maka rana peni*)とのあいだで肉は均等に分けられる。このとき、臀部周辺(*peuni*)と頭部(*akani*)の肉は、仕留めた者が手にすることになっている(本書では、森で行われるこのような分配を「初期分配」と呼ぶ

写真2-8　集落に持ち帰ったシカの肉を分配用に小さく切り分ける村びと(アマニオホ村)

ことにする)。

獲物はそれを仕留めた森で解体される。このとき、肝臓や心臓の一部がムトゥアイラ(*mutuaila*：祖先の霊)への供物(*atalima*)として供えられる。解体後、通常は喉(*nawani*)と背骨周辺(*sisaoto*)の肉を竹に詰め、おしゃべりに興じながら、蒸し焼きにして思う存分食べる。「肉だけで腹いっぱいになる」経験ができるのは、このときだけである。村びとによると、この食宴は猟に従事する者の大きな楽しみのひとつなのだという。

狩猟者や肉の運搬者は集落に戻ると、持ち帰った肉をさらに小さく切り分け(写真2-8)、三〜四切れの肉片(*useni*)を竹ひごに通し、子どもに持たせて近親者などの家に持って行かせる(写真2-9)。分配を受けた者が、さらにその一部を他者に分けることもある。また、調理した肉のスープを器に入れて他世帯に運ぶこともある。とくに子どもを中心に他世帯で食事をとることが少なくないので、それをとおして肉が分配されたりもする(表2-3)。

写真2-9　分配される肉を運ぶのは子どもの役割である(アマニオホ村)

表2-3　寄食者数

	調査した食事の回数	のべ寄食者数	一回の食事あたり平均寄食者数
朝食	19	13	0.7
昼食	17	26	1.5
夕食	21	19	0.9
計	57	58	1.0

出所：フィールド調査。
注1：データは、2003年6月5日〜8月30日の食事時にランダムに世帯を訪問して収集した。
注2：「寄食者」とは、世帯構成員以外の者で食事をともにした者を指す。

表2-4　クスクスの分配

捕獲数（初期分配後）	分配対象世帯数［世帯］	被分配世帯あたり分配数［頭］	捕獲数に対する分配数の割合（%）	事例数
1頭以下	0.55	0.43	28%（0〜100%）	20
1〜2頭	1.53	0.52	41%（0〜75%）	15
2〜3頭	1.36	0.57	28%（0〜50%）	11
3〜4頭	2.67	0.47	35%（21〜46%）	3
4〜6頭	2.50	0.34	18%（17〜18%）	2
6頭以上	4.43	0.51	22%（10〜38%）	7

出所：フィールド調査。
注1：共同で猟を行った場合、他の狩猟獣と同様、多くは均等に分けられている。ここでは分析の対象に初期分配を含めておらず、「捕獲数」は初期分配後の頭数である。
注2：分配対象世帯数、被分配者世帯あたり分配数の値は、それぞれの事例の平均値。
注3：捕獲数が1頭以下だった20事例のうち、10事例ではまったく分配されなかった。また、2事例では捕獲したすべてが他者に分配されていた。
注4：「被分配世帯あたり分配数」には、狩猟者が捕獲からずいぶん後になって行った燻製肉の分配、調理後に食事をともにとるという形で行われた分配は含まれていない。

3　分配される肉の量

クスクスは、通常は二分の一頭（*faania*）、少ない場合は四分の一頭（*kekenia*）の単位で分配されているため[11]、分配数の把握は聞き取りから可能である。筆者は、クスクスを捕獲した五八の事例を対象に、分配についての聞き取りを行った。表2-4に示されるように、一度の猟で得られるクスクスは通常三頭以下であり、分配される場合の対象世帯数は一〜三世帯である。

分配されるのは全捕獲数の三割程度とみてよい。平均して、半頭程度が分配されている。捕獲頭数が増えると、狩猟者（分配者）は各世帯に分配する量はそのままにして、分配対象世帯数を増やす傾向があることがうかがえる。

村びとは分配に関して、「多く捕獲できれば分配するし、少なければ分配しない」と言う。実際、聞き取りを行った五八事例のうち、まったく分配されなかったケースが一五事例あった。そのうち一〇事例は捕獲頭数が一頭以下である。また、一・二五〜二・五頭（初期分配後の値）のクスクスが捕

表2-5　分配された大型獣（シカ）の肉の量

事例番号	狩猟者	入手した肉の量[kg]				運搬者数	分配された肉の量（運搬者への分配を除く）[kg]		村に運ばれた肉の量[kg]
		狩猟者		運搬者					
事例1	F・Et	17.0	36%	21.8	46%	2	8.3	18%	47.1
事例2	L・Li	10.5	32%	12.8	39%	1	9.7	29%	33.0
事例3	L・Li	11.6	62%	0	0%	0	7.2	38%	18.8
平均			43%		28%			28%	

出所：フィールド調査。
注1：2003年12月27日（事例3）、2004年1月5日（事例2）、2004年1月20日（事例1）に行われたシカの肉の分配の事例である。
注2：狩猟者が入手した肉の量には、販売量も含めている。事例1では、解体した肉の山から、まず分配用と販売用が除かれ、残りが狩猟者と二人の運搬者のあいだでほぼ均等に分けられていた。販売されたのは後脚1本6.3kgである。また、事例3では3.4kgの肉が販売され、事例2では販売されなかった。
注3：事例3において、狩猟者が手にした肉の量が相対的に多いのは、運搬を狩猟者一人で行ったからである。
注4：「村に運ばれた肉の量」には肋骨などは含まれるが、解体のときに廃棄された脛骨や背骨の一部は含まれていない。また、村に持ち帰られ、狩猟者のものとなった頭部と皮の重量も、含まれていない。
注5：本表では、肉を購入した者が行った分配、狩猟者が捕獲からずいぶん後になって行った燻製肉の分配、そして、調理後に食事をともにとるという形で行われた分配は、含まれていない。したがって、実際にはもっと多くの肉が他世帯に分けられているとみるべきであろう。

獲されても、まったく分配されなかった事例が五事例あった。それらの多くでは、クスクスと同時にシカなど他の狩猟資源を捕獲して分配したり、数日前にクスクスの捕獲・分配を行っている。

　一方、シカやイノシシなどの大型獣が得られた場合は、必ず分配が行われる。筆者が聞き取りした一一の分配事例（イノシシ五事例、シカ六事例、データ収集期間：二〇〇三年五月〜〇四年二月）に基づくと、平均して九・八世帯に分配されていた。

　大型獣の場合、肉は小さく切り分けられて分配される。筆者が分配量を計量できたのは三頭のシカ肉だけであったが、それによると、集落に持ち帰られた肉（頭部を除く）のうち、狩猟者が手にした肉量は三二〜六二%と幅が大きい（表2-5）。この表の事例2については、分配対象者の広がりを図2-10に示した。そこで示されるように、大型獣の肉は非常に広い世帯に行き渡っている。

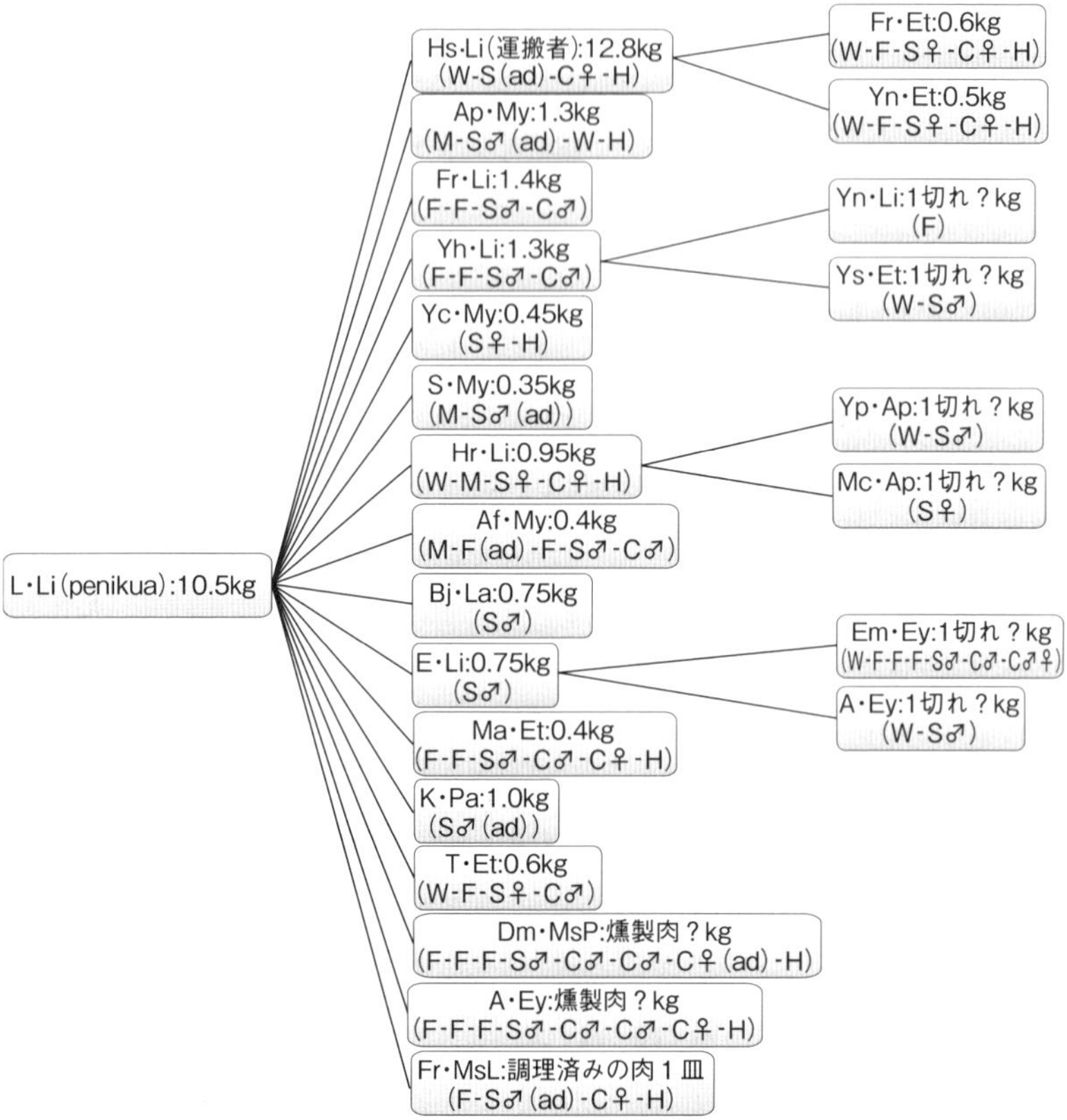

図 2-10　L・Li による肉の分配事例

出所：フィールド調査。

注 1：約 60kg の雄のシカをフスパナで仕留めた L・Li が妻の姉の娘婿 Hs・Li と集落まで肉を運び、分配した事例。解体は森の中で行われ、その場で皮 5.5kg と内容物や汚物など 12.8kg が廃棄され、頭部や蹄(5.1kg)は食用に利用するために L・Li が村に持ち帰った。解体後、頚部と背骨周辺の肉約 1kg は、L・Li、Hs・Li、筆者の 3 人により、森で食べられた。村に持ち帰られた肉の量は 33kg で、うち 12.8kg(39%)が運搬を手伝った Hs・Li に、9.7kg(29%)が 12 世帯に分配された。その翌日、L・Li は調理済みの肉 1 皿を別の 1 世帯に、燻製にした肉を別の 2 世帯に分配した。また、先の 12 世帯のうち 3 世帯がそれぞれ別の 2 世帯に、Hs・Li も別の 2 世帯に肉を分配した(いずれも分配量は不明)。したがって、L・Li が仕留めたシカは、L・Li 以外にも、少なくとも 24 世帯に行き渡ったことになる。

注 2：Ap・My などは人名の略号。その下に、次の略号をハイフンでつないで「世帯主との関係」を示した。略号の意味は以下のとおり。H：夫、W：妻、F：父、M：母、S：きょうだい、C：子ども。なお、S と C については、その直後に性別を♂(男性)と♀(女性)で示した。また、(ad)とあるのは当該家族に養子として入ってきた者であることを示す。たとえば、F−S♂(ad)−C♀−H とあるのは、分配者 L・Li の「父の男きょうだい(養子として入ってきた者)の娘の夫」を意味する。

表２-６　多くの肉が得られた場合の肉の分配対象者と親族距離指数の関係

	L・Li 世帯と肉を受け取った世帯の最短親族距離指数						
	1	2	3	4	5	6	7＜
L・Li 世帯より肉を受け取った世帯の数(A)	0	4.2	1.8	1.8	0.2	0.8	1.4
村に居住する全世帯数(B)	0	5	3	9	7	7	26
肉を受け取った世帯の割合(A/B)	-	84%	60%	20%	3%	11%	5%

出所：フィールド調査。
注１：「L・Li 世帯より肉を受け取った世帯の数」は、L・Li が仕留めたシカとイノシシの肉の計５事例の平均値である。内訳は、2003 年５月 27 日と８月 16 日に行われたイノシシ肉の分配２事例と、03 年 12 月 27 日、04 年１月５日、04 年１月 20 日に行われたシカ肉の分配３事例である。
注２：「親族距離指数」は親等の数と婚姻結合の数の和で表される[Kimura 1992: 20]。ここに示した最短の親族距離指数は、肉の与え手であるL・Li 世帯と肉の受け手である世帯のもっとも至近の「親族距離指数」を意味する。たとえば、L・Li の妻がL・Li の妹の夫に肉を手渡した場合、実際に肉をやり取りした２者ではなく、L・Li とその妹の親族距離指数(=2)となる。
注３：「L・Li 世帯より肉を受け取った世帯の数」には、肉の運搬を手伝った世帯も含まれる。
注４：集落から徒歩で１時間以上離れた森の中に常時暮らしている２世帯は、肉の受け取りが物理的に困難と考えられるため、ここで示した「村に居住する全世帯数」には含まれていない。

４　分配相手の選択

次に、分配できる肉が比較的多量にあるときに、村びとがどのような相手に分配しているのかをみていこう。表２-６は、L・Li が行った五頭の大型獣の分配事例(イノシシ二事例、シカ三事例)について、「最短の親族距離指数」[kimura 1992: 20]ごとに分配世帯数を示したものである。この表に示されるとおり、被分配世帯数がもっとも多かったのは、L・Li世帯との親族距離指数が「2」となる世帯(すなわちL・LiかL・Li の妻のきょうだい世帯)で、平均値で四・二世帯であった。一方、親族距離指数が「3」と「4」の被分配世帯数はどちらも一・八世帯である。

村にはL・Li世帯との親族距離指数が「2」となる世帯が五世帯、「3」となる世帯(すなわちL・LiかL・Liの妻の叔父や叔母などの世帯)が三世帯存在しているので、そのうちのそれぞれ八四%と六〇%の世帯がL・Liから肉の分配を受けたことになる。一方、親族

表 2-7　近親者への優先的分配

事例番号	捕獲数[頭]（初期分配後）	被分配者数	世帯主と被分配者の関係（親族距離指数）	分配された肉の割合
事例 1	0.5	1	M(1)	50%
事例 2	0.5	1	W-S ♀(2)	100%
事例 3	1	1	M(1)	25%
事例 4	1	1	M(1)	25%
事例 5	1	2	W-S ♀(2), W-F-S ♂ -C ♂(3)	100%
事例 6	1	1	S ♂(2)	50%
事例 7	1	1	S ♂(2)	50%
事例 8	1	1	S ♂(2)	50%
事例 9	1	1	W-S ♂(2)	50%
事例 10	1	1	S ♂(2)	50%

出所：フィールド調査。
注 1：初期分配後のクスクスの捕獲数が 1 頭以下であり、獲物の一部（あるいは全部）が他世帯に分配されていた 10 の事例について、世帯主と被分配者の関係（親族距離指数）と分配された肉の割合を示した。なお、データは 2003 年 5 月から 04 年 3 月に散発的に集められたものである。
注 2：世帯主と被分配者の関係は、次の略号をハイフンでつないで示した。略号の意味は以下のとおり。W：妻、M：母、S：きょうだい、C：子ども。なお、S と C については、その直後に性別を♂（男性）と♀（女性）で示した。

距離指数が「4」以上になると、分配を受けた世帯の数は全体の二割以下であった。このように、L・Li世帯は村に存在するきょうだい世帯のほとんどに分配する一方、いとこやそれよりもさらに親族距離が遠くなる世帯に対しては、分配を選択的に行っていた[12]。

以上をふまえると、親族関係の近接度は分配者が分配する相手を選択する際の重要な基準のひとつになっていると考えられる。これは、少量の肉を他者と分かち合おうとする場合に、村びとがどのような相手を「分け与えるべき人」とみなしているかをみると、よりはっきりする。既述したクスクス捕獲事例（全五八事例）では、初期分配後の捕獲数が一頭以下だったにもかかわらず、獲物の一部（あるいは全部）が他世帯に分配されていた事例が一〇事例あった。そこで分配対象となったのべ一一人のうち、七人は捕獲者もしくはその妻のきょうだいであり、三人は捕獲者の母である。つまり、他者に分けられる肉がわずかしかない場合、親子関係やきょうだい関係にある近親者に優先的に分配される傾向がみられた(表2-7)。

とはいえ、分配者は分配相手を選択する際に「親族関係の近さ」を唯一の基準にしているわけではない。L・Li世帯の分配にみられるように、親族距離が一定程度離れると、親疎の程度が同じでも、ある世帯には分配される一方、ある世帯には分配されない、という事態が生じている。また、親族関係の確認が困難な者や遠縁の親族に分配されている事例も少なくない。L・Li世帯が行った五回の分配で肉を受け取ったのべ五一世帯のうち、七世帯は親族距離が七以上の世帯だった。[13] ここから、親子やきょうだい関係を除けば、分配相手は親族関係によって自動的に決まるものではなく、分配者が何らかの理由で分配すべき相手を選択していることがわかる。

5　分配の二つの理念型

以上述べてきた点や、分配の理由や意味づけに関する聞き取りに基づくと、肉の分配に関して次の二つのタイプの想定が可能である。すなわち、親子やきょうだい関係にある近親者に対して行われ、当然だとみなされ、かつ相互性があまり意識されない分配と、非近親者に対して行われ、分配するかしないかはある程度分配者の裁量に任され、相互性が強く意識された分配である。現実には、近親者に対する分配でも相互性が期待される場合があると思われるため、こうした類型はあくまでも理念型である。それを前提に、本書ではさしあたって前者を「義務としての分配」、後者を「自発的な分配」と表現し、以下で順にみていこう。

(1)義務としての分配

シカやイノシシを仕留めたとき、あるいは数多くのクスクスを捕獲したとき、その肉の一部を親やきょうだいなどの近親者に分け与えることは、当然の義務と考えられており、近親者も当たり前のように受け取っている。ある男性が多くの獲物を仕留めたという知らせを聞きつけると、親やきょうだいが彼のもとに行って「私の肉はどこだ」と要求することがある。こうした言動は、彼らにとって決して「図々しい」行為ではないという。親やきょうだいに肉を分け与えるのは当然の行為であり、彼らには肉を受け取る権利があると考えられているからである。このように集落に居住する近親者に対して行われる分配が「義務としての分配」――Ingold［1991: 283］の表現を借りれば「規則によって制御されたある社会構造のなかで特定の位置を占める者」として行われる分配――である。

多くの肉が得られた場合、必ず行わなくてはならないと観念されているこうした分配（*sala fae*）をもし怠れば、マラハウ（*malahau*）と呼ばれる、ムトゥアイラが与える一種の制裁・懲罰を被る恐れがある。後述するように、マラハウを受けると猟に成功しなくなったり、子どもが病気になったりする。他者に分け与えられる肉がわずかしかないときでも、親子関係やきょうだい関係にある近親者には分配される傾向があることはすでに述べた。そのような分配を促しているのは、親やきょうだいには肉を分け与えなくてはならないという義務の感覚とともに、その義務を果たさなかったことによって近親者の反感をかったり、マラハウを被ったりすることへの恐れでもある。

そのため、義務としての分配では、相互性（分配した相手との互酬的なやりとり）はあまり意識されていない。それを示す典型例は、寡婦となったきょうだいや年老いた親に対する、モノが一方向的に移譲され続けるような分配である。[14] むろんそこでは、現在の分与がそう遠くない将来の返報（お返し、報い）によって相殺されることなどは期待されていない。その意味において、ここでいう義務としての分配は、サーリンズ（M. Sahlins）が「一般化された互酬性（generalized reciprocity）」と表現したような、返礼があまり期待されないモノの一方向的な移譲に近い［サーリンズ 一九八四：二三二―二三四］。[15]

親やきょうだいなど近親者への分配のほかにも、義務・権利関係に拘束された分配として、ムルア（*mulua*）――娘、姉妹、父のきょうだいの娘など、自己の父系親族集団に属する女性――からの要求に基づく分配がある。仕留めた獲物が小型の狩猟鳥獣であっても、稀にムルアから肉を求められる場合がある。それを断ることは事実上不可能であり、こうした状況での分配も義務であるという。

セラム島では、結婚に際して夫方の親族から妻方の親族に古皿、腰巻布、現金などの婚資（*hihinani helia*）が支払われる。男性たちは、息子や甥が結婚するとき、支払うべき婚資を調達せねばならない。それが手元にない場合は、ムルアの夫に支援を頼む。このようなムルアを介した婚資の調達は、トティアリ（*totiali*）と呼ばれている。また、婚資に限らず、たとえば子どもを学校に通わせるためにまとまった現金が必要なときなども、ムルアを介して支援の依頼が行われる(16)。

このように、山地民が社会生活を行っていくうえでムルアとの関係はきわめて重要である。ある村びとは、トティアリのときに「ムカエ（*mukae*：恥や遠慮の念）」を感じなくてすむよう、ムルアに対しては少量でも肉を分配しておかなくてはならないと語っていた。また、それに呼応する形でムルアの側にも「父やきょうだいなどから肉を求める権利がある」という考えが共有されていた(17)。

(2) 自発的な分配

こうした「義務としての分配」に対し、「自発的な分配」は、親族距離が少し離れた非近親者に対して、肉の持ち主がある程度自らの裁量に基づいて分け与えるものである。これは、「そうすべきもの」あるいは「そうしなければムトゥアイラから制裁が加えられる」と考えられていない点で、義務としての分配と区別できる。

L・Liの分配事例でみたように、肉の分配は単に近親者（親子やきょうだい関係にある者）のみではなく、ある程度親族関係の疎遠な者に対しても選択的に行われている。こうしたやりとりの相手は、分配のたびに目まぐるしく変わるわけではない。肉に限らず食物全般について言えることだが、日ごろからモノのやりとりを行う対象（モノを「与える相手」あるいは「もらう相手」）は、おおむね決まっている。

そのことを、Yp・AP世帯の食物分配を例に確認してみよう。筆者は二〇〇三年五月下旬から〇四年三月初旬にかけて断続的に四回の調査を行い、Yp・AP世帯のモノのやりとりの内容を記録した。図2-11はその結果を示したものである。矢印は食物の移動の方向を、矢印の太さは分与の回数を表している。Yp・AP世帯がもっとも多く動物性食物を分配した相手は、Yp・APの唯一のきょうだいである姉の世帯（Hr・Li）であった。そして、比較的頻繁に動物性食物を分配していたのは、父方のイトコD・AP、父方祖父の男きょうだいの孫A・Ey、妻の姉Ko・APなど五世帯である。そのうち、寡婦であるKo・AP世帯を除く四世帯と先のHr・Li世帯で、動物性食物の双方向的なやりとりが確認できた。他世帯と比較して、主食食物や野菜などのやりとりの頻度も高い。

このように頻繁にモノのやりとりが行われている一定の世帯のあいだには、「われわれは互いにモノを分け与える間柄なのだ」という意識が共有されている。そして、親子やきょうだいといった非常に近い親族関係にない世帯同士は、肉の分配に関して一定の相互性が期待されているようにみえる。それを示す以下のような出来事があった。

【事例2-1】

H・E（男性、三九歳）はシカなどの大型の獲物を仕留めたとき、遠縁の親族（同じソアに属するが、系譜関係は不明）のA・Eに肉を分配してきた。しかし、約二年前、シカを仕留めたA・Eが肉を分配してくれなかったことをきっかけに、H・EはA・Eに肉を分配しなくなった。H・Eは、「次に大きな獲物（*peni potoa*：シカもしくはイノシシ）が得られたら、A・Eに肉を分配してみるつもりだ。しかし、もしその後もA・Eが肉を分配してくれなかったら、彼への分配は止めるつもりだ」と語った（二〇〇四年一月、H・Eへの聞き取り）。

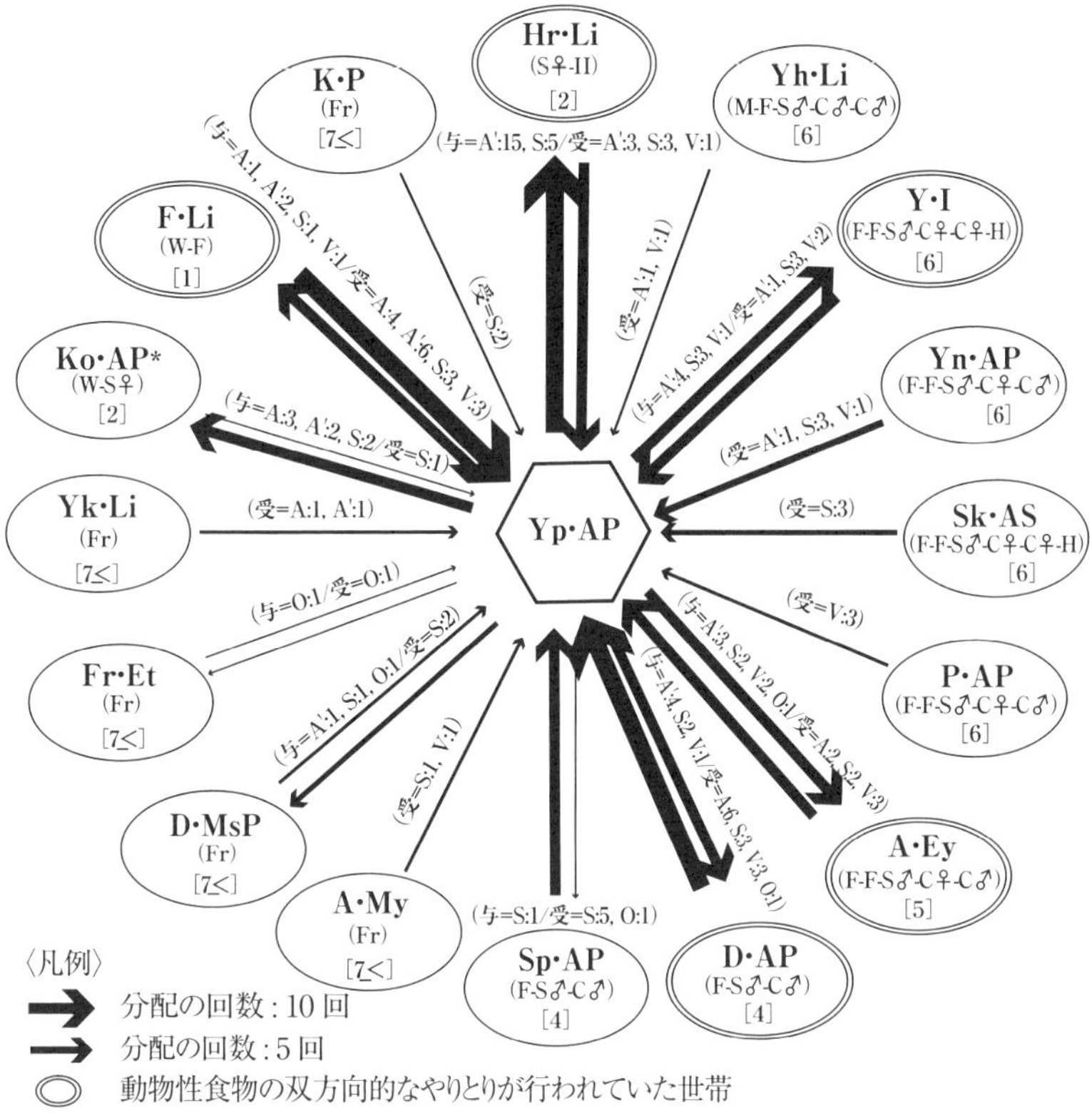

図2-11　Yp・AP世帯の食物分配のソシオグラム

出所：フィールド調査。

注1：調査期間（117ページ図2-2参照）におけるYp・AP世帯の食物のやりとり（分与と被分与）の頻度と内容を図示した。（　）内の「与」と「受」以下の略号と数字は、Yp・AP世帯が他世帯に与えたモノ、受け取ったモノの種類と回数を示す。略号の意味は次のとおり。A：主要狩猟資源（クスクス・イノシシ・シカ）、A'：A以外の動物性食物（野鳥・川エビ・魚など）、S：主食食物（サゴ・イモ類・バナナ）、V：野菜、O：その他（調味料など）。調査期間中、Yp・AP世帯に食物を分配した世帯もしくはYp・AP世帯から食物を分配された世帯は23世帯にのぼったが、図が煩雑になることを避けるため、分配が一方向に一回だけしか行われなかった世帯は省略した。

注2：Ko・AP*は寡婦世帯（160ページ参照）。

注3：◯内の（ ）の中に以下の略号をハイフンでつないで、Yp・AP世帯と当該世帯の世帯主の関係を示した。略号の意味は次のとおり。H：夫、W：妻、F：父、M：母、S：きょうだい、C：子ども、Fr：友人・親族距離指数7以上の遠縁の親族。なお、SとCについては、その直後に性別を♂（男性）と♀（女性）で示した。

注4：◯内の［ ］の中の数字は世帯間の最短の親族距離指数を表す。親族距離指数については137ページ表2-6を参照。

彼の発言からは、肉のやりとりに相互性が期待されており、その期待が裏切られたときに、肉を与えたりもらったりする双方向的な関係(それが一時的なものであるにせよ)が消失してしまう場合があることがうかがえる。[18]

北西功一によると、アカ(Aka、コンゴ共和国北東部に住む狩猟採集民)の社会では、人びとの関係は流動的で柔軟であり、状況に応じて日々形成していかなくてはならない性格のものであるという。そのため、そのような社会関係の形成において、食物分配が重要な役割を果たしていると考えられているという[北西二〇〇四:八二]。その点は、ここで言う「自発的な分配」にもあてはまる。H・Eの事例のように、これまで分配してきた相手が獲物を仕留めたのにもかかわらず、自分に分けてくれなかったことが問題にされるのは、分配が両者の良好な関係を表現・確認する役割を担っているからであろう。

いささか図式的な表現になるが、以上述べてきたことをふまえると、「義務としての分配」では親子やきょうだいといった所与の固定された社会関係が「分け与える」という行為を支えているが、「自発的な分配」では「分け与える」という行為が社会関係を構築し、維持していると言えるであろう。[19]

6　分配がもたらす効果——食物獲得の不安定性の解消

村には、活発に猟を行っている村びとと行っていない村びとがおり、また、猟に従事しているなかでも獲物を獲得できる村びととできない村びとが存在する。筆者が行った四回の調査で各時期を通じてデータを得られた一三世帯のうち、極端に捕獲量の多かった一世帯を除く一二世帯の捕獲量と摂食頻度の関係を図2-12に示した。

この図が示すように、狩猟獣の捕獲量の差が摂食頻度の差に直接的に反映されているわけではない。また、捕獲量と摂食頻度のあいだに有意な相関はみられなかった。その理由は言うまでもなく、分配が行われているからである。

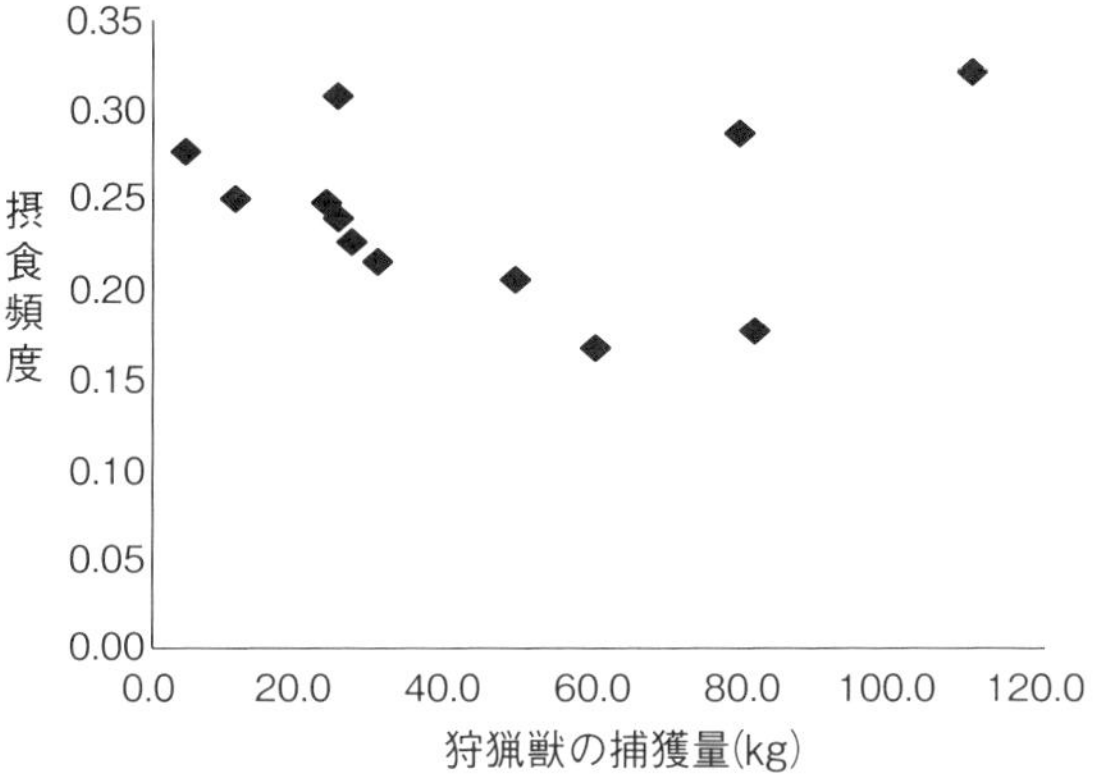

図2-12　主要狩猟獣の捕獲量と摂食頻度

出所：フィールド調査。

注1：主要狩猟獣(クスクス・イノシシ・シカ)の捕獲量に関するデータは、2003年5月下旬から2004年3月初旬に実施した4回の調査で収集した。捕獲量は初期分配後の捕獲数に、それらの動物の個体あたり生体重量をかけて求めた。個体あたり生体重量は、ハイイロクスクス：1.78kg/頭(n=13、フィールド調査)、ブチクスクス：1.40kg/頭(n=1、フィールド調査)、シカ：63.00kg/頭[Elen 1996: 611]とした(カッコ内のnは個体あたり生体重量を求める際に用いられたサンプル数)。

注2：摂食頻度に関するデータは、捕獲数の調査と同じ期間に実施した食事調査で収集した。なお、ここで摂食頻度とは「食事回数に対する当該食物の出現回数の比」を意味する。

注3：13世帯の主要狩猟獣の捕獲量の平均は58.8kg、摂食頻度の平均は0.25であった。

注4：捕獲量も摂食頻度も最高値を示していたL・Li世帯を除くと、捕獲量と摂食頻度とのあいだに有意な相関はみられなかった(r=0.039、t=0.123、P=0.904)。

ここで視点を変えて、これらの一三世帯の食卓にのぼった動物性食物のどのくらいが分配によって手に入れられたものかをみてみよう。筆者は一三世帯を対象に四回の食事調査を行い、タンパク質摂取量からみて重要度が高かった上位五種の動物性食物の入手経路(自分で採取・捕獲したものか、他者からの分配によって入手したものか、購入したものか)を調べた。その内訳を示したのが図2-13である。「分与割合(「ある食物が献立にのぼった全回数」に対する「分配されたものの回数」の割合)」は、多い順に、シカ(八三・四%)、イノシシ(六八・三%)、クスクス(四五・二%)、川エビ(二三・九%)、野鳥(二〇・六%)であり、大型獣ほど分配によって入手された割合が高いことがわかる。

以上をふまえると、分配が村内の肉の偏りを平均化する役割をもっていることは明らかである。また、Yp・AP世帯による寡婦世帯(Ko・AP世帯)への一方的なモノの移譲にみられたように、分配は村の弱者を支援するはたらきをも

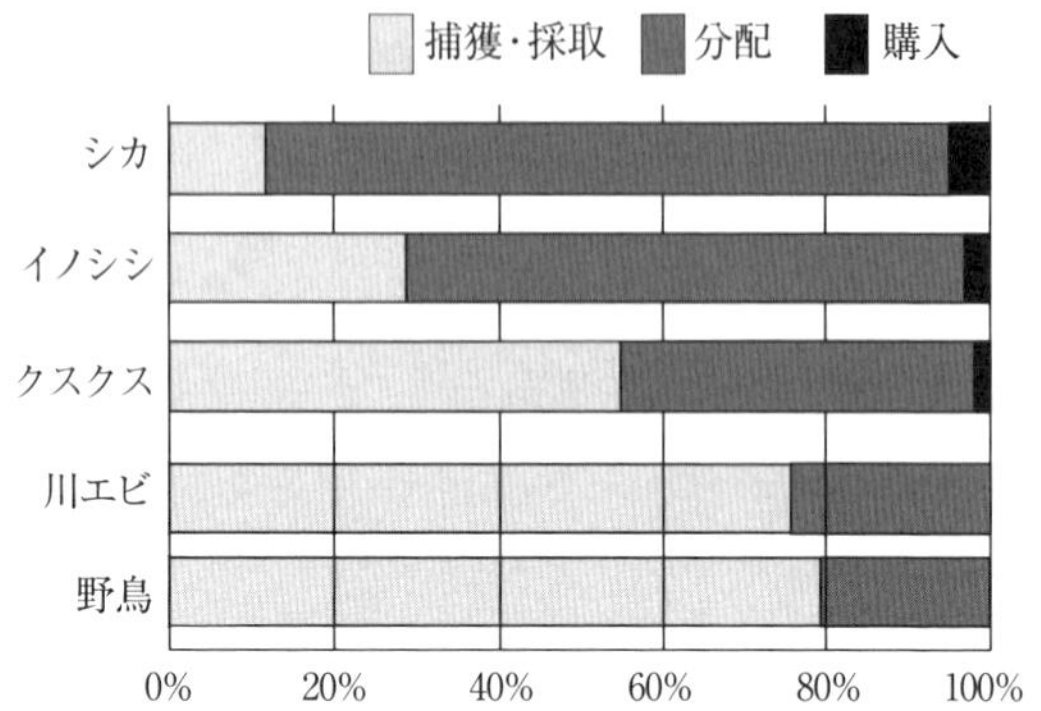

図2-13　主要な動物性食物の入手元の内訳

出所：フィールド調査。
注：13世帯を対象に、2003年5月下旬から2004年3月初旬に実施した4回の調査結果をふまえ、計2977回分の食事の献立にのぼった動物性食物（タンパク質摂取量からみて重要度が高かった上位5種）の入手経路の内訳を示した。

有しているといってよいであろう。しかし、当の村びとたちは、集団としての食物獲得の安定化や弱者救済を図るために分配を行っているわけではない。その点を明らかにするために、次節では分配の動機や分配に対する意味づけについて論じることにしよう。

四　分配を支える社会文化的しくみ

山地民に分配を促す役割を果たしている観念として、相互に関連する少なくとも次の四つをあげられる。すなわち、他者と分かち合うことをよしとする倫理、分配に付随する「楽しさ」、妬みの発露である邪術への恐れ、そしてムトゥアイラが与える制裁＝マラハウへの信仰である。以下、順にみていこう。

1　他者と分かち合うことをよしとする倫理

アマニオホ村では、親子やきょうだい関係にある者への肉の分配は義務と考えられている。また、親子やきょうだい関係にはないが、日常的にモノのやりとりを行ってきた者のあいだには、「われわれは互いにモノを分け与える間柄なのだ」という意識が共有されている。彼らのあいだでは、自分の家族が食べるのに十分な量を上回る肉が手に入った場合、その一部を分配することが期待されている。

こうした分配の根底には、明らかに「他者と分かちあうことをよしとする倫理」が存在している。そしてそれは、なかば当然視されている義務としての分配よりも、自発的な分配により強い影響を与えていると思われる。非近親者だが、「モノのやりとりを行うべき相手」と観念されている人びとに対して、獲物が獲れたときに肉の分配を怠ったり、あるいはごくわずかな量しか分配しなかったり、さらには分配を避けるために猟の成功自体を隠したりすること(*patahoki*)[20]などは、彼らの表現を借りると「自分の名を腐らせるよくない行為」である。[21]こうした行為を繰り返すと、その人は「カリハウ(*kalihau*)」と呼ばれ、きわめて否定的な評価が下される。

カリハウという言葉は、日本語で「ケチな人」と訳せそうだが、微妙なニュアンスの違いがある。たとえば、山道沿いに仕掛けられた輪罠(ソヘハラカイ)にクスクスがかかっているのを見つけた者は、たとえその罠が自分の仕掛けたものではなくとも、獲物を罠からはずして集落に持ち帰ることができる——その場合、通常は罠を仕掛けた者のところに獲物を持って行き等分する——だけでなく、お腹がすいていれば森で食べてもよいことになっている。[22]むしろ、自分の仕掛けた罠ではないからという理由で、獲物をそのままにしておこうとする者に対しは、カリハウであるとネガティブな評価が加えられる。

もっと一般的に言うと、他人のモノを利用しようとしない者、他人の助けを求めない者、あるいは、村びとがよく使う表現を用いれば、他者とのかかわりを避けて「一人で生きていこうとする者」は、村ではカリハウとみなされるという。カリハウであると陰口をたたかれることは、非常に強いムカエ(恥)の念を抱かせるものであり、多くの村びとたちはそうした評価を受ける恐れのある行為を極力避けようとしている。

カリハウの対極に位置づけられているのが「マラオホ(*mala oho*)」である。マラオホは、たとえば、人びとに肉を惜しみなく分配する人であり、肉以外の食べ物、たとえばサゴヤシや森の利用権などを他者から請われたときに快く応じることのできる人である。山地民にとって「よい生き方」というのは「マラオホとして生きる」ことであり、彼らの説明を筆者なりに解釈するならば、〝さまざまなものを他者と分かち合い、そうしたやりとりを通じて多くの他者とつながりをもちながら暮らしていく生き方〟である。

また、分配に関して、「マラオホは〝タラナレレ(*talama lele*)〟——歳をとって背骨が曲がり、膝を折ってしゃがんだときに頭より膝が高い位置にくるような状態——になるまで長生きできる(*sei amuni ia malaoho ia rue talama lele*)」という表現がよく用いられる。この言葉が示すように、「マラオホとして生きる」ことで長寿をまっとうできると信じられてもいる。

こうした「他者と分かち合うことをよしとする倫理」の存在と、それに基づく分配の実践は、山地民の集団的アイデンティティの成り立ちとも深くかかわる。

セラム島の南北両海岸沿岸部には、かつて内陸部から移住した人びとがつくった村が点在している。沿岸部に暮らすアリフル人は民族的には山地民と同じだが、山地民によると、内陸部の山村でみられるようなモノのやりとりは行わなくなっているという。[23] それは、村びとの言葉を借りれば、沿岸地域では、肉や魚はもちろん、アマニオホ村ではまったくお金にならないイモやバナナなど多くのモノが販売可能だからである。彼らにとって麓の村は、「お金がなくては生きていけないところ」であり、モノのやりとりをしながら「助け合って生きる」ことに高い価値をおく山地民の村とは異なる生活論理が作動する場である。

沿岸民との対比のなかで、村びとたちは「オラングヌン(山地民)は、誰よりもムカエ(恥)の気持ちを強くもっている。だから、自分たちは肉を分け与えるのだ」という意味の言葉をしばしば口にする。彼/彼女たちは、しばしば肉や魚の分与を行うことが少なくなった沿岸民のふるまいを「よくないことだ」と評し、「自分たちはこれからも他者とモノを分かち合う生き方を続けていくべきなのだ」と語る。これらをふまえると、「他者と分かち合うことをよしとする倫理」の存在とそれに基づく肉の分配の実践は、山地民が沿岸民と自分たちとを分けるひとつの標徴になっており、山地民としての集団的アイデンティティを再確認したり、強めたりする意味を有していると考えられる。(24)

2　分配に付随する楽しみ

このようにアマニオホ村には、肉をはじめとして食べ物を他者と分かち合うことをよしとする倫理が存在している。しかし、筆者の観察に基づくと、山地民の分配慣行を支えているのは、こうした善―悪の判断基準を中心とする行動規範の規制・拘束力だけではないように思われる。

黒田末寿［一九九九：一二二―一二五］は、ザイール（現コンゴ民主共和国）で自身が猟に参加した経験に基づき、「狩猟の獲物など、誰もが喜ぶ食べ物を分けることには、格別な楽しみがある」と述べている。(25)それと同様に、アマニオホ村でもとくに気心の知れた者への分配には、「分け与える」という行為そのもの、あるいは「分け与える」という行為をとおして他者とかかわることから得られる「楽しさ」や満足感があるようにみえる。

たとえば、大型の獲物がフスパナにかかり、親族や友人に声をかけて、ともに森に入って集落まで肉を運搬するように誘うときなどが、そうである。このとき、狩猟者が運搬を頼む相手――彼は狩猟者からもっとも多くの肉の分配を受けることになる者である――に直接的に獲物が獲れたと知らせることはまずない。通常は、運搬を頼む相手の家を何気なく訪問し、タバコを吸いながらしばらく世間話などをした後に、相手のお尻をぽんと叩く。これが、シカもしくはイノシシが獲れたことを知らせる合図であり、お尻を叩かれた者はそれだけですべてを了解する。

このことを説明してくれた村びとは、こうしたやりとりは、狩猟者にとっても運搬者にとっても、とても「楽しい」と語った。実際、このようなひとときが双方にとって歓びに満ちたものであろうことは、合図の仕方を身振り手振りを交えて説明してくれた村びとの表情からも十分にうかがい知ることができた。獲物が獲れたと直接言わないで、長々と世間話をした末にちょっとしたしぐさでそれを伝える山地民の所作は、獲物をともに分かち合う喜びを相手に伝えることを楽しんでいるようにも見える。

また、筆者は村でもっとも優秀なハンターのひとりであるL・Liが集落に持ち帰った肉の塊を他世帯に分配するために切り分けているのを、傍らでずっと見ていたことがある。L・Liは三〜四片の肉片を*awa*と呼ばれる竹で作った竹ひごに通し、「これは×××(人名)に」と言いながら、肉を分配相手の家に運ぶ子どもに渡していた。このときのL・Liの表情は——きわめて感覚的な表現になるが——穏やかで満ち足りたものであり、肉を他者に分けるという行為や、分けるという行為を通じて他者とかかわることから満足感を得ているように見えた。こうした感情の源泉は、誰もが喜ぶ肉を分け与える行為を通じた他者との親密な関係の表現・確認、また「分かち合いの倫理」が共有された社会でよしとされる「生」を生きていることの実感にあるのではなかろうか。

このように分配自体から引き出される愉悦や満足感があるが、その一方で黒田[一九九九：一二六]が指摘するように、分配には「我欲との闘い」という側面があることも確かである。山地民は必ずしも、常に気前よく食べ物を分配しているわけではない。他者の妬みや不満をかわないように注意しつつも、分配する肉の量を減らすために、次のような「工夫」を行う場合もある。たとえば、シカやイノシシなど大型の獲物が獲れたときは、「罠の見回りに来るのが遅れ、片側(地面についている側)がすでに腐っていた」とか「連れていった犬(もしくは野生のジャコウネコ)が肉の一部を食べてしまった」と偽ったり、クスクスが獲れたときは「一頭しか獲れなかった」とか「モルッカイヌワシ(*aquila gurney*)に食べられてしまっていた」と嘘をついたりして、手元に多くの肉を残そうとする。

村びとの猟に同行した帰り、筆者自身もこのような場面に何度か遭遇した。このことは、まさに分配は「我欲との葛藤」を伴うものであることを示している。村びとが現実生活のなかで分配に見出す意味や感情は複雑であるといえよう。

3　妬み（*hali putu*）の発露である邪術（*toa kina*）への恐れ

邪術への恐れは、先の分類でいうと、とくに自発的な分配を促すうえで重要な役割を果たしていると考えられる。既述のとおり、セラム島山地民社会では、多くの肉が得られた場合、近親者に分け与えることは当然の義務である。非近親者に対しても、ふだんから肉をはじめとして食べ物をやり取りしてきた相手には分け与えることが望ましいという考えが、広く共有されている。

これは一方で、分配されるべきものが分配されなかったときに強い妬みや不満を村びとに抱かせることにもつながっている。このようにして妬みや不満をかってしまうと、次から肉を分配してもらったり、必要なモノを請うて手に入れたりすることがむずかしくなる。同時に、家の建築（柱材の採取や製材）や屋根の葺き替えなどの「手伝い（*masohi*）」も頼みづらくなる。分配には人と人との結びつきや親密さを表現し、確認する意味があるが、このようにして形成・維持される社会関係は、必要なモノの調達や手伝いの依頼などを容易にする実際的な意味もある。

しかし、村びとはこのような功利性を唯一の理由として分配を実践しているわけではない。食物分配を対象とする先行研究が示すように［たとえば、掛谷　一九八三、掛谷一九九四、須田二〇〇二］、アマニオホ村で分配を促しているもうひとつの重要な要因は、他者の抱く妬みや不満、その発露としての邪術への恐れである。邪術への恐れは、とくに自発的な分配を促す力として強くはたらく。アマニオホ村では、邪術はあるモノに呪文を唱え、それを呪いたい相手に与えることで実行されると考えられている。彼らが直面する病気や死は、次の事例で示されるように、しばしば邪術の結果であると解釈される。

【事例2―2】

二〇〇三年一二月、S・ASとL・Liとのあいだで、サゴヤシの保有をめぐる認識の齟齬が表面化する出来事があった。S・ASはすぐにL・Liに詫びをいれたため、この一件は大きなもめごとに発展しなかったが、それから約一カ月後、S・ASは突然高熱が出て寝込み、八日後に死亡してしまう。四五歳とまだ若い彼の突然の死は、さまざまに解釈された。死亡する少し前のクリスマスの日、S・ASはL・Liの家に挨拶に行き、ソピ(ヤシ酒)をふるまわれていたという。多くの村人は、サゴヤシをめぐるできごとで恨みをもったL・Liが、ソピにまじないをかけてS・ASを殺したと考え、しばらくそのことが噂となっていた。

S・ASの死後、邪術の噂にひどくふさぎこんでいたL・Liは、「大型の獲物(*peni poto*)が獲れても当分のあいだ分配(*akasama*)はできないだろう」と語っていた。彼の兄も、分配した相手に何かあった場合(病気になったり死亡した場合)、村にいられなくなるので、しばらくのあいだはきょうだいを除いて肉の分配を控えたほうがよい、とL・Liに話していた。その後しばらくL・Liは、自身と妻のきょうだいを除いて肉を分配しなかった(二〇〇四年一月、L・Li:四一歳男性、E・Li:四三歳男性、Ym・AP:六二歳男性、Fr・Li:六五歳男性らへの聞き取り、および筆者の観察)。

この事例が示すように、アマニオホ村では病や死に対する説明のなかで邪術はときに大きな説得力をもつ。S・ASの突然の死は多くの人によって、L・Liが邪術をかけたためであると解釈された。そのため、L・Liと村びと(とくにS・ASの近親者)のあいだにはしばらく緊張関係が続き、その間、L・Liはモノのやりとりを行わなかった。このように、何らかのトラブルでしこりを感じている者や緊張関係にある者のあいだでは、モノがやりとりされることはまずないといってよい。

それは、「受け手」の側からすれば邪術をかけられるかもしれないという恐れが、「与え手」の側には「受け手」の身に何か起こった場合に邪術をかけたと疑われてしまう恐れが、それぞれあるからである。このことは、逆にいうと、「モノを与え、受け取る」という行為は、邪術をめぐる心配を双方が抱いていない、すなわち両者の関係が友好的であると表明し、確認する手段となっていることを示唆してもいる。

以上をふまえると、アマニオホ村で不断に行われている肉を中心としたさまざまなモノのやりとりは、「与え、受け取る」という相互関係のなかに身をおくことで安心を得ようとする村びとの志向性の現れである、と表現できるであろう。

4　ムトゥアイラが与える制裁、マラハウの規制力

マラハウは、人びとに近親者に対する義務としての分配を促すうえで重要な役割を果たしているものである。すでに何度かふれてきたように、村では「間違った行い」をした者に対してムトゥアイラが、本人や本人の家族を病気にさせたり、狩猟や漁撈を失敗させたりすると信じられている。このように、ムトゥアイラが「間違った行い」をした者に与える一種の制裁が「マラハウ」である[26]。

マラハウを被りかねない「間違った行い」には、子どもをひどくしかりつけたり夫婦喧嘩をしたりすることのほかに、影で悪口を言った者からモノをもらうことが含まれる。先に、邪術をめぐる恐れを背景として、モノのやり取りが、当事者の友好関係を表明し、確認する手段となっていると述べた。同様に、こうしたマラハウをめぐる観念も、

「モノをもらう」という行為に「与え手に対する友好の表明」という意味をもたせているといえよう。

肉の分配を支える社会文化的しくみを理解するうえで、マラハウを被りかねない「間違った行い」としてより重要なのは、近親者に肉の分配をしないことである。以下、近親者に肉を分配しなかったために被ることになったマラハウの事例をみてみよう。

【事例2―3】

Ym・APは友人のYh・Liとともにソへ猟を行っていた。ある日、ソへの見回りに出た二人は七頭のクスクスを仕留める。まず三頭ずつ分け、残りの一頭は山刀で半分に割って分けた。集落に戻り、Ym・APは二分の一頭を妻の妹に分配したが、村に暮らす唯一のきょうだいである妹(異父きょうだい)のHm・Iには分配しなかった。それに不満をもったHm・Iは、タバコを供えて母親の霊を呼び、こう祈った。

「たった一人のエヘム(*ehem*)――男きょうだいと父方の叔父の息子を指す親族名称――はクスクスを獲っても分けてくれない。彼はわたしの本当のエヘムなのか。これから、どうか彼には獲物をやらないでくれ」

その後、Ym・APは森に三度ソへの見回りに行くが、クスクスを一頭も獲ることができなかった。ちょうどそのころ、Ym・APは人づてにHm・Iがムトゥアイラに猟の失敗を祈願するフェレレティ(*fele leti*)を行ったと聞き、クスクスが獲れなくなったのはこれによってマラハウを被ったためだと考えた。彼は、Hm・Iを家に呼んでクスクスを分け与えなかったことを詫び、マラハウを解消するためのお祈りプトゥル(*putulu*)を頼んだ。Hm・Iはタバコの葉を指先につまんで、母親の名前を呼んだ後、そのタバコでYm・APの顔から胸にかけて拭うようなしぐさを繰り返しながら、「エヘムのソへにクスクスがかからないのがマラハウのせいなら、それを取り除いてくれ」と言って祈った(写真2-10)。それ以後、罠の見回りに行くたびに数頭のクスクスを得られるようになった(二〇〇

写真２-10　マラハウをとくためのプトゥル儀礼（アマニオホ村）

四年九月、Ym・AP：六三歳男性、Hm・I：五五歳女性への聞き取り）。

この例のように、近親者が肉を分配しなかったとき、村びとはしばしばタバコを供えてムトゥアイラを呼び、肉を分けてもらえなかったことの不平をもらすとともに、分配しなかった者について「彼は本当に自分のエヘムなのか」などと問いただす。そして、肉を分配しなかった者に獲物を与えないよう祈る。(27) ムトゥアイラは生者の不満や願いを聞き入れ、分配を怠った者の猟を成功させないのだという。これが猟果分配を怠ることによってもたらされるもっとも一般的なマラハウである。(28)

罠の見回りに行くたびに手ぶらで帰ってくるようなことが長く続くと、村びとはマラハウを疑う。そして、獲物の一部を分配しなかったり、分配しても量が少なかったりして、誰かに不満や妬みを与えたことがなかったかどうかなど、過去の自分の行いを振り返る。そして、心当たりのある者に事情を話し、かつての自分の行いを詫びるとともに、プトゥルと呼ばれるマラハウを取り除くための儀礼を依頼するのである。(29)

この事例でみたような「マラハウの経験」は、村の暮らしでは決して珍しいものではない。筆者が村に滞在中も、引き続く猟の不調が肉の分配をめぐるちょっとした軋轢と結びつけられ、マラハウの結果として説明される「物語」をたびたび耳にした。山地民の生活世界において、ムトゥアイラはたしかに「実在」しているのであり、ムトゥアイラがもたらすマラハウの規制力は、山地民に対して、義務としての分配を促す強力な要因のひとつになっていると考えられる。

五　生を充実させる営為としての分配

これまで述べてきたことから明らかなように、村びとにとって狩猟資源の分配は重層的な意味を含んだ実践である。

分配の原動力となっているのは、マラハウを避けて猟を成功させたいという願いに加えて、分配に付随する「楽しさ」や満足感、「与え、受け取る」という相互関係のなかに身をおくことで安心感を得ようとする志向、そして「マラオホとして生きたい」という思いであった。

これらをふまえると、狩猟資源の分配は、一面では誰もが喜ぶモノを分け与えることに内在する「楽しさ」や満足感――むろん、ときに我欲との葛藤を伴うものであるが――を感じられる活動であり、別の一面では、他者との親密で良好な結びつきを形成・維持し、他者とうまくかかわりあいながら生きていること、そして彼らの社会で「このように生きるのがよいのだ」と考えられている「生」を生きていることを実感し、そこから安心感や充実感を引き出すことのできる営為である。また、「他者と分かち合うことをよしとする倫理」やそれに基づく肉の分配の実践は、山地民が沿岸民と自分たちとを区別する重要な標徴になっており、自らの集団的アイデンティティを再確認したり、強めたりする意味を有している(30)。

以上をふまえると、山地民にとって狩猟獣の利用(分配)は、彼/彼女たちがこの地域固有の文脈に埋め込まれた社会文化的存在として、自らの「生」を充実させるための営為であるとも表現できよう。

最後に、セラム島山地民の狩猟獣の肉の分配をめぐる変化についてふれ、今後の課題について述べておきたい。アマニオホ村では、かつて小皿で肉が売買されることがあったが、現金による売買は稀だった。しかし、一九九〇年代なかばに行政組織が整備され、村長たちが政府から給与を得るようになって以降、しばしば彼らが村びとから肉を買うようになる。とはいえ、肉を現金で購入するのは村長たち一部の村びとに限られていた。

二〇〇五年末から〇六年末にかけて、村では公共事業省の水道架設プロジェクトと州保健局による簡易診療所建設プロジェクトが行われる。多くの村びとがその作業に加わり、プロジェクト予算から賃金を得た。また、二〇〇六年には、燃料費値上げに伴う貧困世帯の家計の逼迫を緩和するために政府から支援金が支給され、一世帯あたり一二〇万ルピアを受け取った。このように村に流入する現金が一気に増えたことを背景に、集落内で売買される肉の量が増えたと村びとはいう。

とはいえ、二〇〇七年二月に筆者が村を再訪した際、〇六年初頭から〇七年初頭にかけて大型獣を仕留めた村びと五人に対して、七つの分配事例(シカ五事例、イノシシ二事例)について聞き取りを行ったところ、分配対象世帯数の平均は九・〇人であった。肉の量を考慮せずに、その点だけをみれば、概ね以前と同様に分配されていたといえる。村のほぼ全世帯が「多額」の現金を手にするという二〇〇六年に生じた異例の事態は、さしあたり、販売にまわされる肉の量が少し増えたという変化をもたらしただけで、分配慣行そのものにはそれほど大きな影響を与えていないように筆者の目には映った。

周辺地域社会における分配を扱った先行研究をみると、市場経済の浸透によって分配を通じた経済的なつながりが弱まっていった事例もあれば、外部社会の影響を受けながらも、依然として分配が重要な役割を維持している例もある[Peterson and Matsuyama 1991; Kitanishi 2000など]。政府の支援プログラムや商品経済化など外部からの影響が、分配の実践やそれを支える観念にいかなる変化をもたらすのか、詳細な検討が必要であろう。

また、本章では、猟や猟果分配が男性としての資質の承認や信望を得るうえで果たす役割や猟に付随する楽しみについてほとんどふれられなかった。地域の人びとの価値観や生き方に配慮した資源管理・自然保護を模索していくうえでは、これらの点についての突っ込んだ議論も必要であろう。

(1) 社会文化的価値の実現にかかわる野生動物利用として、次のような報告がある。たとえば、多くの熱帯地域で、野生動物の個体や副産物(羽や毛皮や歯など)が装飾品や工芸品の材料として用いられたり[Bennett and Robinson 2000a: 2-3]、儀礼や民間医療に用いられたりしている[Chardonnet et al. 2002: 39-40]。また、特定の種がある個人や集団を守護する、あるいは逆に悪い予兆を表すなどと観念されているように、野生動物は象徴的な次元でも利用されている[Chardonnet et al. 2002: 39-40]。そして多くの場合、熱帯のハンターたちは、栄養的・経済的要求を満たすために猟を行うが、同時に猟に「楽しみ」を見出してもいるという[Bennett and Robinson 2000b: 4]。さらに、狩猟や肉の分配は、男性としての資質や有能さの社会的承認、名声・信望を得るための手段となっている[Gibson and Marks 1995: 950-951; Bennett et al. 2000: 305; Stearman 2000: 236; Townsend 2000: 280]。なかでも、肉の分配は、他者との親密な関係の確認・維持[北西一九九七、二〇〇一、二〇〇四]や、妬みとその発露である邪術をめぐる恐れの回避[須田二〇〇二]など、社会文化的欲求に根ざした行為であるという。

(2) そのような試みを行った先駆的研究に、竹内[一九九五]がある。

(3) このようなことをここで改めて指摘するのは、サゴ食文化圏にあっても、地域によっては、サゴは焼畑からの収穫物が少ないときに消費される補助食物にすぎず、人びとが必ずしも高い価値を見出しているわけではないからである[豊田二〇〇三：九八-九九]。

(4) アマニオホ村では、米が食されることはほとんどないに等しい。麓の村に買い物に行った者の一部が、ごく稀にわずかな量を買ってくるだけである。調査した計三八〇五回の食事でも、米が食卓にのぼったのはわずか一〇回にすぎなかった。インドネシアでは、「進歩」の象徴とみなされている米と比べて、サゴは「怠け者の食べ物」であり、「後進性」の象徴とみなされることが多い[Rijksen and Person. 1991: 98-100]。スラウェシ島のルウ地方で調査をした遅沢克也は、米は「金で買われたもの」だが、サゴは無償で手に入るため、サゴ食には「貧しい」というイメージがもたれており、村びとたちは村外の者に対してサゴ食を恥ずかしく思っていると述べている[遅沢一九九〇：五四]。アマニオホ村でも、米は現金を出さねば手に入れられない「高価な」食べ物であり、それが摂食頻度が低い背景のひとつにある。しかし、サゴが「貧しさ」と結びつけられて否定的に語られることはなく、村びとは米よりもサゴが劣った食べ物であると考えてはいないようである。「主食としてサゴと米を選ぶとしたら、どちらを選ぶか」との問いに対し、ほとんどの村びとが「サゴを選ぶ」と答えたし、「米を毎日食べると便秘になってしまう」など、米に対して否定的な意見を述べる者もいた。むろん、このような表面的な聞き取りだけでは、実際に彼らが米やサゴにどのような価値を付与しているのか正確なことはわからない。しかし、少なくとも「村外者」である筆者への語りのなかでは、彼らがサゴ食にネガティブなイメージをいだいている様子は見出せなかった。

(5)「絶滅のおそれのある種のレッドリスト」は、ＩＵＣＮ(国際自然保護連合)が、個体群減少や分布域縮小などに関する定量的評価基準に基づいて野生動植物の「絶滅の危険性」を評価したものである。

(6) フスパナと同じ構造の槍罠は、ボルネオ島の先住民であるダヤク諸族やプナン族などにもみられる(ただし、ボルネオ島では竹槍ではなく、先端に石もしくは鉄製の刃をつけた槍が用いられている)[安間一九九七：一六〇—一六一]。槍罠猟の技術は、大型哺乳類がセラム島に持ち込まれたときに伝播されたのかもしれない。

(7) アマニオホ村で空気銃猟は二〇〇〇年ごろから始まり、〇四年段階で一一世帯(全世帯の約一九％)が空気銃を保持していた。空気銃猟のおもな対象は、オナガミヤマバトやクロオビヒメアオバトといった野鳥である。

(8) 村の古老によると、ソへはもともとアマニオホ村周辺にはなかった罠である。かつてアマニオホ村では、ロタンで輪を作り、クスクスの通り道となる枝などに取り付けた、ソペ(*sope*)と呼ばれる簡素な罠が用いられていた。セラム島にまだイスラームもキリスト教も伝播されていない時代に、西部のヌヌサク(現在のサフラウ(Sahulau)村付近)で大きな戦争があり、アマニオホ村の祖先も参加していた。そのときに、ヌヌサクの人びとがソへを作っているのを見た者が作り方をアマニオホ村周辺に伝えたと言われている。

(9) 狩猟獣の肉に高い価値が見出されていることは、相互扶助的な労働提供を依頼した相手に肉をもてなすことがなかば義務と考えられていることからもうかがい知れる。村びとは、屋根の葺き替えや家の増改築のとき、複数の村びとに声をかけて手伝い(*masohi*)を頼む。作業終了後は、手伝った人たちに食事をふるまう。その際、狩猟獣の肉はなくてはならないものと考えられている。ある村びとは、「十分な量の肉がまだ用意できていないから、屋根の葺き替えの手伝いを頼めない」と語っていた。

(10) *peni* は「肉」あるいは「仕留めた獣」、*kua* は「持ち主」という意味で、あるモノ(土地も含む)の帰属先を示すのに用いられる。

(11) クスクスは、首から尾にかけて背骨に沿って縦に二つに山刀で分けられる。それが *faania* であり、さらにそれを真ん中あたりで二つに分けたものは *kekenia* と呼ばれる。

(12) アマニオホ村には、L・Li世帯との親族距離指数が一となる世帯が存在しなかった。親子関係にある者同士の肉の分配は義務であると考えられているため、もし存在すれば、肉はおそらく分配されていたと思われる。

(13) L・Li世帯以外の五世帯によって行われた大型獣の分配の六つの事例でも、肉を受け取ったのべ六三世帯のうち一一世帯(全体の一七・五%)は親族距離指数が七以上の世帯だった。

(14) たとえば次のような事例である。村に滞在中、一四歳の長男をはじめ四人の子どもをもつKo・AP(調査時点で三七歳)の夫が突然死亡した。夫の死後、筆者は複数の世帯を対象に断続的に食物分配のデータを集めていたが、その対象世帯には、Ko・APの妹の世帯(Yp・AP世帯)も含まれている。その食物分配の記録を見ると、Ko・APら家族が北海岸沿岸部の村に暮らす妹の家に移住するまでの約一カ月間だけをとってみても、Yp・AP世帯は五羽のオナガミヤマバトと一/二頭のクスクスをKo・APに分け与えていた。定量的なデータを集めたわけではないが、Ko・APにはYp・AP世帯のほかにも近縁世帯が複数あり、彼女の家族はそれらの世帯で頻繁に食事をとったり、さまざまな食物をもらったりしているようであった。また、狩猟獣の肉ではないが、蔓植物に発生するイモムシであるラク(*laku*:学名不明)、ウナギ、クスクスの子ども(稀に捕獲した雌のクスクスの育児嚢の中にいる)のように、老人への分配が奨励されている食物がある。これらは稀にしか捕獲・採取されないうえにたいへん美味であることから、村びとに高く評価されている。骨がなかったり、肉が柔らかかったりすることから、歯の抜けた老人が食べられる数少ない動物性食物であり、身内にそうした老人がいる場合、*laku* やウナギが優先的に分配されるという。

(15) サーリンズは、「一般化された互酬性」——山内昶の訳では「一般化された相互性」となっている——について、「反報をしなくても、与え手はものを与えることをやめたりはしない。財は持たざる者のために、きわめて長い期間、一方向に動いてゆく」と述べている。ハントは、「一般化された互酬性」という言葉でサーリンズが表そうとしているのは一方向的なモノの移動であるから、二者間の双方向的なやりとりを含意する「互酬性」よりも「移譲（transfer）」の概念を使用すべきであると指摘している（岸上［二〇〇三a：一五〇‐一五一］によるHunt［2000］の引用）。

（16）このように、既婚男性は、自分の妻方親族（*hahamana*）から支援を求められ、それに応えることが期待される存在である。そうした要求を叶えられなかった場合、彼はムルアに支援を頼む。村にはムルアを介した援助ネットワークがすみずみまで張りめぐらされている。

（17）ここに示したように、ムルアからの要求に基づく分配は、厳密には相互性（返報）がまったく意識されていないわけではないが、所与の親族関係によって分配が支えられている点を強調して、「義務としての分配」のひとつと位置づけた。

（18）このように、「自発的な分配」では相互性が意識されているものの、やりとりされる肉の量の均衡が求められているわけではない。狩猟獣の捕獲量は、世帯間で大きな差がある。村びとたちが言うように、猟に長けた者とそうでない者がおり、肉の与え手と受け手のあいだには、多かれ少なかれ、分配する量に恒常的な不均衡が存在することは間違いない。それについて何人かの村びとに問うてみたところ、猟に秀でた者がたくさん分配することは当然であるという。この事例に出てきたH・Eも、やりとりされる肉の量が大きく偏っていることではなく、これまで自分が分配してきた相手が獲物を得たにもかかわらず「分けなかった」ことそのものが問題なのだと語っていた。

（19）その意味で、自発的な分配はサーリンズのいう「均衡のとれた互酬性（balanced reciprocity）」に近い概念と言えよう。なおサーリンズは、「一般化された互酬性」では、主としてモノの流れが社会関係によって支えられているが、「均衡のとれた互酬性」では、主として社会関係がモノの流れに依存している［サーリンズ一九八四：二三五］と述べている。後者の点は自発的な分配にあてはまるもので、社会関係がモノの流れの基礎にあるのではなく、モノの流れが社会関係を生み出し、存続させるはたらきをもつ。

（20）この場合、獲物はリアキカ（*liakika*）と呼ばれる森の中につくられた野営場所で燻製肉に加工され、少量ずつ集落に持ち帰られるという。

（21）分配をしないことで「自分の名前を腐らせてはならない（*tepi lalaku kinana hini manisia*）」といった、よく使われる表現がある。

（22）その場合、罠にかかったクスクスを取りはずしたことを示す標（*wonai*）をソヘハラカイの上に置いておかなくてはならない。これがないと、クスクスを取って食べることは「盗み(*kamana*)」とみなされる。

(23) たとえば、沿岸地域ではシカやイノシシが捕獲されても、その肉の多くが販売されるため、きょうだいなどきわめて親しい限られた人びとにしか肉が分配されなくなりつつあるという。また、数人で連れ立って釣りに出かけても、釣った魚は獲った人のものとなるのであり、みんなで漁果を分けるようなことはない。さらに、漁で獲ってきた魚は、舟を浜に上げるのを手伝ってくれた村びとに少量が分配されるだけで、それ以外は、自分の家で食べるものを除けばほとんどが売られ、きょうだいのあいだでさえ売買される場合もあるという。これらが現実に起こっていることなのか、山地民による誇張を交えた語りなのかは、不明である。ともあれ、狩猟獣の分配が自分たちと沿岸民とを分ける重要な標徴であると山地民が認識しているのは確かである。

(24) ボツワナ共和国カラハリ中央部に住む狩猟採集民サン(San)の「シェアリング・システム」――「さまざまな対面的相互交渉による行為や物資の分かち合いを統御するシステム」――を分析した今村薫は、サンの人びとが、手助けの不要な些細な作業において「過剰」ともいえる方法で他者とかかわろうとしたり、たかだか臼一杯の野草の調理において「八人が材料を提供し、一〇人が作業をし、一三人が食べ」ようとしたりするなど、実用性を超えたシェアリングを実践していることを受けて、「彼らにとって行為や物資を分かち合うことは単に生存のためだけではなく、『このようにして我々は生きてきたのだ』という彼らのやり方を確認し、『生き直す』場として存在している」と述べている[今村一九九三：二一]。このように、分配(そして共同)が「生き方の確認」を可能にするという今村の指摘は、ここでの筆者の主張と重なるものである。

(25) ムブティ・ピグミーにみられるような、ハチミツや肉などまったく同じ食べ物を繰り返し分配し合うような行為は、自分の食べ物の一部を他者と共有することの楽しさを考えなければ理解できないと指摘している。

(26) マラハウは、ムトゥアイラが与える制裁そのものを指すと同時に、制裁を受けた状態や制裁を受ける可能性があるために忌避されている行為を表す言葉として用いられることもある。

(27) 山地民にとって、猟の成否はムトゥアイラの裁量しだいである。罠に獲物がかかることは、クスクスの「飼い主」である精霊アワ(*awa*)や、シカやイノシシの「飼い主」である精霊シラタナ(*sira tana*)から分けてもらった動物がムトゥアイラによって罠を通じて村びとに届けられたことを意味している。

(28) 事例２―３とは異なり、フェレレティを伴わないマラハウもある。ムトゥアイラは、姿こそ見えないが、現世の人間の傍らにいて彼らの暮らしを見守っているような存在である。そのため、フェレレティを行わなくても、ムトゥアイラは肉の分配を受けなかった者が家族に不満をもらした場合、それをきちんと聞いており、マラハウをもたらすこともあるという。また、猟を失敗させるのではなく、肉の分配を行わなかった者やその子どもに怪我を負わせたり、病気にしたりするという方法で、マラハウがもたらされることもあるという。

(29) マラハウに関する村びとの説明で非常に興味深いのは、ムトゥアイラが「善か悪」あるいは「正しいか間違っているか」という規準に基づいて一律的に制裁を与えるような堅苦しい存在ではないという点である。たとえば、先に筆者は「(罠の見回りが遅れ)肉の一部が腐っていた」などと偽ることで、村びとが他者の妬みや不満をかわないようにしながら、分配する肉の量を減らすよう試みることがあると述べた。このような行為は、山地民の「分かち合いの倫理」と照らし合わせるならば、明らかに「間違った行い」となろう。ムトゥアイラはこうした行いを一部始終見ているが、肉の分配を受けられなかった者(あるいは少ししか分配してもらえなかった者)が不平・不満を口にしないかぎり、マラハウを与えずに、少々〝けち臭い〟行いを見逃してくれるという(ただし、そのような「間違った行い」があまりにも繰り返されるならば、当事者が不平不満をもらさずとも、ムトゥアイラは見かねてマラハウを与えることもあるらしい)。つまりムトゥアイラは、ある行為が「正しいか間違っているか」ではなく、村びとと相互の関係を悪化させかねない不平・不満が生まれているかどうかでマラハウを与えたり与えなかったりするのである。ムトゥアイラは常に「正義」に忠実な厳格な存在ではなく、あたかも村びと相互の不和や反目をなくすために、現世に生きる子孫の動きを彼岸から見守る「人間臭い」存在として観念されているといえよう。

(30) むろん、狩猟資源以外のモノ(たとえばサゴなど)でも、「与え、受け取る」というやりとりから、ここで述べたような安心感や満足感を得られるだろう。しかし、本文ですでに何度かふれたように、肉は誰もが強く好む食べ物でありながら、入手には大きな不確実性が伴う。したがって、猟の成果や分配に関する人びとの関心は高く、肉の分配をめぐって生じる葛藤や妬みは日常的にやりとりされている他のモノと比べて、より強い。また、多くの場合、要求に応じて分配されるサゴ(サゴヤシの利用権)［笹岡二〇〇六a］などと異なり、肉の分配は分配者のイニシアティブで行われる(近親者への分配は、権利義務関係に基づく非拘束的な性格を有するものではあるが)。それらのことから、他のモノのやりとりと比較して肉の分配は、他者との関係の形成・維持や、彼らにとって望ましい「生」を生きている実感という点で、より大きな意味をもっているといってよい。

第3章 オウムの商業利用

―僻地山村における「救荒収入源」としての役割―

ドリアンの高木に登り、罠にかかったオウムを下す村びと(アマニオホ村)

本章では、ペット・トレード用に捕獲されているオウムの商業利用に焦点を当て、山地民がオウムに見出している価値が、村を取り囲む経済的諸条件の変動に応じて文脈依存的に変わることに留意しながら、僻地山村経済におけるオウムの「救荒収入源」としての位置づけを明らかにする。そして、オウムを獲り、売るという営為が、僻地山村の暮らしにおいてどのような意味をもっているのかについて議論する。

一　おもな交易用野生オウム

写真 3-1　家の軒先で飼われるオオバタン（アマニオホ村）

アマニオホ村でペット交易用に捕獲されている、あるいは、かつて捕獲されていたオウムは、オオバタン（写真3-1）、ズグロインコ、ヒインコ、オウインコ、ゴシキセイガイインコ、ホオアオインコ、オオナハインコの七種である[1]（表3-1）。これらのうち、捕獲頻度や販売収入の点からとくに重要なのは、序章で述べたように、オオバタン、ズグロインコ、ヒインコの三種である[2]。

これらのオウムのうち、オオバタンとヒインコについては、空気銃猟で打ち落とされた個体が食用に利用される場合がある[3]。また、オオバタンの冠羽は、伝統舞踊の際の髪飾り（*laka hora*）の材料として用いられている。しかし、食物資源としての役割はきわめて限られており[4]、装飾用の材料を取るためだけに捕獲されることもない。山地民がオウム猟を行うのは、第一義的にペット・トレードによる現金収入が目的である。

オオバタンとズグロインコは中央マルクの固有種であり、生息地の破壊とともに、地域住民の捕獲が個体数を大きく減少させてきたと考えられている(Taylor, 1992: 87-88; Birdlife International, 2001: 1638, 1665-1666)。現在、国際自然保護連合(ＩＵＣＮ)の「レッドリスト」で「絶滅の恐れがある種(Threatened species)」に記載されており、「危急種(ＶＵ：VULNERABLE)」である。また、オオバタンは、「絶滅のおそれのある野生動植物の種の国際取引に関する条約(ＣＩＴＥＳ)」(「ワシントン条約」)で「附属書Ⅰ」(今すでに絶滅する危険性がある生き物)に記載され、原則的に国際取引は禁止である。しかしながら、ともに現在も住民によって捕獲されている。

捕獲されたオウムは、沿岸部の仲買人を介して、ジャワ島のスラバヤ(Surabaya)やスラウェシ島のケンダリ(Kendali)からやってくる貨物船・漁船の船員や、アンボンの動物商へと売られていく(写真3-2)。それらの一部は国際野鳥マーケットに、[5] 一部は国内野鳥マーケットに運ばれる[Shepherd and Sukumaran 2004]。

写真3-2　北海岸沿岸部の仲買人が仕入れたオオバタン。公園管理局の役人に没収されないように、家の裏に隠されていた(北海岸沿岸部)

アマニオホ村の村長によると、林業省の役人(国立公園管理事務所や自然資源保全局の職員)が、村びとにオウムの保護について説明したり、村の近辺で密猟を取り締まったりしたことは一度もない。だが、仲買人からの話などを通じて、山地民のほぼすべてがオオバタンとズグロインコの捕獲・販売が法律で禁止されていることを知っていた。なお、山地民の圧倒的多数が、稀少野生オウムの捕獲を禁止する国の保護政策に強く反対している。[6]

されるオウムの概要

IUCN カテゴリー (注2)	CITES (注3)	国内法による保護 (注4)	価格 (村びとの売値、単位：ルピア)		販売されるようになった時期
			1997年	2004年	
VU	I	保護	2万5000〜3万	7万〜10万 (注5)	1950年代初頭〜
VU	II	保護	3万〜7万5000	20万〜25万	1950年代初頭〜
LC	II	—	2500〜5000	1万〜1万5000	1989年〜
LC	II	—	1万	—	1989年のみ
LC	II	—	2500	—	1989年のみ
LC	II	—	2500	1万〜1万5000	1994年〜
LC	II	保護	n.a.	1万〜1万5000	2004年〜

る種)、LC：軽度懸念種(分布が広がったり、個体数が多く、絶滅の危険性の低い種)。
注3：「絶滅のおそれのある野生動植物の種の国際取引に関する条約(CITES)」の附属書における地位。I：「附属書I」記載種、II：「附属書II」記載種。
注4：「保護」は、種の保存に関する政府令の付表に「保護される動植物」として記載されている種(Departmen Kehutanan, 2003: 141-152)。
注5：成鳥の販売価格。幼鳥は一羽20万ルピア程度で売られている。

二　猟の方法[7]

オウム猟を行うのは男性である。猟では、プランカップミカ(*perangkap mika*)と呼ばれる、木の枝か針金に直径二〜三cmの小さなループ状にした釣り糸をたくさん結わえた罠(以下「プランカップ」)が用いられる(写真3-3)。

オオバタンは通常、ドリアン(*Durio zibethinus*)やパラミツ(*Artocarpus ceumpeden*)に仕掛けられたプランカップで捕獲されている[8]。ひもで結んだ二個の実をこれらの果樹の高木の枝に掛け、その横にプランカップを仕掛ける。その他の実は数個を除いてすべて落としておく。この実を食べにきたオオバタンが、プランカップに足をとられ、身動きが取れなくなるし

表3-1　セラム島で捕獲

和　名 (地方名)	学　名	分　布	近年の個体数動向 (注1)
オオバタン (*laka*)	*Cacatua moluccensis*	セラム島、アンボン島、ハルク島、サパルア島の固有種。	D
ズグロインコ (*isa koi*)	*Lorius domicella*	セラム島、アンボン島、ハルク島、サパルア島の固有種。	D
ヒインコ (*tesi musunua*)	*Eos bornea*	セラム島、アンボン島、ハルク島、サパルア島、ブル島、ゴロン諸島、ケイ諸島の固有種。	ND
オウインコ (*si sai*)	*Alisterus amboinensis*	バンガイ諸島、スラ諸島、ハルマヘラ島、セラム島、ブル島、アンボン島に分布。	ND
ゴシキセイガイインコ(*tesi silete*)	*Trichoglossus haematodus*	フローレス諸島、マルク諸島南部、ヌサテンガラに広く分布。	ND
ホオアオインコ (*sinau*)	*Eosemilarvata*	セラム島だけに棲息する固有種。	ND
オオハナインコ (*eka*)	*Eclectus roratus*	マルク諸島のほぼ全域、ヌサテンガラの一部(スンバ島)に棲息。	ND

出所：聞き取り調査および下記参考文献より作成。
注1：D:「木材伐採などによる生息地の減少や交易目的の捕獲により、減少傾向にある」、ND:「絶滅のおそれが懸念されるほどの大きな個体数減少(10年もしくは3世代の間に30%以上の個体数減少)はみられない」。Collar, et al.(2001)およびBirdlife International(2005)を参照。
注2：2005 IUCN Red Listにおけるカテゴリー。URL: http://www.redlist.org/info/categories_criteria.html(October, 9, 2005)。VU：絶滅危急種(絶滅の危険が増大してい

写真3-3　プランカップミカを作る村びと(アマニオホ村)

くみである。猟はドリアンやパラミツが結実する一〜五月に行われる。オオバタンが飛来する果樹は、樹高の高い大径木が多い。したがって、オオバタン猟を行えるのは、高い木に登る技能をもつ者(*kasi sipi*)だけだ[9]。

このほか、オオバタンが夜に休息する樹(*laka ino ino*)にプランカップを仕掛ける方法もある。オオバタンは、カ

ハリ(*kahari*：*Sloanea* sp.)やラルカ(*raruka*：*Elaeocarpus rumphii*)などの大木の上で寝る(村びとによると、オオバタンがこれらの木を好むのは、葉が大きく密集しているので、雨が降っても濡れないからだという)。オオバタンは、同じ木で寝泊りする習性があるため、あらかじめその場所を特定しておき、夕方前にプランカップを仕掛けるのだ。また、オオバタンの巣を見つけた場合、木に登って雛を捕らえることもある。[10]

一方、ズグロインコは、他の個体の鳴き声に呼び寄せられる習性(*yalaha*)を利用した猟が行われている。採餌のために毎朝決まったルートを飛行するので、そのルート付近に位置する直径二五～三〇cmの直立した小径木の梢に、おとり(*akalalu*)を取り付け、その横にプランカップを設置する(写真3-4)。おとりは、よく囀《さえず》ればオスでもメスでもよい。プランカップを設置した木(*ainisa*)は、周囲の樹幹が少し開いた小高い丘の上に位置していることが望ましい。雨が降るとズグロインコの活動が鈍くなり、おとりによってこなくなるので、雨の少ない五～一〇月が猟の適期にあたる。最近、個体数が少なくなっており、捕獲が困難になってきているという。猟のあいだ村びとは、森の中に造った簡素な小屋で寝泊りする。

写真3-4　ズグロインコ猟でおとりとプランカップを木の上に仕掛ける村びと(アマニオホ村)

ヒインコはズグロインコと同様におとりの鳥を用いて捕獲されることもあるが、多くの場合はプランカップで捕獲されている。ヒインコは、ラルカ、シレテ(*silete*：学名不明)、アライナ(*alaina*：学名不明)、アタウ(*atau*：*Syzygium luzonense*)などの花の蜜を吸う。また、スパ(*supa*：*Ficus* sp.)やランサッなどの実を食べる。したがって、これらの樹木の開花期・結実期(一一～五月)に、その花や実のそばにプランカップを仕掛ける。木登りの容易な小径木に設置される場合が多く、

表 3-2　換金用オウム類の捕獲方法

地方名	捕獲の方法	時期	捕獲地	備考
オオバタン	ドリアンなどにプランカップを仕掛けて捕獲	1〜5月	原生林・老齢二次林、フォレストガーデン	木登りの高い技能が必要
ズグロインコ	おとりを用いた猟	5〜10月	原生林・老齢二次林	おとりの鳥が必要
ヒインコ	おとりを用いた猟、ラルカなどの花やランサッなどの実にプランカップを仕掛けて捕獲	11〜5月	原生林・老齢二次林、フォレストガーデン	子どもも可能

出所：フィールド調査より作成。

小学校に通う子どもたちもヒインコ猟を行っていた（表3−2）。

では、どのくらいの世帯がこれらの猟法でオウムを捕獲しているのだろうか。悉皆調査で明らかになった二〇〇三〜〇六年の各世帯の捕獲歴に基づくと、近年は個体数の減少により近年、捕獲が困難になってきており、猟におとりを必要とするズグロインコの捕獲世帯は二〜四世帯／年（村の全世帯の三・四〜六・八％）と少なく、木登りの高い技能が必要とされるオオバタンはそれより若干多い一〜一〇世帯／年（一・七〜一六・九％）、猟が比較的容易であるヒインコは〇〜二一世帯／年（〇〜三五・六％）となっていた。こうした捕獲世帯数の違いは、猟の難易度を反映していると思われる。いずれにせよ、オウムを捕獲しているのは村の一部の世帯であり、それがオオバタン猟やズグロインコ猟ではとくに顕著である。

三　セラム島内陸山地部の村落経済の特徴

人類学が従来対象としてきたような周辺的地域社会では、経済のグローバル化に伴い、生業経済と市場経済（貨幣経済）[11]の両部門が複雑に絡み合いながら併存・複合化している［湖中二〇〇六：七］。セラム島の僻地山村経済においても、この土地固有の「地域的脈絡」［湖中二〇〇六：九−一〇］の影響を受けながら、生業経済と市場経済の併存・複合化状況が存在する。(12) 本章の課題を大きく超えるために併存・複合化の様相をここで詳細には描けないが、オウム捕獲・販売の経済的位置づけを明らかにするための準備として、セラム島内陸山地部における僻地山村経済の特徴を概観しておきたい。

アマニオホ村では、生活必需品の購入、農産物・林産物の販売、ココヤシ油やサゴの採取、そして丁字の摘み取りなどのために沿岸部の村に行くことをセパラ(*sepala*)という(写真3-5)。本章で扱う年間購買支出・収入のデータは、村外の経済活動については、ランダムサンプリングにより抽出した一四世帯(集落を構成する全世帯の約二四%)を対象に、二〇〇三年の一年間、セパラの際の稼ぎ仕事や販売・購買に関するデータを収集することで把握した。また、村内の経済活動については、その一四世帯を対象に、二〇〇三年五~一二月に三回の調査期間(一回の調査期間は二〇~二二日間)を設け、計五四日間にわたって、村内で行われた販売活動について、販売されたモノや収入などのデータを収集することで把握した。より詳しいデータ収集方法や年間収入額の推計方法については、表3-3(一八一ページ)の注を参照されたい。

写真3-5　北海岸沿岸部の移住村に向かう村びと。移住村の商店で買い物をした後は、頭の上にのせているロタンで作られた背《せ》籠《こ》に買ったものを入れて村に持ち帰る(アマニオホ村)

1　僻地山村における現金の必要

マルク諸島を含むインドネシア東部地域は、インドネシア国内では「低開発地域」とみなされている[松井二〇〇二：八]。さらに周辺に位置するセラム島内陸山地部は、いわば「辺境のなかの辺境」とでも呼べる地域である。しかし、そうした僻地山村の暮らしにも現金は欠かせない。山地民の暮らしの大部分は「サブシステンス」[13]活動(非市場経済部門における諸活動)に支えられているが、市場を介してしか入手できない(あるいは入手の困難な)モノの購入や学費・村の共益費などの支払いがあるからである。

アマニオホ村には商店がないので(稀に、麓の村の商店で干し魚やタバコなどを仕入れ、村で販売することがある)、村びとたちは南北両海岸沿岸部の村の商店で必要なモノを手に入れている(写真3-6)。村びとがセパラを行う主目的は、買い物のほかに、出稼ぎ、販売、バーター(物々交換)、友人・親族の荷物の運搬の手伝いなどさまざまだ。そうした場合、村びとたちは麓の村に下りたついでに買い物をすることが多い。また、本人が行かなくとも、友人や親族にお金を預けて買い物を頼むときもある。それも含めると、調査した一四世帯は麓の村の商店において、年間平均六回の割合で買い物していた。

写真3-6　移住村の商店。サンダル、洗剤、干し魚(左手前)などが売られている

購買品の内訳をみると、支出額がもっとも多かったのは衣類(履物は含まない)で、三四・六%を占めていた(図3-1)。それに次ぐ上位四品目をあげると、生活雑貨、肉・魚介類[14]、食器・台所用品、履物である。

また、単価が低いために支出額はそれほど多くないが、日々の暮らしのなかで欠かせない非常に重要なモノ(以下「基本的必需品」)として村びとがあげたものは、塩、砂糖、灯油(夜に灯りをとるために用いられるケロシンランプの燃料)、洗剤だ。これらのうち、洗剤は休閑地や粗放畑

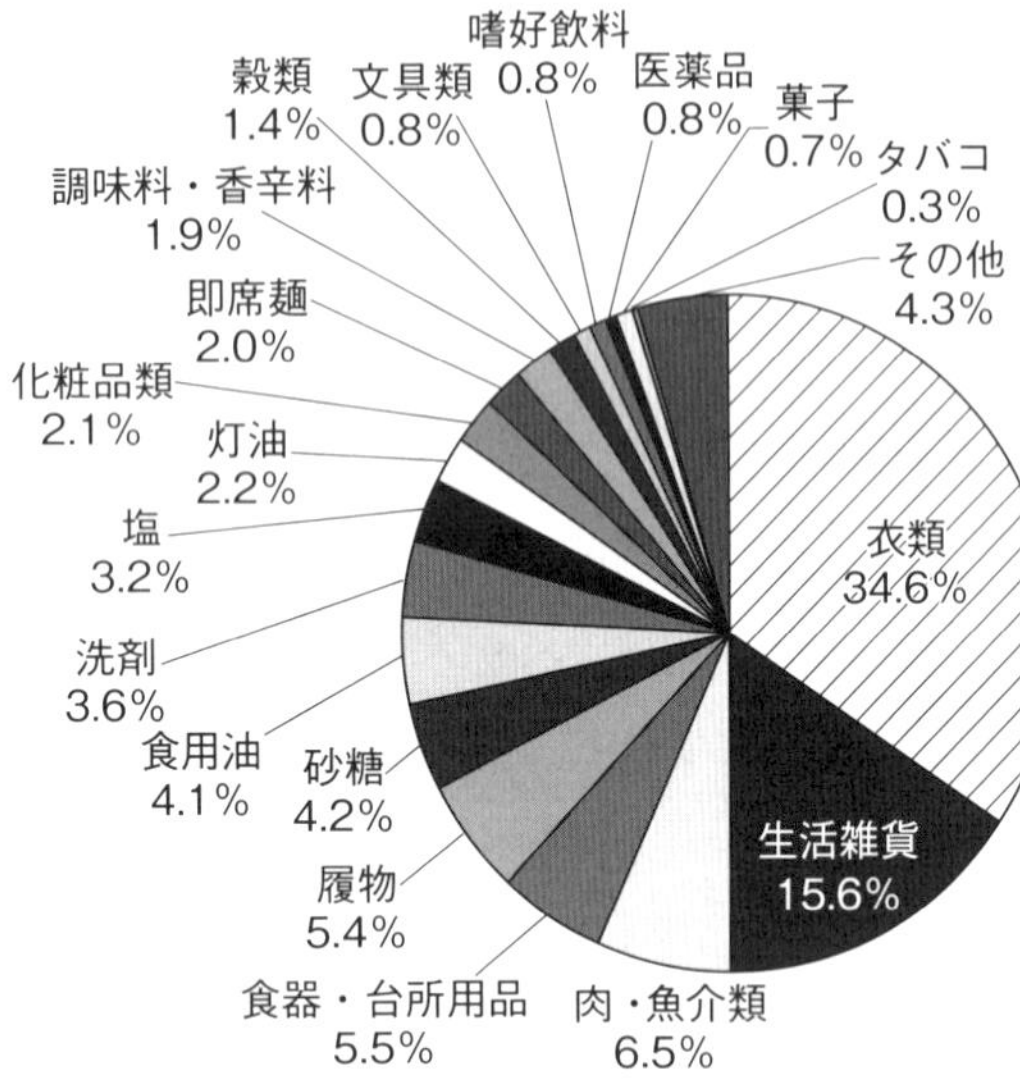

図3-1　支出の内訳

出所：フィールド調査。
注1：ランダムに選んだ14世帯が、2003年に南北両海岸沿岸部の商店で行った購買活動のデータに基づいて、購買支出の内訳(14世帯の支出総額に占める各購買品目の割合)を示した。
注2：各購買品目の内容は以下のとおり。「生活雑貨」は乾電池・ライター・たらい・シーツ・山刀、「肉・魚介類」は干し魚・シカの干し肉・魚の缶詰、「食器・台所用品」は鍋・皿・グラス、「履物」は靴・サンダル、「化粧品類」は教会での礼拝に参加するときに使う整髪料やおしろい、「穀類」は米・もち米・小麦、「文房具」はペン・ノートなど。また、「食用油」には市販の食用油に加えて沿岸民が搾油したココヤシ油が、「洗剤」には粉末の洗剤に加えて洗濯石鹸が含まれている。「調味料・香辛料」の大部分は化学調味料、「嗜好飲料」の大部分はコーヒーである。「その他」は調査期間中に一台だけ購入されたステレオ、装身具、粉ミルクなど。

(第4章参照)に自生するパタマカ(*patamaka*：学名不明)からその代用品を作り出せるし、砂糖(蔗糖)もサトウキビの茎を特別な道具で圧搾して取り出した液汁を煮詰めて精製できる。また、灯油がなくなれば、ダマールから灯りをとることもある。しかし、日々の暮らしに必要な量を自前で調達するには多大な労力や困難が伴う。したがって、これらはサブシステンス部門では充足が困難であり、市場を介して手に入れる以外に調達がむずかしい商品である。山地民が現在の暮らしを営んでいくには、これらのモノを購入するための現金がどうしても必要となる。

このほか、学費や教会関連の支出がある。子どもを小学校に通わせるためには、一人あたり年間最低でも一万五〇〇〇ルピアかかる。これは小学校に納めるお金で、それ以外にも、学生服や靴、ノートやペンの支出もある。六年間の課程を終えると、[15]子どもたちは北海岸沿岸部に位置するパサハリ村に行き、卒業試験を受けなくてはならない。受験と卒業証書の発行経費、往復交通費、試験に臨むときの靴の購入費など、卒業試験のためには一人あたり最低でも一五万〜二〇万ルピアが必要だという。これは、現金収入源の限られた山地民にとっては決して少ない額ではない。さらに、教会活動を支える共益金の徴収は毎年のように行われている。とくに、二〇〇三年と〇六年は教会修繕費用を捻出するために例年より多く、各世帯が五万ルピアと四万ルピアを負担した。日曜の礼拝では、少額（一〇〇〜一〇〇〇ルピア）とはいえ、教会への喜捨が行われている。

購買支出以外の一年間の支出額（学費・共益費・教会への寄付などの支出）は不明だが、一四世帯の購買支出の平均額は七八万七〇〇〇ルピアである。卒業試験を控えた子どもをかかえる世帯など一部を除けば、収入額の多くは購買支出に充てられていると思われる。

2　主要収入源としての丁字

本章で焦点を当てるオウム販売以外に、村びとの現金収入源には以下のようなものがある。南北両海岸沿岸部の村では、カカオ、ナス、タバコなどの農産物、トゥトゥポラ（*tutupola*：サゴを竹に詰めて焼いたサゴケーキ）やドドール[16]（*dodor*）などの加工食品、野生動物の肉やハチミツなどの林産物、ゴザなどの民芸品の販売が、村内では野生動物（クスクス、シカ、イノシシ、コウモリ、ヘビなど）の肉、ニワトリ、サゴなどの販売が行われている。ただし、これらはきわめて小規模である。また、南北両海岸沿岸部ではサゴ採取・販売活動に従事する者、北海岸沿岸部ではココナツの採取と殻むきの労働に就く者もいる。村長を含めて四人は、村役人として政府から給与を得ている。さらに、筆者が村に滞在中には、欧米の旅行者のガイド（麓の村までの道案内）や、他の村びとの荷物や子どもを麓の村まで運ぶ手伝い、他村の親類からの仕送りにより、現金を得ている者もいた。

このように、村びとの現金を手に入れる方法は多岐にわたるが、彼らがなによりも重要だと考えている収入源は、南海岸のテルティ湾沿岸部で行う丁字の摘み取りである。丁字のつぼみにはオイゲノールという成分が多く含まれ、強い芳香とともに防酸化作用や殺菌力をもつ。かつては肉を貯蔵するための香料や薬としてヨーロッパで多くの需要があり、現在はクレテック・タバコの原料としてインドネシア国内で多量の需要がある［吉田・菊地二〇〇一：三八］。

テルティ湾沿岸部では、年によって多少変動があるが、だいたい八月末から一一月末にかけて丁字は収穫期を迎える。この一〇年間、隔年もしくは二年おきに豊作を迎えている。出来が良い年は、山地民が沿岸部に出稼ぎに出る。沿岸部の親族や友人の家に泊めてもらいながら、丁字生産農家で摘み取り労働者として働くのである（写真3-7）。

写真3-7　木の上に登り、手で丁字を摘み取っている男性（ハトゥメテ村）

テルティ湾沿岸部の村むらは、アマニオホ村を含む内陸山地部に住んでいた人がずっと以前に移住してつくった。そのため、山村から婚入する者も少なくない。沿岸部住民は山地民との強い結びつきを意識しており、彼らを歓待の精神でもてなす。アマニオホ村の村びとのなかには、沿岸部の親族や友人から数本の丁字採取権を無償で提供してもらう者もいる。彼らも、無償で提供してもらった丁字の収穫が終わると、摘み取り労働者として働く。

摘み取った丁字は保有者と折半し、自らの分は沿岸部の村の集荷人（華人商店主）に販売して現金を得る。また、収穫期には多くの人びとが沿岸部の村むらに集まるため、食糧が不足する。そこで、沿岸部住民から許可を得てサゴを採取して、保有者に収穫の半分を渡し、残りの半分を売って現金を得る山地民もいる。

村びとの多くが出稼ぎに出た二〇〇三年の収入内訳（家計調査に基づく一四世帯の平均）をみると、丁字の摘み取りとサゴ販売から得られた収入（以下、両者をあわせて「丁字収入」と表記）が全収入の約七割を占めていた（図3-2）。各世帯によって依存度は異なるが、村役人のAP・MyやYh・Li、臨時収入（外国人観光客のガイド料）があったYn・Ap、クスクスやサゴを積極的に村内で販売しているBj・Laなどを除けば、多くの世帯で主要な収入源となっていることがわかる（表3-3）。とくに、村内販売収入が少ない（あるいはない）世帯では、八割以上に達していた。このように、アマニオホ村の村びとの大多数にとって丁字収入はもっとも重要な現金収入源であるといえよう。

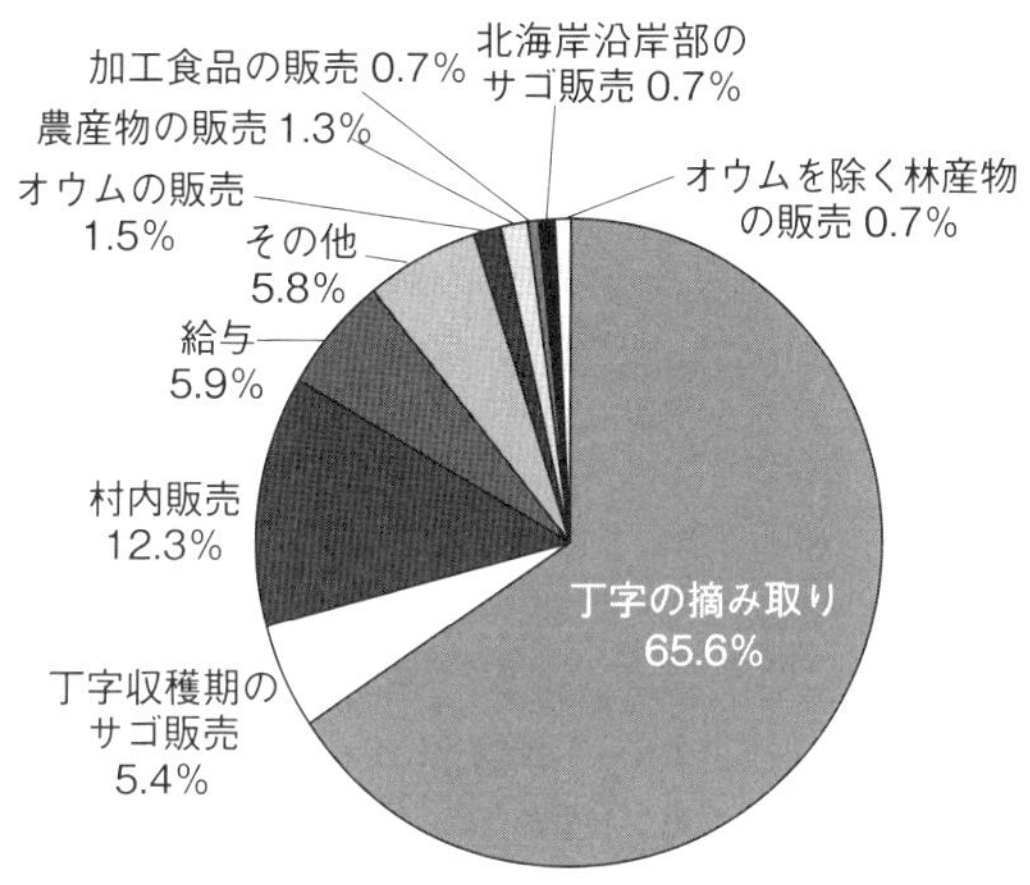

図3-2　丁字収穫年（2003年）の収入内訳

出所：フィールド調査より。
注1：14世帯の収入内訳の平均。
注2：各収入項目の内訳は以下のとおり。「村内販売」：クスクスの肉、ニワトリ、サゴ、沿岸部の商店で購入した干し魚などの販売収入、「給与」：村役人に対して政府から支給される給与、「その他」：欧米の旅行者がくれたガイド料、他の村人の荷物や子どもを麓の村まで運んだ謝金、他村の親類からの仕送りなど、「農産物の販売」：カカオ、ナス、タバコなどの販売収入、「加工食品の販売」：トゥトゥポラ、ドドールの販売収入、「オウムを除く林産物」：野生動物の肉とハチミツの販売収入。

後述するように、山地民は村での自給的な生業を重視しており、村外に出て現金獲得活動に活発に従事しようとはしない。しかし、丁字の摘み取りシーズンには、ほとんどの村の男性がテルティ湾沿岸部へ出稼ぎに行く。それは、もちろん、短期間にまとまったお金を手に入れられるからである。それに加えて、婚入・婚出や文化的同質性を背景

表 3-3　丁字収穫年の収入構造(2003 年、単位：1000 ルピア)

世帯主	村外の現金獲得活動								村内販売活動(推計値)	給与	その他	計
	丁字の摘み取り(A)	丁字収穫期のサゴ販売(B)	丁字収入[(A)+(B)]が収入全体に占める割合	オウムの販売	オウムを除く林産物の販売	農産物の販売	加工食品の販売	北海岸沿岸部のサゴ販売				
L・Li	2618	0	90.1%	0	0	39	0	0	0	0	250	2907
Ap・My	805	0	32.7%	0	0	23	50	0	235	820	530	2463
Yn・AP	500	440	51.8%	0	0	45	30	0	99	0	700	1814
Yh・Li*	533	0	32.5%	200	0	0	0	0	88	820	0	1641
Bj・La*	748	0	49.8%	105	0	0	50	0	600	0	0	1503
Yp・AP	1185	0	80.3%	0	0	150	0	140	0	0	0	1475
P・AP	921	480	100.0%	0	0	0	0	0	0	0	0	1401
A・Ey*	1377	20	100.0%	0	0	0	0	0	0	0	0	1397
H・E	701	0	55.0%	0	125	0	0	0	424	0	25	1275
D・AP	1156	0	90.7%	0	0	0	0	0	118	0	0	1274
T・Mh	439	140	64.1%	0	0	0	30	0	204	0	90	903
E・Li*	637	0	95.1%	13	0	20	0	0	0	0	0	670
F・E	630	0	100.0%	0	0	0	0	0	0	0	0	630
D・My	262	0	52.3%	0	0	0	0	0	235	0	4	501
平均収入												1418

出所：フィールド調査より作成。

1) ランダムに選んだ 14 世帯(村を構成する全世帯の約 24%)を対象に、2003 年の 1 年間、「セパラ」に出たときの稼ぎ仕事や販売・購買に関するデータを収集した。筆者が村に滞在した 2003 年 2 月 11 日～3 月 17 日、03 年 5 月 24 日～8 月 22 日、03 年 11 月 8 日～年末までのデータは、セパラから戻ってきたばかりの村びとに直接聞き取りを行って収集した。村を一時的に離れている間のデータは、自記式の調査シートを対象世帯に配布し、同様のデータを村びとに記入してもらい、後に筆者が村に戻ったときに確認した。また、2003 年 1～2 月のデータは 03 年 2 月に行った聞き取りで補完した。

2) 2003 年 5～12 月に 3 回の調査期間(一回の調査期間は 20～22 日間)を設け、計 54 日間にわたり、14 世帯の村内販売活動に関するデータを収集した。表中に示した村内販売収入額は、村びとが年間を通して調査期間と同じ強度で販売活動を行うと仮定して推計したものである。なお、2003 年は 14 世帯すべてが約 2 カ月間(平均 54 日間)、南海岸沿岸部に出稼ぎに出ている。そのうち 4 世帯は家族全員、もしくは夫婦で出稼ぎに出ていたため、その間、村内での販売活動が行えなかったものとして推計値を補正した。

3) 各収入項目の内訳は図 3-2 に同じ。

4) ＊は現金に困窮したときにオウム販売収入に頼ると回答した世帯である。

にテルティ湾沿岸部住民と親しい関係が古くから築かれていること（一九九〇年代に急速に開発が進み、ムスリムが大量に移民してきた北海岸沿岸部とは異なる）や、収穫期に大量の雇用が生まれるため、大勢の村びとといっしょに出稼ぎに行ける安心感や楽しさも大きく関係していると思われる。

3　僻地山村住民の市場（経済）とのつきあい方

(1) 現金獲得機会に対する消極性

写真3-8　採取したハチミツをほおばる村びとたち（アマニオホ村）

筆者が観察したかぎり、アマニオホ村の村びとは、現金獲得機会を有効に活用して現金収入を増やそうとする志向性に乏しいように思える。以下、それを示唆するいくつかの出来事について述べておこう。

既述のとおり、アマニオホ村にはオウムを除けば、持ち運びが容易で、かつ高い市場価値をもつ産品は少ない。それでも、ジャガイモ、アカワケギ、ナス、トゥトゥポラ、ドドール、ハチミツ（写真3-8）、ゴザなどを麓の村に持って行けば、ある程度の現金を手に入れられる。徒歩での移動になるので、運ぶ量は限られている。したがって、販売したとしても多くの現金が得られるわけではないが、塩や砂糖や灯油などの生活必需品を購入するうえで多少の「足し」にはなる。しかし、買い物や出稼ぎなどの理由で沿岸部に行くとき、これらを持参して販売収入を得ようとする村びとは少ない。「セパラ」調査の対象となった一四世帯は平均して年間五・八回、麓の村へ行っていたが、何らかの産品を持って行って販売したのは、一・四回にすぎない。五世帯は一度も販売活動を行っていなかった(表3-4)[17]。

また、北海岸沿岸部に出稼ぎに行けば、さまざまな賃労働――シアテレ村のカカオプランテーションでの下刈り・枝打ち、移住村付近で行われている違法伐採の木材搬出など――の就労機会がある。だが、継続的に出稼ぎに出て賃労働に就いてきた村びとはいない。出稼ぎに行くのは一部の男性(若者が多い)で、それも一~三カ月間働いたら村に戻るというパターンが多く、就労は単発的であるという。筆者が聞き取りを行った一四世帯の世帯主(聞き取りをした二〇〇七年二月時点での年齢は二八~四七歳)のうち、過去に一度も出稼ぎで賃労働に就いたことのない者が六人いた。残りの八人も一度か二度、シアテレ村にあるカカオプランテーションで農園の整地や枝打ち、道路建設の土木作業などに就いた経験があったのみである(表3-5)。

彼らによると、村の若者が賃労働の出稼ぎに出るのは、もちろん現金を得るためではあるが、もっとも重要な目的は、村の暮らしを離れて知識と経験を増やすことにあるという。賃労働への就労経験が比較的若いころに集中し、また単発的である理由の一つは、こうした社会文化的要求が背景にあるからだろう。

また、現金獲得機会に対する村びとたちの消極的な態度を示す次のようなできごともあった。アマニオホ村から徒歩で六~八時間の距離にあるエレマタ村では例年、アマニオホ村よりもやや早い時期(一二~二月ごろ)にドリアンが結実する。エレマタ村は、北セラム郡のもっとも内陸部にある移住村に日帰りできる距離にある(村びとの足で約三時間)。そのため、仲買人によるドリアンの買い付けが始まった二〇〇四年ごろから、ドリアンを担いで運び、商店経営者やオートバイで集荷に来る仲買人(ともにジャワ人)に販売する村びとが現れる。しかし、販売量も自家消費量も生産量に比べるとわずかで、落下したドリアンの一部は利用されずに腐ってしまうか、イノシシやジャコウネコに食べられることが多かったという。

表3-4　麓の村での農林産物・加工品の販売(2003年)

世帯主	セパラ回数	販売回数(全セパラ回数に占める割合)		販売したモノ	販売単価(ルピア)	販売数量	販売収入(ルピア)	備　考
Yh・Li	4	1	25%	ズグロインコ	20万	1羽	20万	
Bj・La	4	2	50%	トゥトゥポラ ヒインコ	2万5000/袋 1万5000/羽	2袋 7羽	15万5000	
Yp・AP	7	3	43%	丁字 カカオ ドリアン マンゴー	1万1000/kg 5000/kg 2500/個 1000/3個	10kg 3kg 6個 30個	15万	丁字はアマニオホ村に植えられたもの。ドリアンとマンゴーはエレマタ村で許可を得て採取
L・Li	9	3	33%	ランサッ カカオ タロイモ	3000/袋 3000/kg 2万/カレン	5袋 8kg 10カレン	13万9000	タロイモは、南海岸沿岸部ウサリ(Usali)集落の住人に許可を得て、彼らの畑で採取
H・E	4	2	50%	シカの干し肉 ハチミツ	1万/切れ 1万/ボトル	10切れ 2.5ボトル	12万5000	
Ap・My	11	3	27%	トゥトゥポラ キャベツ カカオ	2万5000/袋 2500/個 3000/kg	2袋 2個 6kg	7万3000	
Yn・AP	7	3	43%	トマト トウガラシ ナス アカワケギ ドドール	1万/袋 2500/チュパ 1万/袋 5000/束 500/個	1袋 2チュパ 1袋 4束 40個	6万5000	
E・Li	3	2	67%	ジャガイモ マヌセラタバコ ヒインコ	1万/袋 2000/袋 5000/羽、7500羽	1袋 5袋 各1羽	3万2500	
T・Mh	4	1	25%	菓子(*waji*)	500/個	60個	3万	もち米と赤砂糖(サトウヤシの樹液を煮詰めて精製した砂糖)を用いて作る菓子
F・E	8	0	0%	—	—	—	—	
D・My	6	0	0%	—	—	—	—	
A・Ey	6	0	0%	—	—	—	—	
D・AP	5	0	0%	—	—	—	—	
P・AP	3	0	0%	—	—	—	—	
平均	5.8	1.4	25%					

出所：フィールド調査。
注1：対象は表3-3に同じ。
注2：「販売収入」は、2003年に麓の村で行った販売活動による全収入額を表す。
注3：カレン(kareng)は、1斗缶約1杯。
注4：チュパ(cupa)は生丁字の販売単位。1チュパは、直径7cm、高さ8cmの粉ミルクの缶一杯。

表 3-5　出稼ぎ賃労働の就労経験

世帯主(年齢)	出稼ぎの内容(時期、年齢)	場　所	就労期間
H･E(43)	—		
T･Mh(39)	—		
D･My(53)	カカオプランテーションでの農地造成(1989年、35歳)	シアテレ村	1カ月
F･E(30)	ワハイ—コビ間の道路建設(1994年、17歳)	ワハイ村	2カ月
	カカオプランテーションでの日陰樹の植栽(1995年、18歳)	シアテレ村	3カ月
	ココヤシ農園でのココナツの集荷作業(1995年、18歳)	カイラトゥ村	2カ月
	荷物運搬手伝い(1995年、18歳)	ハトゥオロ村	3週間
L･Li(45)	—		
Ap･My(39)	—		
Yh･Li(37)	荷物運搬手伝い(1987年、17歳)	ハトゥオロ村、シアテレ村	3週間
P･AP(46)	荷物運搬手伝い(1987年、26歳)	ハトゥオロ村、シアテレ村	3週間
Yn･AP(43)	カカオプランテーションでの作業チームの現場監督(1987年、23歳)	シアテレ村	1年
	荷物運搬手伝い（1988年、24歳)	ハトゥオロ村、シアテレ村	3週間
D･AP(34)	—		
Yp･AP(28)	カカオプランテーションでの枝打ち(1995年、16歳)	シアテレ村	3カ月
	カカオプランテーションでの枝打ち(1995年、16歳)	シアテレ村	2カ月
Bj･La(39)	ワハイ—コビ間の道路建設(1994年、26歳)	クラマットジャヤ集落	3カ月
	ワハイ—コビ間の道路建設(1995年、27歳)	クラマットジャヤ集落	3カ月
E･Li(47)	—		
A･Ey(46)	カカオプランテーションでの枝打ち(1991年、30歳)	シアテレ村	1カ月
	カカオプランテーションでの枝打ち(1995年、34歳)	シアテレ村	3カ月

出所：フィールド調査。
注1：対象は表3-3に同じ。
注2：「荷物運搬手伝い」は、ハトゥオロ村付近のイサル川でダム建設のためのフィージビリティ調査が行われた際、調査チームの食糧や荷物をハトゥオロ村に運んだ。

そのため、二〇〇七年にエレマタ村の村長が、一度の販売で二五〇〇ルピアをエレマタ村に納める——このお金は教会修繕費用などに充当される——という条件で、アマニオホ村住民によるドリアン採取・販売を公認した。このとき、仲買人はドリアンを一個二五〇〇ルピアで買い付けていた。村びとは一度の運搬で約一二個を運べるので、エレマタ村に納めるお金を差し引いて二万七五〇〇ルピアを手に入れられる。ところが、筆者が二〇〇七年二月にアマニオホ村を訪問した際、ドリアン採取・販売について聞き取りを行ったところ、エレマタ村まで行き、たらふくドリアンを食べて戻ってきた村びとはたくさんいたが、採取・販売を行っていたのは一四年世帯中わずか三世帯（二一・四％）だけだった。

このように、村びとたちは現金獲得手段にアクセスできる状況にありながら、その機会を可能なかぎり活用して現金収入を増やそうとする志向性をあまりもっていないようにみえる。では、そうした現金獲得活動に対するある種の「消極性」は、村びとのどのような価値観を反映したものなのだろうか。次項ではその点について検討してみよう。

（2）現金獲得活動と消費をめぐる村人の価値観

（ア）「お金のかかる暮らし」への警戒感

セラム島中央部では、一九九〇年代初頭より、社会省による「再定住プログラム」が行われている［Badcock 1996b: 33］。筆者の知るかぎり、これまでに北セラム郡では少なくとも三カ村――ファアウル村、ソレア（Solea）村、メリナニ（Melinani）村――が、市場へのアクセスが悪く、教育サービスなどを受けることがむずかしかった内陸部から沿岸部に移住した。このプログラムでは、社会省が移住先に家や道路などを用意した。

筆者は先述の一四世帯（家計に関する調査の対象世帯）の世帯主（三〇～五三歳の男性）に、「こうしたプログラムがあれば、沿岸部に移住したいか」「アマニオホ村での暮らしと沿岸部での暮らしのどちらがよいか」「村での暮らし（あるいは沿岸部での暮らし）のほうがよいとすれば、それはなぜか」という質問をした（プログラムの存在は彼らも知っている）。すると、「永住は嫌だが、一時的に沿岸部に暮らすのならよい」という意見を含めれば、一四人全員が移住を望んでおらず、「村での生活のほうがよい」と答えた。その理由としてもっとも多かったのは、「村での暮らしにはあまり多くのお金が要らない」というものである。

それを説明するのに彼らがよく引き合いに出したのは、山地民が丁字の摘み取りのためによく出稼ぎに出るハトゥメテ村をはじめとしたテルティ湾沿岸部の村むらにおける「お金に頼った暮らし」である。山地民の感覚からすれば、沿岸民は「一晩中カンテラを灯し、毎日のように料理に食用油——山地民にとって食用油は「お金を出して買わねばならぬもの」である——を使い、新しい服を頻繁に買い替え、子どもが菓子をねだればすぐに買い与える浪費家(*ia bolosi*)」である。[18] こうした「浪費」が起きるのは、市や商店が近くにあるとともに、住民同士が互いに張り合い、「競い合うようにしてモノを買っているから」だという。

たとえば、隣の家が米——この地域に水田はないので商店で購入する——を毎日のように食べていれば、自分たちもサゴやイモではなく米を食べようとする。また、発電機を購入した村びとがいれば、自分も購入して対抗しようとする。ハトゥメテ村で発電機を持っていた世帯は二〇〇四年時点で二世帯だけだったが、「隣人に負けまいとして」多くの村びとが購入した結果、〇七年には十数世帯に増えたという。

アマニオホ村の村びとによると、沿岸民のこうした購買支出を支えているのは借金である。ハトゥメテ村の村びとのなかには、発電機のような耐久消費財や、場合によっては日用品・生活雑貨・生活必需品などを、村の華人商店主に借金して購入している者が少なくない。彼らは丁字の摘み取りの季節になると、その収益で借金を返す。なかには、一部の丁字林の採取権を華人商人に移譲することで借金を返済する者もいる。丁字が豊作でも、借金返済後に手元に残る現金はわずかで、すぐに借金生活が始まるという。

また、沿岸民の「お金に頼った暮らし」は村にさまざまな問題を生んでいる。たとえば、アマニオホ村では土地や有用樹の保有をめぐる顕在的な争いがめったに起きないが、ハトゥメテ村では丁字の摘み取りシーズンには木の保有をめぐってたびたび争いが生じているという(こうした争いで、死者を出したこともある)。[19] また、ドリアンは比較的よい売値で取引されるため、収穫の季節には、盗難を防ぐために夜を徹して自分が保有する果樹園で見張りしなくてはならないという。彼らが失笑を交えて語るこのような事態は、他者の保有するドリアンも、採取して食べた後にその旨を保有者に伝えておけば、ある程度自由に利用できるアマニオホ村では考えられないことである。

沿岸民の暮らしは、山地民からすれば「いつもお金の心配をしなくてはならない」、あるいは「いつも〝お金を探す（*lipe kepenia*：お金を稼ぐ）〟ことに忙しくしている」暮らしである。私が話を聞いたアマニオホ村の村びとたちのほとんどが、そのような「気の休まらない」沿岸部での暮らしより、彼らの言葉を借りるならば「お金の心配をあまりしなくてよい」「お金を稼ぐことに忙しくしなくてよい」アマニオホ村での暮らしのほうがよいと語っていた。

（イ）サブシステンス活動を重要視する生活論理

アマニオホ村では子どもの学費を稼ぐなどの特別な事情がないかぎり、沿岸部に頻繁にセパラに出て、販売活動や出稼ぎに精を出すことに対して、「勤勉である」といった肯定的な評価はあまり与えられない。むしろ、村と沿岸部を行き来して現金獲得活動に忙しくしている者は、手元の現金を節約しながら計画的に使用できない「浪費家」として、否定的に捉えられていた。たとえば、オウムやハチミツの販売を活発に行っているSp・AS――後述するように、彼は村でもっとも多くのオオバタンを捕獲している男性でもある――は、村内で例外的に現金獲得活動に熱心な者として知られている。彼のそうしたふるまいは、村びとから「足ることを知らない」「少ない現金でうまくやりくりできない」「手元にあるお金が減っていくのを許すことができない」など、好ましくないものとして、なかば批判的な意味をこめて評されていた。

また、Sp・ASのように「お金を稼ぐ」ことに熱心なあまり頻繁に集落を離れれば、村のさまざまな共益活動（*kerja bakti*：集落の草取り、教会の清掃、小学校の屋根の葺き替えなど）や教会関係の活動への参加を怠ることになる。その意味でも、現金獲得活動に熱心に励む（そして、その結果、村を頻繁に空ける）ことは歓迎されない行為とみなされている。

さらに、「お金はいくらたくさん手元にあっても、いつかは必ずなくなる」から、「お金を探す」ことに力を入れるよりも、「村で暮らし、ムトゥアイラから受け継いだサゴヤシ林やフォレストガーデンや森をしっかりと守る（*saka*：管理する）ほうが大切であり、そのほうが安心だ」という意見もよく聞かれた。村びとの多くは、たびたび沿岸部に赴いて「お金を探す」ことに没頭するよりも、村に腰を据えて、村のさまざまな共益活動をこなし、農地や森をしっかりと管理することに高い価値を見出しているようである。

このように、サブシステンス活動を生計の基盤に据えることをよしとする生活論理のなかでは、現金獲得活動の重要性は相対的に低い。聞き取りをした村びとのなかには、「手元に現金の蓄えがあるうちは、あえてお金を探そうとは思わない（現金を稼ごうとはしない）」と明言する者がいた。これと同様の考え方をもつ村びとは少なくない。彼らのあいだには、「現金獲得活動に従事するのは、手元の現金の蓄えがなくなり、具体的な必要が生じたときでよい」という考え方が共有されていた。

現金獲得機会への消極的な態度からもうかがえるように、村びとたちは、利用可能な機会・資源をできるかぎり活用して現金収入を最大化しようとするのではなく、必要なときに必要に応じて散発的に現金獲得活動に携わろうとする志向性（「必要充足の志向性」）をもっているといってよいだろう。[20] こうした傾向は、後述するように、オウム捕獲・販売活動にも認められるものである。

（ウ）倹約主義

サブシステンス活動を重要視する僻地山村の暮らしでは、おのずと現金収入が限られる。それに呼応するように、村びとのあいだでは、「倹約主義」とでも表現できる価値観が存在している。すなわち、うまく消費を制御しながら、限られた現金収入のなかで倹約的に生活していくことに高い価値がおかれているのである。[21]

実際、アマニオホ村の村びとの多くは大変な倹約家である。たとえば、丁字の摘み取りの出稼ぎを終えて村に持ち帰られた現金は家で大切に保管され、必要が生じたときに必要な額だけが使われる。村びとの購入品は、先述のとおり暮らしを維持するうえで必要なモノに限られている。

村びとたちは、こうしたモノを購入するにあたり、事前に物価に関する情報収集を怠らない。セパラから戻ってきた者から、村びとたちが商品の価格についての情報を仕入れている様子をよく見かけた。多くの村びとが、たとえば「あの商店は干し魚が一〇〇ルピア安い」といった物価についての具体的な情報を実によく知っている。筆者はセパラに何度か同行したが、そうした物価情報をもとに、彼らは塩を何袋、洗剤を何パックといった具合に、あらかじめ詳細な支出計画を立て、そのとおりに買い物を行う。筆者の知るかぎり、放蕩的、あるいは顕示的な購買・消費が行われることはなかった。

このような倹約的な消費の結果、丁字の摘み取りの出稼ぎを終えて村に持ち帰られた現金は、数カ月、あるいは一年以上にわたり村びとの生活を支える必需品の購入に充てられる。二〇〇一年に出稼ぎに出た六世帯を対象に、出稼ぎで得た現金がいつごろ尽きたのかを聞いたところ、一世帯が〇二年六月、一世帯が〇二年八月、三世帯は〇二年一二月と回答した。残り一世帯は、二〇〇三年に再び出稼ぎに出るまで手元に残ったという。

4　サブシステンス重視と倹約主義を特徴とする「二重戦略」

宮内泰介[一九九六：三二二]は、自給部門(サブシステンス・セクター)を「維持・温存したまま、それとは独立した形で貨幣経済部門にも従事しようとする戦略」を「二重戦略」と呼んでいる。「二重戦略」の一つの重要な側面は、「サブシステンス部門とそれをめぐる社会関係や環境をストックとして維持しながら、貨幣経済部門を抱える、つまりは現金を得ていく」という点にある[宮内一九九五：一〇八]。

既述のとおり、アマニオホ村を事例にみたセラム島山地民の暮らしの大部分はサブシステンス活動により支えられており、山地民の現金獲得活動(貨幣経済部門)とのかかわりは散発的である。村びとは概ね、利用可能な機会・資源をできるかぎり活用して現金収入を最大化しようとするよりは、必要に応じて現金獲得活動に携わろうとする、「必要充足志向」をもっている。その背景には、現金獲得活動に熱心であるよりも、村に腰を据えてサブシステンス活動に力を注ぐことに高い価値をおく彼らの価値観がある。

その結果、彼らが手にできる現金収入は非常に少ない。しかし、村びとは倹約主義的な価値観を背景に、限られた現金収入をうまくやりくりして生活を営み、少ない現金収入に対応している。村びとの表現を借りれば、「入ってくるお金も少ないが、出ていくお金も少ない」暮らしを高く評価し、実践しているのである。

以上述べてきたような「市場とのつきあい方」をみると、セラム島山地民の生計戦略は、必要充足志向と倹約主義という特徴を備えた「二重戦略」と呼べるものであることがわかる。こうした生計戦略は、アマニオホ村におけるオウム利用にも影響を及ぼしている。それを念頭におきながら、次節で、オウム捕獲・販売が果たしている経済的な役割や重要性について検討したい。

四　僻地山村経済におけるオウム猟の位置づけ

1　猟に先立つ具体的な「現金の必要」の存在

丁字収入は山地民の暮らしを支えるうえで非常に重要な役割を果たしているが、その生産量は年次変動が非常に激しい。テルティ湾沿岸部では、二年にわたって丁字がつぼみをつけないことがある。一九九八年から二〇〇五年までの八年間をみても、不作だった九九年と二〇〇〇年、〇四年と〇五年は、二年連続して摘み取りの出稼ぎに出ていない(図3-3)。また、価格も大きく変動する(図3-4)。たとえば二〇〇一年の生の価格は三五〇〇〜五〇〇〇ルピア/チュパ(一八一ページ表3-4の注(4)を参照)、乾燥価格は六万〜九万ルピア/kgだったが、〇三年にはそれぞれ六〇〇〜七五〇〇ルピア/チュパと一万二〇〇〇〜一万二五〇〇ルピア/kgに大きく下がる。その結果、二〇〇三年は生産量が少なかったことも相まって、出稼ぎ収入は〇一年の半分以下に減少した[22]。

このように、丁字収入は浮き沈みが激しい。また、遠方への長期の出稼ぎであるため、家族に病人が出たり、子ど

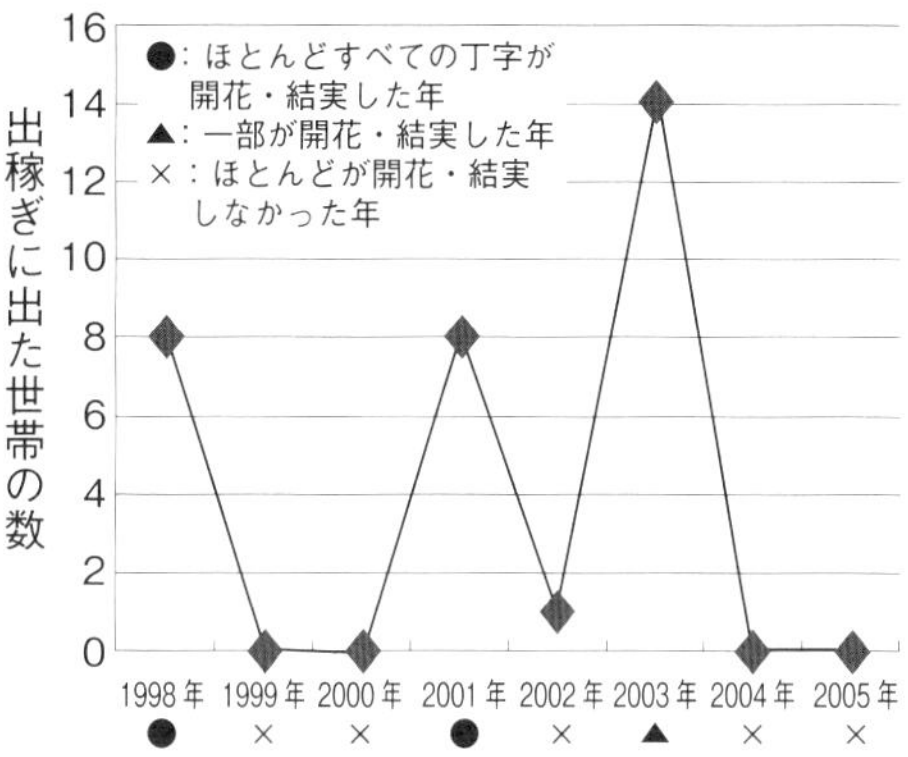

図3-3　丁字収穫期の出稼ぎ世帯数

出所：フィールド調査より作成。
注：聞き取り対象の14世帯のうち、丁字の摘み取りや丁字収穫期のサゴ採取を行うために出稼ぎに出た者(世帯)の数。

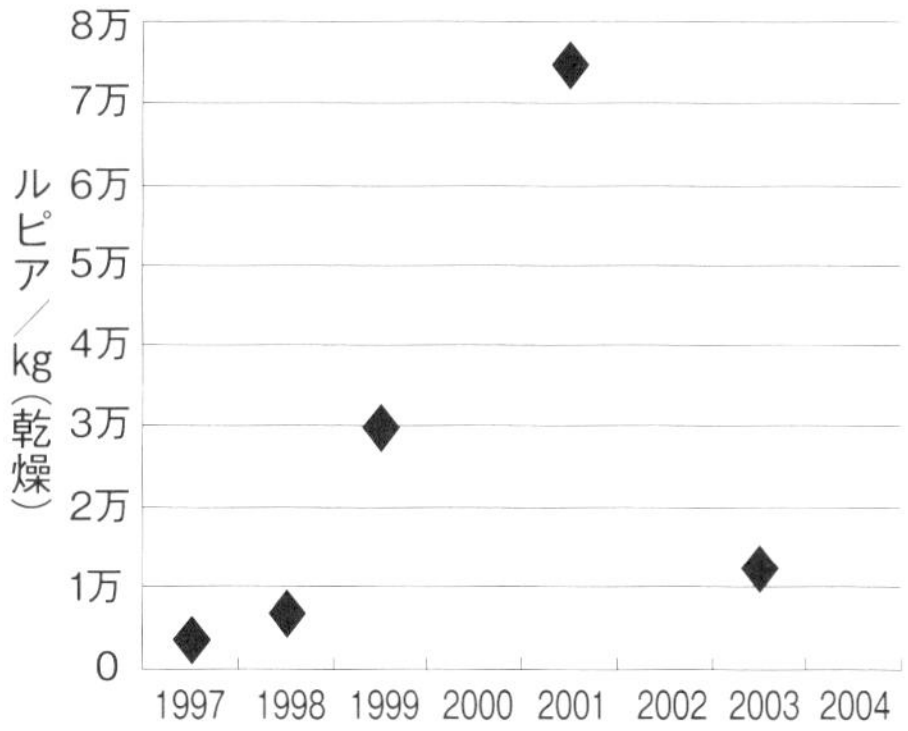

図3-4　テホル郡における丁字価格の移り変わり

出所：Dinas Perkebunan(出版年不明)の未公刊資料より作成。
注：山地民が摘み取りを行っているテルティ湾沿岸部はテホル郡に属する。ここで示されている価格は、丁字摘み取りシーズン(9〜11月)におけるテホル郡でのkgあたり卸売り価格(乾燥丁字)。

表3-6　オウム猟従事の動機、きっかけ（19の捕獲事例）

■猟に先立ち何らかの必要が存在していた事例	17
●塩、灯油、洗濯石鹸などの生活必需品の購入	12
●その他の必要	5
娘の服の購入	1
空気銃の購入	1
小学校の学費の支払い	1
未払い分の婚資の支払い	2
■ 明確な必要が先行していなかった事例	2
●森を歩行中、偶然，オオバタンの巣を見つけた	1
●他村訪問中、そこに暮らす親戚からズグロインコ猟に誘われた	1

出所：フィールド調査より作成。
注：オウム捕獲・販売経験のある10世帯を対象に、過去に行った猟の動機、きっかけについて聞いた。

もの出産と重なったりすると、摘み取りに出られない場合もある。こうした理由で丁字収入が得られず、現金に困窮すれば、さまざまな方法で当座をしのぐための現金を稼がなくてはならない。その方法のひとつがオウムの捕獲・販売であると村びとは言う。先に筆者は山地民が必要に応じて現金獲得活動に携わろうとする必要充足的な志向性をもっていると述べた。その点は、オウム猟に従事するきっかけや動機に関する聞き取り結果からもうかがえる。

聞き取りで確認できた過去の一九の捕獲事例のうち一七事例において、捕獲者は出稼ぎ収入などで得た手元の現金がなくなるか、底を突きつつある状況で、差し迫った具体的な「現金の必要」に直面しており、その必要を満たす目的で猟を行っていた（表3-6）。こうした「必要先行型の猟」のうち、一二事例は塩・灯油・洗濯石鹸など生活必需品の購入のために現金を必要としていた。一方、具体的な「現金の必要」が存在していなかった二事例は、森を歩いていて偶然オオバタンの巣を見つけたため即座に雛を捕獲した事例と、他村滞在中に、そこの村びとに誘われてズグロインコを捕獲した事例であった。どちらも、具体的な必要が存在しない「場当たり的な猟」といえる。

２　丁字収入とオウム捕獲・販売の関係

このように、山地民がオウム猟を行うのは多くの場合、手元の現金の貯えがなくなった状況で、差し迫った必要（その多くは生活必需品の購入の必要）が生じた場合である。それをふまえると、村びとの主要収入源である丁字収入の有無は、オウム捕獲・販売活動に何らかの影響を及ぼしている可能性がある。それを検討するため、ここでは丁字収入と近年のオウム捕獲数および販売収入の関係について分析する。

ただし、その前に断っておかなければならないことがある。アマニオホ村には集約的なオオバタン猟を行っているZ・AS（Sp・AS）がいる。この世帯は集落から約五㎞離れた場所に高床式大家屋を建てて暮らす三家族同居世帯で、二〇〇五年にSp・ASが独立するまで、猟に従事できる男性が五人おり、毎年多量のオオバタンを捕獲してきた。一般世帯の捕獲数の変動とその要因を把握するため、ここではこの例外的な事例を除外して検討を進める。

（１）丁字収入とオウム捕獲数の関係

まず、悉皆調査で収集した二〇〇三年から〇六年のオウム捕獲数に関するデータをもとに、丁字収入の有無と捕獲数との関係について検討する。その際、オオバタンとヒインコの捕獲数が漸増傾向にある二〇〇三年から〇五年までと、捕獲数が激減した〇六年とを分けて、捕獲数変化の要因を探りたい。

（ア）二〇〇三年〜〇五年の捕獲数の動向とその背景

二〇〇三年から〇五年までの三年間の推移をみると、ズグロインコの捕獲世帯数には大きな変化がないものの、オオバタンとヒインコの捕獲世帯数は漸増傾向にあることがわかる（図3–5、3–6、3–7）[23]。この間、捕獲数も増加している。オオバタンは二〇〇三年の二羽から〇四年には七羽、〇五年には一一羽に増えた。ヒインコにいたっては、二〇〇四年に三九羽だったのが、〇五年には三倍以上にあたる一三〇羽に急増している。二〇〇四年から〇五年にかけて捕獲数が増加したのには、さまざまな要因が関係していると思われるが、その第一の背景としては、以下に述べるような二〇〇四年の丁字の不作があげられる。

二〇〇三年の丁字収穫期（九〜一一月）には、多くの村びとが南海岸沿岸部に出稼ぎに出た。二〇〇一年と比べると収入額は半分以下に減ったものの、村人は〇四年の支出の大部分をこの収入でまかなえている。ところが、二〇〇四年は丁字がつぼみをつけなかったため、出稼ぎに出られず、年末までに前年の出稼ぎで得た現金が底を尽いてしまった。そ

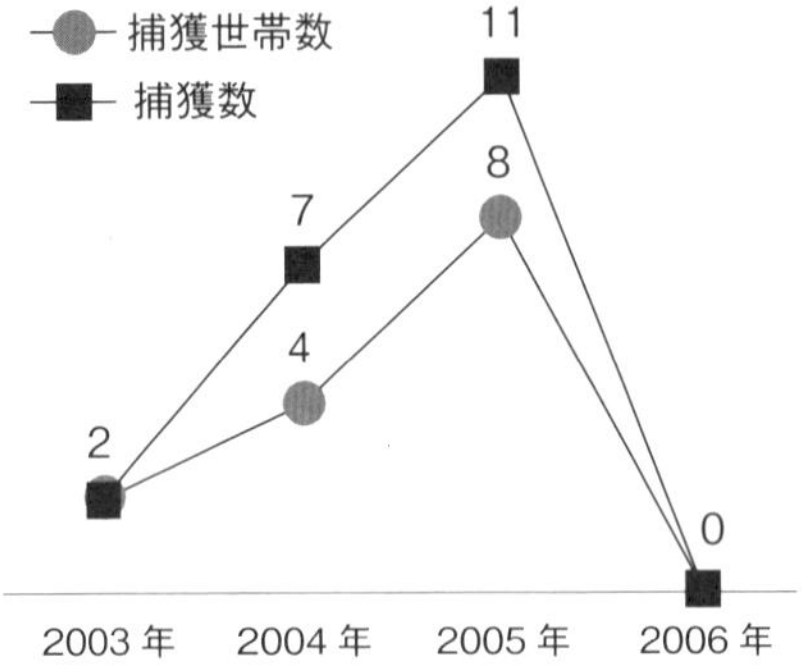

図3–5　オオバタンの捕獲数

出所：悉皆の聞き取り調査より。
注：データ収集時期については表3-7の注を参照。

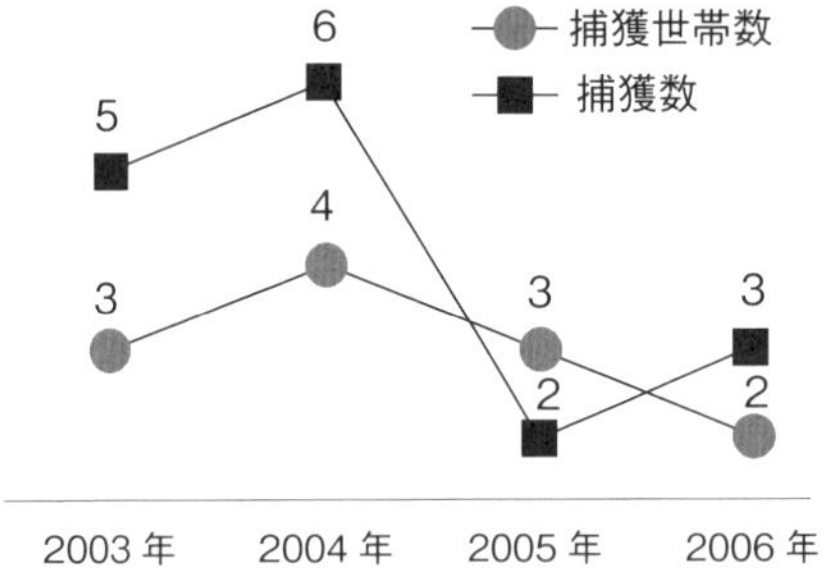

図3–6　ズグロインコの捕獲数

出所：図3-5に同じ。
注：図3-5に同じ。

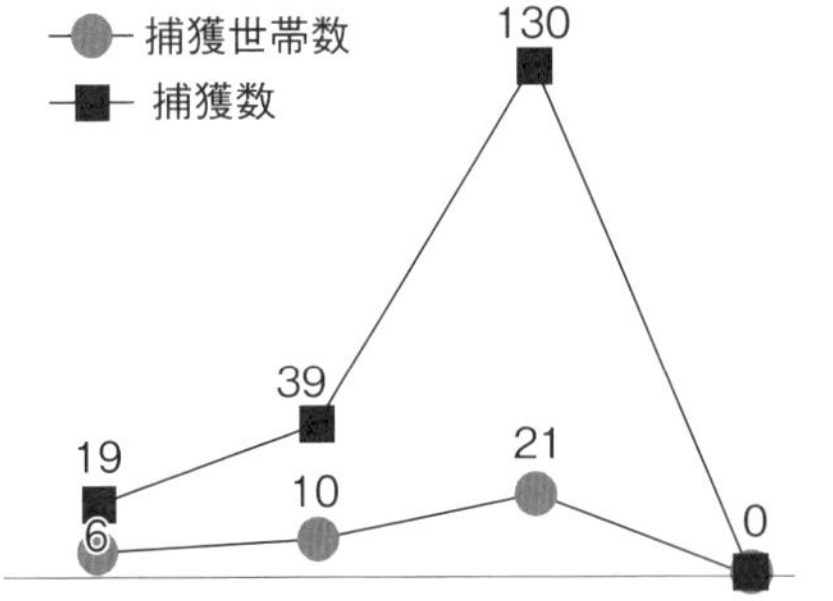

図3–7　ヒインコの捕獲数

出所：図3-5に同じ。
注：図3-5に同じ。

のため、多くの世帯がクリスマスを祝うお金、「ウアン・ナタル（*uang natal*）」をどのように工面するかで頭を悩ませた[24]。

丁字収入がまったく得られず、手元に現金の貯えがほとんどないままに突入した二〇〇五年は、多くの世帯が現金に困窮した年である。このとき、当座をしのぐ現金をオウム販売で得た世帯が少なくなかった。これが、二〇〇五年にオオバタンとヒインコの捕獲数が増加した一要因と考えられる。また、ヒインコ捕獲数が二〇〇五年に急増したのには、沿岸部の仲買人が一羽一万五〇〇〇ルピアで買うと約束し、山地民に捕獲を呼びかけたことも大きく影響している（それまでは一羽一万ルピア前後で取引されていた）。ヒインコ猟は新規参入が容易であるため、多くの村びとがこの呼びかけに応じ、それが捕獲数の急増を導いたのである。

ところで、二〇〇二年は丁字が不作であり、山地民のほとんどが出稼ぎに出ていない。そのため、二〇〇三年も丁字収穫期を迎えるまでの数カ月間は、多くの村びとにとって現金が枯渇した苦しい時期だったはずである。しかし、二〇〇三年のオオバタンとヒインコの捕獲世帯数は非常に少ない。それは、二〇〇三年初頭に「林業省の役人と警察の合同チームが北海岸沿岸部で違法伐採の取り締まりを強化し、業者を逮捕した」という知らせが村に飛び込んできたことと関係している。このとき取り締まり対象になっていたのはメルバウ（九七ページ参照）の違法伐採であった。だが、村びとはオウムの違法取引に対する取り締まりも厳しくなっていると考え、おもに北海岸沿岸部で販売されてきたオオバタンとヒインコの捕獲を控えたのである[25]。

一方、ズグロインコの捕獲数は、二〇〇三年に五羽、〇四年に六羽、〇五年に二羽と推移している。ズグロインコは南海岸沿岸部でも販売が可能なため、北海岸沿岸部での取り締まりに対する懸念が猟に影響を及ぼさなかったと考えられる。また、ズグロインコはそもそも猟に従事できる世帯が少ないため、村全体の捕獲数の多寡は捕獲世帯の個別的な事情が大きく影響する。たとえば二〇〇三年は、二世帯が二羽ずつ捕獲したことによって捕獲数が比較的多くなっているが、この年E・Liが二羽を捕獲したのは最初に捕獲した鳥が死亡したためであり、Yh・Liが二羽を捕獲したのはプランカップに同時に二羽がかかったためであった。

（イ）二〇〇六年の捕獲数の急減とその背景

図3-5と図3-7に示されるように、オオバタンとヒインコの捕獲世帯数と捕獲数は二〇〇六年に大きく落ち込んでいる。二〇〇五年にテルティ湾沿岸部の村では丁字がつぼみをつけず、出稼ぎに出た村びとはいなかったにもかかわらず、なぜ、彼らは〇六年にオウムを捕獲しようとしなかったのか。その理由は、二〇〇五年末から〇六年末にかけて、村の多くの世帯が政府主導の公共プロジェクトから労賃を得たり、燃料費値上げに伴う政府支援金を受領したりして、家計が潤っていたからである。

アマニオホ村では、二〇〇五年一一月から〇六年三月まで公共事業省の水道架設プロジェクトが実施され、〇六年一〇月から一二月にかけては州保健局による簡易診療所建設プロジェクトが行われた。子どもを除く村のほぼすべての男性が、セメントや鉄パイプなどの建築資材を麓の村から運んだり、集落内での土木作業に従事した。そうした労働力の提供に対して、プロジェクトから賃金が支払われた。その額は、筆者が聞き取りを行った一四世帯の平均で、三五万八〇〇〇ルピアにのぼった。

また、この年はインドネシア政府から支援金の供与があった。二〇〇五年一〇月に行った燃料費の値上げ（これにより、山地民の生活必需品のひとつである灯油価格は約三倍に上がった）に伴う物価上昇で貧困世帯の生活が困窮するのを避けるために、月収が一定水準に満たない世帯に月額一〇万ルピアの支援を行うことが大統領令（Inpres）[26]で決定されたのである。アマニオホ村の村びとも二〇〇六年の一年間、世帯あたり一二〇万ルピアを受け取った。多くの村びとが、「二〇〇六年はまったく現金に困らなかった」と語り、「手元に現金があったので、オウムを獲る必要がなかった」と語るオウム捕獲経験者もいた[27]。このように、オオバタンとヒインコの捕獲数が二〇〇六年に激減したのは、プロジェクトの雇用と政府支援金によって村びとの家計が潤っていたからである。

一方、ズグロインコの場合、あまり大きな捕獲数の変化がみられない。二〇〇六年に捕獲したのはE・LiとYs・Eの二世帯で、それぞれ二羽と一羽を仕留めた。E・Liは、筆者がオウム捕獲の有無について聞き取りを行った二〇〇一年以降、毎年ズグロインコを捕獲している。E・Liは聞き取り対象一四世帯中、プロジェクト収入が二番目に少なく（収入額は一三万五〇〇〇ルピア）、政府支援金が尽きたときに石鹸などを買うために猟を行ったという（先述したとおり、二羽を捕獲したのは偶然であった）。一方のYs・Eはプロジェクト収入がもっとも少なく、わずか二万五〇〇〇ルピアにすぎない。また、二〇〇三年に結婚して以来、鍋や食器などの台所用品が満足にそろっていなかったため、政府から支給された支援金を念願だったそれらの購入に充てた。そのため、二〇〇六年末には現金が手元になくなり、ウアン・ナタルの調達のためにズグロインコを捕獲したという。

ズグロインコの場合、猟に従事できる世帯がそもそも少ないために捕獲世帯の個別事情が全体の捕獲数に大きな影響を及ぼすから、捕獲数動向を読み取ることは困難である。したがって、ズグロインコについては必ずしも判然としないが、手元に現金があるときにはオウム猟のインテンシティ（熱心さ・活発さ）が低下する傾向にあること、村に大量の現金が一斉に流れ込んだ二〇〇六年のような特殊な状況を除けば、丁字収入の多寡がオウム猟のインテンシティの強弱に影響を与えていることが示唆される。

（2）丁字収入とオウム販売収入の関係

以上、オウムの捕獲数の動向とその背景について述べてきた。だが、オウムは家の軒先で飼育がしばらく可能であるし、販売前に死亡する場合もある。したがって、ある年の捕獲数が販売数と同じであるとは限らない。それをふま

表 3-7　丁字収入がオウム販売数に与える影響

世　帯	丁字収入により比較的潤っていた年(2004年)		丁字の不作で現金に困窮していた年(2005年)	
	販売数	収入額(ルピア)	販売数	収入額(ルピア)
H・E	ヒインコ：6	6万	—	0
T・Mh	—	0	ヒインコ：4	4万
D・Ap	—	0	ヒインコ：6	3万
Yp・AP	—	0	オオバタン：1.25 ヒインコ：12	30万5,000
Bj・La	—	0	オオバタン：1 ヒインコ：3	14万5,000
E・Li	—	0	ズグロインコ：1	25万
A・Ey	オオバタン：0.5 ヒインコ：1.5	5万5,000	オオバタン：1 ヒインコ：9	23万5,000
計		11万5,000		100万5,000

出所：フィールド調査より作成。
注1：オウム販売数・販売価格に関する聞き取りを、家計調査の対象となった14世帯に対して行った。そのうち、2004年と05年のどちらかの年、あるいは両方の年にオウムを販売した7世帯のみを表に記載した。
注2：複数の者が共同で猟を行い、共同で捕獲したオウムを販売した場合、販売数を捕獲者数で割った値を示した。小数点一ケタ以下の数値が記載されているのは、そのためである。
注3：ヒインコの売値は、2004年は1万ルピアであったが、05年には1万5,000ルピアに上昇し、最終的には5000ルピアにまで下がった。なお、2004年から05年にかけてのオオバタンとズグロインコの売値は、それぞれ8万～10万ルピア、22万5,000～25万ルピアであり、大きな変動はない。

えて、ここでは丁字収入によって家計が比較的潤っていた二〇〇四年と、丁字の不作によって多くの世帯が現金の枯渇に直面していた二〇〇五年におけるオウム販売収入を比較して、丁字収入とオウム販売のインテンシティとの関係をみてみよう。

表3-7に示すように、調査を行った一四世帯のうち、オウムを販売した世帯は二〇〇四年が二世帯であったのに対して〇五年は六世帯に増えた。オウム販売数も、オオバタンは〇・五羽から三・二五羽、ズグロインコは〇羽から一羽、ヒインコは七・五羽から三四羽に増え、販売収入の合計も一一万五〇〇〇ルピアから一〇〇万五〇〇〇ルピアへと約八・七倍に増えている。このように、オウム販売数と販売収入は不作によって丁字収入が得られなかった翌年に多くなってい

た。

３　「救荒収入源」としてのオウム

野生動植物が凶作時や端境期などに臨時的収入源として重要な役割を果たしているという報告は多い［たとえば、Woodford 1997 in Roe et al. 2002: 19; Neumann and Hirsch 2000: 34; Ros-Tonen and Wiresum 2003: 14など］。このように、困窮期に当座をしのぐ現金をもたらす救荒的な役割を果たす現金収入源を、本書では「救荒収入源（supplemental remedial source of income）」と呼ぶことにしたい。

これまで述べてきたことをふまえると、セラム島山地民のオウムの捕獲・販売は、沿岸部でのオウム販売のリスク（役人の取り締まり）や販売価格などの影響を受けつつも、不作によって丁字収入が得られないことに起因する長びく現金困窮期において一段と活発化する傾向にある、と考えられる。したがって、山地民にとってオウム捕獲・販売は、長引く現金困窮期に重要な役割を果たす「救荒収入源」と位置づけられる。

４　オウムを重要な収入源とみなしている人びと

では、実際にどのくらいの村びとがオウムを副次的収入源として重要視し、またそうした村びとはどのような経済的属性をもっているのだろうか。

筆者は一四世帯（家計調査の対象世帯）に、丁字収入以外の収入源として重要だと思うものを列挙してもらった。その結果が表３-８である。ここに示されているように、多くの世帯が複数の現金獲得手段をあげていた。そして、オ

表 3-8　丁字収入以外の収入源[1)]

収入源＼世帯	Yh・Li	Bj・La	T・Mh	Yn・AP	H・E	P・AP	F・E	A・Ey	Ap・My	D・My	L・Li	Yp・AP	D・AP	E・Li	計（単位：世帯）
野生動物の肉の販売（村内）	●	●		●		●		●		●	●		●		8
サゴ採取・販売（村内・沿岸部）		●		●				●				●			4
オウム販売（沿岸部）	●	●												●	3
民芸品販売（村内）			●		●										2
ニワトリ販売（村内）			●				●								2
トゥトゥポラ販売（村内・沿岸部）			●			●									2
村役人としての給与	●								●						2
タバコ販売（村内）					●										1
コプラ生産（沿岸部）[2)]							●								1

出所：フィールド調査より作成。
注1：14世帯に、丁字収入（丁字の摘み取り収入＋丁字収穫期のサゴ採取・販売収入）以外の収入源として重要だと思うものを列挙してもらった。ここに示してあるのは、村びとがこれまでの経験に基づいて重要だと判断した収入源である。
注2：「コプラ生産」は、北海岸沿岸部の村でのココヤシ採取・コプラ製造による収入。

ウムをあげたのは、一四世帯のうち三世帯（二一％）であった。

その三世帯には、オウム販売収入だけを重要な副収入源とみなしているE・Liが含まれている。一方で、二〇〇三年の収入で判断するかぎり、村内で比較的活発に野生動物の肉やサゴを販売していたBj・Laや、村役人で給与収入のあるYh・Liのように、複数の現金収入源をもち、相対的に高い所得を得ている世帯も含まれていた。このように、オウムの捕獲・販売を重要な副次的収入源とみなす世帯の経済的属性（現金収入源の種類と数）は一様ではない。オウム猟を行ってきた人と行ってこなかった人とを分ける重要な属性は、おそらく経済的背景よりも、高度な木登りの能力やおとりの鳥をもっているかいないかという点であろう。[28]

五　現金獲得手段としてのオウム猟に対する人びとの評価

1　猟の非継続性と捕獲数の少なさ

次に、国の野生動物保護政策のなかで「保護動物」とされているオオバタンとズグロインコ（希少野生オウム）に対象をしぼって、過去の捕獲従事歴と捕獲数から、捕獲行動の特性についてみていこう。希少野生オウムを対象とした猟には二つの傾向が認められる。

表 3-9　猟の非継続性（単位：世帯数）

猟を行った年数	オオバタン		ズグロインコ	
6年	0	0%	1	13%
5年	1	6%	0	0%
4年	1	6%	1	13%
3年	2	11%	1	13%
2年	3	17%	2	25%
1年	11	61%	3	38%
計	18		8	

出所：フィールド調査より作成。
注：オウム捕獲経験者を対象に、2001～06年にオウム猟に従事したか否かについて聞き、年数ごとに該当する世帯の数を示した。

第一は、猟の非継続性（散発性）である。筆者はオウム捕獲経験者を対象に、二〇〇一～〇六年の六年間にオウム猟に従事したか否かについて聞き取りを行った。その結果、毎年継続して猟を行っていたのはズグロインコ捕獲世帯の一世帯だけであり、残りのほとんどが散発的にしか行っていない。表3-9に示すように、オオバタンの場合、猟に従事した年が二年以下だった世帯は一八世帯中一四世帯で、約八割を占めていた。ズグロインコの場合も、猟に従事した年が二年以下だった世帯は八世帯中五世帯で、六割強である。このように、希少野生オウム猟は散発的に行われている。

第二は、捕獲数の少なさである。二〇〇三～〇六年のオオバタン捕獲数をみてみると、集落から離れて暮らし、集約的なオウム猟を行っている

表3-10　オウム捕獲数（2003～06年、単位：羽）

世帯	オオバタン				ズグロインコ			
	2003	2004	2005	2006	2003	2004	2005	2006
Z・AS	19	18	6	3				
Sp・AS	Z・ASと同居		9					
I・MsP	1	2						
Yk・Li		2.5	1.25					
Yk・MsP		2					0.5	
Y・I			1.25					
Ba・La			1.67					
Ha・Li			1.67					
F・AP			1.67					
A・Ey†		0.5	1.25					
Bj・La†			1					
Yp・AP†			1.25					
Ap・My†	1							
E・Li†					2	1	1	2
Yh・Li†					2	1		
Sk・AS					1		0.5	
Ys・E						2		1
T・E						2		

出所：フィールド調査より作成。
注1：データは悉皆調査に基づく。2003～06年にオウムを捕獲したことのある世帯をすべて列挙してある。データ収集は、2003年2月11日～3月17日、03年5月24日～8月22日、03年11月8日～04年3月8日、04年9月26日～10月25日、04年12月9日～05年1月24日、05年8月31日～9月10日、2007年2月7日～21日に行った。
注2：Z・Asは、アマニオホ村の集落から約5km離れた場所に高床式大家屋を建てて暮らす3家族同居世帯。2005年にSp・AsがZ・Asの世帯から独立して新たな世帯をつくるまで、この世帯にはオオバタン猟に従事できる男性が5人いた。
注3：複数の村人が共同で猟を行った場合、捕獲数を捕獲世帯数で割った値を示した。小数点以下の数字が記載されているのは、そのためである。
注4：†印がついている世帯は、家計調査の対象世帯。

Z・ASやSp・ASと、他世帯の捕獲数のあいだに大きな差があることがわかる。表3-10に示されるように、他の世帯はYk・Liを除けば、すべて年間捕獲数は二羽以下である。こうした捕獲数の差は、技能（罠を仕掛ける場所・時期の選定能力や設置の仕方など）の差から生じているというより、罠を仕掛ける期間や回数、すなわち猟のインテンシティに由来している。たとえば、二〇〇五年に九羽を捕獲したSp・ASは、獲物が得られた後も罠を仕掛けて猟を続けたが、その他の世帯のほとんどは獲物が得られた時点でプランカップを取りはずし、猟を継続しようとはしなかった。年間捕獲数が一羽、多くても二羽となっているのは、そのためである。この点はズグロインコも同様で、二羽以上を捕獲している村びとは一人もいない。二〇〇三年のE・Liの捕獲事例を除いて、年間捕獲数が二羽となっているのは、プランカップに偶然二羽の鳥が同時にかかった事例である。

こうした捕獲数の少なさは、捕獲者が一定程度の必要を満たす水準を越えてもなお猟を継続し、できるだけ多くの現金を得ようとは考えていないことを物語っている。現在の捕獲レベルがセラム島中央山地部の希少野生オウムの地域個体群にどの程度の影響を及ぼしているのかは、不明である。しかし、現在の捕獲規模はおそらく潜在的に捕獲可能な数よりもかなり少ない水準にあると考えてよいであろう。

山地民の稀少野生オウムの利用（捕獲・販売）は――Z・ASらのような例外的な事例があるものの――他の現金獲得活動へのかかわり方でも認められたように、利用可能な資源・機会をできるかぎり活用して利潤最大化を図ろうとするのではなく、あくまでも必要充足を志向した非集約的な営為といってよい。山地民のオウム猟は、Z・ASやSp・ASのようなごく一部の捕獲者を除けば、決して「乱獲」と呼べるものではないのである。

2　非集約性の背景要因

では、猟が非集約的に行われているのはなぜだろうか。その理由のひとつは、これまで折にふれて述べてきたように、家計が潤っているときには猟を行わず、家計が逼迫した場合でも、一定程度の必要を満たす水準を越えた時点で猟を止める、という必要充足志向に求められる。だが、それだけでは説明としては不十分である。オウム猟が過酷で危険を伴う生業であり、オウム販売において山地民の交渉力が低いことも、猟へのインセンティブ（ある行動を導く刺激・誘因)を減らし、非集約性のひとつの要因になっていると思われる。

(1) 過酷さと危険さと不確実性

ズグロインコは、集落から離れたカイタフに生息している。猟のときは猟場の近くに簡単な小屋を造り、何泊もしなくてはならない。しかも、年々個体数が減少してきており、また村びとの話では人間に対する警戒心も以前より高まっているので、捕獲がむずかしくなってきているという。何日も苦労してプランカップの下でかかるのをまっても、一羽も捕獲できないということもあり得る。

オオバタンに関しては、プランカップをドリアンやパラミツに仕掛ける場合は、比較的集落から近い場所で猟を行える。しかし、休息木であるラルカなどの大木に仕掛けるときは、集落から離れたカイタフが猟場になることが多く、ズグロインコ猟と同様、小屋がけをして数日間森で寝泊りしなくてはならない。雨が降れば、さらに過酷となる。

しかも、プランカップを仕掛ける樹木はすべて巨木である。したがって、設置や、かかった鳥の回収作業は、大変な重労働となる。これらの樹木には、ステップとなるような枝は地面から相当高い場所にしかない。そのため、ある程度の高さまでは、山刀で幹に切り込みを入れ、それを踏み台にして登っていく。直径一mを超えるような巨木の場合は、あまりにも幹が太いため、この方法ではよじ登ることができない。隣接する適当な木にまず登り、そこから長く丈夫な木の棒を巨木の枝に渡して固定した後、その棒を伝って巨木の上部へと登る。このような作業には大きな危険が伴う。アマニオホ村ではまだ起きていないが、他村ではオウム猟をしているときに木から落下して死亡したケースもある。村びとが言うように、オオバタン猟はまさに「命がけの仕事」なのである。

このように、稀少野生オウムを対象とした猟は過酷であり、しばしば危険を伴う。それにもかかわらず、猟果が得られるかどうかという点で常に不確実性が伴う現金獲得手段である。そのため、「現金に困窮していないときは、あえて猟をしようと思わない」「一度罠に獲物がかかれば十分であり、それ以上、猟を続けようとは思わない」と語るオウム捕獲経験者もいた。

(2) 交渉力の弱さ

オウムを販売する際の山地民の劣勢な立場や交渉力の弱さも、オウムを通じて現金を得るという活動を骨の折れるものにし、猟が断続的にしか行われない背景のひとつになっていると思われる。山地民は、捕獲したオウムを南北両海岸沿岸部の仲買人（華人、ジャワ人、ブトン人の商店経営者など）に販売している。仲買人のなかには、移住村のもっとも内陸側に雑貨屋を構えるブトン人商人Ｌのように、山地民とのあいだに対等で友好的な関係を築いている者もいる[(29)]。しかし多くの場合、山地民はオウムの取引において仲買人よりも劣勢な地位にある。なかでも、一九九〇年代から本格化した開発と、それに伴うムスリム移民の流入でめまぐるしい変化をとげた北海岸沿岸部では、そうした変化から取り残された山地民は「未開性」や「貧困」というネガティブなイメージとともに語られ、明示的な形ではないものの、嘲弄やからかいの対象となる機会も増えている（序章、および笹岡［二〇〇六ｂ］を参照）。

このように、交渉の場で常に劣勢な立場に立たされているため、オウムの売値をめぐって山地民が粘り強くかけあうようなことはない。あるオウム捕獲経験者は、「仲買人が提示する金額に従わず、もっと買い値を上げてほしいと頼んだところで、仲買人から『他で売ってくれ』と言われるだけだ」と不満そうにもらしていた。

売買の交渉が長引いたり、買い手が見つからなかったりするあいだに、長旅で衰弱したオウムが死亡したり、国立公園管理事務所の役人に没収されたりする可能性もある。したがって、村びとは多少、仲買人の提示する買い取り価格に不満であっても、それに応じて売るのである。また、そのことを仲買人もよく知っており、いきなりオウムを売りに来た山地民にはいろいろな理由をつけて買い値を下げようとする。山地民がオウムを通じて現金を得ることに付随する不確実性は、単に捕獲できるかどうかという局面だけではなく、仲買人への販売の局面にもつきまとうのである。

これらの理由から、村びとは、オウムの現金収入源としての重要性を認めつつも、猟を集約的(継続的かつ大規模)に行うほど魅力的な生業と考えているわけではない。

最後に、本章で十分に扱えなかった問題と今後の課題について述べておこう。

第一に、ごく一部の世帯が行っている集約的な猟についてである。山地民の猟は、おおむね必要充足志向の強い非集約的な猟といえるものの、Z・ASのように毎年大量のオオバタンを捕獲している者がいる。集落から離れた場所に生活する彼らに対しては、限られた聞き取りしか実施できなかった。Z・ASらがなぜ集約的な猟を行うことになったのかの経緯や理由についての考察は、今後のオオバタン保全を考えるうえで重要な意味をもつと思われる。

第二に、オウム販売価格の変化と猟のインテンシティとの関係についてである。オウム猟に従事する人びとは、困窮期の現金調達方法を選定する際、「利益が労力に見合うかどうか」という意味での「経済効率」を考慮に入れている。たとえば、二〇〇五年にヒインコ猟の従事者が増加した一つの要因は高値がついたからである。このことは、逆に言えば、オウムの売値の上昇に伴い、捕獲圧が高まる可能性も示唆しているように思える。販売価格の変動が猟のインテンシティや捕獲数にどのような影響を及ぼすのかを明らかにすることも、山地民の猟の今後をうらなううえで重要であろう。

(1) 捕獲されているオウムの学名同定は、ウォーレシア地域の鳥類を記載した図鑑を複数の村びとに見せ、どの種に該当するかを指し示してもらうことで行った。図鑑はCoates and Bishop[2000]を用いた。

（2）オウインコは飼育が困難で、すぐに死亡してしまうため、一九八九年に一度市価がついたものの、その後は売れなくなった。アマニオホ村の住民は、ゴシキセイガイインコを一九八九年に一時的に交易目的で捕獲していたが、その後は猟を行っていない（おそらく、単価が安いためだと思われる）。また、ホオアオインコについては、一九九四年以来、ごく少数の村びとが断続的に捕獲・販売を行っている。一方、オオハナインコについては、捕獲・販売が始まったのは二〇〇四年と比較的新しく、今後の猟の行方は不明である。

（3）一九九八年に現村長が村で最初に空気銃を購入したことをきっかけに、二〇〇〇年ごろから空気銃を手に入れて野鳥を撃つ村びとが増えてきた。対象はおもにハト科の野鳥で、食用に利用される。空気銃猟がはらむ問題については終章で述べる。

（4）筆者は二〇〇三年五月～〇四年三月に四期の調査期間を設け（一回の調査期間は一八～二二日間で、調査対象世帯は一五～二二世帯）、どのような食物種が食卓にのぼったかを記録した。調査した計三八〇五回の食事でオオバタンとヒインコが出現したのは、二回と三回にすぎない。もっとも高値で売られるズグロインコは、「食べるためだけに撃つのはもったいない」と考えられているほか、食味が落ちるため、空気銃猟の対象にはなっていない。なお、四回の調査を通じて、調査対象世帯の一～二世帯が空気銃を保持していた。

（5）トラフィック・サウスイースト・アジア（TRAFFIC Southeast Asia）が一九九七年一月～二〇〇一年一二月にスマトラ島のメダンの野生生物市場でどのような種の鳥が販売されているかを調査したところ、七一羽のオオバタンが確認されている［Shepherd et al. 2004: 45］それらは、マルクからプラムカ市場などジャカルタの野鳥市場を経てメダンに輸送されたもので、マレーシアやシンガポールのディーラーによって、直接あるいはマレーシアを経由して、シンガポールなどに輸出されるという［Shepherd. et al. 2004: 12-13］。メダンは稀少野生生物の密輸基地になっているが、それはジャカルタの国際空港や港に比べて、取り締まりが緩いためといわれている［Shepherd. et al. 2004: 32］。

（6）一六人の成人男性に聞き取り調査したところ、「国立公園内での捕獲だけを禁止するのならよい」（ヒインコの捕獲経験者、四一歳、二〇〇五年一月一一日）、「一時的に禁止して、鳥が増えてきたら捕獲を許可するというやり方ならよい」（オオバタンの捕獲経験者、三七歳、二〇〇五年一月六日）など、「部分的な規制」を認める者が二人いたが、そのほかは国による捕獲禁止措置に強く反対していた。彼らから聞けたのは、「鳥を獲るなと言うなら、何を獲って売ればいいのか」（オオバタンとヒインコの捕獲経験者、三七歳、二〇〇五年一月三日)、「(市場に近い)沿岸部に暮らす人びととは違って、私たちは鳥を売らなければ、塩などを買うためのお金を得られない。『鳥を獲るな』と言うなら、政府は(その代償として)、お金を払わなくてはならない」(ズグロインコの捕獲経験者、三五歳、二〇〇五年一月七日)、「生活に必要なものを買うために少しの鳥を獲って売っているだけだ。それのどこが悪いのか」(捕獲経験なし、五一歳、二〇〇五年一月五日)といった声である。興味深いのは、オウム捕獲経験のない人も、国の保護政策に強い反感を抱いていたことである。その理由のひとつは、将来、息子や孫がオウム猟を行うかもしれないためだが、彼らはそうした直接的な理由だけではなく、より理念的な次元で、国の保護政策に反対している。彼らからすれば、猟は暮らしを維持するために行われているもので、その否定は山地民の生活の否定と同じであり、そのような外部からの介入は許せないと考えているようであった。

(7) アマニオホ村で捕獲されている主要オウム三種(オオバタン、ズグロインコ、ヒインコ)については、村びとの猟に同行しながら、聞き取りと参与観察を行った。ここで述べる猟の方法に関する記述は、そのときの調査に基づいている。

(8) オオバタンは、ドリアンのほかにも、食用になる直径二~三㎝の果実をつけるセンダン科の樹木ランサッ(*Langsium domesticum*)、マニラコパールノキ(*Agathis damara*)などの実を好んで食べることが知られている。ただし、通常プランカップが設置されるのはドリアンかパラミツの木である。

(9) 木登りの下手な者(*kasi manu*)が、偶然オオバタンの寝床や巣を発見した場合、木登りの上手な者に頼んで捕獲を依頼する場合がある。このとき、休息木・巣の発見者と捕獲者で収益を分配することがたまにある。ただし、筆者の聞き取りおよび観察のかぎり、分配に関する明確なルールはないようである。

(10) 雛は馴らすと高い市価がつくために好んで捕らえる。雛を捕らえた後は、巣の中へプランカップを入れて親鳥も捕らえる。オオバタンが営巣している洞(*ninahu*)は、その後も巣として利用される可能性があるため、雛を捕らえる目的で営巣木が伐採されることはない(しかし、それを禁じる明示的な保全ルールが存在するわけではない)。また、オオバタンはビヌアン(*Octmeles sumatrana*)やカナリアノキ(*Canarium commune*)などの大木の洞で営巣すると報告されているが[Kinnaird *et al.* 2003: 230; Collar *et al.* 2001: 1665]、低地に存在するこれらの樹木は高地には少ない。アマニオホ村周辺では、オオバタンが営巣木として利用するのはラルカやマニラコパールノキなどの大木だという。

(11) 湖中信哉は、「市場経済」の特徴について以下のようにまとめている。「市場経済とは、市場での交換を前提として営まれるような経済の在り方である。市場を前提とする以上、そこでは商品や財の希少性が重要な問題となり、交換利益の最大化や効率化を志向する経済行動が中心となる。ところが、市場を前提としない生業経済においては、経済活動は、自然環境に依存した自給自足的充足や共同体における社会的意味の実現のために行われる」[湖中二〇〇六：五]。

(12) こうしたいわゆる「二重経済」においては、「市場での交換を前提とした経済活動が行われる一方、物質的充足や社会的な意味の実現を目的とした経済活動が併存的に行われている。経済は自然環境に大きく依存すると同時に、市場メカニズムの動向にも影響される。ある脈絡においては、経済の突出が許容されると同時に、別の脈絡においては、経済はあくまで社会に埋め込まれた状態を維持する」[湖中二〇〇六：七]。なお、周辺的地域社会における生業―市場経済の併存的複合化の様相は、「地域的脈絡」――「経済のみならず、対象とする社会のもつ特性やそれがおかれてきたさまざまな自然的・社会的環境条件」――に大きな影響を受けるため[湖中二〇〇六：九―一〇]、それぞれの土地でその固有の様相を明らかにすることが求められる。

(13)「サブシステンス」は多義的な概念であり、さまざまな意味で用いられている。サブシステンスについて近年活発な議論を行っている環境平和学では、開発主義からのパラダイム転換を図るためのキーワードとして概念化している。たとえば、横山正樹は「サブシステンス」を「自然生態系のなかで人間社会を維持し、再生産していく仕組み」[横山二〇〇二：四五]であり、「個と集団の本来性を発現させ、類として永続させる諸条件の総体」[横山二〇〇二：四六]であると述べている。ただし、本章ではそのような意味では用いず、イリイチを参考にして、「市場の外にある経済の領域」[イリイチ＝玉野井・栗原二〇〇六]といったより限定的な意味で用いる。

(14) 干し肉のほとんどは、クリスマスを祝うために購入される。一部のアニミストを除いて大多数がクリスチャンである村びとは、クリスマスから新年にかけては農作業や猟を行わず、教会での宗教行事に参加したり、伝統的な舞踏(*pusali*)を踊ったりして過ごす。そして、親族などを呼び寄せて、ともに食事をとる。このとき、肉は欠かせないおかずとなる。二〇〇三年は一二月のなかばごろまでに肉を用意できなかった村びとが、クリスマスを祝うために必要な肉を北海岸沿岸部の村などで購入した。

(15) アマニオホ村にはマルク・プロテスタント教会が運営する小学校がある(就学期間は日本と同じ六年間)。

(16) 未成熟のドリアンの果肉を練り、赤砂糖を混ぜて天日干しした後、サゴヤシの葉で包み、乾燥させた菓子。

(17) 丁字の摘み取りのシーズンに入ると、テルティ湾沿岸部の商店経営者や大規模な丁字林を保有する村びとたちのあいだでは、摘み取った丁字を干すためのゴザの需要が高まる。それを知っていながら、出稼ぎに向かうときにゴザを持参し、沿岸部の村で販売しようとする山地民はいない(筆者が沿岸部のハトゥメテ村で調査をした二〇〇五年時点では、ハトゥメテ村の商店主や村びとは南海岸沿岸部の他村の村びとからゴザを一枚一万五〇〇〇〜二万ルピアで購入していた)。アマニオホ村のすべての世帯が、自宅で使うためのゴザを自前で用意しているので、彼らがゴザを編む技術をもっていないわけではない。村びとの説明によると、売れることを承知で持っていかないのは、出稼ぎのときにお世話になる丁字生産農家(寝泊りさせてもらったり、摘み取りをさせてもらったりする)に贈与せずに売るということに「ムカエ(遠慮)を感じる」からである。これは、山地民が経済合理的に行動するより、沿岸民との良好な関係を大切にしようと考えていることを示しているように思われる。

(18) アマニオホ村では、カンテラを灯すのは来客があったときぐらいで、ふだんはケロシンランプを使う。食用油を用いた料理もたまにしか食べない。それはアマニオホ村住民にとってはぜいたくな食事である[笹岡二〇〇六b:三七]。ふだん食べられているのは竹蒸し料理(*lopo-lopo*:竹の中に肉や野菜を入れて火にくべ、蒸し焼きにする)である。

(19) テルティ湾沿岸部では一九世紀初頭にサパルア島から持ち帰られた丁字が植えられ、しだいに生産が盛んになっていく。ハトゥメテ村では、一九一〇年ごろに植栽が始まった。その後、丁字が高い利益を生み出すようになり、丁字収入の多寡をめぐる嫉妬がもとでケンカが生じたり、丁字の木や丁字が植えられた土地の保有権をめぐってしばしば激しい争いが起きたりした。なかには殺傷事件にまで発展した争いもあるという。また、摘み取りシーズンに木から落下してケガをする者もいた。こうした状況を見た当時のアマニオホ村の長老たちは、丁字を村に災厄をもたらす「熱い(*hasana*)」作物であるとして忌避し、周辺での植栽を禁じる。一九七〇年代に入り、一部の村びとがムトゥアイラに「植栽の許しを請う」祈りをあげた後、植栽したが、ほとんどが枯死した。現在、丁字の木を保有しているのは三世帯のみである。なお、セパラに関する調査を行った一四世帯中、村に植えられた丁字を収穫して販売収入を得ていたのは、Yp・AP一世帯のみだった。

(20) ここで示したような必要に応じて現金獲得活動に従事しようとする性向は、ボハナンとダルトンが「目的取引人(target marketers)」と呼んだ取引者のそれと共通する。ボハナンとダルトンは市場原理が支配的ではない社会の特徴として、①住民の生計の多くが非市場的な側面に依存していること、②市への参加者が「目的取引人」であることを指摘している。「目的取引人」は市場以外の領域で生計を成り立たせているので、自転車を買うとか税金を支払うなどの特定の出費のために、特定額の現金を得ようとして散発的に取引に従事するにすぎない、という(湖中[二〇〇六：一五八]による Bohannan and Dalton[1962: 7]の引用)。アマニオホ村の住民が、現金の必要が生じたときに必要に応じて現金獲得活動に従事するというやり方で暮らしていけるのは、当然ながら、サゴヤシ林・畑・森などの土地・環境やその利用にかかわる知識・社会関係といった「サブシステンスのストック」[宮内一九九六：三二]が十分に存在しているからである。

(21) 村びとによると、将来を見据えて計画的・節約的にお金を使うことができる倹約家(*ia atali*)であるかどうかは、結婚相手を選ぶときの重要な基準のひとつになっているという。

(22) 二〇〇一年の丁字関連収入額(平均額)が一〇五万ルピア(一一世帯)であったのに対し、〇三年は四〇万ルピア(一八世帯)に下がった。

(23) 捕獲世帯数(捕獲者のいる世帯の数)と捕獲数に関するデータは、筆者が断続的に村に滞在した二〇〇三〜〇五年に集落の全世帯を対象に収集したものである。村に滞在中は捕獲が行われた直後に、不在時は村に戻った直後に、それぞれ実施した聞き取りによって入手した。

(24) 山地民はクリスマスに各家を訪問して祝う。このとき、村びとは菓子を用意して客をもてなす。そのため、一二月に入ると沿岸部の村へ向かい、菓子の材料である砂糖、グラメラ(サトウヤシの樹液から作った砂糖)、もち米、コーヒー、小麦粉、バターなどを購入する。丁字収穫年には、摘み取りから得られた現金を買い物に充てられるが、不作だった年は何らかの方法でウアン・ナタルを調達しなくてはならない。ちなみに、聞き取りを行った一四世帯(家計調査の対象世帯)のうち、八世帯は沿岸部あるいは村内でのサゴ採取・販売(六世帯)や村内・村外の親戚や友人からの現金の贈与(四世帯)、そしてオウム(オオバタンとヒインコ)の販売(一世帯)によってウアン・ナタルを調達していた(数世帯は複数の方法で調達)。残りの六世帯のうち二世帯は二〇〇三年の丁字収入が〇四年の一二月まで残っており、別の二世帯は村役人としての給与があったため、ウアン・ナタルに困窮していなかった。また、残りの二世帯はクリスマスを例年どおり祝うことをあきらめ、ウアン・ナタルを調達しなかった。

(25) ヒインコは「保護動物」ではないが、村びとは役人に見つかると没収されると考えていた。

(26) 「貧困世帯に対する直接現金支援に関する大統領令(Instruksi Presiden RI nomor 12 tanggal 10 September 2005

tentang Pelaksnaan Bantuan Langsung Tunai kepada Rumah Tangga Miskin)」に基づき、月収が一七万五〇〇〇ルピアに満たない世帯を対象に、月額一〇万ルピアの支給が決定された。

(27) 二〇〇六年に、北海岸沿岸部のコビの仲買人がヒインコを一羽一万五〇〇〇～二万ルピアで購入する用意があると呼びかけたことを村びとは知っていた。しかし、この年、ヒインコを捕獲する者は一人もいなかった。

(28) 村びとの認識に基づくならば、前記の点に加えて、猟を可能にする条件として「体質」も重要である。若いころにオウム猟を行ったが、捕獲した鳥が売る前にことごとく死亡したという経験をもつある男性は、鳥が死亡したのは彼が「ハタナ・マカタ(*hatama makata*)である」ためだと考え、以後、猟を行わなくなったと語った。ハタナは「身体」、マカタは「硬い」あるいは「強い」の意である。ハタナ・マカタは、ある動物に対する「相性の悪さ」のようなもので、そうした体質をもっている場合、どんなに頑張っても必ず猟に失敗するという。この体質は、特定のクラン(成員相互の系譜関係は不明だが、共通の祖父を持つという意識を共有する人びとの集団)やリネージ(成員相互の系譜関係が明確に認識された親族集団)に共有されるものではなく、まったく個人に属する。また、子どもに受け継がれることもなく、父親はハタナ・マカタだが息子はそうでない、ということもある。

(29) 商人Lは、買い物のために山を下りてきた山地民を快く家に迎え入れ食事を出したり、寝泊りのために部屋を貸したり、逆にLが古着などを背負って行商のために内陸山村を訪問するときには村びとに歓待される、というように、非常に良好な関係を築いている。だが、山地民がムスリム移民とそうした関係を築いている例は非常に珍しい。

第4章 在来農業を媒介とする人と野生動物との双方的なかかわり

―「農」が結ぶ「緩やかな共生関係」―

サゴヤシの幹から掻き出した髄を水で洗う女性。洗った水をしばらく放置し、沈殿したでんぷんを採取する（アマニオホ村）

本章では、セラム島山地民の実践する在来農業――「人びとがその風土の中で育み、共有し、主体的に営む農業」［近藤二〇〇三：一〇四］――が地域の森林景観の成り立ちにどのようにかかわっているのかを明らかにし、野生動物と山地民とのあいだに在来農業を媒介項としていかなる相互関係が生み出されているかについて論じる。より具体的には、サゴ基盤型根栽農耕と土地・植生に対する多様な「半栽培」的なはたらきかけに特徴づけられるこの地域の在来農業によって「豊かで多様性に富んだ森林景観」――高木が林立する成熟した天然林が広く分布し、その中に人為的な攪乱によって多様な生態環境が生み出されているような森の景観――が形成されることで、野生動物と人とのあいだに「緩やかな共生」関係とでも呼ぶべき親和的なかかわりあいが生み出されている可能性を指摘する。

なお、本章では「農」の営みを広くとらえ、「在来農業」に「アーボリカルチュア（arboriculture）」を含める。また、アーボリカルチュアという用語を、「果実・種子・葉・幹・樹皮などが食用・薬用などのために直接利用される、あるいは植物体が日陰・防風・防砂あるいはその他（本章で後述するように狩猟鳥獣をおびき寄せるなど）の目的で間接的に利用される、有用木本性植物の植栽や保育（実生・幼木の周辺の下刈りや、幹に巻きついた蔓の除去などを通じて生育を助けること）や収穫」を指すものとして用いる。

一　サゴ基盤型根栽農耕と森の親和性

1　高いサゴ依存と「豊かな森」との関係をめぐる問い

マルク諸島の各地で調査を行ってきた筆者にとって、この地域の農山村景観のなかでまず目を引いたのは、集落周辺にたいへん「豊かな森」が残されている点であった。「豊かな森」というのはやや主観的な表現だが、それが意味するのは、集落からそう遠く離れていない場所に、高木が林立する成熟した森が比較的広い地域にわたって残されているということである。

移住事業をはじめとするさまざまな開発事業や都市化の影響を受けた一部地域を除いて、マルク諸島の農山村の多くは「豊かな森」に取り囲まれるように存在している。ジャワの農山村が「野の緑」[田中一九九六：二二六-二二七]に特徴づけられた空間であると表現できるならば、マルクのそれは「森の緑」が卓越する世界といってよい。こうした景観の成り立ちには、約二二・八人／km^2(二〇〇〇年)[1]という低い人口密度に加えて、後述するように在来農業のあり方が関係していると考えられる。

インドネシア東部島嶼部からオセアニアに至る地域では、バナナやイモ類に加えて、パンノキやサゴヤシ類など、種子によらず、根分け、株分け、挿し芽などによって繁殖する栄養繁殖作物(根栽作物：vegetatively propagated crops)を主作物とした「根栽農耕」が行われている[中尾二〇〇四：二五一-二八〇]。世界の農耕文化を類型化した中尾佐助は、このような農耕をアジアの熱帯森林地帯に独立して起源したものと位置づけ、「根栽農耕文化」と呼んだ[中尾二〇〇四]。また、ヨシダとマシューは、種子繁殖ではなく栄養繁殖に基づいた農業(vegetative planting culture)であるという点をふまえて、vegeculture と呼んでいる[2][Yoshida and Matthews 2002]。

既述のとおり、根栽農耕が行われている地域のなかでも、とくにマルク諸島やニューギニア島低湿地帯の一部では、イモ類やバナナに加えて、サゴヤシの髄から抽出されたでんぷん、すなわちサゴが、人びとの暮らしを支えるうえで非常に重要な役割を果たしてきた。本書では、このようにサゴへの依存が比較的高い地域における、サゴヤシ半栽培とイモ類やバナナなどを主作物とする移動耕作がセットになった在来農業を、「サゴ基盤型根栽農耕(sago-based vegeculture)」と呼ぶことにしたい。

熱帯における農業の多くは移動耕作であり、農地造成は森林伐採を伴う。つまり、多かれ少なかれ、「農」と「森」は相克的な関係にある。しかし、サゴ基盤型根栽農耕では、湿地やクリーク沿いに分布し、半永続的に利用できるサゴヤシ林から大量の食糧が得られるため、サゴを補完するイモ類やバナナを主作物とする移動耕作の経営規模が比較的小さくてすみ、農地造成の際の森林伐採圧力が相対的に低く抑えられていると考えられる。

マルク諸島の移動耕作が比較的小規模であり、それゆえに農業が森林に大きな影響を与えてこなかった点については、すでに何人かの研究者が指摘している。たとえば、ハルマヘラ島(マルク諸島北部)のバナナとサゴを主食とするガレラ(Galela)人の村で調査をした佐々木高明は、この地域の焼畑面積がインドや東南アジアの雑穀・陸稲を主作物とする焼畑面積の半分にも満たないことを明らかにした[佐々木一九八九：八七−一六九]。また、セラム島で調査をした増田美砂は、この地域の焼畑がサゴを補完するためのものであり、森林に対する焼畑の顕著な影響は認められないと述べている[増田一九九一：三〇五]。

しかし、佐々木はサゴ依存と小規模焼畑経営を明確な形で結びつけて論じておらず、この地域の在来農業の特質と森の関係についての踏み込んだ考察を行っていない。増田もサゴ依存を背景にした小規模な焼畑と森との関係について印象記風に述べているだけで、フィールドデータに基づいて実証的に検討していない。このように、サゴへの高い依存と「森の緑」が卓越する景観の成り立ちとの関係については、管見のかぎり、いまだ十分に議論されているとは言えない。

そこで本節では、サゴヤシ半栽培の土地生産性と「根栽畑作(後述)」の経営規模に関する分析を通じて、この地域における「森の緑」が卓越する景観の成り立ちにサゴ基盤型根栽農耕がどのようにかかわっているのかを実測データに依拠して、ある程度、実証的に検討したい。

2　セラム島におけるサゴ基盤型根栽農耕の概要

(1)　サゴヤシの半栽培

サゴヤシは髄部にでんぷんを貯蔵するヤシ科に属する植物で、吸枝（地下茎から出た枝で、後に個体となる）の発生から八〜一五年（アマニオホ村では一五〜二〇年近く）を経過して頭頂部に花芽を形成し、実をつけた後に枯死する、一稔性の植物である。第2章で述べたように、セラム島山地民はサゴに非常に強く依存しているが、内陸山地部の比較的標高の高い地域は必ずしもサゴヤシの生育適地ではない。サゴヤシの分布域は標高七〇〇m程度までと考えられているので、アマニオホ村周辺のサゴヤシは生育限界に近い環境に生育しているといえる。自生が困難な地域であり、村びとによると、村の慣習地（*petuanan negeri*）内に生育しているサゴヤシ林はすべて、かつて人が湿地やクリーク沿いの植生を切り開き、吸枝を移植することで人為的に造り出したものである。

サゴヤシはその基部に多数の吸枝を発生させ、生育段階の異なる多くの個体からなる株を形成するので、でんぷん採取のために成熟個体を伐採しても株は残り続ける。そのため、下刈りや蔓切りなどの保育作業を行いさえすれば、サゴヤシ林では半永続的に収穫が可能である。逆に、保育をまったく行わず完全に放置すると、やがて藪に覆われ、二次林へと遷移していく。しかし、村びとにとってサゴヤシ林は主食となるサゴを供給する重要な財産であり、こうした事態が生じることはほとんどないという。

表4-1　アマニオホ村における「根栽畑」

名　称	造成・土地利用の方法	造成場所	火入れ	主要作物	耕作期間[年]	休閑期間[年]
集約畑(*lela*)	整地され、比較的頻繁に除草が行われる。イモ類・野菜の収穫終了後も、バナナやキャッサバの葉などの収穫が続けられる。	ルカピ、原生林・老齢二次林	△	イモ類、ヒユナやカラシナなどの野菜、タバコ、トウガラシ、大豆、バナナやサトウキビなど	1〜2	±10
粗放畑(*lawa aelo*)	整地されず、あまり除草が行われない。造成時に周囲に果樹の苗を植栽し、畑が放棄されてから数年後にフォレストガーデンとして利用されることがある。	ルカピ、原生林・老齢二次林	×	バナナ、タロイモ	3〜10	15〜40

出所：フィールド調査。
注：村びとがルカピと呼んでいる土地は、かつて原生林・老齢二次林が伐採され、すでに大木の根が腐り、集約畑を造成できるようになったり、河川の氾濫によって土壌が堆積して草地・叢林となっている。こうした耕作可能地のほとんどは、かつて集約畑や粗放畑が造成され、後に放棄された休閑地である。フォレストガーデンについては232ページ表4-8参照。

(2) 根栽畑作

アマニオホ村には二種類の畑がある(表4-1)。ひとつは、サツマイモ、タロイモ、キャッサバなどのイモ類、ヒユナやカラシナなどの野菜、そしてタバコ、バナナ、サトウキビなどを主作物とする畑で、造成後に整地され、頻繁に除草が行われる「集約畑(*lela*)」である。もうひとつは、整地されず、除草が行われない、イモ・野菜畑と比べて頻繁に除草が行われない、バナナとタロイモが混植された「粗放畑(*lawa aelo*)」である(写真4-1)。

集約畑も粗放畑も、根栽作物を主作物とするので、本書では必要に応じてこれらを総称して「根栽畑」と呼ぶ。どちらも耕作地を移動させる点では焼畑と共通しているが、必ずしも火入れを伴わない。根栽畑の造成時期は世帯によってまちまちである。集約畑では、乾季に造成する場合は火入れを行うことが多

写真4-1　粗放畑（上）と集約畑（下）（ともにアマニオホ村）

いが、雨季（一一〜四月）に造成する場合には行わない。粗放畑の場合は、造成時期にかかわらず火入れが行われるのは稀である。筆者が聞き取りした根栽畑のうちで火入れが行われていたのは、二八筆の集約畑のうち一〇筆、五七筆の粗放畑のうち四筆のみだった。

集約畑では、一年目にヒユナやカラシナ、ジャガイモなどの野菜を収穫するまで、比較的頻繁に除草が行われる。しかし、造成から一〜二年が経って野菜やイモ類の収穫が終了するころには放置され、別の場所に移動する。その後、土地に対する人の関与はしだいに少なくなり、さまざまな非栽培植物が入り込んでくる。それは、時間が経てば経つほどより顕著である。ただし、その後も、畑の中に残された*loku*（和名不明）やキャッサバの若葉、辺縁部に植栽されたバナナの収穫は継続される。したがって、畑は段階的に放棄されると言ってよい。表4-2は集約畑の主要作物である。

一方、粗放畑では多くの場合、バナナとタロイモがほぼ同時に混植される。バナナは、結実の早い品種は植栽から約三カ月後に、結実の遅い品種では約一八カ月後に収穫が始まる（表4-3）。タロイモの場合は約一二カ月後である。タロイモの植え付けと収穫は通常一回だが、肥沃な土地では二回続けられる場合もある。いずれにしても、タロイモの収穫終了後は、もっぱらバナナが収穫される。バナナは収穫時に伐採されるが、根元付近から次々と新たに芽が発

主要作物

学　名	収穫可能時期[植栽後月数]	備　考
Ipomoea batatas	3〜7	最後の収穫を終え(植栽して7カ月後)、整地してラッカセイやカラシナなどを植える。
Colocasia esculenta	11〜12	多くの場合、植栽・収穫は一度だけである。ちなみに粗放畑では、土地が肥えていれば2回植栽・収穫が行われることもある。
Manihot esculenta	8〜20	植栽から約8カ月後に最初の収穫を行った後、再び茎を植え、その約12カ月後に2度目の収穫を行う。
Solanum tuberosum	4〜5	トマトを植栽した場所に、収穫後に植える。
Dioscorea aculeata?	12〜24	
?	6〜	若葉を食用に利用する。植栽後約6カ月を経過して以後、蔓などが繁茂して枯死しないかぎり、継続して収穫が可能。
Brasica juncea	2〜3	収穫後、ジャガイモを植える。
Brassica oleracea	4〜5	収穫後、ロクを植える。
Alternanthera sp	3〜5	収穫後、キャッサバを植えることがある。
Alternanthera sp	3〜4	〃
Alternanthera sp	3〜4	〃
Lycopersicum eculentum	2〜3	
Carica papaya	12〜60	最初の収穫から5年間ぐらい経って枯死。その間、花芽や果実が食用に利用できる。
Nicotiana tabaccum	6	収穫後、サツマイモを植栽することがある。
Capsicum fructecens	7〜36	
Saccharium sp?	6〜18	下刈りをこまめに行うと、最初の収穫から12カ月間は収穫を続けられる。

うち75%以上の世帯が植栽している作物のみを列挙した。

植栽されることが多いが、省略した。バナナの品種と収穫可能時期については表4-3を参照。

A・My(38歳男性)の畑での方法をもとにしている。

表4-3　粗放畑の主作物

地方名	学名	収穫可能時期［植栽後月数］
バナナ		
tero sinapu	*Musa* sp	12～
tero wae		12～
tero empat puluh haria		4～
tero matalala		18～
tero matapua		4～
tero matakosoa		3～
tero kasipeu		8～
tero dewaka		12～
tero panasusu		5～
tero abu abu		12～
tero saihau		3～
tero morihaha		7～
タロイモ		
kala puluta	*Colocasia esculenta*	12
kala tunia	*Xanthosoma violaceium*	12

出所：フィールド調査。
注：粗放畑には、バナナやタロイモのほかにも、ビンロウヤシ(*Areca* sp)、パパイヤ、ロクなどが植栽されることが多い。辺縁部には、ドリアンなどの果樹が植えられることが多い。

表4-2　集約畑の

	地方名
イモ類	
サツマイモ	*patate*
タロイモ	*kala puluta*
キャッサバ	*pangkara*
ジャガイモ	*kentania*
ヤマイモの一種	*peta*
野菜	
ロク(和名不明)	*loku*
セイヨウカラシナ	*sesawia*
ハボタン	*kolo aka*
ヒユナの一種	*payano tuni musunua*
ヒユナの一種	*payano tuni puti*
ヒユナの一種	*payano soro*
トマト	*tomatea*
パパイヤ	*palakia*
その他	
タバコ	*tapokoa*
トウガラシ	*kalatupa*
サトウキビ	*tohu*

出所：フィールド調査。
注1：聞き取りを行った15世帯の
注2：集約畑の辺縁部にはバナナが
注3：作付け方法に関する記述は、

生してくるので、下刈りや蔓切りなどを頻繁に行えば、長期にわたって収穫を続けられる(筆者が聞き取ったなかでは、最長二五年間利用され続けている粗放畑が存在した)。もっとも、実際には病虫害被害や雑草の繁茂によって、だいたい三～一〇年利用された後に放棄されるという。

通常、村びとは「ルカピ」と呼ばれる可耕地・休閑地に根栽畑を造成している。「ルカピ」の原義は、「かつて人が樹木を伐採したことがあり、地中の大木の根がすでに腐った土地」である。だが、根栽畑放棄後の休閑地に加えて、河川の氾濫源なども含まれ、草地・叢林から中径木の生えた二次林まで多様な景観を呈する。

筆者は計八五筆の根栽畑の造成前の土地・植生について聞き取りを実施した。そのうち、調査時点から遡って二〇年以内に原生林・老齢二次林を伐採して造成された根栽畑は、粗放畑の二カ所だけである。大多数の根栽畑は、遠い昔に原生林・老齢二次林を切り開いてつくられたルカピに造成されていた。なお、集約畑造成地の休閑期間は平均で約一〇年(対象数＝二二)であったが、降雨時に浸水する河川周辺の氾濫原における三年から成熟した二次林における三〇年まで、大きな幅がある。一方、粗放畑の造成地の休閑期間については、しっかりと把握していない村びとも多く、正確なことはわからないが、数人の村びとの話では一五～四〇年程度とのことであった。

3　サゴ基盤型根栽農耕が森に与える影響

サゴ基盤型根栽農耕が森に与える影響について理解するために、サゴヤシ林の土地生産性と根栽畑作の経営規模に着目する。まず、アマニオホ村におけるサゴヤシの土地生産性の高さを陸稲との比較によって示し、サゴヤシ利用によってもたらされる森林へのインパクトが、東南アジアに広く分布する陸稲卓越型の焼畑のそれよりも低いと考えられることを指摘する。次に、アマニオホ村における根栽畑面積の実測データを他地域における焼畑面積と比較して、高いサゴ依存が根栽畑の経営規模にいかに反映されているかについて検討する。

(1) サゴヤシ林の土地生産性

アマニオホ村では、サゴヤシの生育段階は一一に区分されている(表4-4)。筆者がサゴヤシ林一五カ所(計一・九

ha）を対象に実施した生育密度調査によると、収穫適期前の成育段階にあるサゴヤシ、すなわち、ウペポト（*upepoto*）とラプリリ（*rapulili*）のサゴヤシの本数は、一haあたり七六・三本であった。また、村びとによると、ウペポトから収穫に適した生育ステージにあるロプロプ（*ropu-ropu*）に至る期間は四〜六年だという。したがって、サゴヤシの齢構成が均一であると仮定すれば、年間収穫可能本数（単位面積あたり平均幹立ち個体数を、ウペポトからロプロプに至るまでの期間で除した値）は年間一二・七〜一九・一本／haとなる。

アマニオホ村におけるサゴヤシ一本あたりの平均でんぷん含量（乾重量）は六八kg／本（対象数＝四一）だったので、筆者はこの地域におけるサゴヤシ林の単位面積あたり年間生産量（乾重量）を〇・九〜一・三t／haと推定した。この推計値は、スラウェシ（ルウ地方）のサゴヤシ半栽培林の二・八〜六・八t／ha／年［遅沢一九九〇：一一五］や、パプアニューギニアのサゴヤシ半栽培林の一・五〜一・九t／ha／年（山本［一九九八：七七］による日本パプアニューギニア友好協会［一九八四］の引用）と比較して、かなり低い。このように生産力が他のサゴ食文化圏と比較して劣っているのには、標高が高く、気候が冷涼なために、一本あたりのでんぷん含有量が少ないこと、サゴヤシの生長に長い時間がかかること[3]などが関係していると考えられる。

さて、この年間生産量〇・九〜一・三t／haという値Ⓐだが、生サゴ一kgあたりのエネルギー量を二二一〇キロカロリーⒷ［Ohtsuka and Suzuki 1990: 228］、サゴの湿重量と乾重量の比を一：〇・五五［Ohtsuka and Suzuki 1990: 228］としてカロリーに換算すると、一haあたり三六二万〜五二二万キロカロリーとなる（［Ⓐ×1000/0.55］×Ⓑ）（表4-5）。以下、この推計値に依拠して、東南アジアの多くの地域で焼畑の主作物となっている陸稲と土地生産性を比較してみよう。

ワドリー［Wadley 1997 in Mertz 2002: 154］は、西カリマンタンにおける陸稲焼畑の土地生産性を、一haあたり九二三kg（休閑期間が一〇〜四五年の二次林）〜一一八七kg（休閑期間二〇〜七〇年の二次林）と報告している。一方、ハン

表 4-4　村びとによるサゴヤシの生育段階区分

<table>
<tr><td colspan="2">①アナニア(anania)</td><td>生えてきたばかりの吸枝で、まだ幹を形成していない。葉は 3〜4 枚で、水平方向に展開していない、樹高 1〜1.5m の幼い個体。</td></tr>
<tr><td colspan="2">②ワイエニ(waieni)</td><td>幹を形成し始め、膝ぐらいの高さで葉が分かれてロゼット状に展開している、幼い個体。</td></tr>
<tr><td colspan="2">③サペイ・トゥペ(sapei tupe)</td><td>幹を形成しているが、まだ背丈が低く、伐採してでんぷん採取を行えない個体。</td></tr>
<tr><td colspan="2">④ウペポト／ウクロラ(upepoto／ukulola)</td><td>樹高が③よりずっと高くなっているが、開花までにはまだ時間がかかり、今後も成長が見込める個体。でんぷん採取が可能だが、幹の先端の部分は湿っていて、含有量は少ない(髄が乾燥しているほど含有量は高くなる)。</td></tr>
<tr><td colspan="2">⑤ラプリリ(rapulili)</td><td>頭頂部に近い葉ほど葉柄が短くなってきている株。サゴヤシは開花・結実前に、樹冠頂部にラヤロ(layalo)と呼ばれる花芽を伸ばす。樹幹付近に小さな葉(sanahata kesu)をつけ始めた株は、まもなくラヤロを伸ばす。</td></tr>
<tr><td>⑥ワナウス(wanausu)</td><td rowspan="4">ロプロプ(ropu-ropu)</td><td>ラヤロを伸ばし始めた株。ラヤロは長く直立しており、淡い緑色をしている。枝(花梗)はまだ出ていない。</td></tr>
<tr><td>⑦イタワサナ(itawasana)</td><td>ラヤロが多くの分岐した枝(花梗)を伸ばしている株。ラヤロは緑色をしている。</td></tr>
<tr><td>⑧アタレケ(ataleke)</td><td>ラヤロがさらに多くの小枝(imalaka)を枝珊瑚のように分岐させた個体。ラヤロは赤色を帯びてくる。</td></tr>
<tr><td>⑨イマラカ・ムスヌ(imalaka musunu)</td><td>ラヤロが赤褐色になり、片鱗をつけた扁球形の実(ipia aka)をつけた状態。</td></tr>
<tr><td colspan="2">⑩アタモト(atamoto)</td><td>実が落下し(aka puku)、頭頂部のラヤロも落下して、徐々に枯れていく状態。</td></tr>
<tr><td colspan="2">⑪モトア(motoa)</td><td>枯死した個体。</td></tr>
</table>

出所：フィールド調査。

表 4-5　アマニオホ村におけるサゴヤシ林の生産性に関する基礎データ

年間収穫可能本数	12.7〜19.1 本 /ha/ 年
サゴヤシ一本あたり平均でんぷん含量(乾重量)	68kg/ 本
単位面積あたり年間生産量(乾重量)	0.9〜1.3 t/ha/ 年
単位面積あたり年間生産量(エネルギー量)	362 万〜522 万 kcal/ha/ 年

出所：フィールド調査。

セン［Hansen 1995 in Mertz 2002: 154］によれば、北タイにおける焼畑（休閑期間不明の老齢二次林に造成された陸稲焼畑）の収量は一haあたり一九六〇kgである。ほかにも類似した数値はいくつか得られるので、それらもふまえると、陸稲の単位面積あたりの収量は一haあたり一〜二tと考えてよい。この想定のもとで、耕作期間を二年、休閑期間を二〇年と仮定すると、休閑地・休閑期間を考慮に入れた空間的・時間的スケールでの実質的な土地生産性（エネルギー量）は一haあたり、年間三二万〜六四万キロカロリーとなる。(4)

この値は、先ほど推定したサゴヤシ林の土地生産性よりもかなり低い。こうした差を生んでいるのは、一定の土地で半永続的に収穫が可能なサゴヤシの栽培特性によるところが大きい。これらの推計値が正しいとするると、サゴヤシから得ているのと同じエネルギー量を陸稲栽培から得ようとすれば、サゴヤシ林の六〜一六倍の農地（休閑地を含む）が必要になる。(5)想定よりも耕作期間が短くなるか、休閑期間が長くなれば、必要とされる農地はさらに多くなる。したがって、サゴヤシ半栽培の森林（とくに老齢天然林）との競合性は相対的に低いと言ってよいだろう。

もちろん、そう言ったからといって「陸稲栽培は森林に対して破壊的である」などと主張するつもりはまったくない。よく知られているように、いわゆる「伝統的焼畑」は安定した二次林の再生サイクルのなかで調和的に営まれてきた［井上一九九五］。熱帯の農山村には、一方の極を原生林として、老齢二次林、若齢二次林、そしてもう一方の極である耕作地へと続く、人為的撹乱の程度の異なる植生の連続した分布がみられる。これは、いささか比喩的な表現をすれば、「濃い森の緑」から「淡い野の緑」へとつながる植生のグラデーションである。農業のあり方が異なれば、そのグラデーションの様態も変化する。ここで主張したいのは、陸稲卓越型の「伝統的焼畑」が営まれている地域では「淡い野の緑」の度合いが強いグラデーションを、サゴヤシ半栽培に強く依存した地域では「濃い森の緑」の度合いが強いグラデーションを呈するという点である。

(2) 根栽畑の経営規模

次に、サゴ依存と根栽畑の経営規模のかかわりについての検討に移ろう。筆者は任意に選んだ一三世帯を対象に、それらの世帯が保有するすべての根栽畑(集約畑計二一筆、粗放畑計四八筆)の面積を実測した。それによると、世帯あたり平均で一・六筆の集約畑と三・七筆の粗放畑を経営していた。世帯あたり根栽畑経営面積は、集約畑が〇・〇四ha、粗放畑が〇・一八ha、合計〇・二二haである(表4-6)。これは東南アジアの各地でみられる焼畑耕作と比べてきわめて小さい。

表4-6　世帯あたりの根栽畑の筆数と経営面積

	世帯あたり平均筆数(筆)	世帯あたり経営面積(ha)
集約畑	1.6	0.04
粗放畑	3.7	0.18
計		0.22

出所：フィールド調査。
注：測量時、2世帯は集約畑を利用していなかった。

佐々木[1998：175]はアジアの焼畑に関するさまざまな資料をつきあわせて、表4-7に示すように、各地の世帯あたり平均焼畑(移動畑)面積を算定している。これによると、雑穀や陸稲を主作物としたインドや東南アジアにおける焼畑の世帯あたり経営面積はだいたい一・四～一・八ha程度である。これと比較すると、アマニオホ村の根栽畑はその六分の一から八分の一しかなく、きわめて小規模に営まれていることがわかる。

その要因としては、次の二つが考えられる。まず、根栽作物がもつ栽培特性である。冒頭で少しふれたが、佐々木はハルマヘラ島にあるガレラ人のリマウ(Limau)村で、根栽型の焼畑面積を実測している。それによると、この地域の世帯あたり焼畑経営面積は〇・六ha程度であった[佐々木一九八九：八七一一六九]。ほかにもフィジーやニューギニアなど太平洋地域の焼畑経営規模のデータをあげ、根栽型の焼畑が雑穀や陸稲を主作物とする焼畑の半分程度の規模しかないことを示している。このように、根栽型焼畑の経営面積が小さくてすむ理由としては、次の点を指摘する。すなわち、バナナやイモ類を主作物とする根栽型の焼畑では、必要に応じて収穫と植付けを連続して行うことができるから周年収穫ができる、気象条件などによる収穫の年次変化が少ない、バナナは長期間にわたって一定の土地で収穫を続けられるという点である[佐々木一九八九：一三四―一三五、佐々木一九九八：一七七]。

アマニオホ村の根栽畑作が小規模である背景には、もうひとつ重要な要因があると考えられる。それは、この地域の高いサゴ依存である。ハルマヘラ島のリマウ村で石毛直道が行った食事調査によると、この村の主食はバナナ、サゴ、そして米(多くは購入されたもの)であった[石毛一九七八：二三九](アマニオホ村では陸稲はまったく栽培されていないが、リマウ村では少量だが栽培されている)。主食食物の摂食回数の割合(一定期間の食事において主食食物が献立にのぼった全回数に対する各主食食物の出現回数の割合)をみると、バナナが二八・八%、サゴが二七・五%、米が一七・七%となっている(上位三位までを列挙)。一方、アマニオホ村で筆者が行った同様の調査によると、主食食物の摂食回数の割合は、サゴが六二・〇%、サツマイモが一二・五%、バナナが一一・四%であった(第2章参照)。つまり、アマニオホ村のサゴの摂食頻度はリマウ村のそれより二倍以上も高い。一方で、世帯あたり耕作地面積は三分の一程度にすぎない。

同じ根栽型の移動耕作を営む地域でありながら、アマニオホ村の根栽畑がこのように小さいのには、おそらくこうしたサゴ依存度の違いが関係しているだろう。アマニオホ村ではサゴに強く依存して

表4-7　世帯あたりの移動畑(焼畑)経営面積(ha／世帯)

地　域	民　族	主　作　物	経営面積	出所
ミンドロ	ハヌノオ	陸稲	1.75	a
北ラオス	ラメット	陸稲	1.4	a
サラワク	ダヤク	陸稲	1.4	a
サラワク	イバン	陸稲	1.6	a
北部インド	パハリア	トウモロコシ・マメ類	1.84	a
ハルマヘラ島	ガレラ	イモ類・バナナ	0.6	a
ニューギニア	中央高地民	イモ類・バナナ	0.6〜0.7	a
セラム	アリフル	イモ類・バナナ	0.22	b

出所：a：佐々木[1998: 175]、b：フィールド調査。
注：ミンドロはフィリピン。

いるために、副次的主食であるイモ類やバナナの重要性が相対的に低くなり、それが経営面積に反映されていると考えられる。

このように、アマニオホ村では、根栽作物の栽培特性と高いサゴ依存を背景に、根栽畑作がきわめて小規模に行われている。そのため、森と相克的な関係にある移動耕作の森林伐採圧力は、雑穀や陸稲を主作物とする焼畑と比べると、相対的に低く抑えられ、そのことが「森の緑」が卓越する景観の成り立ちに何らかの程度でかかわっていることが示唆されるのである。(6)

二　半栽培が生み出す多様な生態環境

以上みてきたように、サゴへの強い依存を特徴とするこの地域の在来農業は、森と比較的共存的な関係にある。低人口密度とともに、在来農業のあり方がひとつの背景要因となって、村の周辺に比較的豊かな天然林が残されていると考えられるのである。そして、豊かな森の中では、在来農業を通じた土地・植生へのさまざまな働きかけの結果、多様な生態環境がつくり出され、維持されている。

表4-8に示すように、アマニオホ村の土地・植生は一二の民俗分類に分けられる。すなわち、①屋敷地・家庭菜園(*amania*)、②集約畑(*lela*)、③粗放畑(*lawa aelo*)、④フォレストガーデン(*lawa aihua*)、⑤サゴヤシ林(*soma*)、⑥「新しいルカピ(*lukapi holu*)」、⑦「古いルカピ(*lukapi mutuany*)」、⑧竹林(*awa harie* など)、⑨ダマール採取林(*kahupe hari*)、⑩林産物採取林(*airima hari*)、⑪カイタフ(*kaitahu*)、そして⑫河川沿岸(*wae lusu*)である。また、これらの土地・植生分類には含まれていないが、ルカピのなかには、食用野鳥をおびき寄せるために野鳥の好む実をつける樹木

イタワ・トウニ(*itawa tuni*：*Litsea mappacea*)やイタワ・コピ(*itawa kopi*：*Litsea mappacea*)の植栽・保育によってつくられたイタワ林(*itawa harie*)がある。それぞれの土地・植生類型における土地・資源利用の概要は表4-8に示した。

以上の類型のうち、屋敷地・家庭菜園、林産物採取林、カイタフ、河川沿岸を除く土地・植生類型は、この地域の在来農業を通じて人為的につくり出され、維持されている農業景観といえる。それらの景観における植物と人との相互関係の基本的なあり方は、「半栽培」(semi-domestication)である。本節では在来農業により創出・維持されている多様な景観の成り立ちと、それぞれの景観における「半栽培」的な人と植物相の相互関係のあり方についてみていくが、その前に、まず「半栽培」の概念について説明しておこう。

1　半栽培とは

農耕の予備段階として「半栽培段階」に関する仮説[7]が中尾[二〇〇四]によって提示されて以降、半栽培に関するさまざまな議論が展開されてきた。

たとえば、松井健は、「一方的な人間の側からの依存、利用にもかかわらず、その植物(群)と人間との間に持続的・安定的な平衡関係が成立しえたとき」そのような関係を「セミ・ドメスティケイション」(半栽培)と呼べる、と述べている[松井一九八九：四五][8]。また坂本寧男は、栽培化を人間と植物の共生関係の成立過程と捉え、半栽培を初期農耕のような植物と人間の安定した「完全な共生関係」ではないものの、狩猟採集よりも「前進した共生関係」と位置づけている[坂本一九九五：二三二]。

さらにハーランは、植物を①人間のはたらきかけにより遺伝的変化が生じ、人間の助けなしにはもはや生き延びられなくなってしまった「栽培化された植物(domesticated plant)」[9]、②栽植や保育(除草や蔓切り)といった人為的介入

植生の民俗分類と資源利用

土地類型(民俗名称)		おもな資源利用法
	⑥新しいルカピ (*lukapi holu*)	小径木の生えたルカピ。畑の放棄地のほかに、河川の氾濫によって土壌が堆積し、草地・叢林となっている土地も含む。根菜・野菜畑は、通常この土地のなかに造成される。ハヤトウリやアマメシバ(*Sauropus androgynus*)など食用植物が採取されている。
	⑦古いルカピ (*lukapi mutuany*)	「山刀での伐倒が困難」な中・大径木の生えた二次林。土壌中に大木の根が残っていない点で、原生林・老齢二次林とは区別される。ハカマロア(*hakamaloa* : 学名不明)やレハウア(*rehaua* : *Ficus* sp.?)などの薬用植物などが採取されている。
⑧	竹林 (*awa hari*など)	竹類はかつて植栽されたもの。連軸型(株立ち型)の竹で、いくつかの株が集まり、大きな群生地を形成する。竹は伝統的な調理器具(稈《かん》の中に肉・野菜を入れて火にかけ、蒸し焼きにする)として日常的に利用されるほか、民具の材料や燃材として頻繁に利用され、タケノコも採取されている。
⑨	ダマール採取林 (*kahupe hari*)	下刈り、蔓植物の除去などによって、選択的に実生と幼木を保護した結果、マニラコパールノキ(*Agathis damara*)が優占している森。灯火の燃料やかまどの焚きつけとして常用されるダマール(*kamalo*)が採取される。
⑩	林産物採取林 (*airima hari*)	集落から比較的近い場所に位置し、燃材や建材、薬草、山菜など多種多様な林産物採取の場として利用されている。老齢天然林が広がるが、猟場として利用されていない点でカイタフと異なる。
⑪	カイタフ (*kaitahu*)	集落から比較的離れた場所にあり、「猟を行うための場所」として観念されている原生林・老齢二次林。クスクス、シカ、イノシシの狩猟、換金用オウムのズグロインコの生け捕りが行われ、ロタンや薬草が採取される。クスクスが実を好んで食べるアタウ(*atau* : *Syzygium luzonense*)やコリ(*kori* : *Lithocarpus celebicus*)などの樹木や、樹液を好んでなめるスパ(*supa* : *Ficus* sp.)やソラオト(*solaoto* : 学名不明)などの樹木の保育が行われることもある。
⑫	河川沿岸 (*wae lusu*)	ルカピや森の中を流れる河の沿岸地帯。河川沿岸には独特の植物が生えるとして、村びとは他の土地と区別している。数珠玉(*roirioa* : *Coix lacrymajobi*)、共食行事で用いられる皿の材料となるコア(*koa* : 学名不明)、食欲減退の薬ヌス・ワエ・ハリ(*nusu wae hari* : *Ficus variagata?*)などが採取されている。

わけではない。

リエ(*tehi harie*)などと呼ばれている。それらを一括する「竹林」というフォークカテゴリー

表 4-8　アマニオホ村における土地・

土地類型(民俗名称)		おもな資源利用法
①	屋敷地・家庭菜園(*amania*)	油脂原料や香味料として頻繁に利用されるココヤシ、ライム、ショウガ、ウコンなどが植えられている。
②	集約畑(*lela*)	「ルカピ(⑥⑦)」を伐採後、火入れ(行わない場合もある)と整地が行われ、比較的頻繁に除草が行われる畑。主作物は、サツマイモ、キャッサバ、タロイモ、ジャガイモなどのイモ類、ヒユナやカラシナなどの野菜、タバコ、トウモロコシ、大豆、バナナやサトウキビなど。
③④	ラワ(*lawa*)	多くの場合、火入れや整地が行われない粗放管理される農地。バナナとタロイモが植えられた畑と、果樹が植えられたフォレストガーデンからなる。どちらもラワと分類されているが、景観的にまったく異なる。
	③粗放畑(*lawa aelo*)	バナナとタロイモが混植された畑。周囲にドリアンなどの果樹の苗を植栽することがある。そのような土地は、畑が放棄されてから数年後にはフォレストガーデンとして利用される場合もある。
	④フォレストガーデン(*lawa aihua*)	ドリアン、ランサ、パラミツ、レンブなどの果樹が植えられた樹園。果樹と野生樹木が混交し、景観的には成熟した二次林と変わらない。バナナ・タロイモ畑がフォレストガーデンへと変化することがある。ここでは各種果実のほか、薬、建築資材、狩猟・漁撈に用いる材料などとして利用される多種多様な林産物が採取されるとともに、換金用オウムのオオバタンやヒインコが捕獲されている。
⑤	サゴヤシ林(*soma*)	湿地帯やクリークのほとりなどにつくられたサゴヤシの林。主食のサゴでんぷんのほか、屋根材や壁材になるサゴヤシの小葉・葉柄が採取される。また、自生するカカマナ(*kakamana : Diplazium esculentum*)やフォウ(*fou : Diplazium* sp.)といったシダ植物の若葉(食用)も頻繁に採取されている。
⑥⑦	ルカピ：可耕·休閑地(*lukapi*)	原生林・老齢二次林が伐採されて時間が経っており、すでに大木の根が腐り、集約畑をつくることができる耕作可能地、もしくはかつての集約畑や粗放畑の休閑地。放棄されたばかりの畑の跡地から二次林までが含まれ、多様な景観を呈する。ルカピのなかには、本文で述べる食用野鳥をおびき寄せるためのイタワ林もつくられている。

出所：フィールド調査。
注１:「新しいルカピ」と「古いルカピ」は特定の規準に基づいて明確に区分されている
注２：竹林は、竹の種類に応じてアワハリエ(*awa harie : awa* と呼ばれる竹の林)やテヒハ
(民俗分類)はない。

によって「生育が奨励される植物(encouraged plant)」、③攪乱環境に適応し、人為の加わった土地・植生に自生してくるが、除草・除伐の不徹底などによって結果的に「存在が許容される植物(tolerated plant)」、そして、④人為的影響を受けていない「野生植物(wild plan)」の四つに区分している[Harlan 1992: 64]。このうち、「生育が奨励される植物」と「存在が許容される植物」を、堝狼星は「半栽培段階の植物」と捉える[堝二〇〇二：一〇二]。

以上をふまえると、半栽培とは、人間と植物との間に築かれた緩やかな共生関係であり、より具体的には、栽植や保育といった人為的介入によって生育が奨励されたり、人為の加わった土地・植生に適応し、除草・除伐の不徹底などによって結果的に存在が許されたりしている植物と人とのあいだにみられる、双方向的な関係を意味しているといってよいだろう[10]。

以下では、屋敷地・家庭菜園、林産物採取林、河川沿岸を除くそれぞれの土地・植生類型ごとに、景観の成り立ちと、そこでみられる人と植物相の「半栽培」的なかかわりあいのすがたを具体的にみていこう。

2 各土地・植生類型にみる「人―植物(相)」の相互関係のあり方

(1) サゴヤシ林と竹林

まずサゴヤシ林についてである。サゴヤシ林は湿地やクリーク沿いの植生を刈り払って、サゴヤシの吸枝を植えることで造成された。新たに移植したばかりのサゴヤシの幼少個体は、第1章で述べたように、人によって比較的積極的な保護を受ける。幼少個体は、草本や蔓に覆われると、出葉した子葉の展開が損なわれ、成長が著しく遅れる。したがって、一定程度(ワイエニ、二二二ページ表4-4参照)の大きさになるまでは、通常、雨季の間に三カ月に一度ぐらいの割合で下刈りや蔓切りが行われる。ただし、すでに株を形成している場合は、サゴ採取のときに、下刈りや蔓切りや間引き(もっとも成長のよい吸枝以外を伐採する)が間断的・散発的に行われる程度である。また、一度株が形成されると、吸枝を出し、次々に新しい個体が発生するので、人の手をかけずとも自然に増殖していく。このように、サゴヤシは植物の全生活史に占める人間の役割が限定された典型的な半栽培植物であるといってよい[松井一九八九：四四–四五]。

この点は、竹林にもあてはまる。村びとの説明によると、このあたりの竹林は人が枝苗を移植してつくったものであるという。竹も、移植後は地下茎から次々に新しい個体が発生するので、人の手をかけずとも自然に増殖していく半栽培植物である。竹林は集落から比較的近いルカピに点在している(写真4–2)。

写真4–2　タケノコのほか、民具の材料や燃材が採取される竹林。この写真にみられるように、いわゆる連軸型(株立ち型)の竹が多く、ルカピの中に群生地を形成していることが多い(アマニオホ村)

なお、サゴヤシ林も竹林も林冠が少し開けており、林床に比較的多くの光が差し込む。また、除草や蔓切りが徹底的に行われず、なかば放置されているため、林床にはさまざまな植物が侵入している。それらの植物には、葉と茎を食用に利用するカンクン(*kangkonia* : *Ipomoea reptans*)やカカマナ(*kakamana* : *Diplazium esculentum*)、葉をゴザの原料に用いるラプア(*lapua* : *Pandanus* sp.)、若葉を食用に利用するシダ植物の一種イピア・タムア(*ipia tamua* : *Diplazium sylvaticum*)やフォウ(*fou* : *Diplazium* sp.)、果実を食用に利用する草本カトウア(*katoua* : *Globba Languas* sp.)など、

写真4-3　林床にさまざまな植物が入り込んでいるサゴヤシ林（アマニオホ村）

人が採取して利用している半栽培植物もある（写真4−3）。

(2) フォレストガーデン

フォレストガーデンは、ドリアン、ランサッ、パラミツ、ミズレンブ（*Syzygium aqueum*）、マンゴ（*Mangifera* spp.）、グァヴァ（*Psidium guajava*）、フトモモ（*Eugenia jambos*）などの果樹が栽植された（あるいは自生後に粗放管理された）樹園である。[11] 嗜好品として利用されるビンロウヤシやコーヒー（*Coffea* sp.）、近年ではカカオ（*Theobroma cacao*）なども植えられている。粗放畑を造成するときに植えられたバナナが残っていることもある。フォレストガーデンの多くは、古いルカピに点在している。

こうしたフォレストガーデンは、刈り払った森に果樹を植えて造成することもあれば（通常は、刈り払った土地の周辺に果樹などの有用樹の実生を栽植し、中央部にはバナナとタロイモを植栽して粗放畑をつくる）、コウモリによる種子散布などで森に自生した幼樹を保護してつくり出す場合もある。移植された実生や保護された幼樹は、ある程度の大きさに育つまで、下刈りや蔓切りが行われることもあるが、ある程度の大きさになると、なかば放置される。果実を採取するときに下草を刈ったり、幹に貼りついた蔓を切ったりする程度のはたらきかけしか行わなくなるのである。そのため多くの野生樹木が入り込み、外見上は成熟した天然林と区別がつかない。

これらのフォレストガーデンの中や周辺には、林床にパイナップルが群生した場所がある。もともとセラム島内陸山地部にパイナップルは生育していなかったが、いつのころか村びとが沿岸部から持ち込み、植えたという。パイナップルは根茎から次々と芽を出し、自然に増殖する。果実は採取したその場でしばしば食べられ、頭頂部についている冠芽はその場に捨てられる。それが根を出して繁殖するために、一面パイナップルで埋め尽くされた群生地が形成されているのである。

フォレストガーデンを構成するおもな植物種であるドリアンやランサッ、パラミツなどの果樹やパイナップルのなかには、品種選択によって多少の遺伝的な変化が生じているものもあるはずである。しかし、植栽後に放置されたり、自然に増殖したりしているし、森に自生するものもあることからうかがえるように、人による世話がないと生存できないまでに、人との共生関係が深化しているわけではない。したがって、これらの植物も半栽培植物とみなしてよいであろう。

(3) ダマール採取林

ダマール採取林は、自生するマニラコパールノキの実生や幼木を人が選択的に保護した結果、マニラコパールノキが優占することになった林で、広大な天然林に点在している。フォレストガーデンと同様、よそ者の目には一見すると成熟した天然林と区別がつかないが、人の適度な介入によって創成・維持されている景観である。

第1章で述べたように、この樹木から採れる樹脂・ダマールは、一九二〇年代ごろから六〇年代なかばごろまで、村の重要な現金収入源であった。市価がつかなくなってからも、夜、灯りをとるために利用されるほか、かまどの焚きつけとしても常用されている。そうした有用性から、村びとは森に自生するマニラコパールノキの実生や幼木を下刈りや蔓切りなどを通じて世話し続けてきた。また、マニラコパールノキを伐採したり樹皮を剥いで枯死させたりすると皮膚がただれる病気(*nitu kamalo*)に罹ると信じられており、そうした行為は禁忌とされている。こうした規制の存在によって、ダマールに市場価値がなくなった現在も、ダマール採取林は手厚く保護されてきた。生育を奨励したり伐採を禁じたりする、このような「半栽培」的なはたらきかけが長年にわたって続けられた結果、胸高直径が一ｍを超えるマニラコパールノキの高木が林立する立派なダマール採取林がつくり出されている。

（４）ルカピと根栽畑（集約畑・粗放畑）

ルカピに含まれる土地・植生は多様だが、畑放棄後の土地に生育し、叢林や若齢二次林を形作る草本や木本は、自然倒木によってできたギャップ（間隙）だけではなく、大径木が刈り払われた人為的攪乱環境に依存した植物である。また、もともとは人によって栽植されたものだが、畑が放棄され、まったく世話されなくなっても生き延びているヤマノイモの一種アカパ（*akapa* : *Diocorea* sp.）やハヤトウリなども存在する。これらの植物も、半栽培植物と呼んでよいだろう。

一方、人為的なコントロールを比較的強く受けていると考えられる根栽畑でも、多様な半栽培植物を確認できる。たとえば、前節で述べたように、野菜類を収穫するまでの集約畑では比較的頻繁に除草が行われるが、それ以外の根栽畑ではあまり行われないため、多くの自生植物が侵入し、植物の多様性が比較的高い空間になっている。

さらに、根栽畑をつくるために二次植生を刈り払う際に、意図的に伐採しない樹木がある。たとえば、畑の造成時にコウモリによる種子散布で発生したランサッ、パラミツ、ミズレンブ、サトウヤシ（*Arenga pinnata*）などの実生、幼木、そして成木などである。ランサッやパラミツは言うまでもなく、果実が食用に利用される。サトウヤシは、樹液を採取してヤシ酒に加工される。造成地の辺縁部にオマ（*oma* : *Artocarpus* sp.）の樹があれば、伐採しないで残すこともある。[12] 村びとはオマの種子をゆでて乾燥させ、食用に利用するほか、樹液を採取して、野鳥を捕獲するときに使うトリモチの原料として利用している。

写真4-4　粗放畑の辺縁部に伐採されずに残された「採餌樹木」*itawa kopi*（アマニオホ村）

以上のほかにも、イタワ、レハ（*leha*：*Symplocos cochinchinensis*）、アウォウ・トゥニ（*awou tuni*：*Prunus arboreus*）、アウォウ・ラサ（*awou lasa*：*Prunus grisea*）など、おもにハト科の野鳥が餌として好む実をつける樹木（採餌樹木）が畑の造成地の辺縁部にある場合、それを伐採せず、畑の作物の日射を遮らないように枝打ちだけして残すこともある（写真4-4）[13]。それらの実を食べにくる野鳥を罠を用いて捕獲し、食用に利用するためである。つまり、これらの樹木は野鳥を捕獲するための「大きな罠」［西谷二〇〇四：八一］[14]なのである。

根栽畑は以上述べたように、造成後の除伐・除草が不徹底だったり、造成時に有用樹木が伐採されずに残されたりするために、栽培植物と多様な半栽培植物が「混作」［小松・塙二〇〇〇：一三二］[15]された、植物の多様性の高い空間となっている（図4-1）。なお、アウォウやレハなどは根栽畑の造成時に伐採しないで残す程度の保護を受けるだけだが、多くの野鳥をおびき寄せられるイタワについては、先述のとおり播種や保育を通じて、継続的に世話が行われることがある。

（5）イタワ林（*itawa harie*）

第2章で述べたように、村びとたちは多くの野鳥を食べる。筆者が聞き取りで確認できただけでも、食用野鳥の数は五一種にのぼった。村びとがもっとも多く捕獲している野鳥はほとんどがハト科である。捕獲量（重量）の多い順に

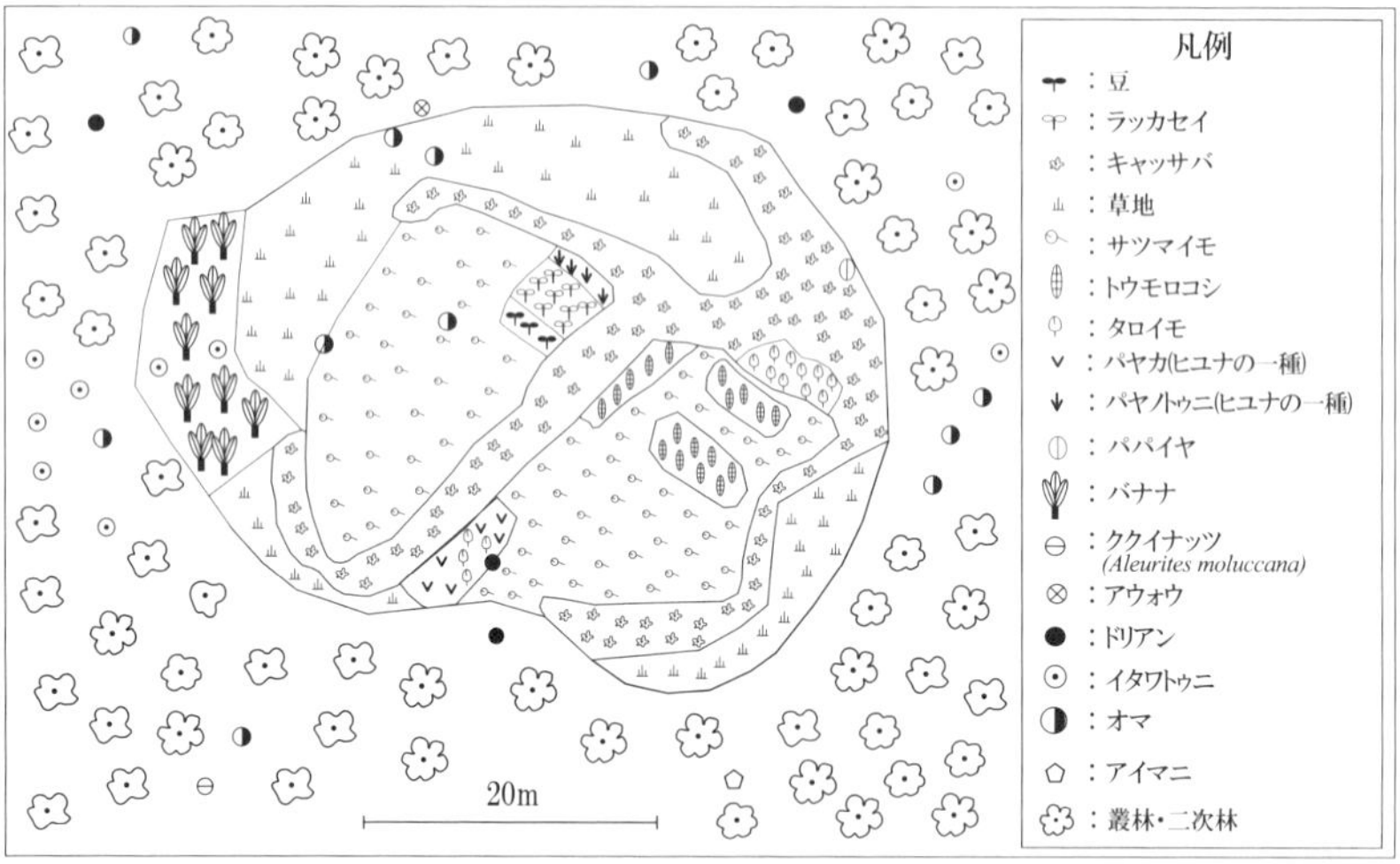

図 4-1　畑周辺の野鳥をおびき寄せるための樹木

出所：フィールド調査。
注：H・Et 氏(43 歳)の集約畑(lela)、2007 年 2 月 17 日作成。

列挙すると、オナガミヤマバト(*mavene: Gymnophaps mada*)、クロオビヒメアオバト(*ovota: Ptilinopus superbus*)、アカメカラスバト(*nieli: Columba vitiensis*)、バラムネオナガバト[16](*pilaka: Macropygia amboinensis*)、パプアシワコブサイチョウ(*ka: Aceros plicatus*)であった(写真4-5)。そのうち、バラムネオナガバト以外はイタワをはじめとする採餌樹木の実を食べる。したがって、村びとたちは、これらの採餌樹木が実をつける時期に、その枝や近くのアイマニ(*aimani*)――採餌樹木に飛び移る前に鳥たちが必ず止まる樹[17]――の枝にプランカップ(第3章参照)やトリモチ(*hapulu*)を仕

写真 4-5　トリモチ猟で捕えられたクロオビヒメアオバト(アマニオホ村)

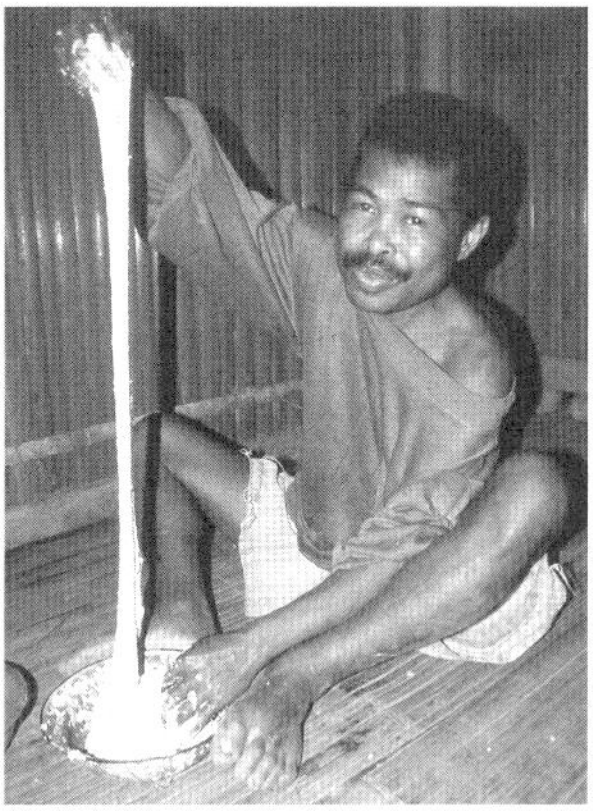

写真4-6　野鳥を捕獲するためのトリモチ（アマニオホ村）

写真4-7　トリモチを仕掛けるために木に登る村びと。竹筒の中にトリモチが入っている（アマニオホ村）

掛けて捕獲する（写真4-6、4-7）[18]。

表4-9に示したように、食用野鳥の捕獲のために利用される採餌樹木は数種ある。なかでも、多種類の野鳥の餌となるイタワは人の継続的な世話を受ける結果、イタワが優占する林（以下「イタワ林」）が形成されている。きちんと測量したわけではないが、筆者の歩測による大雑把な推計では、一ha近い広さをもったイタワ林もあった。こうしたイタワ林のそばには、例外なく数本のアイマニが残され、プランカップやトリモチを枝に取り付けている（図4-2）。

イタワ林での猟は一月から四月にかけてである。村びとたちは猟に先立ち、イタワ林を簡単に手入れする。たとえば、イタワが花をつけ始めたころに、下刈りを行ったり、成木に巻きついた蔓を切ったりする。また、イタワを遮る樹木の伐採、アイマニに巻きついた蔓の切断や幹に付着した着生植物や苔の除去なども行う。さらに、イタワの実が落ちるころにそれを集めて別の場所に播き、イタワ林を拡大することもある。播種後は五～六年で実をつけるという。イタワは雌雄異株なので、実をつける雌株（*itawa hihinani*）のみを残し

表4-9　根栽畑造成時にしばしば伐採されない樹木

地方名	学　名	結実時期	捕獲される鳥・コウモリの地方名(学名)
オマ (*oma*)	*Artocarpus* sp.	2〜4月	*solo musunu* (*Pteropus* sp.), *solo puti* (*Pteropus* sp.)
イタワ・コピ (*itawa kopi*)	*Litsea mappacea*	1〜2月	*fufualo* (?), *ka* (*Aceros plicatus*), *lesoa* (*Ivos affinis*), *loe* (*Phiemon subcorniculatus*), *manu putia* (*Ducula bicolor*), *makatola* (*Basilornis corythax*), *mavene* (*Gymnophaps mada*), *nieli* (*Columba vitiensis*), *ovota* (*Ptilinopus superbus*), *sisai* (*Alisterus amboinensis*), *totoro* (*Lichmera squameta, Motacilla flava*)
イタワ・トゥニ (*itawa tuni*)	*Litsea mappacea*	3〜4月	*fufualo, ka, lesoa, loe, manu putia, makatola, mavene, nieli, ovota, sisai, totoro*
レハ (*leha*)	*Symplocos cochinchinensis*	12〜1月	*fufualo, makatola, mavene, ovota, uniuni* (*Zesteropus kuehni*)
アウォウ・ラサ (*awou lasa*)	*Prunus grisea*	1〜2月	*fufualo, mavene, ovota*
アウォウ・トゥニ (*awou tuni*)	*Prunus arboreus*	1〜2月	*fufualo, mavene, ovota*
カテピ (*ketapi*)	*Geniostoma* sp.	5〜7月	*mavene, ovota, uniuni*

出所：フィールド調査。

注1：樹木の学名の同定は、インドネシア科学院生物学研究センター(Pusat Penelitian Biologi-Lembaga Ilmu Pengetahuan Indonesia)で行った。

注2：レハ、アウォウ、カテピについては、集約畑の辺縁部にある樹木を残すこともあるが、伐採する者も少なくない。村びとが野鳥を捕獲するための「大きな罠」としてもっとも活発に活用しているのはイタワ・コピとイタワ・トゥニである。

注3：レハ以外は雌雄異株。根栽畑造成時に雄株は必ず伐採される。

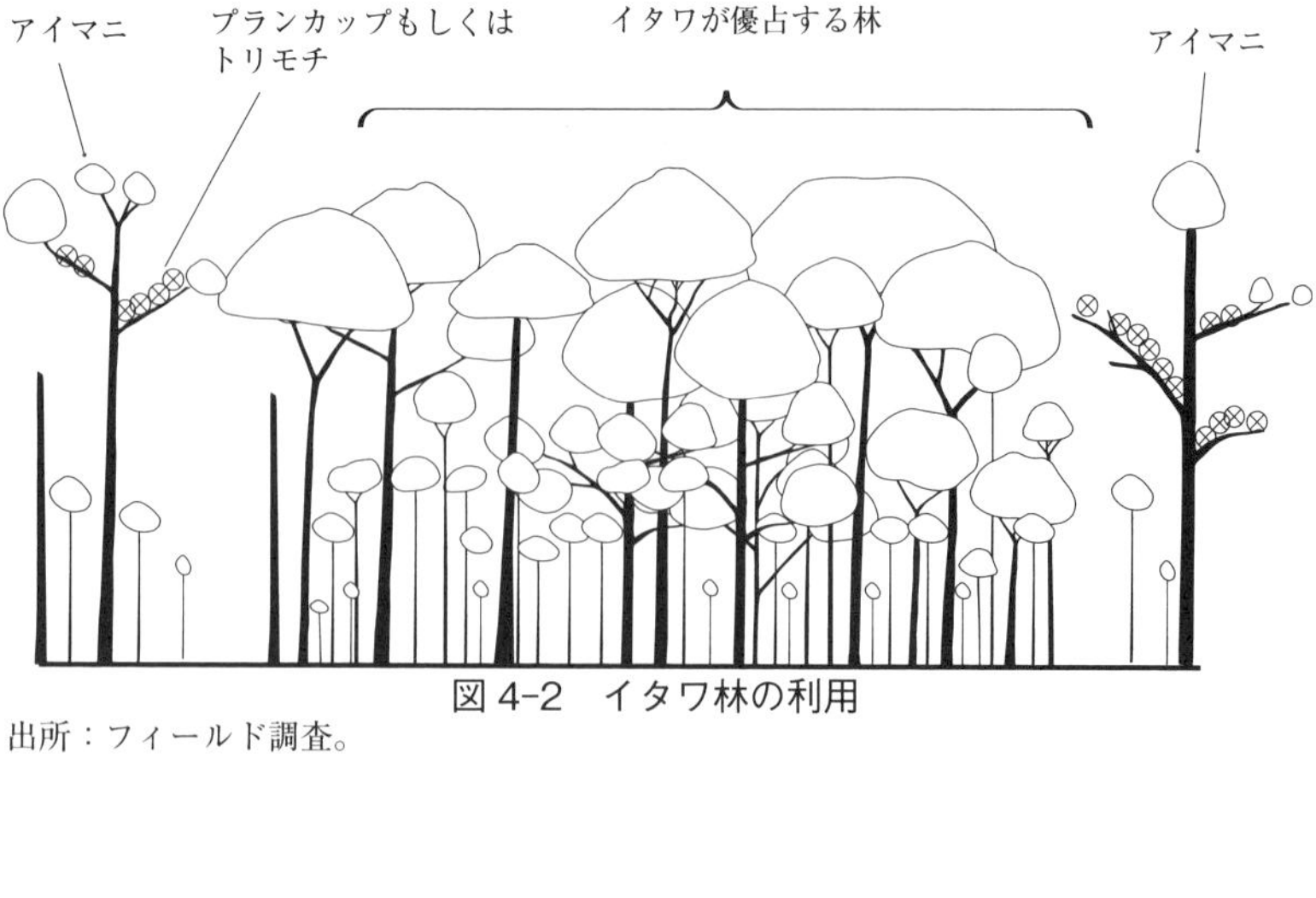

図4-2　イタワ林の利用

出所：フィールド調査。

て保護する。このように、人による半栽培的なはたらきかけの長年の積み重ねによってつくり出されたイタワ林が、ルカピにはいくつも点在している。

(6) カイタフのなかの人為的撹乱環境

最後に、カイタフでみられる人と植物との半栽培的なかかわりあいについてもふれておこう。カイタフは在来農業によって創出・維持されている景観ではないが、人為的に生み出された撹乱環境がまったく存在しないわけではない。

たとえば、第2章で述べたように、クスクスが採餌のために利用する樹木の保育である。クスクスは、アタウ、コリ、マサパ(*masapa*：*Syzygium malaccense*)、ハアナ(*haana*：*Gordonia excelsa*)、などの実や、スパ(*supa*：*Ficus* sp.)、アイルラ(*airula*：学名不明)、ソラオト(*solaoto*：学名不明)などの樹液を餌としている。このようにクスクスが利用する樹木は、幹にクスクスが樹皮をかじってはがした跡(*maloto*)や無数の爪あと(*ihisi tihinemi*)があり、周囲の地面には食痕のついた実や糞が落ちているので、それとわかる。村びとはこうした樹木を見つけると、幹に巻きついた蔓を切ったり、周囲の植生を刈り払ったり、近接する樹木の樹皮を剥いで枯死させたりして、生育を奨励することがある。

また、クスクスを捕獲するための罠を仕掛ける際、林冠に間隙をつくり出すため、木を伐採して、数十mにわたって帯状の人為的ギャップがつくられることがある(一三〇ページ参照)。クスクスを対象とした罠猟が行われるのは、細かく区分された森のごく一部だが、その森では、間断的かつ分散的に人為的なギャップが形成されているのである。こうした場所は、森の先駆植物にとって好ましい生育環境となるであろう。同時に、そうした下層植生を食するティモールシカにとっても良好な採餌場となる可能性がある。

さらに、山地民がカイタフに泊まり込んで猟を行うとき、食糧を調達しやすいように、罠猟に先立って猟場へと通じる山道のほとりの樹木を伐採し、小さな粗放畑を造成することがある。ここにはバナナやタロイモが植えられる。罠猟が終了すると、しばらく放置されるので、二次植生が回復する。その中に埋もれるように、バナナやタロイモが生き延びていることがあり、イノシシやジャコウネコ(*Viverra tangalunga*)などがよく食べるという。

このように、原生林・老齢二次林が広がるカイタフも決して「手つかずの自然」ではなく、人為の痕跡を見出すことができるのである。

3　多様性に富んだ「二次的自然」の創出・維持

以上みてきたように、在来農業を媒介とした自然環境への人為的介入によって創出・維持された景観――サゴヤシ林、竹林、フォレストガーデン、ダマール採取林、ルカピ、根栽畑、イタワ林――のすべてにおいて、程度の差はあれ、「植物―人関係」の基本として半栽培的なかかわりあいが認められる。半栽培的なはたらきかけを通じて創出・維持されているこれらの景観は、まったくの手つかずの原生的自然でもなければ、人によって強固にコントロールされた人工的自然でもない。一定のバランスのなかで人と自然(植生)が相互作用し続けることでつくり出され、維持されてきた「二次的自然」[市川二〇〇三：五〇；佐野二〇〇五：一二―一三]である。

集落を取り囲む「豊か」な天然林のなかで、山地民は、半栽培という土地・植生への介入を、さまざまな場所と方法で行うことにより、多様な生態環境を生み出しているといえる。また、こうした多様な生態環境が生み出された結果、人びとは多様な生態系サービス(ecosystem services)[19]の享受が可能になっている。

ところで、マルク諸島を含めてウォーレシアからオセアニアにかけては、古くから今日に至るまで、多様な樹木が利用されてきたことで知られている[Latinis 2000; Denham 2004; Kennedy and Clarke 2004]。ラティニスは、マルク諸島のサブシステンス経済を、アーボリアルな（arboreal：樹木性・樹上性の）資源――有用樹木だけではなく、森林の下層、ギャップ、辺縁における動植物も含む――の利活用を通じて、食あるいは栄養的・経済的な必要の大部分を満たすようなサブシステンス経済であるとし、これを「樹木基盤型経済（arboreal-based economy）」［Latinis 2000: 43-47］と呼んだ。

これまで述べてきたように、アマニオホ村でも多様で活発なアーボリカルチュア（有用木本性植物の植栽・保育・利用）がみられる。在来農業を通じて創出・維持されているさまざまな景観のうち、サゴヤシ林、竹林、フォレストガーデン、ダマール採取林、イタワ林は、すべてアーボリカルチュアによってつくり出され、維持されているものである。根栽畑周辺でも、果樹、サトウヤシ、オマ、採餌樹木など有用樹木の選択的保護が行われている。なかでも、フォレストガーデン、ダマール採取林、イタワ林は土地・植生への人の介入が非常に限られており、多種多様な野生樹木が混交しているため、一見しただけでは天然林と区別できないほど、自然度が高い。こうした林は、自然環境に人が寄り添いながら、周囲の自然環境や植物と絶え間なく相互作用することで創出・維持されているものであり、人・自然環境・植物が共同でつくり出したという意味で、「共創林」[20]と呼んでもよいかもしれない。

三　在来農業が結ぶ野生動物と人

1　人為的攪乱環境を利用する野生動物と人

これまでの議論からうかがえるように、アマニオホ村を取り囲む森の景観を構成するのは、広大な老齢天然林と、

た人為的攪乱環境を利用している野生動物

野生動物が餌として利用している栽培・半栽培植物	人間による当該野生動物の利用
サツマイモ、タロイモ、キャッサバ、オマ、ドリアン(落下した果実)、パラミツ(落下した果実)、タケノコ	根栽畑やサゴヤシ林の辺縁部やルカピにある通り道に槍罠(*lofu-lofu*)を仕掛けて捕獲。食用に利用。
棘のないサゴヤシ(枯死した葉柄の基部)、人が蔓切りや下刈りを通じて保育したイタワ、アタウ、マサパ、ハアナ、コリなどの実、ソラオトなどの樹液	ロタンでつくった輪罠(*sohe*)を森の中の通り道(*silani*)と思われる場所に仕掛けて捕獲。食用に利用。
サトウヤシ、ランサッ、パラミツ、オマ、グァヴァ、ミズレンブ、フトモモの果実	サトウヤシやオマなど採餌のために訪れる樹木に罠(スラやプランカップ)を仕掛けて捕獲。弓矢猟や空気銃猟で捕獲する場合もある。食用に利用。
サトウヤシ、パパイヤ、ランサッ、パラミツ、オマの果実	サトウヤシやパパイヤなどの実のそばにプランカップを仕掛けて捕獲。食用に利用。
バナナ、ドリアン、パラミツ、パパイヤ、パイナップル、イタワの果実	バナナやドリアンの結実期に、落下した実を集めて周囲に柵を作り、跳ね縄を仕掛けて捕獲。木の棒に熟したバナナを吊るし、そこに輪罠を取り付けて捕獲する場合もある。食用に利用。
バナナ、パパイヤの果実	バナナやパパイヤの実の近くに取り付けた棒の上に輪罠を仕掛ける。また、ジャコウネコの罠と同様に、餌となる果実を一カ所に集め、跳ね罠を仕掛けて捕獲。食用に利用。
バナナ、ドリアン	バナナやドリアンの花の付近にプランカップを設置して捕獲。食用・販売用に利用。
イタワの実	イタワの結実期に、トリモチやプランカップを仕掛けて捕獲。空気銃で仕留められることもある。食用に利用。
イタワ、レハ、アウォウ、カテピの実	イタワなどの結実期に、これらの樹木(林)や付近に立つアイマニにトリモチやプランカップを仕掛けて捕獲。空気銃猟で捕獲する場合もある。食用に利用。
ドリアン、ランサッ、パラミツの果実、マニラコパールノキの実	ドリアンやパラミツの結実期に、果実のそばにプランカップを仕掛けて捕獲。販売用に利用。

表4-10　在来農業によってつくられ

野生動物	採餌場として利用している人為的攪乱環境
イノシシ	根栽畑、ルカピ、サゴヤシ林、竹林、フォレストガーデン
ハイイロクスクス	ルカピ、サゴヤシ林、フォレストガーデン
コウモリ ソロムスヌ (*solo musunu: Pteropus* sp.) ソロプティ (*solo puti: Pteropus* sp.)	フォレストガーデン、根栽畑・竹林・サゴヤシ林の辺縁部、ルカピ
ハトウクレ (*hatukule*：学名不明)	根栽畑、フォレストガーデン、ルカピ
ジャコウネコ	根栽畑、フォレストガーデン、ルカピ
パームシベット (*Paradoxurus hermaphroditus*)	根栽畑、フォレストガーデン、ルカピ
インコ ヒインコ オウインコ	根栽畑、フォレストガーデン
パプアシワコブサイチョウ	イタワ林
ハト科の野鳥 オナガミヤマバト、クロオビヒメアオバト、アカメカラスバトなど	イタワ林、根栽畑周辺
オオバタン	フォレストガーデン、ダマール採取林

出所：フィールド調査。

その中にモザイク状もしくはパッチ状に分布する多様な「二次的自然」である。

熱帯の農業(農業景観)と野生動物の関係について論じた最近の保全生物学的研究[たとえば、Marsden and Pilgrim 2003; Smith 2005; Faria et al 2006; Medina et al 2007など]は、農業による人為的な攪乱環境が広い原生林・老齢二次林に分布する場合、農業は特定の生物にとって良好な生息環境を提供し、地域の種の多様性を(大規模モノカルチュアと比較して)相対的に高い状態に維持できる場合があることを示唆している。それをふまえると、アマニオホ村の在来農業(とくにアーボリカルチュア)が生み出した、このような「豊かで多様性に富んだ森」の景観は、採餌場としての生産性を高めるなどによって、相対的に高いレベルの生物多様性の維持に寄与している可能性がある。

しかし、筆者はこの点を、保全生物学者が行うように、定量的分析を通じて「厳密」に検討することはできない。したがって、ここでは、村びとへの聞き取りと参与観察に基づいて、在来農業によってつくり出された人為の加わった景観を、どのような野生動物がどのような形で利用し、また、それら野生動物を人びとがどのように利用しているのかについての記述をとおして、在来農業を媒介として結ばれた野生動物と山地民との親和的な相互関係の一端を明らかにしてみたい。

表4-10に示すように、在来農業を通じてつくり出された攪乱環境を採餌場として利用している野生動物は少なくない。これら人為によって創出・維持されながらも、自然度の高い生態空間にやってくる野生動物は、さまざまな罠で捕獲され、利用される。

たとえば、イノシシは、根栽畑の作物や放棄後の根栽畑に残存した作物を恒常的に食べるほか、サゴヤシ林や根栽畑の辺縁部で落下したオマの実や、フォレストガーデンに落下したドリアンやパラミツの果実を食べる。また、竹林に生えるタケノコも格好の食物となる。こうして人為的攪乱環境に飛び込んでくるイノシシを、村びとは槍罠などの罠を仕掛けて捕え、食用に利用している。

コウモリも人が手を加えた環境に頻繁に出没し、フォレストガーデン、竹林・サゴヤシ林・根栽畑の辺縁部、ルカピなどで半栽培されているサトウヤシ、ランサッ、パラミツ、オマ、グァヴァ、ミズレンブ、フトモモの果実などを食べる。コウモリが採餌のために訪れるこうした樹木に、スラ(*sula*)と呼ばれる数本の竹槍を立てた罠やプランカップを設置して捕獲し、食用に利用している(写真4-8)。なお、コウモリは、これらの果実を食べた後、未消化の種子を糞とともに森で排泄し、種子を散布する。ランサッやパラミツなどに関しては、既述のとおり、この種子から発生した実生を人が保護することもある。

また、ジャコウネコは、根栽畑やその放棄地に生育するバナナ、フォレストガーデンのドリアン、パラミツ、パパ

↑写真4-8　オマに仕掛けられた、コウモリを捕獲するための罠(アマニオホ村)

←写真4-9　捕獲されたジャコウネコ(アマニオホ村)

イヤ、パイナップル、そして人が野鳥を捕獲するために保護しているイタワの果実を食べる。村びとたちは落下したドリアンなどの実を一カ所に集め、その周囲に作った柵に設けた出入り口に跳ね縄をしかけて、ジャコウネコを捕獲する。成熟したバナナ(*telo matalala* など)のそばに取り付けられた輪罠で捕獲されることもある(写真4-9)。捕獲頻度は少ないが、やはり食用に利用されている。

　これらが、人が直接利用する有用植物を育てるためにつくり出した二次的自然における野生動物と人とのかかわりあいである。そのほか、先述したように、ハト科の野鳥をおびき寄せるためのイタワ林の創出やクスクスの採餌樹木の保護など、野生動物を誘い込み、捕獲することを目的とした土地・植生への人為的介入を媒介とする野生動物と人とのかかわりあいもある。

2　熱帯における「里山」[21]の鳥オオバタン

　このようにセラム島には、程度の差はあれ、人為的撹乱環境を採餌場などとして利用する野生動物が少なくない。それは第3章で扱ったオオバタン(写真4-10)も同様である。ここで、アーボリカルチュアが結ぶオオバタンと人とのかかわりあいについて、少し詳しくみていこう。

写真4-10　軒先に飼われるオオバタン（アマニオホ村）

村びとたちは狩猟のために、集落から遠く離れた森を比較的広い範域にわたって歩く。したがって、村の慣習地内の土地であれば、どのような動植物があるかを含め、森の状況について豊富な知識をもっている。そこで筆者は、村の成人男性二九人を対象に、畑仕事や狩猟のために農地や森を歩いているときに、「どのあたりでオオバタンの姿をよく見かけるか」「どのあたりでオオバタンの鳴き声をよく耳にするか」について聞き取った（図4-3）。

なお、こうした聞き取りで生じるバイアスとして、オオバタンをよく見かける（あるいはよく鳴き声を聞く）のは村びとが頻繁に利用している地点だからと思われる読者もいるかもしれない。しかし、村びとたちがフォレストガーデンを利用するのは、おもに果実がなる特定の季節である。また、ダマールも特定のダマール採取林から頻繁に採取するものではない。さらに、多くの村人は猟のために集落から遠く離れた森を比較的広い範域にわたって歩いており、森の状態について非常に深い知識をもっている。したがって、バイアスは一定程度回避できていると考えられる。

図4-3に示されるように村びとが「オオバタンをよく見かける（よく鳴き声を聞く）場所」として多くあげたのは、原生林・老齢二次林（図のK）[22]だけでなく、ダマール採取林（KH）やフォレストガーデン（L）、そして、マニラコパールノキとドリアン、ランサ、パラミツといった果樹と野生樹木が混成する林（L／KH）である。聞き取りを行った村びとたちも、「オオバタンは、人気のない森よりも、人が手を加えた森に暮らす」と語っていた。

その理由は、この大型白色オウムが、ドリアン、ランサ、パラミツなどの果実やマニラコパールノキの実を好物と

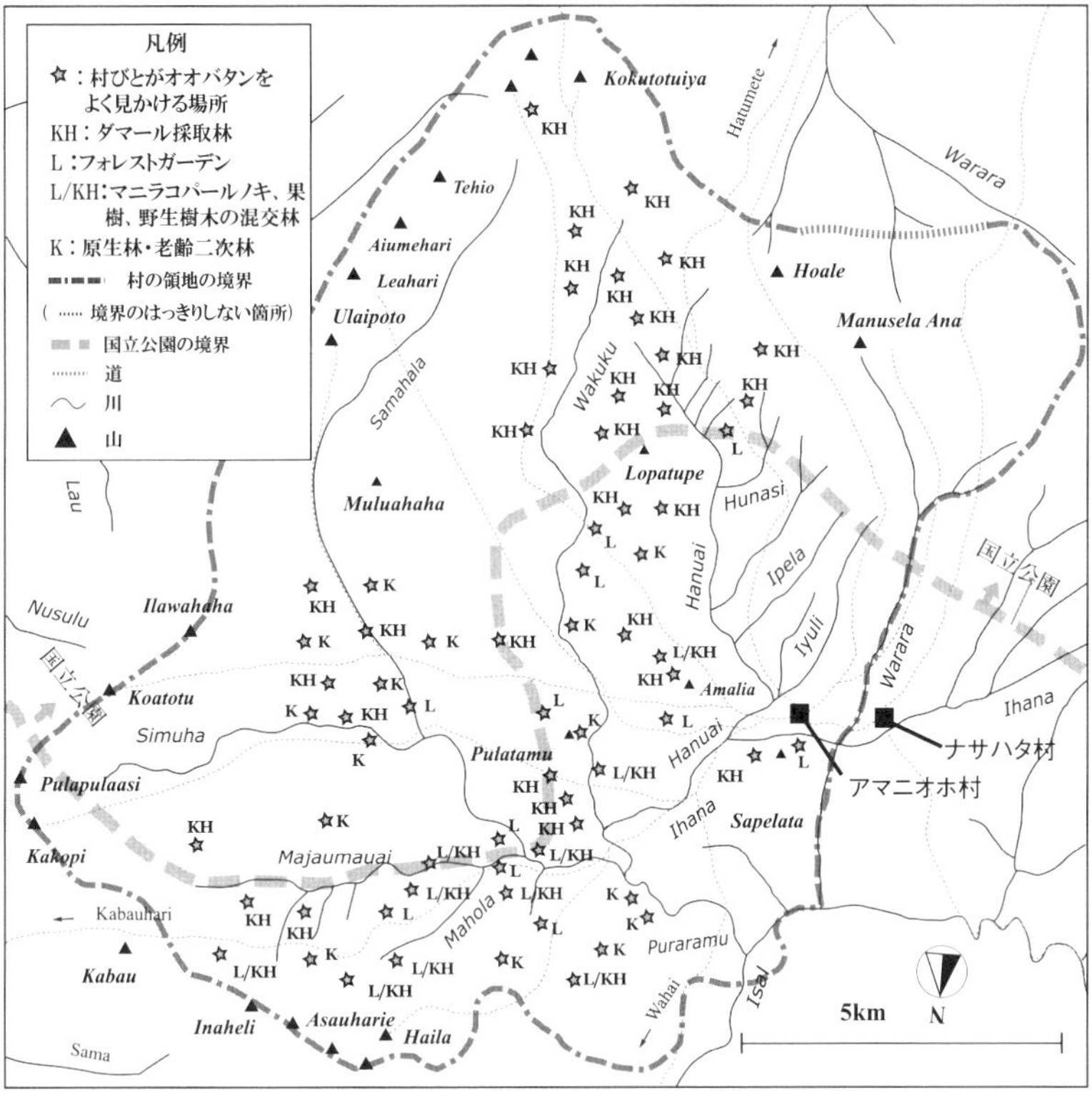

図4-3　オオバタンがよく目撃される場所

出所：フィールド調査。
注1：地図(Schtskaart van Ceram Blad Ⅷ, Topografische Inrichting, Batavia, 1922)をもとに、山や川の位置を書き記して聞き、おおよその場所を地図上に記した(☆印)。
注2：☆印の後のKHなどの略号は、その場所の土地・植生類型を表す(凡例を参照)。

するほか、[23]マニラコパールノキの巨木にできた洞（*ninahu*）を格好の営巣場所としており、フォレストガーデンやダマール採取林を日常的に利用しているからである。つまり、オオバタンは、人が手を加え、自然環境や植物と相互作用することで生み出されたフォレストガーデンやダマール採取林といった「共創林」を、採餌や営巣の場として頻繁に利用する、いわば熱帯の「里山」の鳥だと言ってよい。

　このように、オオバタンは、人為的攪乱環境を遊動域の一部に組み込み、「自然」を改変する人為の力に何らかの程度依存して生きているとみられる。そして、山地民はそうした人為的撹乱環境に寄ってくるオオバタンを捕獲し、現金収入源として利用するのである(第3章参照)。

ところで、序章で述べたように、集落から直線距離で三〜四kmの地点にマヌセラ国立公園の境界線がある。この公園の管理目的のひとつは、オオバタンをはじめとする希少種の保護である。ところが、村びとが「オオバタンをよく見かける(よく鳴き声を耳にする)ところ」としてあげた場所の少なくない部分が公園内に含まれており、その多くはダマール採取林である。オオバタンがよく出没すると村びとが指摘したフォレストガーデンの一部も公園に含まれている。このように、オオバタンが「共創林」に依存して生きているとするならば、人為を排除しようとする公園管理はオオバタンの保全にとってはふさわしくないアプローチとなる。この問題については、終章で改めて論じたい。

3　在来農業をとおして結ばれる「緩やかな共生関係」

山地民は、さまざまな場所で、さまざまな方法によって、自然環境に対して(とりわけ、アーボリカルチュアを通じて)半栽培的にはたらきかけ、集落を取り囲む天然林の中に、パッチ状あるいはモザイク状に多様性に富んだ人為的撹乱環境を創出・維持し、野生動物の採餌場として生産性の高い生態環境を生み出してきたと考えられる。同時に、そうした人為的撹乱環境を利用する野生動物を捕獲し、食用や販売用に利用してきた。

以上をふまえると、この地域の在来農業を媒介として、野生動物と人とのあいだには、緩やかに相互に依存しあう、双方向的なかかわりが生み出されていると言えるのではないだろうか。こうした「野生動物―人」の相互関係は、「緩やかな共生関係」と表現してもよいかもしれない。

最後に本章の議論から示唆される点についてまとめておこう。

第一に、サゴ基盤型根栽農耕は、サゴヤシ半栽培の相対的に高い土地生産性と根栽畑作経営の小規模性を背景に、農業が不可避的に伴う天然林への伐採圧力を相対的に低く抑えてきた。それは、低い人口密度とともに、この地域の「豊かな森」の成り立ちにかかわっていると考えられる。

第二に、サゴ基盤型根栽農耕を一つの背景要因として生み出されたと考えられる「豊かな森」では、さまざまな方法で半栽培的な土地・植生へのはたらきかけが行われており、まったくの手つかずの原生的自然でもなければ、人によって強固にコントロールされた人工的自然でもない、多様な二次的自然が創出・維持されている。こうした多様な景観がつくられ、維持されている結果、人びとは多様な生態系サービスを享受できている。

第三に、そのようにして、つくり出され、維持されている人為的攪乱環境は、「採餌場」としてこの地域のさまざまな野生動物に利用され、人の側はそうした人為的攪乱環境に寄ってくる動物を捕獲し、食用もしくは販売用に利用する。つまり、この地域の在来農業を媒介として、野生動物と人とのあいだには「緩やかな共生関係」とでもいうべき相互関係が生み出されていると考えられる。こうした野生動物と人との親和的なかかわりあいは、野生動物と人の関係の持続可能性の向上に何らかの程度、寄与している可能性がある。

これまで、生物多様性の保全という観点からマルク諸島の在来農業が評価されることはほとんどなかったといってよい。マルク諸島のアーボリカルチュアの実態についても、エレン[Ellen 1978]、ウォルフとフローリー[Wolf and Florey 1998]、カヤら[Kaya et al. 2002]などを除いて、ほとんど資料化されることがなかった。アーボリカルチュアを媒介に結ばれる人と野生動物とのかかわりあいに焦点を当てた研究にいたっては、管見のかぎり、ほとんど皆無と言ってよい状態である。地域の実情にあった保護計画の策定のためにも、この地域の在来農業が、野生動物と人の双方向的なかかわりあいの成り立ちにどのように関係しているのか、それが希少種の保護や生物多様性の維持・向上にいかなる役割を果たしているのかを明らかにする研究が求められるといえよう。

（1）これはマルク州の人口密度であり（第1章参照）、本書の舞台となるセラム島の人口密度は二〇〇〇年時点で一八人／㎢である（BPS Kabupaten Maluku Tengah 2004）。この値は人口稠密な農村地帯が広がる東ジャワ州の人口密度（七二六人／㎢、二〇〇〇年）の約四〇分の一にすぎない（Badan Pusat Statistik http://www.bps.go.id/sector/population/table3.shtml. アクセス日：二〇〇七年三月一六日）。

（2）こうした根栽農耕文化の特徴としては、栄養繁殖作物を主作物とする以外にも、倍数体利用が発達している、マメ類や油糧作物が欠落していることから栄養的にでんぷん質に偏るため、漁撈・狩猟への依存度が少なくない、堀棒を唯一の農具とし、点植・点播を特色とする、イモ類・果実類は貯蔵に困難なものが多く、収穫期の異なる多くの品種が改良されている、などが指摘されている［佐々木二〇〇三：二七二］。

（3）村びとの話では、吸枝発生・移植から収穫可能な大きさに生長するまでに一五〜二〇年かかるという。

（4）ここでいう実質的土地生産性とは、ある耕作期間と休閑期間のもとで循環的に土地が耕作されているとの想定で、休閑地を含めたすべての土地を考慮に入れた土地面積あたりの年間生産量であり、次式で求められる。実質的土地生産性＝耕作地での単位面積あたりの年間生産量／（休閑期間／耕作期間＋一）。「陸稲焼畑の実質的土地生産性（エネルギー量）を求めるにあたっては、文部科学省科学技術・学術審議会資源調査分科会［二〇〇五］の「五訂増補 日本食品標準成分表」に依拠して、陸稲の単位重量あたりエネルギー量を三五二〇㎉／kgとした。

（5）筆者は二〇〇三年六月初旬から八月中旬にかけて、ランダムに選んだ世帯を食事時に訪問し、主食食物摂取量を計量した。それによると、一人あたりの平均サゴ消費量は乾重量で一日二六三gである。この値は、男性人数に一・〇、女性人数に〇・八、六五歳以上の老人と一〇歳以下の児童の人数に〇・五をかけ、実質消費人数を求めて割り出したものである［山内一九九二：一九二］。これに基づくと、調査時点（二〇〇三年）におけるアマニオホ村のすべての住民（五九世帯、三二〇人）のサゴ需要を満たすのに必要なサゴヤシ林面積は一八・二〜二六・三ha（世帯あたり〇・三一〜〇・四五ha）と推定された。この値は、村に実際に存在するサゴヤシ林面積とそれほど大きく異なるものではないと思われる。なぜなら、調査時点において、多くの村びとが伐採に適したロプロプのサゴヤシが減ってきていると考えており、村に存在するサゴヤシ林で、何とかすべての村びとのサゴ需要を満たすことができているような状態だったからである［笹岡二〇〇六a：一四二］。

(6) このような、サゴ基盤型根栽農耕と森林との関係性は、この地域の森林資源利用にも大きな影響を与えていると考えられる。筆者は二〇〇三年五月下旬から〇四年三月上旬にかけて四つの調査期間を設け、一五～一九世帯を対象に、八九日間にわたって動物性資源の捕獲・採取量を調べたが、調査期間中に村びとが得ていたタンパク質量の約四九％はクスクスに由来していた(一一九～一二一ページ参照)。食事調査の結果をみても、動物性食物のなかではクスクスの「摂食頻度(食事回数に対する当該食物の出現回数の比率)」がもっとも高く、季節変動も少ない。このように、セラム島内陸山地部においてクスクスは、サゴ食民の食生活を安定的に支えるうえで非常に重要な役割を担っている(サゴはほぼ純粋なでんぷんから成っており、サゴに強く依存する社会では、動物性食物がタンパク質の供給源として重要な役割を果たしている)。クスクスは樹上での生活に適応した動物であり、地上に下りることを強く忌避するため、樹冠が開けた森にはほとんど出没しない。生息地は、これまで人の手で伐採されたことがないか、あるいは伐採されたとしてもはるか昔で、現在は高木が林立する原生林・老齢二次林である。以上をふまえると、セラム島内陸山地部では「農」と「森(地域の森林景観と人びとの森の利用)」とのあいだに、次のような関係を見出すことができる。すなわち、クスクスが安定的に供給される環境がサゴに強く依存したセラム島山地民の食生活を支える一方、サゴ基盤型根栽農耕がそうした環境(クスクスの生息地である豊かな森が広く残された環境)の維持に寄与し、クスクス猟を中心とする山地民の森林資源利用を支えている、という「農」と「森」の双方向的なかかわりである。この点については笹岡[二〇〇七d]を参照。

(7) 中尾佐助は、採集から真の農耕の開始に至る中間段階に、「半栽培」という長い植物利用の時期を経たと想定し、次のように述べている。「人間が植物と縁を結び、農耕に入っていくのには、まずその初めは植物生態系の撹乱、破壊からはじまったと言えよう。自然生態系を人間が撹乱、破壊するとそれに植物の側が反応して、突然変異などの遺伝的変異も含めて、新しい環境への適応がおこる。そうした植物の中から、人間が利用をはじめると、植物の側から適応力を更に強めていくことも起こりえる(中略)。その段階では人間は意識的に栽培をすることはなくても、農耕の予備段階に入ったと言えよう。それは広義の半栽培の段階とも言えよう。あるいはもっと適格に言えば、生態系撹乱状態と言ってもよいだろう。こうして生態系撹乱をして、新しい環境に適応したものの中から、有用なものを保護したり、残したりするようになると、これはもうはっきりとした半栽培段階と言ってよいだろう」[中尾二〇〇四：六八七―六八八]。また、野生植物が人の手によって栽培植物に変転してゆくもっともよい実例を示すものとして、パプアニューギニアの根栽農耕を評価し、そこに見られる半栽培段階の事例から次の要点をまとめている。すなわち、①自然生態系のなかの特定植物を利用し、さらには、それを保護、さらには積極的に「栽植」するようになる。保護あるいは植栽は、その種の変異から有用なものを選び出すので、遺伝的な品種改良が進行する。②二次作物――畑の中に出現する雑草に有用性が認められて、栽培植物にまで昇格したもの――として、①と同じ過程を経る。③かつては他所から伝播し、それがエスケープ(帰化)し、自らの力で繁殖しており、人間は必要に応じてそれを採集し、利用している[中尾二〇〇四：七〇一–七〇二]。なお、中尾の原著では、「栽培」という言葉が用いられているが、文意をふまえると、栽植(cultivation)のほうが混乱が少ないと思われるため、前記の記述では「栽植」という用語を用いた。ハーランが区別しているように、「植栽(cultivation)」と「栽培(domestication)」は異なる概念である。前者は植え付け、播種、除草、剪定、水やり、施肥など「人間の行為を表すもの」で、植物に遺伝的な変異が生じているかいないかは問題とならない。後者は、人との共生関係の形成によって植物の側に遺伝的な変化を伴う状態を表している(たとえば、山に生えている野草を庭に植え、育てることは栽植、すなわち植栽／cultivation であり、栽培／domestication ではない)[Harlan 1992: 64]。

(8) そこでは、植物の全生活史において人の果たす役割は限定されているものの、人の側からは保護や簡単な栽植や世話が、植物の側からはさまざまな用途に利用される資源が人に提供され、地域の人びとの生活を支えている。そのような相互関係は安定していて持続的であり、「セミ・ドメスティケイション」として捉えられている[松井一九八九：四五]。

(9) ハーランによると、「栽培化(domestication)」とは *domes*(家屋、人間の棲みか、住居、世帯などを表すラテン語)に動植物を適応させる遺伝的変化を含むものであり、「完全な栽培化」は人間の助け抜きで生存できない個体群を生み出すことである[Harlan 1992: 64]。栽培化は進化のプロセスなので、植物と人間のかかわりの程度にはさまざまなものがある。つまり、野生品種と同じ形態から、完全に栽培化された植物(その生存を完全に人間に依存している植物)までさまざまであり、そこには不可避的に中間的な状態が存在すると言う。そのような状態にある植物の具体的な事例として、次の植物をあげている。人間と親密な関係をもつようになったものの、明らかなる「遺伝的な改変(genetic modification)」の証拠がみられない「生育が奨励される植物」としては、バオバブ(*Adansonia* spp.)、シロアカシア(*Acasia albida*)、アブラヤシ(*Elaeis guineensis*)、サゴヤシ(*Metroxylon sagu*)などである。人為的攪乱環境に侵入するが、人間によって排除されないため、そこで生き延びている「存在が許容される植物」としては、エンバク(*Avena* spp.)、メキシコでかつて栽培されていた可能性があり、後に別の植物に代替され野生化したエノコログサ(*Alopecurus* spp.)、サツマイモに代替され野生化したクズの一種(*Pueraria lobata*)などである。

(10) 松井は、「セミ・ドメスティケイションは、必ずしも、ドメスティケイションに発展的に解消されなくてもよい」[松井一九八九：三三]と述べている。つまり、あるものは、セミ・ドメスティケイションの状態にとどまったり、あるものは、人間の関与が方向を変え、野生の状態に戻ったりする場合もある、という[松井一九八九：三三]。宮内泰介らも、半栽培を、野生から栽培植物へ移行する間の歴史的概念としてではなく、人間と自然との多様な関係(放置的な栽培、野生植物の移植、野生植物への手入れなど)を表す共時的概念として用いている[宮内二〇〇九：九–一〇]。本書においても、半栽培を、野生からドメスティケイションへと至る一方向的な発展図式の一段階として位置づけず、植物と人の比較的安定した相互依存関係のあり方を示す共時的な概念として用いる。

(11) ランサはセンダン科の常緑小高木で、竜眼に似た果実を葡萄状につける。パラミツはクワ科の常緑高木で、英語ではジャックフルーツ(jack fruit)と呼ばれ、長さ四五～七〇㎝、幅三〇～四〇㎝、重さ三〇㎏にもなる果実をつける。ミズレンブはフトモモ科の常緑中高木で、淡い赤色をしたピーマン型の果実をつける。これらはみな果実が生食される。パラミツについては、種子をゆでて食べることもある。

(12) オマの結実期には、サゴの葉柄の先端に竹を削って作ったナイフをつけて実を落とし、割って種を採る。このとき、母樹だけではなく、周囲に発生している実生に対しても下刈りや蔓切りが行われる。このようなはたらきかけの長年の積み重ねによって、集落周辺には、オマの優先林が形成された場所も存在する。

(13) 多くの世帯が、自分の根栽畑やサゴヤシ林の辺縁部でイタワの木を保育していた。筆者が聞き取りした一七世帯中一五世帯がそのようなイタワの木をもっており、平均保育本数は六・五本であった。

(14) 西谷大は、焼畑がつくり出す攪乱環境は野生動物をおびき寄せ、野生と人間を結ぶ境界ゾーンをつくり出していると し、焼畑の野生と人間を結びつける機能を「大きな罠」と表現した[西谷二〇〇四：八二]。西谷によると、焼畑は動物にとっては一年中植物が安定供給される理想的な餌場であるが、人間の側からすれば、野生動物をおびき寄せ、くくり罠などを仕掛けて捕獲するための一種の「大きな罠」とみなせると言う[西谷二〇〇四：七五–八九]。ここでの文脈では、野鳥をおびき寄せるためのイタワなどの樹木(林)が「大きな罠」であり、プランカップやトリモチが「小さな罠」ということになる。

(15)カメルーン東南部熱帯林で行われている在来農業を対象に調査した小松かおり・塙狼星は、混作された多種類の栽培植物とともに、多種類の野生植物が混在した焼畑がつくられており、それが管理の非徹底によってもたらされたものであることを明らかにしている。彼らによると、このように野生植物の混在を許容することによって、結果的に畑の植物の多様性が生まれ、それが畑の有用性を高めているという。また、「許容される野生植物」は、人間と植物の相互作用のなかに埋め込まれたものであり、このような相互作用の過程と、その結果を受け入れる態度こそがこの地域に住む人びとが有する「混作」の技法・在来知と捉えられる、と述べている[小松・塙二〇〇〇：一二三]。本書では詳しく検討していないが、そのような「混作」の技法や在来知はセラム島山地民社会でも確認できるであろう。

(16)バラムネオナガバトは、野生樹木であるタトラ(*tatola*：学名不明)やオピタ(*opita*：学名不明)の結実期にプランカップやトリモチで捕獲されている。

(17)村びとによると、野鳥は、食物となる実をつけるイタワなどの樹木に直接止まることはない。これら採食のために利用する樹木に舞い降りる前に、まず周辺の見通しのよい場所に立つ決まった木(樹種は何でもよく、周囲に遮るもののない高木)に立ち寄り、しばらく周囲の様子をうかがってから、採食のために利用する樹木に飛び移るという。採餌樹木に向かう前に立ち寄る樹木はアイマニと呼ばれている。

(18)筆者の調査(二五一ページ注(6)参照)に基づくと、野鳥は捕獲・採取された全動物性資源量(タンパク質量換算)の約六%を占めるにすぎない。ただし、採餌樹木の結実期には多くの村びとが野鳥を対象にした猟を活発に行うので、野鳥への接触頻度は急激に高まる(一二二・一二三ページ参照)。食用野鳥は、季節的に重要性が高まる動物性食物資源である。

(19)国連ミレニアム生態系評価では、人間が生態系から得られる恵みを「生態系サービス」と呼ぶ。それは、食糧、木材や薪炭、繊維、遺伝子資源などの「供給サービス」、大気や気候の調整、土壌浸食の制御などの「調整サービス」、レジャーや観光、教育資源、審美的価値などの「文化的サービス」、これらすべての基盤となる一時生産や土壌形成などの「基盤サービス」に大別される[Millennium Ecosystem Assessment 2005]。

(20)「共創」という言葉は、塙[二〇〇二]を参考にした。コンゴ共和国北部の西バントゥ系焼畑農耕民を調査した塙狼星は、彼らが熱帯雨林の高い生産力を背景に、半栽培を通じて多様な生活空間を生み出しており、彼らにとって、森林の世界は多様な景観を共に創り出すパートナーのような存在であることを明らかにしている。このように、多様な景観を半栽培を通じて共に創り上げていくような森林と人との相互関係が「共創」であり、そのような関係性と実践的な自然認識で特徴づけられる森林文化を塙は「共創の文化」[塙 二〇〇二：一〇七]と呼んでいる。

(21) ここでは「里山」という言葉を、集落に近接しているか否かにかかわらず、「人が利用し、人為が加わることで、創出・維持されてきた森の景観」という意味で用いている。

(22) 村びとは、原生林・老齢二次林内でオオバタンをよく見かける場所の特徴として、オオバタンが実を食べるスパ、新芽を食べるヒサ(*hisa*：*Calamus* sp.?)やウムラ(*umula*：*Calamus* sp?)などのロタン、花の蜜を吸うシロ(*silo*：学名不明)、休息木(一六九ページ参照)として利用されるカハリ(*kahari*：*Soloanea* sp.)やラルカ(*raruka*：*Elaeocarpus rumphii*)などの樹木が比較的多く存在していることをあげている。

(23) ドリアン、ランサ、パラミツの結実期は、年によって多少ずれることもあるが一～五月である。一方、マニラコパールノキは結実に季節性はなく、一年中実をつけるという。

第5章

在地の狩猟資源管理

―超自然的強制メカニズムが支える森の利用秩序―

家の入口に聖霊への供物を捧げる村びと（アマニオホ村）

クスクス、シカ、イノシシなどの狩猟獣は、サゴ食民であるセラム島山地民の食を支えるうえで欠かせない森の資源である。また、それらの狩猟獣は、単に食を支えるだけではなく、山地民がこの地域固有の文脈に埋め込まれた社会文化的存在として自らの生を充実させるための営為でもある。本章が焦点をあてるのは、こうした山地民の暮らしになくてはならない野生動物資源の利用（狩猟）を自律的に制御する規範と、その規範に人びとを同調させるメカニズムである。

第2章で詳述したように、山地民は狩猟獣をさまざまな方法で捕獲している。シカとイノシシを対象とした猟には、フスパナと呼ばれる槍罠を用いた猟や、犬を用いた追い込み猟がある。一方、クスクスを対象とした猟には、ソヘと呼ばれる輪罠を用いた猟や、樹洞《うろ》に潜むクスクスを捕らえる木登り猟がある。狩猟獣の大部分は、罠猟で仕留められている。

アマニオホ村の領地の大部分を占める森（カイタフ）は、小川、崖、巨大な岩、大木、そして山道などを境界にして細かく区分され、それぞれに特定の保有者が存在する。罠猟は、基本的にこの森林区を単位に行われる。山地民は一つの森林区、面積が小さい場合には隣接する二つの森林区に集中的に罠を仕掛け、数日間に一度罠を見回る。このようにして、短い場合で一〜二カ月、長い場合は一〜二年も猟を続け、捕獲できなくなると禁猟儀礼を行って、森を閉じる。

狩猟を一定期間禁止するこうした禁制は、アマニオホ村ではセリカイタフと呼ばれる。[(1)] この禁制に違反すると、森で獣を飼育していると考えられている精霊や、代々その森を保有・利用してきた死者霊が、違反者や家族に何らかの災厄をもたらしたり、猟を失敗させたりすると、信じられている。このような超自然的存在（supernatural agents）や、それが有する力への観念（超自然観）と深く結びついた在地の森林資源（野生動物）管理は、いわゆる科学的合理性を備えたものではないが、この地域の資源管理や自然保護における地域住民の主体性について考えるうえで、興味深い。

本章の課題は、人と自然(森や森の資源である野生動物)、および自然をめぐる人と人との関係を媒介する、祖霊や精霊などの超自然的存在が果たす役割に着目しながら、セラム島山地民社会における森林資源(野生動物)の利用にかかわる秩序がどのように生み出されているのかを仔細に描き出すことにある。

一　資源管理と超自然

1　在地型の資源管理

熱帯の農山村を含め、人が身のまわりの自然に直接的に依存して暮らしている地域には、一般に、その土地固有の在来知に根差した「資源の利用を何らかの形で制御する在地の社会規範」が存在している。ここで「資源利用を制御する在地の規範」というのは、自然(資源)と人とのかかわりあいや、自然(資源)をめぐる人と人との関係を方向づけ、(しばしば、揺らぎや転換や生成などの変化を伴いつつも)資源利用のあり方に何らかの秩序を与えるような価値・信念・慣習・制度などを意味する。

こうした規範には、さまざまな資源利用規制がある。たとえば、山野河海の資源利用を規制した日本の「口開け・口止め」のしきたり[秋道一九九五b：一五七–一六八]や入会地のさまざまな利用規則[杉原一九九四：一一一–一一三]、第1章で述べたインドネシア東部島嶼部のサシ、そして、秋道が「神聖性のなかのコモンズ」[秋道二〇〇四：二一八–二二〇]として論じた「聖なる森」や「精霊の宿る海や河」をめぐる禁忌など、ある一定の地域への立ち入りの全面的な禁止、特定の資源の収穫の一定期間禁止、さらには収穫量や収穫方法の制限などである。

地域の人びとが、そうした規範に見出す意味や役割には、資源枯渇の防止（資源保全）や資源収穫の効率性の向上［笹岡二〇〇七ａ］、資源利用をめぐる集団・個人間の争いの回避、死者霊や精霊やカミなど超自然的存在の祭祀など、さまざまなものがある。また、制裁メカニズム（規範に従わない者に何らかの制裁を与えるしくみ）に目を向ければ、明確な罰則規定が定められている。それに基づいて、違反者に対して何らかの懲罰（科料など）が課せられる場合もあれば、明示化された制裁手段がなく、周囲から道徳的非難を浴びせられたり、疎んじられたりすることが制裁機能を果たす場合もある。また、本章が扱う事例のように、超自然的存在が人びとの行動を監視し、違反者に何らかの制裁を与えることが資源利用を律する規範に対する人びとの同調を促す場合もある。

本章では、その土地固有のさまざまな規範を通じて、地域の人びとが何らかの目的、すなわち紛争回避、資源増殖・保全、資源利用効率の向上、超自然的存在の祭祀などのために「自然（資源）と人」、および「自然（資源）をめぐる人と人」の関係に秩序を生み出し、またその秩序を維持しようとする営為を「在地の資源管理（indigenous resource management）と呼び、議論を進めたい。

2　在地の資源管理の類別

本章の課題をより明確に示すために、ここで①人びとが規範に対して見出している意味や目的（意味づけ）、②規範に人びとを同調させるしくみ（強制メカニズム）という二つの点に着目して、在地の資源管理の類別を試みてみたい。

意味づけについては、既述のとおり、資源利用効率の向上化や資源枯渇の防止、あるいは資源をめぐる軋轢・反目の回避など、現実世界にかかわる社会経済的な意味が見出されたものと、超自然的存在を慰撫・鎮魂するなど超自然

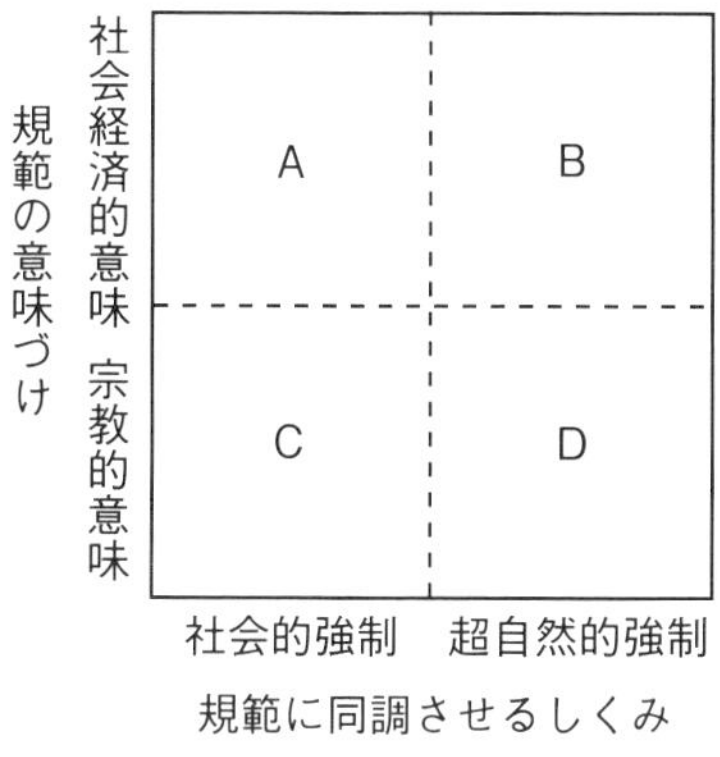

A：社会経済的意味づけがなされ、社会的強制によって成り立つ資源管理（例：日本の入会的な規制、インドネシア東部のサシの一部（法典化されたサシ））
B：社会経済的意味づけがなされ、超自然的強制に支えられている資源管理（例：セラム島山地民の森林資源管理）
C：宗教的目的で実践され、社会的強制がはたらいている資源管理（例：オーストラリアの「先住民聖地法」により指定された聖地の保護）
D：宗教的目的で実践され、超自然的強制に支えられている資源管理（例：世界各地でみられる「聖なる森（sacred groves）」、日本の「御嶽」や「荒神森」の保護）

図5-1　在地の資源管理のタイプ

世界にかかわる宗教的な目的をもつものとに区分できる。一方、強制メカニズムという点では、精霊や祖霊などの超自然的存在が人びとの行為を監視し、規範に違反した者に対して何らかの制裁を与えることで、人びとの行為に一定の秩序が生み出されているようなしくみと、明確な懲罰や道徳的非難などの制裁（つまり現世を生きる人によって課せられる制裁）が人びとの規範への同調行動を促しているようなしくみに分けられる［Folke et al. 1998: 425; Colding and Folke 2001: 595］。以下本書では、前者を「超自然的強制メカニズム（supernatural enforcement mechanism）」、後者を「社会的強制メカニズム（social enforcement mechanism）」と表現することにしたい。

こうした区分に基づくと、在地の資源管理は、図5-1に示したように、四つに類別可能である。むろん、こうしたカテゴリー化は、多様な在地の資源管理を概念的に整理するためのものである。実際には、それを支える規範に社会経済的意味が付与されると同時に、宗教的な意味も付与されることもあるであろうし、社会的強制と同時に、超自然的強制が作動しているような事例も存在するであろう［たとえば、Chidhakwa 2001; Harkes and Novaczek 2002を参照］。つまり、現実には、それぞれの類型におさまりきらない事例が数多く存在していると考えられる。以下、順にみていくことにしよう。

日本の入会的な規制に基づく資源管理慣行の多くは、第一義的には資源をめぐる争いを回避したり、資源保全を図ったり、貧者や社会的弱者の最低限の生活を保障したりするためのものであった[三俣・室田二〇〇五：三一五]。そして、そうした入会慣行に従わない者に対しては、何らかの懲罰や「村八分」といった形で制裁が加えられるべきとされてきた[杉原一九九四：一一二－一一三；秋道一九九五b：一四五－一八八]。これは、基本的には、図5-1のAのタイプ、すなわち現実の暮らしにかかわる社会経済的な意味づけがなされ、社会的強制によって支えられた資源管理と言えよう[2]。

それとは異なり、宗教的な意味あいが非常に強い在地の資源管理がある。たとえば、「聖なる森(sacred groves)のように、死者霊や精霊やカミなどの霊的な存在が住む(あるいは来訪する)と信じられ、立ち入りや資源採取(木材伐採・狩猟・漁撈など)が禁止・制限されているような事例である[たとえば、秋道一九九五a：二二七－二二八；秋道：一九九五b：二〇九－二一九：Olafson 1995; Buyers et al. 2001; Chidhakwa 2001; Fowler 2003; 野本二〇〇四：四五－八二：二一〇－二一七：Anthwal et al. 2006; Saikia 2006; 野本二〇〇六など]。また、特定の野生動物が「祖先の化身」や「カミの使い」、あるいは「(人間の)きょうだい」とみなされ、狩猟や生息地の破壊がタブーとなっている事例もある［Tashiro 1995; Colding and Folke 2001: 589-590; Saj et al. 2006; 山越二〇〇六]。

こうした在地の資源管理の背後には、聖域とみなされる場所を荒らしたり、タブーとされている動植物の採取・捕獲によってカミ・祖霊・精霊の怒りに触れ、怪我・病苦・死などがもたらされたり、そうした超自然的存在からの加護を受けられなくなる、という超自然観が存在している。こうした資源管理は、それによって「結果的に」資源が守られたり、社会的紐帯の強化に役立っていたりしたとしても、人びとの意味づけのなかでは、何よりも、超自然的存在の祭祀や鎮魂などを目的として実践されているものである。また、人びとの規範への同調行動は超自然的強制メカニズムによって成り立っている。すなわち、図5-1ではDタイプの資源管理といえる。

また、「聖なる森」のように宗教的な目的で実践されてきた資源管理でありながら、聖域の保存を可能にしてきた宗教的・文化的基盤（超自然的強制メカニズム）が、移民の流入や近代的価値観の受容によって衰退したり、開発によって聖域そのものが破壊されたりする過程で、聖域を脅かす行為に対してコミュニティが新たに罰則を設けたり、フォーマルな法に基づいてコミュニティと行政などが協働で聖域を守ろうとする動きがある。たとえば、中国・雲南省の西双版納《シーサンパンナ》のある村では、経済発展と人口増加で土地への開発圧が高まり、「聖なる森」の一部が、共同所有から個人所有に替わるとともにゴム林へと転換されるなか、そこで行われてきた伝統儀礼を守るために「聖なる森」を破壊する行為に対して罰金を科すことが決められた[Pei 2010]。オーストラリアのノーザンテリトリーでは、先住民の聖地に対する権利を定めた「一九八九年ノーザンテリトリー先住民聖地法(Northern Territory Aboriginal Sacred Sites Act)」に基づいて、聖地への立ち入りや冒涜行為が法的な処罰の対象になっている[Flood 1990]。

つまりこれらは、宗教的な意味づけがなされ、社会的強制によって支えられた資源管理の事例であり、図ではCのタイプに該当する。ただ、こうした資源管理のなかには、聖地が観光資源としての価値をもっているため、その保全によって観光収入を増やすことをめざした事例もあり、宗教的目的だけで実践されているとはいえないものもある[Ormsby and Edelman 2010]。

Dタイプと同様に超自然的強制メカニズムに支えられているが、祖霊や精霊の慰撫・鎮魂が主目的ではなく、人びとが生きていくために日常的に利用している資源をめぐって一定のルールが存在し、人びとのそのルールへの同調に超自然的存在が深くかかわっているような在地の資源管理のタイプが存在する。本章が対象とするセラム島の禁猟制度がまさにそうである。

セラム島山地民はサゴヤシの髄から採取されるでんぷん（サゴ）を主食としている。第2章で述べたように、サゴは糖質以外の栄養素をほとんど含んでいない。そのため、サゴに強く依存する人びとは、水棲・陸棲を問わず、十分な動物性食物が得られる環境が必要となる。セラム島山地民は、海で漁労を行ったり、市場で魚を買ったりすることが困難であるため、狩猟獣が生計維持上きわめて重要な役割を果たしている。筆者が行った食物の摂食頻度に関する調査によると、おもに森で得られる、あるいは森を棲みかとする狩猟獣が、山地民が摂取する動物性食物（購買品も含む）の九割近くを占めていた［笹岡二〇〇八c］。このようにきわめて重要な狩猟資源の利用を山地民はセリカイタフによってコントロールしている。

この禁猟制度は、後述するように、猟を禁止して狩猟獣を増やすため、および森を「休めて」いるあいだに他者（非保有者）による密猟を防ぐために実践されているものである。こうした在地の資源管理の慣行には、狩猟資源の増加や密猟防止という、現実世界の暮らしにかかわる社会経済的意味・目的が明確に見出されている。しかし、そのルールに人びとを従わせているのは、祖霊や精霊という超自然的存在がもたらす怪我・病苦・死などへの恐れであった。こうした在地の資源管理は、超自然観と密接にかかわりながらも、人びとの日常的な資源の利用を前提とした資源管理であり（Bタイプ）、その点でDタイプと区別可能なものである。

3　「超自然」を含んだ資源管理論の必要性と本章の課題

近年、生物資源の持続的な利用と管理を図るための方策を探る学際的研究領域としてコモンズ論(3)に注目が集まっているが、人類学的研究（民族誌的研究）は、その発展に大きく貢献してきた。

コモンズ論の展開に多大な影響を与えたおもな人類学的研究としては、メキシコやアメリカ東海岸の漁場管理について研究してきた経済人類学者アチェソンの研究［Acheson 1975］、アメリカ東海岸などでの調査に基づき、近代資本主義に直面した漁業者がコミューナルな（共的な）資源利用制度を創出し、資源保全に寄与していることを明らかにした生態人類学者マッケイの一連の研究［McCay 1978; 1980］、そして、カナダ亜北極ジェームス湾のクリー・インディアンのサブシステンス漁業にみられるさまざまな社会的な規制が資源基盤の持続可能性を高めていることを論じた人類生態学者ベルケスの研究［Berkes 1977］などがある。

一九八〇年代後半になると、マッケイとアチェソンによって編まれ、ベルケスも分担執筆している The Question of Commons［McCay and Acheson eds. 1987］が出版された。これは「数多くの民族誌的事例研究の証拠に基づいて、ハーディンのシナリオ、すなわち、共同で利用される資源は利用者個人の合理的な行動選択の結果必ず劣化するとしたテーゼ［Hardin 1968］に果敢に挑戦した人類学的コモンズ論の金字塔ともいえる業績」である［菅二〇〇八：七］。これを皮切りに、ブロムリーらの手による編書［Bromley ed.1992］、オストロームらの編書［Ostrom et al eds. 2002］、そしてドルサックとオストロームの編書［Dolsak and Ostrom eds. 2003］など、人類学的コモンズ研究の成果を収録した論文集が次いで出版された。

人類学者によるこうしたコモンズ研究の最大の功績は、世界の多様なコモンズの実例を細部にわたって既述分析し、在地の資源利用・管理のメカニズムの重要性を主張したことにある［菅二〇〇八：三］。その点はおおいに評価されるべきであるが、これらの研究が焦点を当ててきたのは、先の分類でいえば、おもにAタイプの資源管理であり、超自然的強制に支えられた資源管理はしばしば見落とされてきた。その証拠に、先にあげた文献の所収論文には、地域の資源利用秩序の成り立ちに超自然的存在が果たす役割を主題化したものはなく、超自然的強制への言及もほとんどない。

秋道智彌が複数の著作のなかで繰り返し主張してきたように、資源管理や自然保護を考える際には、人と自然を媒介する超自然的存在やそれに対する人びとの観念への視点が必要である［秋道一九九五a：一九九五b：一九九九：二〇〇四］[4]。本章で取り上げるセラム島山地民社会のように、生活世界のなかに「超自然的存在」が生きづいている地域では、地域の人びとと超自然的存在とのかかわりあいを正面から取り上げないかぎり、彼／彼女たちが主体性を発揮しえる資源管理・自然保護について考えることはできない。

これまでのところ、超自然的強制が支える資源管理や超自然観が地域の環境に与える影響を扱った人類学的な研究には次のようなものがある。

たとえば、先述の秋道は、アジアを広く歩いて、国家や国際機関の推進する「科学的管理」とは無縁のところで地域の人びとが独自に実践している「民俗的資源管理」(5)の実態を明らかにし、民俗の思想を取り込んだ新たな資源管理の必要性を主張している[秋道一九九五a：二三三：一九九五b：二四二―二四九：一九九九：一八―一九：二〇〇四：二一八―二二〇]。また、コールディングとフォークは、「タブー(taboo)」を「社会的慣習(social custom)によって、あるいは保護手段として課せられる禁止」[Colding and Folke 2001: 584]と広く定義したうえで、自然環境に対する人間のふるまいを一定の方向に導くタブーを「資源と(野生生物の)生息環境に関するタブー(Resource and Habitat Taboos: RHTs)と呼び、広範な二次資料の検討を通じて、各地のさまざまなタブーの分類を試みた。そして、資源と生息環境に関するタブーのなかには、超自然的強制メカニズムによって支えられているものが少なくないこと、なかでも、特定の地域の資源利用や特定種の利用を禁止するタブーには今日のフォーマルな保全制度と同様の機能をもつものがあることなどを指摘している[Colding and Folke 2001]。

さらに、ハミルトンは、神聖性が認められたり、邪悪な霊的存在が宿ると信じられたりしていることで樹木や森林が保全されている事例を広範な文献レヴューにより整理し、生物多様性と文化の保全のためには人びとの行動を制約するこうしたメタフィジカル(metaphysical)な(形而上学的な、あるいは、物的世界を超えた)制約への視点が重要であると論じている[Hamilton 2002]。バグワとルテも同様に、世界各地のコミュニティが祖霊やカミ(deities)に捧げられた自然地域を「聖なる森(sacred grove)」として伝統的に保護してきたことを示し、人口増加、移住者の流入、それに伴う土地開発圧の上昇や文化的同質性の喪失、そして西洋化による伝統的価値体系の変容といった「聖なる森」に対する脅威を考慮しながら、既存の保護地域ネットワークに、宗教的理由で保護されている区域を組み込むことの必要性を説いている［Bhagwat and Rutte 2006］。

そのほかの人類学およびその近隣分野の先行研究として、自然と密着して生きる人びとの自然観と宗教性との関係をテーマに、おもに人類学的・宗教学的研究の成果を集めて鈴木正宗が編集した論文集［鈴木 一九九九］や、人びとの超自然観に着目して野生動植物を人びとがどのように利用し、守ってきたかを豊富な民俗事例と伝承から明らかにした野本［二〇〇八］の民俗学的研究などがある。

以上のような総説的な研究に加えて事例研究としては、モザンビークを舞台に、国家の法と慣習法が変化しながらも「聖なる森」が機能し続けている社会文化的基盤を検討したヴィルタネン［Virtanen 2002］、ジンバブエのパッチ状に残された乾燥林を保護する伝統的な宗教的信念と伝統的リーダーの役割を検討したバイアーズら［Byers et al. 2001］、インドネシア西カリマンタンでのフィールドワークをもとに、祖先が埋葬されている森や精霊が宿る森が特定の野生動物の生息地として重要な役割を果たしていることを明らかにしたワドリーとコルファー［Wadley and Colfer 2004］、中央ガーナにおけるコロブス属のサルの狩猟を禁じる伝統的なタブーがフォーマルな保全計画を補完し得るものかどうかを検討したサジら［Saj et al. 2006］、インドネシア・ロンボク島でのフィールドワークをもとに、地域社会がいまなお「生きた法」として遵守する慣習法が慣習林に代表される地域の自然環境をいかに維持してきたかを分析し、慣習地（慣習法共同体が占有してきた土地）の保全と宗教性との関係を明らかにすることを試みた神頭［二〇〇八］の研究などがある。

このように、超自然観と資源管理というテーマを扱った人類学的な研究には一定の蓄積があるものの、それがおもに対象としてきたのは、上記の秋道などの一部研究を除いて、聖域や神聖視される野生生物の利用を制限・禁止する宗教的に意味づけられたタブー、すなわち、先の分類ではDタイプの在地の資源管理であった。その一方で、Bタイプのように、人びとが資源利用を律する規範に対して見出している意味が非宗教的で社会経済的なものでありながら、規範に人びとを従わせる仕組みとして超自然的強制メカニズムが強く作用している在地の資源管理を対象として、日々の暮らしに欠くことのできない資源利用をめぐる秩序が、人びとと超自然的存在とのかかわりあいのなかでどのように生み出され、維持されているのかを仔細に描き出した研究は少なかった。

近年、自然資源管理のガバナンスをめぐっては、地域コミュニティの役割を重視しつつも、地方自治体や中央政府、さらにはNGOなどがさまざまな深度でかかわりながら、共に資源を管理する協働管理（collaborative management）への期待が高まっている［笹岡二〇一〇］。こうした状況は、インドネシアでも同様であり、自然資源管理のあり方を決めるアリーナにおいて「よそ者（公園管理者や環境NGOなど）」と地域住民が出会う機会が増えつつある。Bタイプの在地の資源管理は、対象資源が、日常的、かつ消費的に利用される資源であるために、その存続は人びとの日々の生計維持活動に実質的影響を及ぼす。

しかし、こうした在地の資源管理は、規範の意味づけについてはおそらく資源管理や保全にかかわる「よそ者」の理解を得られやすい反面、ルールの強制メカニズムについては、ともすれば、「非科学的」との烙印を押されて、その役割が過小評価され、場合によってはより合理的な制度に置き換えられることで、資源管理における地域の人びとの主体性を損ないかねない危うさをもっているのではないだろうか。こうした在地の資源管理を資源管理の一つのあり方として正当に評価し、住民主体型の資源管理のあり方を考えるためには、超自然的存在とのかかわりあいのなかで日々の暮らしを支える資源利用の秩序を構築している人びとの営為を理解することが求められるであろう。

以上をふまえ、本章では、日々の暮らしに欠かせない狩猟資源の利用をめぐる秩序が、人びとと超自然的存在とのかかわりあいのなかで、どのように生み出され、維持されているのかを、可能なかぎりセラム島山地民の生活世界に入り込みながら仔細に描き出したい。そして、そうした在地の資源管理が「自然(資源)と人」、および「自然(資源)をめぐる人と人」との関係の持続可能性にどのような影響を及ぼしているか、それは資源管理の方法としていかなる特性を有しているか、また、そうした管理実践に近年どのような変化が現れているか、について省察を加えたい。

二　祖霊と精霊が行き交う森

セラム島山地民にとって森は、さまざまな精霊や、森を保有・利用してきた死者霊が行き交う空間である。たとえば、動物を育て、守っている霊的存在として、クスクスにはアワ(*awa*)、シカとイノシシにはシラタナ(*sira tana*)、森に生息するすべての鳥にはマヌウプ(*manu upu*)、川のエビやウナギにはリワリワ(*liwaliwa*)などの精霊がいる。先述のとおり、自然の標識を目印に境界線が引かれ、細かく区分されたアマニオホ村の森の一つひとつにアワ、シラタナ、マヌウプ、リワリワが存在する。そして、それぞれの森にはその森を最初に保有していた祖先マカカエカイタフ(*maka kae kaitahu*)や、その森を代々保有・利用してきた祖先の霊ムトゥアイラ(*mutuaila*)がいると考えられている。

セリカイタフによって禁猟区とされた森を「開く」ためには、タバコ、ビンロウジ(*Areca cacthecu*：覚醒作用があるといわれるヤシの実)、シリー(*Piper betle*：ツル植物で、ビンロウジや石灰とともに噛む嗜好品)を供えて、ムトゥアイラを呼び出し、セリカイタフを解くことを告げ、猟の成功を祈る。このとき、その森を最初に保有していたとされるマカカエカイタフの名を唱えると、猟果は著しく高まると考えられている。マカカエカイタフは、その森における猟の成否に絶大な影響を与える強力な霊的存在である。そのため、その名は、みだりに他人に教えられることはない[(6)]。マカカエカイタフの名は、森が相続されるときに継承されるべきひとつの財産であると考えられている。

写真5-1　猟を行うときの野営場所リアキカ(アマニオホ村)

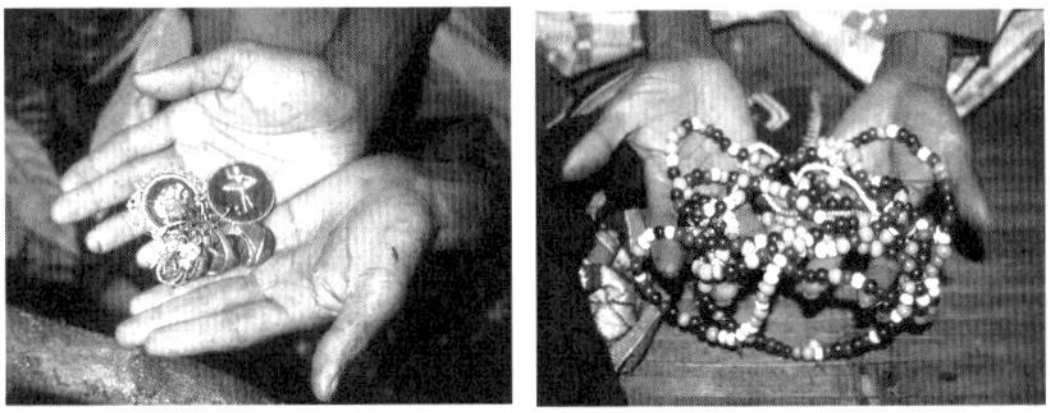

写真5-2　ムトゥアイラへの供物。イヤリング、指輪、ボタンなど(アマニオホ村)

セリカイタフの解禁儀礼の後、山地民は森に数日間泊り込んで、集中的に罠を設置する。村びとは誰でも、森の中にリアキカ(*liakika*)と呼ばれる、張り出した崖の下の平らな土地などに作られた野営場所をもっている(写真5-1)。ここは寝泊りのほかに、仕留めた獲物の肉を燻製にする場所でもある。村びとはリアキカの特別な場所に、耳飾り(*pua puana*)、指輪(*sapa kuku*)、ビーズや数珠玉のネックレス(*uenu*)、そして人形(昔は陶製だったが、現在はプラスチック製)などを供える(写真5-2)。これらの装飾品や人形は、森に暮らすアワやシラタナといった精霊に対する供物である。

山地民にとって、猟で獲物を仕留めることは、アワやシラタナから動物を分けてもらうことである。ムトゥアイラは村びとが捧げたこれらの供物をアワやシラタナのところに持って行き、その見返りとして精霊から動物をもらい、罠を通じてその動物を村びとのもとへ届けると信じられている。

こうした山地民の超自然観に基づくと、猟の成否は偶然によってではなく、ムトゥアイラや精霊の裁量によって決まるものである。そのため、セリカイタフの禁猟・解禁儀礼と同様に、猟のさまざまな場面でムトゥアイラや精霊に対する祭祀儀礼が行われる。たとえば、罠の見回りのために森へ行く日の朝は、ビンロウジとシリーと石灰を小皿に載せてムトゥアイラに猟の成功を祈願するお祈りがあげられる（*pakasala*）。また、第2章で述べたように、近親者への肉の分配を行わなかったり、子どもを叱って叩いたりするなど「間違った行い」をすると、ムトゥアイラは狩猟者に獲物を寄こさなくなる。そこで、猟果がまったくない日が続くと、村びとは自らが犯した「間違った行い」について思いをめぐらし、分配しなかった近親者や叱りつけた子どもに詫びを入れる。そして、ムトゥアイラに再び獲物をもたらすよう、お祈りをあげてもらう（一五四・一五五ページ参照）。

アワやシラタナなどの精霊には、「良い霊（alowa oho）」と「悪い霊（*alowa kina*）」がある。夢に現れ、自分の名前を教えてくれるアワやシラタナは「良い霊」であり、猟の成功を祈るときや罠を仕掛けるときにその名を唱えると、猟が成功しやすい。

一方、「悪いアワ」は、クスクスを獲りすぎると、狩猟者を木から落としたり、山刀で怪我をさせたりする。また、子どもの夜泣きがひどくなるような場合も「悪いアワ」の仕業である。大型の獲物を与えておいて、見返りがなければ、狩猟者やその子どもを病気にさせたり、ときには命までも奪う恐ろしいシラタナもいる。「悪いシラタナ」が潜む森で猟を行う場合、大型の猟果を仕留めたら、家に戻ってすぐに戸口にシラタナへの供物（*fatalaki*）を捧げる（5章中扉写真）。それを怠ると、狩猟者の後を追って集落までやってきたシラタナが悪さをするかもしれないからである。森に入ってきた者を道に迷わすシラタナも存在する。かつて人が遭難したことがある森は、道を見失わせるシラタナが暮らしていると考えられている。

そのため、長期にわたり、セリカイタフがかけられたまま利用されず、結果的に事実上のサンクチュアリとして機能している森が存在する。[7] アマニオホ村には、次節で述べるように少なくとも二五〇以上の森が存在しているが、そのうち二〇年以上まったく利用されていない森が三四もあった（そのうち三つは五〇年以上利用されていない）。これらの森には、他所に移住した保有者が村の誰かに管理を任せなかったために放置された森も含まれているが、多くは前記のような理由で立ち入りがタブーとされた森である。

このように、セラム島山地民にとって、森はさまざまな霊的存在が潜む文化的・宗教的に意味づけられた空間である。そして、森林資源利用(狩猟)は単に食糧としての肉を得るためのものではなく、ムトゥアイラなどの超自然的存在と深くかかわる営為でもある。

三　森林利用を制御する規範とその社会的・生態学的役割

セラム島山地民社会で共有されている「森の利用を制御する規範」を理解するうえで重要だと思われるのは、①森の保有に関する社会的取り決め、②森の非排他的利用慣行、③セリカイタフの禁猟制度である。以下、順にみていこう。

1　森の「保有」に関する社会的取り決め

マルク諸島中央部および東南部では、村(*negeri*)が慣習的に占有してきた土地(領地)をペトゥアナン(*petuanan*)と呼ぶ。山地民によると、アマニオホ村を含めて中央セラムの広大な原生林・老齢二次林に無主地は存在していない。本章の冒頭で述べたように、アマニオホ村の領地の大部分を占める森(カイタフ)は、小川、崖、巨大な岩、大木、そして山道など、自然の標識を目印にして境界が設けられており、いくつもの森林区に細かく区画されている。そのそれぞれに、「カイタフクア（*kaitahu kua*）」と呼ばれる「森の持ち主」――その森が帰属すると観念され、利用権の一時的な付与、相続、移譲などを行う権限をもった特定の個人や集団――が存在する。なお、本章では以後、カイタフクアを森の「保有者」、そしてカイタフクアが森に対してもつ諸権利を「保有権」と呼ぶ(8)。

それぞれの森林区には、植生や歴史をふまえた名前がつけられている。たとえば、「ヒリリクレクレ（Hilili kule kule）」と呼ばれる森の場合、「ヒリリ」は植物の名、「クレクレ」は「数多くの木の洞」という意味である。

筆者は二〇〇三年七月、村を構成するソア（父系出自集団）のうち、イレラ・ポトア（隣村出身者のソア）を除く一〇のソアの成員計三四人を対象に、四回のグループインタビューを実施し、村の領地内に存在する森林区をリストアップした（表5-1）。その後、二〇〇四年二月に実施した三回のグループインタビューと数人の村びととの共同作業を通じて、森の位置を示した地図を作成した（図5-2）。以上の作業によって記録できた森林区は全部で二五七区画にのぼった(9)。図示されるように、村の領地の半分以上がマヌセラ国立公園に含まれている。

森の保有権は男性に帰属し、父系を通じて相続される。後述するように、村びとたちは本人が保有権をもたない森でしばしば猟を行うが、その場合は必ず保有者に許可を得ている。無断で他者の森で猟を行うことは、村びとの決まり切った言い方によると、「よその家のかまどの火を勝手に取ること」（「人妻を寝取る」ことの婉曲的な表現）と同じ行為として、厳しい非難の対象になる。

村の男子は父親に連れられて森に狩猟に行くようになると、隣接する他の森の境界の位置を教えこまれる。他人が保有する森で罠猟を行う場合も、森の境界がどこに位置しているかを保有者とともに森を歩きながら教えてもらう。境界についての正しい知識が森を利用する前提とされているのである。とはいっても、必ずしもすべての境界が明確に認知されているわけではない。隣の森との境界をよく知らないために、その森の奥では罠を仕掛けない、という村びともいた。

録できた森[10]

No	森の名	保有形態	保有者世帯数	類型
A78	Keilekesana kete-kete †	KS	3	KM
A79	Wekela(1)	KP	1	KM
A80	Mileu kori tupe	KK	5	KH
A81	Kesitamu	KK	3	KM
A82	Kinuehata	KK	3	KM
A83	Uamota hata	KK	3	KM
A84	Mileu poto	KP	1	KM
A85	Hakialelohu	KK	3	KM
A86	Palaloha	KK	8	KM
A87	Likino hata	KK	8	KM
A88	Hatu koho	KK	4	KF
A89	Wae kasusu hata	KK	3	KM
A90	Alaina hari	KP	1	KNN
A91	Kakopi hari	KK	3	KM
A92	Omapaka(1)	KK	5	KM
リリハタ				
Li1	Wasiahari	KP	1	KH
Li2	Liahaulu	KK	2	KNN
Li3	Hinehari	KK	2	KKa
Li4	Kokania(1)	KK	3	KT
Li5	Kailelea	KK	2	KT
Li6	Hoitakesu	KK	2	KT
Li7	Laheulu	KP	1	KNN
Li8	Hisahata	KK	2	KT
Li9	Nasa hata hatae(2)	KL	13	KT
Li10	Masehi	Dis	?	KT
Li11	Kaiyofilekea	KL	13	KNN
Li12	Tapianarue	KP	1	KNN
Li13	Lialelohu	KK	2	KT
Li14	Melute	KK	2	KT
Li15	Tuahatan	Dis	?	Dis
Li16	Kahiyama	KP	1	KNN
マロイ				
My1	Kikulihata	KS	7	KT
My2	Tapuana	KS	7	Un
My3	Atauhu	KS	7	KT
My4	Marohata	KS	7	KM
My5	Mamara	KL	13	KNN
My6	Tifu	Dis	?	Dis
My7	Lemai	KK	4	KT
イレラ				
I1	Wae hataue	KK	2	KT
I2	Sonihasa	KP	1	KNN
I3	Wae wasa	KP	1	KNN
I4	Aiwaya	KP	1	KM
I5	Hunasiulu	KP	1	KM
I6	Ulaipoto(2)	KP	1	KM
I7	Atauhari	KP	1	KM
I8	Pasaleli	KP	1	KM
I9	Ihisi poto	KP	1	KM
I10	Makola hutu †	KP	1	KM
I11	Tanahai	KP	1	KM
I12	Lekamahua(2)	KP	1	KM
I13	Funasi limanani	KP	1	KM
I14	Manu wai hora †	KP	1	KM
マサウナ				
Ms1	Amanihaha	KK	2	KM
Ms2	Waeseina	KK	2	KNN
Ms3	Haimama(1)	KP	1	KM
Ms4	Sotitai	KP	1	KNN
Ms5	Anania	KP	1	KM
Ms6	Masalaikesu	KK	2	KNN
Ms7	Marilakahata	KP	1	KM
Ms8	Omakopa	KK	3	KM
Ms9	Hathuni	KK	3	KM
Ms11	Wekela	KK	3	KM

No	森の名	保有形態	保有者世帯数	類型
Ms12	Silahutu	KK	3	KM
Ms13	Kokania(2)	KK	3	KM
Ms14	Haluhata	KK	3	KM
Ms15	Atamana sana	KK	3	KM
Ms16	Malilu mata sesu meleka	KK	3	KM
Ms17	Foutihua	KK	3	KM
Ms18	Hatu totoloe	KK	4	KM
Ms19	Limilohu(Panaula)	KP	1	KM
Ms20	Haturaohi †	KP	1	KM
Ms21	Hiauana †	KP	1	KM
Ms22	Iteli	KK	2	KM
Ms23	Mananeu haha	KP	1	KM
Ms24	Pulatamu	KK	4	KM
Ms25	Milisoi	KK	4	KM
Ms26	Lohie paki paki	KP	1	KM
Ms27	Wana lailai	KP	1	KM
Ms28	Malilu hakika(1)	KP	1	KM
Ms29	Tala(1)	KP	1	KM
Ms30	Sautapu	KS	4	KM
Ms31	Ena masaie	KL	7	KM
Ms32	Seina haha	KK	4	KM
Ms33	Sehito	KK	4	KM
Ms34	Ulai katale †	KL	7	KM
Ms35	Omapaka(2)	KK	4	KM
ラトゥムトゥアニ				
La1	Koatotu	KL	6	KT
La2	Asauhari	KS	3	KM
La3	Holu	KS	3	KF
La4	Mosohaa	KP	1	KM
La5	Mahuaininue	KP	1	KM
La6	Hinehali	KS	3	KM
La7	Totulai	KS	3	KM
La8	Haimama(2)	KP	1	KM
La9	Malilihu	KP	1	KM
La10	Liaholu	KP	1	KNN
La11	Tululuti †	KS	3	KM
エヤレ				
Ey1	Wasale	KS	3	KT
Ey2	Leuhe	KK	2	KM
Ey3	Malilusole	KK	2	KM
Ey4	Tala(2)	KP	1	KR
Ey5	Alasia †	KK	2	KM
Ey6	Kenena	KK	2	KM
Ey7	Haila	KS	3	KM
Ey8	Fouhata	Dis	?	Dis
Ey9	Malilu hakika(2)	KP	1	KM
Ey10	Hererue	KP	1	KM
Ey11	Muraleana	KP	1	KM
Ey12	Suluie	KP	1	KH
Ey13	Loaharie	KK	3	KM
マフア				
Mh1	Aimakasana	KS	2	KM
Mh2	Silisanae	KS	2	KNN
Mh3	Pahuhi	KP	1	KM
Mh4	Leia	KP	1	KM
Mh5	Malaloaki	KP	1	KM
Mh6	Wae lakaulu	KP	1	KM
Mh7	Mihehata	KP	1	KM
Mh8	Hatu koho	KS	2	KM
パアイ				
P1	Luhehata	KS	1	KNN
P2	Kahaka	KS	1	KNN
P3	Masilah	KS	1	KNN
P4	Sihite	KS	1	KM
P5	Wahau potoa	KS	1	KM
P6	Mararoi haha †	KS	1	KM

表5-1　聞き取りで記

No	森の名	保有形態	保有者世帯数	類型
エタロ				
E1	Halulohu	KK	6	KH
E2	Kukutotui	KS	16	KM
E3	Aimusunuhata	KK	6	KH
E4	Kaipu	KK	6	KH
E5	Haluhari	KS	16	KM
E6	Liapoto	KS	16	KM
E7	Sahua	KP	1	KF
E8	Kasife	KK	2	KH
E9	Silahata	KS	16	KF
E10	Mapaue	KS	16	KM
E11	Liamumusi	KP	1	KM
E12	Liapihitan	KS	16	KT
E13	Salapika	KP	1	KM
E14	Patate	KP	1	KH
E15	Halulohu tapu	KP	1	KH
E16	Liahaulu ana	Dis	?	Dis
E17	Lehae	KK	3	KM
E18	Halule	KK	3	KM
E19	Enamasaie	KK	3	KM
E20	Manusela ana	KS	16	KM
E21	Manusela potoa	KL	7	KM
E22	Ailulahari	KS	1	KM
E23	Awoua	KS	16	KM
E24	Hoale ana †	KL	41	KM
E25	Pahohi	KS	16	KM
E26	Totunie paki-paki	KK	5	KM
E27	Makalasina	KP	1	KM
E28	Lusilala	KS	16	KM
E29	Awausana	KK	2	KM
E30	Katouhata	KS	16	KM
E31	Kasusu mau hata	KK	2	KT
E32	Tepio †	KS	14	KM
E33	Seipaki tai	KS	16	KM
E34	Wae musunu ulu	KS	16	KM
E35	Soiya	KP	1	KF
E36	Sauanae	KP	1	KF
E37	Ihulae	KS	16	KM
E38	Mutula(2)	KS	16	KM
E39	? †	KS	16	KM
E40	? †	KS	16	KM
E41	? †	KS	16	KM
E42	Matapulaue †	KK	2	KM
E43	Pupuhutu	KK	2	KM
E44	Lumsiwa	KK	2	KM
E45	Lekamahua	KK	2	KM
E46	Manualo	KK	2	KM
E47	Sinapulounia	KK	2	KM
E48	Luku luku humani	KK	2	KM
E49	Kileke	KK	2	KM
E50	Manuolea	KK	2	KM
E51	Kailoloula	KK	2	KM
E52	Pahuhi tapu	KK	2	KM
E53	Walala ana	KK	2	KM
E54	Makalasina	KK	2	KM
E55	Sama sama lea	KK	2	KM
アマヌゥクアニ				
A1	Wasa(1)	KP	1	KM
A2	Soa	KP	1	KM
A3	Sewatinueni	KP	1	KH
A4	Hilili kule kule	KK	4	KNN
A5	Koaoku	KK	4	KT
A6	Pakalula	KK	4	KT
A7	Sufeli	KK	4	KR
A8	Kasisu haha	KK	4	KM
A9	Tomoe †	KK	4	KM
A10	Sisoy hata	KK	8	KM
A11	Sesehutu	KK	8	KM
A12	Hanahata	KK	8	KM
A13	Ahahae	KS	11	KNN
A14	Ulaipoto(1)	KK	4	KM
A15	Pahita sia tue tue(1)	KK	4	KR
A16	Manuelala	KP	1	KM
A17	Kopa hata hata	KK	2	KM
A18	Lumah ulai	KK	2	KM
A19	Liolepe hani	KK	2	KKa
A20	Kutulisa	KK	2	KM
A21	Unenehutu	KK	2	KM
A22	Lulakala	KK	2	KM
A23	Sapatue	KK	2	KNN
A24	Maliluhata	KK	2	KM
A25	Aipaki	KK	2	KNN
A26	Tehio	KK	8	KF
A27	Kasusumauhata(2)	KK	2	KM
A28	Nasa hata hatae(1)	KK	8	KM
A29	Nasae	KK	5	KM
A30	Notaharie	KK	4	KT
A31	Tihulatan	KK	5	KT
A32	Pahita sia tue tue(2)	KK	5	KKa
A33	Mamuhona	KP	1	KH
A34	Teneha	KK	5	KM
A35	Sinuhapoto	KK	5	KM
A36	Topokosu	KS	3	KTu
A37	Omasu	KS	11	KTu
A38	Ulenokawa	KK	2	KM
A39	Lialaitu	KP	1	KM
A40	Lehahari	KK	4	KM
A41	Aiumehari	KK	8	KM
A42	Wae uhu uhue †	KK	5	KKa
A43	Ulihari	KK	2	KM
A44	Aimakata	KK	2	KM
A45	Malaka sisa	KK	3	KM
A46	Mutula(1)	KP	1	KNN
A47	Akalou totua	KK	3	KM
A48	Selwolina	KK	2	KT
A49	Aimoto	KK	4	KM
A50	Lia fali-fali †	KK	5	KM
A51	Ilawa haha †	KK	5	KM
A52	Wasa(2) †	KK	5	KM
A53	Tiapohuhu	KK	5	KM
A54	Hatuoto	KK	5	KR
A55	Mulua haha	KK	5	KM
A56	Utalohu	KK	5	KM
A57	Atauhata	KK	5	KR
A58	Lilihalahari	KK	5	KM
A59	Ramauhena †	KK	3	KM
A60	Nisaispateia †	KK	3	KM
A61	Waeula †	KK	3	KM
A62	Malilukola	KK	3	KM
A63	Suhula sana kete kete †	KK	3	KM
A64	Koriwahatae †	KK	3	KM
A65	Hatutuhu †	KK	3	KM
A66	Kohaha †	KK	3	KM
A67	Matakaitupa †	KK	3	KM
A68	Lumu panu panu †	KK	4	KM
A69	Kahupe hatukesu †	KK	4	KM
A70	Uwaela †	KK	4	KM
A71	Kaulata rahe koria †	KK	3	KM
A72	Lianahu hatu †	KK	3	KM
A73	Hatusuha	KK	3	?
A74	Kalae pola-pola	KK	8	KM
A75	Taumusunue	KS	11	KM
A76	Korie waihitu	KS	11	KM
A77	Aimakasana †	KS	3	KM

出所：フィールド調査。
注：表の見方については304ページ(10)参照。

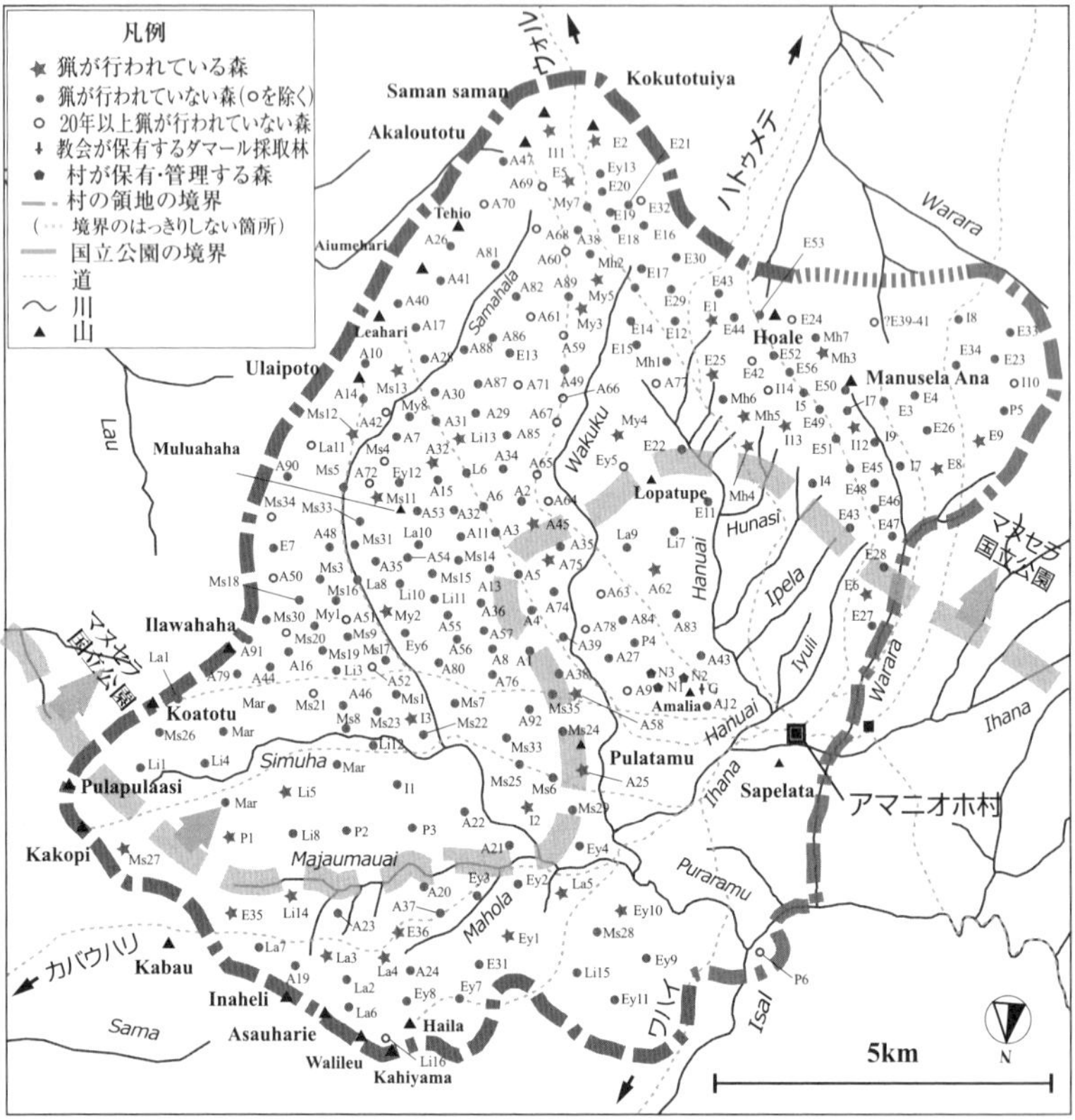

図 5-2　細かく区分された森

出所：フィールド調査より作成。

注 1：オランダ植民地政府が製作した地図(Schtskaart van Ceram Blad Ⅷ, Topografische Inrichting, Batavia, 1922)を用いてアマニオホ村の領域およびその周辺地域の山や川の位置を書き記した大きな紙を用意し、森のおおよその位置を記入した。ただし、村外に一時的に移住している村びとが保有する森などについては聞き取りができなかったため、ここに記載した森は網羅的ではない。

注 2：記号の隣に記されているアルファベットは、次のように保有者の所属ソアの略号を表す。E：エタロ、A：アマヌックアニ、Li：リリハタ、My：マロイ、I：イレラ、Ms：マサウナ、La：ラトゥムトゥアン、Ey：エヤレ、Mh：マフア、P：パアイ。また、Mar は隣のマライナ村の住民が保有する森を指す。それぞれの森の保有形態などは表 5-1 を参照。

注 3：「村が保有・管理する森」は、古い墓地が存在する森(N1、N2)と、かつて集落が存在し、多くの人が亡くなったために立ち入りが禁止されているタブーの森(N3)である。

表5-2　保有形態別森林区画数

保有形態	ロフノ共有林(*kaitahu lohuno*)	ソア共有林(*kaitahu soa*)	複数世帯共有林(*kaitahu keluarga*)	世帯林(*kaitahu perorangan*)	認識に齟齬のあった森	計
森林区画数	8	48	133	63	5	257
割合	3％	19％	52％	25％	2％	100％

出所：フィールド調査(2003年7月)より作成。
注：ここに記載した257カ所の森には、村有林3カ所、教会保有林1カ所は含まれていない。

細かく区画された森は、保有者の規模に基づいて、複数のソアの全成員が共同で保有する森(以下「ロフノ共有林[11]」)、単独のソアの全成員が共有する森(以下「ソア共有林」)、近縁の親族関係などで結ばれた数世帯が共有する森(以下「複数世帯共有林」)、個人が保有する森(以下「世帯林」)に区分できる(表5-2)。ロフノ共有林、ソア共有林、複数世帯共有林では、数年の禁猟区をはさんで保有者集団の成員が順番に森を利用することが多い。

共有林(ロフノ共有林、ソア共有林、複数世帯共有林)の保有集団には、その森の保有の歴史を熟知し、それについて語る権利をもつとみなされ、利用状況を把握し、誰に利用させるかについての調整行為が期待される「管理者(*maka saka*)」がいる。共有集団の最年長者が管理者とみなされていることが多いが、必ずしもそうとは限らない。また、ある森の管理者とみなされる人物はひとりとは限らず、数年で変わる場合もある。

表5-3に示すとおり、細かく区分された森は、保有権の相続・移転の来歴に基づいて、いくつかの類型に区別されている。保有権の相続・移転の来歴について確認できた二五一カ所の森の約七割は、祖先の代から父系を通じて相続されてきた森「カイタフムトゥアニ(一八〇カ所)」で占められていた。残りの約三割は、何らかの支援に対する謝礼として提供された森(二二カ所)、古皿や現金によって売買された森(二一カ所)、多くの婚資への返礼として贈呈された森(一〇カ所)などである。

森の保有形態は、時の経過とともに、私有化と共有化の二つの方向に揺れ動いているといってよい。

表 5-3 「保有権」相続・移転の経緯に基づく森の類型

No	類　型	保有権移譲の形態	カ所数
1	カイタフムトゥアニ (*kaitahu mutuani*)	ずっと昔の祖先の代から、父系を通じて相続されてきた森。	180
2	カイタフナフナフイ (*kaitahu hahuhahui*)	何らかの支援を受けた者が、その支援に対する謝礼として無償で提供した森の総称。ソア間の紛争の調停に対する謝礼として提供された森、老後の面倒を見てくれた謝礼に提供された森などがある。	22
3	カイタフカトゥペウ (*kaitahu katupeu*)	森で怪我をした者、あるいは死亡した者を村まで運んだ者(怪我人・死者とは別のソアの成員)に対し、怪我人・死者の親族から謝礼として提供された森。怪我人・死者を運んだ者の背骨が痛まないようにとの願いをこめて提供される。なお、*katupeu* は「背骨」の意味。	4
4	カイタフヘリア (*kaitahu helia*)	多くの婚資をもらった返礼として贈られる森。結婚する際、夫方の親族は妻方の親族に中国製やオランダ製の大型の古皿(*matan*)、食器、腰巻、布などを婚資(*hihinani helia*)として送る。その後、多くの婚資をもらった見返りに、妻方の親族からその夫、もしくは夫方の親族に森が提供されることがある。	10
5	カイタフフヌヌイ (*kaitahu fununui*)	娘あるいは女のきょうだいが婚姻したとき、その父あるいは男のきょうだいから、彼女に対し無償で提供された森。多くの場合、その森を利用するのは彼女の夫、もしくはその息子や娘婿だが、あくまでも保有権はその女性に属する。彼女が離婚すると、前夫の優先的利用権は消滅する。女性の死亡後は、通常、息子が相続する。	7
6	カイタフトフトフ (*kaitahu tohu-tohu*)	中国製やオランダ製の大型の古皿や織物、あるいはお金により購入された森。共同出資者(あるいはその子孫たち)は、異なるソアに属することがある。	21
7	カイタフレア／カイタフアラシハタ(*kaitahu rela/ kaitahu alasihata*)	既婚の女性と婚外性交渉をした男性、あるいはその父親・親族から、その妻の夫に科料として提供 / 没収された森。	5
8	カイタフトゥカル (*kaitahu tukar*)	二つの保有者(保有集団)間で森の保有権を交換した森。	2
			251

(出所)フィールド調査(2003 年 7 月)。

注：調査(表 5-1 の注 1 参照)で記録できた森 257 カ所のうち、保有権の移転の経緯について不明だった森が 1 カ所、保有権の移転の経緯についての認識に関係者の間で齟齬のあった森が 5 カ所あった。

たとえば、世帯林は、その保有者に複数の男子がいれば、次世代にはそれら男きょうだいの複数世帯共有林となる。また、複数世帯共有林も、森の相続・移転の来歴についての知識が何らかの理由で失われたりすることで、ソア共有林やロフノ共有林になる場合もあったと考えられる。これらはいわば共有化への流れである。

逆に、特定の人物が特定のソア共有林を慣例的に長期にわたって利用し続け、さらにその森の保有関係に関する正しい知識をもった人物が他出したり死去したりすることで、ソア共有林が世帯林や複数世帯共有林へと変化する場合がある。また、共同保有者が森を分割相続させた結果、複数世帯共有林が世帯林へと変化したり、婚姻に際して新たに妻となる女性にその親族から無償で森が提供（この場合、女性が保有権を有し、次の世代には女性の息子がその森を相続すると考えられている）されることで、共有林（ソア共有林や複数世帯共有林）が個人に譲渡されたりする場合もあった。これは私有化への流れである（図５-３）。

老衰や病気になって死期が近づいてきたと感じたときや他所へ移住するとき、あるいは一時的に村を離れる場合は、誰に森を相続・移譲するか、あるいは管理を任せるかに関する「言いつけ」、すなわち「イティナウ（*itinau*）」を残す。突然の死などによってイティナウが残されていない場合は、森は先代の保有者の男系の子孫（息子がいなければ男きょうだいの息子）の継承が当然だと考えられている。[12] また、売買、謝礼としての贈与、科料としての支払いなど、何らかの理由で森の保有権を移譲するときにも、いかなる理由で誰に譲渡されるかを、祖霊祭祀の儀礼とともに告げる。それもイティナウと呼ばれる。

このように、森の保有者は、父系相続や権利の移転に際して、その森が代々誰によって保有されてきたのかという相続・移転の来歴や、精霊やマカカエカイタフの名を、新しい保有者に伝えなくてはならない。森の権利が移転される際は、相続の来歴、先代の保有者と現在の村びととの系譜関係、販売・贈与・科料の支払いなどによる権利移譲の経緯、先代の保有者が残したイティナウの内容などに関する知識も移譲されるのである。

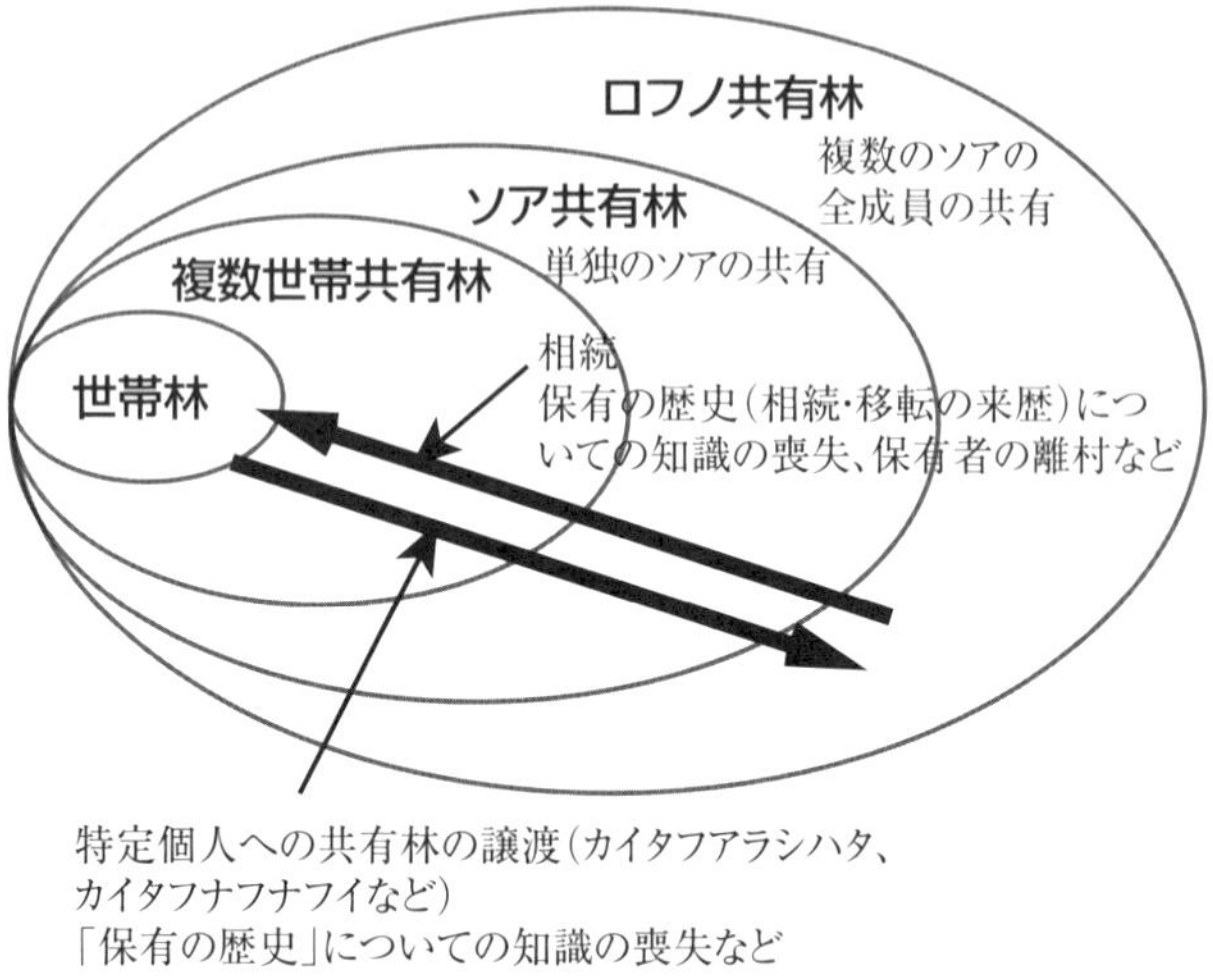

図 5-3　カイタフの保有形態の変動

アマニオホ村では、こうした森の保有の歴史にかかわる事柄については、みだりに口に出すべきではないと考えられている。それぞれの森には、保有の歴史について語ることが妥当だと社会的に認められた者がおり、それは必ずしも保有者であるとは限らない。森の権利を相続すべき者がまだ幼いなどの理由によって、保有者のイティナウに基づいて一時的に管理を任された者がその役目を担うこともある。いずれにしても、森の保有の歴史を語る資格があると認められた者以外は、それについて語ることを強く忌避する。それは、少しでも「間違ったこと」を話すとムトゥアイラの怒りをかい、その霊的な力によって死期が早められると考えられているからである。

2　森の非排他的利用慣行

アマニオホ村では、保有権をもたない森でも、保有者（管理者）に許可を得れば猟が認められている。他者から森を利用したいと求められると、山地民はその願い（*pasua kaitahua*）を無碍に断ることはまずない。村びとは、それは「強いムカエ（*mukae*、恥・遠慮）」を感じるからだという。しかし、「セリカイタフをかけて間もないので、その森はまだシニハ（*siniha*; 動物が増えていない状態）である」という理由から、利用を「待つように」言う場合はあるし、そうした柔らか

表5-4　森の非排他的利用

自分が権利を有する森(自分の森)のみを利用している世帯	世帯数	
複数世帯共有林	10	
ソア共有林	7	
世帯林	6	
複数世帯共有林と世帯林	1	
ロフノ共有林とソア共有林	1	
ソア共有林と複数世帯共有林	1	
小計	26	65%
自分が権利をもたない森(他者の森)のみを利用している世帯		
世帯林	5	
複数世帯共有林	4	
ソア共有林	3	
小計	12	30%
自分の森と他者の森を利用している世帯		
自分の複数世帯共有林と他者のソア共有林	1	
自分のソア共有林と他者の世帯林	1	
小計	2	5%
計	40	

出所：悉皆の聞き取り調査(2003年7月)より作成。
注1：257カ所の森のうち40カ所が利用され、そのうち13カ所では複数の世帯が共同で罠猟を実施していた。
注2：「自分が権利をもたない森のみを利用している世帯」で、他者の世帯林を利用している5世帯には、養出した男性が実父といっしょに実父の森で猟を行っている1世帯が含まれている。
注3：森に罠を仕掛けていないものの、畑の周辺や畑に向かう道のそばなどにイノシシ用の罠を仕掛けている村びとがいる。この罠はフスパナとまったく同じ構造の槍罠だが、ロフロフ(*lofu-lofu*)と呼ばれ，森に仕掛けられる罠と区別されている。ここで示しているのは、森に罠を仕掛けて猟を行っている世帯の数である。

ない拒否は社会的にも許容されている。いずれにしても、保有者が森に対して有している権利は、他者から利用の許可を求められた場合に拒否が困難であるという意味において、何者にも妨げられない絶対的・排他的な権利ではない。他者からの制約を受けた相対的・非排他的な権利である。

筆者は、二〇〇三年七月に森での狩猟の実施状況に関する悉皆の聞き取り調査を行った。それによると、森で罠猟を行っていたのは、五九世帯中四〇世帯(六八%)にのぼる。そのうち一四世帯(三五%)が他者の森で猟を行っていた(表5-4)。

森を保有していない村びとはいないが、保有する森の数には世帯

表5-5　森林保有指数と他者の森の利用経験

世帯主・略号	森林保有指数	他者の森の利用経験
A・Ey	8.8	○
Ym・AP	7.9	×
D・AP	6.6	○
P・AP	6.4	×
T・Mh	5.5	×
Yp・AP	3.7	×
M・E	3.3	○
Yh・Li	2.8	○
Eh・Li	2.7	○
Bj・La	2.3	×
F・E	2.0	○
A・My	1.5	○
D・My	1.3	○
L・Li	1.3	○
Fd・Li	1.0	○

出所：フィールド調査。
注1：調査は2004年12月に実施した。
注2：森林保有指数は、Σ[1／森の保有集団の世帯数]を指す。たとえば、世帯林を一つ、二世帯で共有する複数世帯共有林を一つ保有している世帯の森林保有指数は、1/1+1/2で1.5となる。
注3：過去10年間に他者の森を利用したことのある者については○、利用したことがない者については×で示した。

間で差がある。各世帯が保有する森の数の多さを示す指数(詳しくは表5-5の注2参照)で比較すると、筆者が調査を行った一五世帯のあいだでも約九倍の違いがあった(表5-5)。また、これらの世帯を対象に過去一〇年間の森の利用歴について実施した聞き取り調査によると、他者の森を利用した経験がある世帯は一〇世帯にのぼった。多くが他者の森を利用した経験をもっているのである(表5-5)。他者の森を利用していた一四世帯のうち三世帯は、森の保有者とのあいだに親族関係をたどることが困難か、親族関係があったとしても遠縁の世帯であった。一方、一一世帯(七九%)はその森の保有者との「親族指数(親等数と婚姻結合数の和)」[Kimura 1992: 20]が五以下(八世帯は三以下)であり、血縁もしくは婚姻関係で結ばれた親族の森を利用していることになる。

　彼らが他者の森を利用していた理由は、セリカイタフをかけたばかりだったり、すでに誰かが利用していたりして、自分(あるいは自分が属する共有集団)の森を利用できなかったからである。彼らの多くは、母や妻の系譜関係をたどって森へのアクセスを確保していた(表5-6)。

　このように、アマニオホ村の森は、保有者に断りを入れて許可を得ることを条件に、非保有者に開かれた存在であ

表5-6　他者の森の利用

他者の森で猟をしていた者	カイタフ名	保有者	保有形態	保有者－利用者関係	親族距離指数	利用形態
R・MsP	Wae Wasa	Y・I	KP	F/ S♀(ad)-H	1	共同
Yh・Li	Sauanae	Ys・I	KP	M	1	単独
A・E	Soiya	Ys・I	KP	W-M	2	単独
Bj・La	Mahuaininue	Ba・La	KP	S♂(ad)	2	単独
W・Mh	Pahohi	エタロ共有	KS	Mのソア	2	単独
A・La	Silahutu	Mi・MsP, Sm・MsP, Is・MsP	KK	W-S♂	3	共同
A・My	Wana Lailai	F・MsL	KP	W-S♂	3	共同
D・MsP	Wekela	Mi・MsP, Sm・MsP, Is・MsP	KK	M-S♂	3	共同
F・AP	Holu	ラトゥムトゥアニ共有	KS	W-S♀-Hのソア共有林	4	共同
Ha・Li	Holu	ラトゥムトゥアニ共有	KS	W-S♀-Hのソア共有林	4	共同
M・E	Mosohaa	Ba・La	KP	M-S♂-C♂-C♂	5	単独
Y・AS	Lialelohu	E・Li, L・Li	KK	Fr	>6	共同
Ym・AP	Lilihalahari	E・AS, F・AS, M・AS, A・AS, T・AS(クラマットジャヤ集落居住)	KK	Fr	>6	単独
Ys・My	Taumusunue	アマヌゥクアニ共有	KS	Frが管理するソア共有林	>6	単独

出所：悉皆の聞き取り調査(2007年7月)より作成。
注1：R・MsPなどは人名の略号。中点(・)の後にある略号は、所属ソア(父系出自集団)を表す。
注2：略号をハイフンでつないで本人と森の保有者との関係を示した。略号の意味は以下のとおり。H：夫、W：妻、F：父、M：母、S：きょうだい、C：こども、Fr：友人(系譜関係のたどれない遠い親戚も含む)。なお、SとCについてはその直後に性別を♂(男性)と♀(女性)で示した。また、(ad)とあるのは養子に出た先における関係を示す。
注3：他者の森で猟をしていた14世帯のうち9世帯は、母の男きょうだい、妻の男きょうだい、あるいは妻の女きょうだいの夫が属するソアなど、女性を介した系譜関係で結ばれた個人や集団(その個人が属する共有集団)の森を利用していた。残り5世帯のうち、系譜関係をたどることができないような遠縁の友人の森を利用していた3世帯を除く2世帯は、養子に出た者が実父の森を利用しているケースと養子に出た先の男きょうだいが保有する森(世帯林)を利用していたケースであった。
注4：保有形態の略号の意味は304ページ(10)参照。

る。ただし、実態として、すべての人に常に開かれているわけではない。他者の森を利用する人びとは、親しい友人でないかぎり、遠縁の者から森の利用許可をとることに遠慮やためらいがある。そのため、血縁・婚姻関係で結ばれた比較的近縁の親族が保有している森を利用する場合が多い。また、既述のとおり、保有者は「森を利用したい」という他者の願いを常に聞き入れるわけではない。つまり、森は保有者によるアクセスコントロールを受けながら、保有者を中心とした血縁・婚姻ネットワークに「緩やかに」開かれている、と言ったほうがよいだろう。

村びとによると、森を利用したいという願いを受け入れないことで「恨み」をもたれたり、森をもっていない者から「妬み」を抱かれたりすれば、フェレレティ（*fele leti*: ムトゥアイラに猟の失敗を祈願する儀礼）によって猟を失敗させられる危険性をはらむ。また、「恨み」や「妬み」を抱いた者の嘆きや不満を聞き入れたムトゥアイラによって、森で獲物が得られなくなったり、自分や自分の家族が病気になったりするような事態を招く恐れがあるという。このように、森の利用権を他者に一時的に譲渡する慣行にも、超自然的な存在やその力が深くかかわっているのである。

3　狩猟を一定期間禁止する禁制セリカイタフ

猟を続けるうちに罠に獲物がかからなくなると、村びとは、その森にセリカイタフと呼ばれる禁制をかける。「セリカイタフを何のために行うか」との問いに対して、「猟によって減ってしまったクスクス、シカ、イノシシなどを増やすため」、あるいは「森を休ませているあいだに他の村びとが森を無断で利用する（猟をする）ことを防ぐため」と語る。

セリカイタフをかけるには、まずその森に仕掛けてあったすべての罠を取りはずさなくてはならない。そして、森の中に、「セリアムホルホル（*seli amu holuholu*）」と呼ばれる「標《しるし》」を立てる。これにはさまざまな形があり、二本の

写真5-3　セリカイタフの禁猟儀礼を行う村びと（アマニオホ村）

木を交差させて地面に突き刺す（写真5-3）、一本の木を地面に直立するように打ち立てる、打ち立てた木に切り込みを入れてロタンの若葉や特定の木の葉を挟み込むなど、ソアや個人によって異なる。いずれにしても、セリアムホルホルは、ムトゥアイラや精霊を招き、そこへ一時的に宿らせる媒体、すなわち「依代《よりしろ》」である。依代はイラレセ（*ilalese*: 学名不明）やソアルル（*soalulu*: 学名不明）など腐りにくい木で作られる。数年後に禁制を解くとき、ここでムトゥアイラや精霊にお祈りをあげなくてはならないから、丈夫でなければならない。

　セリアムホルホルを立てた後、根元にムトゥアイラへの供物として、タバコ、ビンロウジ、シリーを供える。その後、マカカエカイタフ、ムトゥアイラ、アワやシラタナなどの精霊の名を唱える。そして、土地の言葉（*sou upa*）で、その森にセリカイタフをかけることを告げ、この森で猟を行う者に獲物を与えないように祈るとともに、猟を行うためにこの森に入った者に対して何らかの災厄（*pilitalua/ akeake*）を与えるように祈る。

　その後、この森に面する山道に、切り口が斜めになるように数本の細い木を山刀で切って置く。これは、その森にセリカイタフがかけられていることを示す標識である。セリカイタフをかける者（*maka kohoi seli*）は多くの場合、その森の管理者である。共有集団のメンバーが交互に共有林を利用しているような場合は、森で猟を行った者が禁猟儀礼を行う事例もあった。この儀礼において、セリカイタフの実施者は、その森を保有・継承してきた数世代前までのムトゥアイラの名を、知っている範囲で唱える。

表5-7　セリカイタフの実施状況　（単位：カ所）

保有形態	ロフノ共有林	ソア共有林	複数世帯共有林	世帯林	認識に齟齬のあった森	計	
セリカイタフがかけられている森	7	32	111	48	5	203	79%
利用されている森	1	12	13	14	0	40	16%
利用されず、セリカイタフもかけられていない森	0	3	0	0	0	3	1%
不明	0	1	9	1	0	11	4%
全森林区画数	8	48	133	63	5	257	100%

出所：フィールド調査（2003年7月時点）。

セリカイタフのかけられた森は、クスクスなどの狩猟動物が増えるまでの数年間、一切の狩猟が禁じられる。かけた人をはじめ、森の保有者を含めて誰も利用できない。もしもそれに違反すると、違反した者やその家族に対しては、マカカエカイタフやムトゥアイラ、アワやシラタナが協力して災厄をもたらすと信じられている。たとえば、木から落ちたり、山刀で怪我をしたり、イノシシに襲われたりなど不慮の事故に遭遇したり、病気になったりする。場合によっては、死亡することもあると信じられているのである。

数年後、村びとはその森に入り、そこがまだシニハであるか、すでに狩猟動物がたくさんいる森、ロフナ（*lohuna*）になっているかを、クスクスの食痕や糞、シカやイノシシの食痕や足跡を手掛かりに確かめる（*tihiki*）。ロフナになっていれば、セリアムホルホルにタバコなどの供物を供えて、マカカエカイタフやムトゥアイラ、アワやシラタナに祈りをあげる。そして、セリカイタフを解き、森での猟を再開する。その後、罠に獲物がかからなければ、再び罠をはずし、セリカイタフをかけることもある。(13)

調査時点（二〇〇三年七月）では、二五七カ所の森のうち、「セリカイタフのかけられていた森」は二〇三カ所（七九％）にのぼっていた。一方、利用されている森の数は四〇カ所（一六％）にすぎず、残り一四カ所は「利用もされず、セリカイタフもかけられていない森」あるいは「不明だった森」が占めていた（表5-7）。

4　森林利用を律する規範の役割

さて、それでは、これまでみてきた森林利用を律する規範は、狩猟資源の保全や狩猟資源をめぐる社会関係の維持に対してどのような意味をもっていると考えられるだろうか。

まず、森の保有に関する社会的取り決めと森の非排他的利用慣行についてである。既述のとおり、アマニオホ村では、細かく区分された森の一つ一つが誰に帰属し、誰が森の利用のあり方を決める権限をもっているかについて、社会的に共通の認識がある。こうした森の保有をめぐる社会的取り決めは、一種の「なわばり制（territoriality）」――特定の個人や集団が占有する特定のテリトリー（なわばり）を承認・尊重する社会的なしくみ――と言ってよい［池谷二〇〇三：三］。

しかし、それは他者の利用を許さないような、厳格に閉じられたなわばりではない。アマニオホ村の森は、管理者のアクセスコントロールを受けつつ、保有者を中心とする血縁・婚姻ネットワークに、緩やかに開かれたものであった。村びとのあいだには、保有する森の数に少なからず差がある。このような状況で、なわばりを厳格に適用して他者を排除すると、森にアクセスできる者とできない者とのあいだに軋轢を生じさせる恐れがある。なわばりを状況に応じて「開く」こと（森の非排他的利用慣行）には、森へのアクセス権を平準化し、そのような事態を避ける意味があると考えられる。

保有者が森に対してもつ権利はこのように非排他的だが、森は完全に他者に対して開かれているわけではない。保有者はその森を優先的に利用できる立場にあるし、当面、猟を行う予定がなく、「ロフナ」の状態になっている森があれば、その森の利用権を他者に一時的に譲渡できる。その場合、シカやイノシシなど大型の獲物が捕獲されたときて狩猟資源を保全しようとするインセンティブを生む背景になっているものと思われる。

次にセリカイタフについてである。既述のとおり、セリカイタフは、猟で減少した狩猟動物を増やすために森を一定期間、禁猟区とするものであり、超自然的存在が監視・制裁機能を果たすことで他者による森の利用を排除するしくみである。アマニオホ村では、猟果を親族などに広く分配する慣行がある。村の男性の多くは、他者からの分与に依存し続けるよりも、自ら猟に従事しようとする志向性をもっている。というのも、第2章で述べたように、自分で仕留めた獲物の一部を他者に分配することそのものが、社会文化的に価値づけられた行為であり、山地民は肉をもらい続けるよりも「与え、もらう」という相互的な関係のなかに身を置くことを望んでいるからである。さらに、自分で獲物を仕留めた場合には、分配する量を差し引いたとしてもたくさんの肉を手に入れられるし、獲物の解体後に森で開かれる食宴は彼らにとって大きな「楽しみ」のひとつにもなっている。

そのことをふまえると、セリカイタフの禁制が存在しなければ、森の無断利用（密猟）が増え、一定期間森を閉じ、一時的に森を開いて集中的に猟を実施するという、森を循環的に利用する猟が成り立たなくなるかもしれない。密猟が増えてくると、「他者に獲られる前に獲る」といった行動が誘発され、狩猟資源が十分に回復していない段階で猟が行われる可能性がある。また、そのような捕獲競争とそれに伴う狩猟圧の上昇は、狩猟資源をめぐって村びと同士の争いを生起し、社会を不安定にする危険をはらむものでもあろう。アマニオホ村では、超自然的存在によってセリカイタフの禁制が効果的に強制されている結果、そうした事態が回避されている、とみることができる。

正確なことを言うためには狩猟圧や資源量の動態などより詳細なデータが必要だが、以上述べてきたように、緩やかに開かれた森のなわばり制やセリカイタフの禁制などに特徴づけられる森の利用を律する規範は、森へのアクセス権の平準化、捕獲競争に伴う狩猟圧上昇の抑制、そして、資源をめぐる争いの回避などに対して一定の機能を有していると考えられよう。

四　森林利用秩序を支える超自然的強制メカニズム

1　セリカイタフの違反をめぐる「物語」

「『森の保有の歴史』について間違ったことを話すと早死にする」「『森を利用したい』という他者の求めに応じないと、マラハウ――「間違った行い」をした者に対してムトゥアイラが与える制裁・懲罰――を被り、猟に失敗したり、病気になったりする」「セリカイタフの禁制を破ると、不慮の事故に遭遇したり、ひどい病気になったりする」といった村びとの言明は、森林利用を律するさまざまな規範への同調において、超自然的存在やその力に対する観念が重要な役割を果たしていることを示唆している。ここでは、そうした超自然的強制メカニズムのなかでも、とくにセリカイタフの禁猟ルールを支える強制メカニズムに焦点をしぼり、違反をめぐる「物語」(14)［竹沢一九九九：六三］を提示しながら、超自然的な存在や力にどのようなかたちでリアリティが付与されているのかをみていきたい。

　セリカイタフのかけられた森で猟を行ってはならないという規範に人びとを従わせているのは、それに違反すると、マカカエカイタフやムトゥアイラ、アワやシラタナなどの精霊によって、違反した者やその家族に病苦・怪我・死などの災厄がもたらされるという観念である。聞き取りや観察に基づく筆者の判断では、多くの村びとが、セリカイタフが有する超自然的な力に強い恐れを抱いており、通常、森の禁制は遵守されている。とはいえ、次に紹介する事例に見られるように、これまで一度も違反が起きてこなかったわけではない。

【事例五―一】

二〇〇六年のあるとき、D・APはセリカイタフをかけていたパヒタシアトゥエトゥエ（Pahitasia Tuetue）の森を「開き」、ソヘを仕掛けていた。この森はD・APと彼の父の男きょうだいの息子三人と共有する複数世帯共有林で、五年間セリカイタフによって「閉じられて」いた。

D・APはソヘを仕掛けている途中、藪を山刀で切り開いた跡やクスクスが潜む洞のある大木の幹にまだ比較的新しい「トトイ（*totoi*）」――大径木に登るときに足をかけるくぼみで、幹に山刀を入れて作った切り込み――を見つけた。これは、何者かがセリカイタフを無視して、木登りクスクス猟をしたことを示すものであった。森を「開く」約半年前、ある男性――D・APはその名前を語ろうとしなかった――が、パヒタシアトゥエトゥエに隣接する森で木登り猟をしていた。D・APはその男性が森の境界を越え、セリカイタフに違反して森の動物を「盗んだ」と考えたが、慣習法組織の長老たちに報告しなかった。「密猟を行ったのが何者であるのか、誰も明らかにできない」し、犯人探しをすることで「村のなかでの人間関係が悪くなる」というのがその理由であった。D・APによると、「何カ月後になるか、あるいは何年後になるかはわからないが、そのとき（祖霊や精霊によって災厄がもたらされるとき）は必ずやって来るのだから、それを待てばよい」という。

実際、それから六カ月後、その男性の妻が子どもを出産したが、妻の命があやぶまれるほどの難産だった。D・APは、それをセリカイタフに違反したことでムトゥアイラや精霊が与えた罰であると考えていた。

（二〇〇七年二月、D・AP：三三歳男性への聞き取り）

この事例からうかがえるように、セラム島山地民社会において、人びとの森林利用を監視し、禁制に違反した者に制裁を加える役割を担うことが期待されているのは、現世を生きる人間ではなく、祖霊や精霊といった超自然的存在である。

ここでは、セリカイタフの違反と、半年後に起きた違反者（とみられる男性）の妻の難産が、因果関係で結びつけられている。このような語りは、セリカイタフがもつ超自然的な力への強い信仰に支えられていると同時に、そうした信仰を支える「相互反照的」な「物語」である[15]。筆者が耳にしたセリカイタフの違反をめぐる数々の「物語」は、これと同様の構造をもっている。なかでも、「セリカイタフのかけられた森で猟を行うと災厄がもたらされる」という信念に非常に強力なリアリティを与えているものとして、次に述べるように、一九八六年にアイモト（Aimoto）と呼ばれる森で起きたある男性の死をめぐる「物語」がある。

【事例五―二】

エカノ（Ekano）村出身のAg・Liは、アマニオホ村の女性と結婚し、アマニオホ村の妻の兄Z・Aの家で暮らしていた。一九八六年のあるとき、Ag・LiはZ・ASとともに、Z・ASが属するアマヌクアニ・スサタウン（ソア「アマヌクアニ」の下位父系親族集団）の共有林であるアカロウトトゥ（Akalou totu）の森で、木登りクスクス猟を行っていた。

猟を終えて集落に戻る途中、彼らはアマヌクアニ・スサタウンの共有林であるアイモトの森に入り、木登り猟を行った。しかし、この森には、セリカイタフがかけられていた。木の洞に潜むクスクスを見つけたAg・Liは、その木を根元から伐採したが、その木には蔓が巻きついており、その蔓は隣の木にも巻きついていた。そのため、蔓に引っ張られて隣の木も倒れ、Ag・Liはその下敷きになって死亡した。村長のYm・APはこの事件について、「猟を行うことをあらかじめセリカイタフをかけた人に告げ、セリカイタフを解いておけば、あのような事故は起こらなかっただろう」と語った。

（二〇〇四年一月、村長Ym・AP：六三歳男性、Fd・Li：七一歳男性、Ad・Li：五〇歳男性などへの聞き取り）

毎日の暮らしのなかでときとして生じるこうした不運なできごとは、常に村びとたちに、「なぜ、その人が、そのような不幸に見舞われなければならなかったのか」という問いへの答えを要求する。アマニオホ村では、災厄の原因に関する説明体系のなかで、ムトゥアイラや精霊の所作が非常に大きな役割を果たしている。筆者が村に滞在しているあいだも、山刀で手を切るといった怪我から、若い村びとの突然の死にいたるまで、災厄と呼び得るさまざまな出来事に遭遇した。そのつど、村人たちはムトゥアイラや精霊の怒りにふれるような本人やその家族の過去の行いに思いをめぐらし、その原因に関する説明を試みていた。

誰もが直面する怪我や病気や死などの「不幸なできごと」が生起するたびに、そうした「物語」が繰り返し生み出され、語られる。そのことによって、祖霊や精霊がもつ超自然的な力にリアリティが付与され続けているのである。

2　超自然観と結びついた資源管理の社会文化的適合性

近年のコモンズをめぐる議論では、資源の共同管理制度(commons institute)が長期持続的に機能するための条件として、資源利用者の行動を監視したり、ルールを強制したりすることの容易さ、あるいは費用の低さが指摘されている[Stern et al. 2002: 462]。

フォーマルな管理制度では、資源利用を律するルールの公布やその強制のために「第三の法的機構(third-party legal structure)」――森林保護官、国立公園管理スタッフ、警察、法曹など――を必要とし、そうした管理には高い運営費用がかかる[Colding and Folke 2001: 595]。しかし、以上みてきたように、アマニオホ村では、祖霊や精霊といった超自然的存在が人びとの森林利用をモニタリングし、違反者に制裁を加える役割を担うことで、利用に一定の秩序が生み出されてきた。このようなしくみのもとでは、明らかに、監視や制裁のための高いコストを必要としていない。

既述のとおり、アマニオホ村には少なくとも二五〇以上もの森の区画が存在し、その約八割は禁猟区とされている。広大で視界の遮られた森で、密猟が行われていないかどうかを常に監視したり、密猟があった場合に密猟者を特定したりすることは、きわめて困難である。したがって、人びとのルールへの同調を支える価値観が広く社会に共有される条件（高い文化的・宗教的同質性）が存在しているかぎりにおいて、こうした超自然観を基礎にして資源利用秩序を成り立たせるしくみは、資源管理の有効な方法のひとつであると言えるものである。

さらに、現世を生きる生身の人間が監視や制裁を行わないこうした管理のあり方は、次に述べるように、この地域の社会文化的コンテクストによく適合したものであると言える。第２章で述べたように、村びとたちは他者の妬みや不満の発露としての邪術に強い恐れを抱いている。この恐れは、単に自分をよく思わない人物から「邪術をかけられる」といった恐れだけではない。ちょっとしためごとがあった相手から「邪術をかけたと疑われる」恐れをも含むものである。

村びと同士で感情的なしこりが生まれると、こうした邪術をめぐる恐れに悩まされることになる。狭い集落で、そのような恐れを抱きながら暮らすことが苦しみに満ちたものであるのは想像にかたくない。山地民がもめごとを徹底して回避するのは、ひとつには、そうした「生き苦しさ」を極力避けようとするためであると考えられる。こうした社会文化的背景があるがゆえに、山地民は対面的な状況で相手に嫌疑を向けたり、過ちを指摘・批判したり、過ちを犯した者に何らかの制裁を加えたりすること（科料を請求するなど）を強く忌避する。

そのことは、次の点からもうかがえる。森の保有について聞き取りを重ねるなかで、いくつかの森については、

「保有の歴史」についてまったく異なる説明のバージョンが存在することがわかった。保有をめぐる認識の齟齬が生じていることについて彼らは非常に強い憤りを感じていたが、両者の直接的な話し合いを通じて、そのような齟齬を埋めようとしたり、あるいは、対立する意見を調停しようとしたりする意思はもっていない。保有をめぐる認識の齟齬について内輪で不満をもらすことはあっても、彼らは自分と異なる言い分をもつ者に「あなたの意見は間違っている」などと述べることはまずない。

そのような行為は非常に強い「ムカエ（恥や遠慮の念）」を伴うものであり、その者とのあいだに取り返しのつかない大きな溝をつくってしまうことになりかねない、という。過去に、村びと同士のこのようなもめごとが原因で他村に移住を余儀なくされた人もいるという。したがって、保有をめぐる認識の齟齬について、開かれた話し合いを通じて解決が図られるということはほとんどないのである。

このような背景があるために、セリカイタフのかけられた森が密猟者によって荒らされた場合も、さまざまなうわさが陰でささやかれることはあっても、状況証拠を提示して、セリカイタフを破ったと思われる人物を特定し、違反したかどうかを問いただすという問題解決手段がとられることは、ほとんどありえないと村びとは語る。違反について問うたところで、その人物が本当に違反者であったとしても、それを認めるとは考えられないし、たとえ違反者が明らかである場合でも、違反者から古皿などを科料として徴収するとなると、当事者間に強いしこりを残す可能性があるからである。

以上をふまえると、超自然的強制メカニズムに基づく資源管理は、人が直接手を下さないことによって、ルールの強制過程で生じかねない村びと同士のさまざまな軋轢や反目を防ぐはたらきをもったしくみであり、対面的な状況で相手に嫌疑を向けたり、過ちを指摘・批判したりすることを強く忌避するこの地域の社会文化的文脈に即した一面をもつと考えられる。

五　資源管理にみる近年の変化

１　森への「教会のサシ」の適用

これまで述べてきたように、ムトゥアイラや精霊がもたらす災厄への畏れが、村びとにセリカイタフの規範への同調を促している。ムトゥアイラや精霊への観念は、アマニオホ村の森林利用秩序の生成において現在も非常に大きな影響をもっている。しかし近年、こうした山地民の森林管理にも、森への「教会のサシ（*sasi gereja*）」の適用という新たな変化の兆候がみられる。

１章でも少しふれたが（七六ページ参照）「教会のサシ」とは、教会の礼拝のなかで、実施が宣言される資源利用規制であり、マルク諸島の各地でみられる［Benda-Beckmann et al. 1995: 25-27; Harkes and Novaczek 2002: 248］。

中央セラムの内陸山地部にキリスト教が伝わったのは一九世紀末とみられているが、アマニオホ村ではこれまで「教会のサシ」はほとんど行われてこなかった。しかし、二〇〇〇年ごろから、おもに農作物を対象にして行われるようになる(16)。そのなかで、森に対しても「教会のサシ」をかける者が現れ始めている(17)。そのうちのひとつ、村長Ym・APが二〇〇五年に行った事例をみてみよう。

【事例五―三】

集落の南東部にセワティヌエニ（Sewatinueni: Ym・APの世帯林）とアハハエ（Ahahae: アマヌクアニのソア共有林で、

Ym・APが管理する森）と呼ばれる、隣接する二つの森がある。これらの森は、これまでYm・APによってセリカイタフがかけられてきた。ところが、数年前より何者かによって無断で猟が行われるようになったため、Ym・APは二〇〇五年一〇月、アマニオホ村住民としては初めて、これらの森に「教会のサシ」をかけ、山道のそばにサシがかけられていることを明記した板を設置した。

Ym・APが「教会のサシ」をかけたのは、セリカイタフの超自然的な力をもはや信じなくなったから、というわけではなかった。Ym・APによると、ムトゥアイラや精霊は、すぐに「アケアケ(*akeake*)」――ムトゥアイラやアワやシラタナがセリカイタフなどの規範に背いた者に与える制裁・罰――もたらすこともあれば、当分の間アケアケをよこさないこともある。だが、「教会のサシ」の場合、違反があると、違反者やその家族にすぐに罰としての災厄がもたらされるのだという。Ym・APが森にサシをかけたのは、違反者に早く何らかの罰を与えたいがためだった。

「教会のサシ」がかけられて約一年後の二〇〇六年一二月、彼の勧めによって、彼と同居する娘婿がセワティヌエニとアハハエの森で猟をすることになった。教会でサシの解除が宣言され、娘婿はそれらの森に入ったが、樹洞をもつ多くの樹木に、まだ新しい「トトイ（二九〇ページ参照）」が数多く残されており、何者かが再び無断で木登り猟を行った形跡があったため、娘婿はソへ仕掛けるのをやめて集落に戻った。

森が何者かに荒らされていることを聞いたYm・APは、密猟の犯人として、「枝の上を走って移動できる」と表現されるほど木登りがうまいことで知られ、最近、森で多くのクスクスを捕獲し、集落で販売することに精をだしてきたXを疑った。セワティヌエニとアハハエの森では、通常は登らないような巨木にトトイが残されていたからである。また、二〇〇六年の一〇月ごろ、Xはマラリアにかかり、生死をさまようほどに病気が悪化したし、「教会のサシ」を解除する少し前には、Xの妻もマラリアが悪化して寝込んだ。さらに、同じころXとともに森に入って猟をしていた彼の兄が農作業中に振り下ろした山刀で右ひざを切る大怪我を負った。ＸやＸの家族たちを見舞ったこれらの災厄はすべて、サシの違反に対して神が与えた「罰」であると解釈された。

（二〇〇七年二月、村長Ym・AP：六三歳男性、Hs・Li：二八歳男性、Yh・Li：三六歳男性などへの聞き取り）

Ym・APは現役の村長であり、森の利用を律する規範に対する度重なる違反を前にして、その気になれば、森林管理のための何らかの新たなイニシアティブを発揮し得る立場にあった。しかし、この事例が示すとおり、彼はセリカイタフの違反に対して、違反者を探し出すことはもちろん、監視・制裁に関する明確なルールを新たにつくり上げ、それを実施する管理組織を創設する、といった方向での努力を払おうとしなかった。

「教会のサシ」は、監視・制裁の役割を果たす存在が、ムトゥアイラや精霊からキリスト教に権威づけられた（山地民の考える）「神」に組み替えられているものの、超自然的強制に支えられているという点では、従来の森林資源管理のやり方と同じであった。つまり、森の利用をめぐる規範に対する逸脱行為への対応としてYm・APは、「社会的強制」が作動する新たなしくみを考案しようと努力するのではなく、ムトゥアイラや精霊に替わって、「神」という超自然的存在が介在する強制メカニズムを通じて、揺さぶられた秩序を取り戻そうとしたのである。

こうした対応は、ルールの強制過程に人が直接的に介在しない点で、この地域の社会文化的文脈に即したものであったと言えよう。

すでに述べたように、セリカイタフのかけられた森で猟を行うと、猟に成功しないばかりか、何らかの災厄がもたらされるという観念は、村びとのなかで広く共有されている。そのため、森の利用を律する規範として、セリカイタフに替わって教会のサシが今後重要な役割を果たすことになるのかどうかはわからない。断定的なことは言えないが、異なる民族集団や宗教コミュニティのメンバーが森にアクセスできるようになるなど、村の文化的同質性を失わせるような状況が生まれないかぎりにおいて、揺らぎや転換や生成などの変化を伴いながらも、超自然を媒介として森の利用秩序を生み出そうとする営為を、山地民はこれからも続けていこうとする可能性がある。というのも、Ym・APが森に「教会のサシ」を適用したことは、超自然的存在に頼りつつ、資源利用にかかわる秩序を構築しようとする山地民の志向性をよく表しているように筆者には思えるからである。

2　森の禁制の対象の拡大

森林資源管理の実践にみられるもうひとつの変化の兆候は、セリカイタフやサシの対象が、希少野生オウムやコウモリなど従来は主要な対象になっていなかった資源に拡大されつつある、という点である。

これまでセリカイタフ（あるいは近年になって一部の村びとが始めた森を対象とする「教会のサシ」）を通じて森を「休める」ことの主要目的は、猟で減ったクスクス、シカ、イノシシの数を増やすことであった。たしかに、セリカイタフのかけられた森で、ロタンやハチミツなどの林産物を採取したり、オウムを捕獲したりする行為はよくないことだとされているが[18]、あくまでそれが意図するところは、クスクスなどの狩猟獣の増加を図ることだった。

ところが、二〇〇六年一二月に、F・MsL（五〇歳男性）が、村で初めて食用コウモリ（*Pteropus sp*）の捕獲を禁じる「教会のサシ」を、彼自身が保有するサゴヤシ林にかけた。そのサゴヤシ林はコウモリの群れが休息場所として利用しており、F・MsLやその妹の夫らは、これまでコウモリをプランカップ（一六八ページ参照）や弓矢で捕獲してきた。しかし、ここ数年来、空気銃を保持する村びとが増え、そのサゴヤシ林でも、多くのコウモリが空気銃で撃たれるようになった。F・MsLがここにサシをかけたのは、空気銃猟が続けられることで、「コウモリが寄りつかなくなる」と考えたからである。

また、近年になって、希少野生オウムの捕獲を禁じる禁制の実施を検討している村びとも現れ始めている。たとえば、二〇〇七年二月に行った聞き取りの際、P・AP（四九歳男性）とその弟Yn・AP（四六歳男性）は、きょうだいで共有するいくつかの森にオオバタンの捕獲を禁じるための禁制をかける予定だと話していた。

第3章で述べたように、村には集約的なオオバタン猟を行っているZ・ASやSp・ASがいる。この間、彼らはP・APたちの森で猟を行い、数多くのオオバタンを無断で捕獲してきた。P・APによると、近年オオバタンの価格は一〇年前と比べると三〜五倍に高騰しており、Z・ASやSp・ASはP・APたちの森で獲ったオウムで多額の販売収益を得たという。P・APたちがオオバタンの捕獲を禁じるサシの実施を思いたったのは、今後、自分たちの森でオオバタンを捕獲しようとする者に対し、許可をとるよう促すためであった。そして、自分たちの森で猟をしたいと申し出があった場合、彼らは猟に同行して、捕獲したオウムの販売収益の一部を受け取るのだという[19]。

六　人と自然を媒介する超自然

本章では、「人と自然を媒介する超自然」という視点をもとに、セラム島山地民社会における森林資源（狩猟資源）の利用にかかわる秩序がどのように生み出されているか、また超自然観と結びついた資源管理が地域の社会文化的文脈にどのように適合しているか、そしてそうした資源管理の実践に近年どのような変化がみられるかを描いてきた。山地民が実践する資源管理の最大の特徴は、村びとの行動を監視し、セリカイタフなどの森林利用を律する規範に違反した者に制裁を与える役割を担うのが、現世を生きる人間ではなく、ムトゥアイラや精霊などの超自然的存在であるという点にあった（図5-4）。

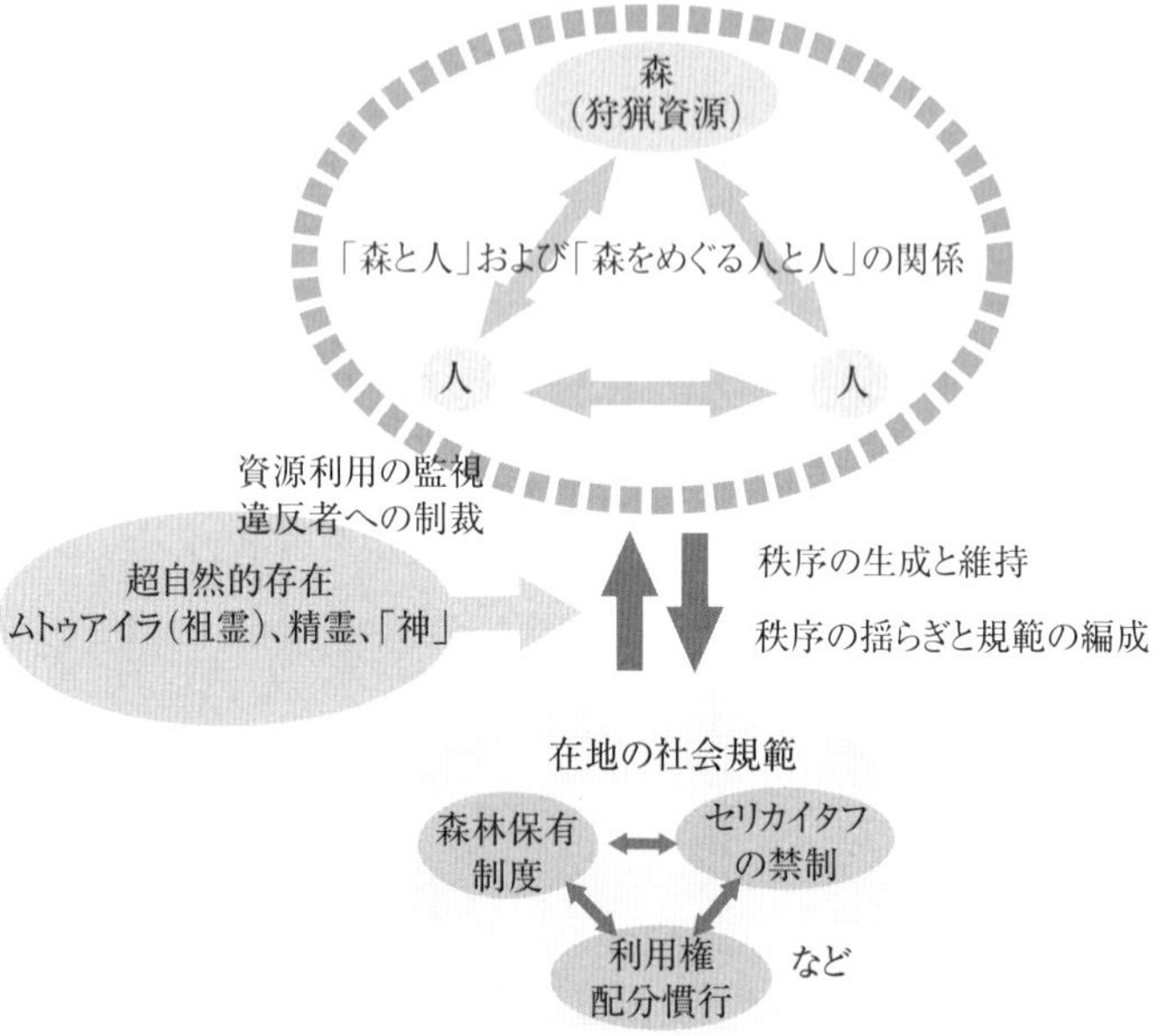

図 5-4　超自然が介在する森の管理

超自然観と結びついたこのような資源管理の実践を非合理的・非科学的と言って批判することはたやすい。しかし、本章が描き出したように、ムトゥアイラや精霊、そして「神」といった存在は、山地民の生活世界のなかではまぎれもないリアリティであり、人びとの森の利用（狩猟資源の利用）を律する規範が作動する場において現実に強い影響力を発揮してきた。こうした超自然的強制に支えられた在地の資源管理は、森へのアクセス権の平準化、捕獲競争に伴う狩猟圧上昇の抑制、そして、資源をめぐる争いの回避などに何らかの程度寄与してきた可能性がある。しかも、ルールの強制過程に人が直接関与することがほとんどないために、対面的な状況で相手に嫌疑を向け、過ちを指摘・批判したり、違反者に制裁を加えることを強く忌避するこの地域の社会文化的文脈に非常によく適合している一面も有していた。このように、超自然と真剣にかかわって生きている人びとがおり、それが実際に資源や社会の保全に役に立っていると考えられる以上、「近代化」によって人びとが科学的合理性を獲得していくなかでやがて消えていく「虚構」であるとみなして、それを切り捨てるべきではない。

セラム島沿岸部ではいま、まさに開発の波が押し寄せてきており、山地民の暮らしにも少なからず影響を与えている[笹岡二〇〇六b]。とはいえ、人はそもそも日常的な現実として経験される事象のみで構成される世界ではなく、「超常的な力や意味の次元を包み込んだ総体としての生活世界」[池上一九九九：八二]に生きる存在である。また、非西欧世界における現代の宗教現象を扱った「モダニティ論」[石井二〇〇七：四-五][20]が明らかにしてきたように、近代の対極にあるものとみなされてきた超常的な諸力をめぐる概念やイメージは、しばしば、近代的変化とともに消失するどころか、むしろ不断に増殖し、再創造される場合も存在する[石井二〇〇七：四-九][21]。

したがって、超自然観と結びついた資源管理の実践を、資源管理・自然保護をめぐる学術的な議論の対象からはずすべきではない。

今後進むであろう村を取り巻く環境の変化は、在地の森林資源管理のあり方にさまざまな影響を及ぼすと考えられる。そうした変化に対応する形で、人びとが資源利用をめぐる秩序をどのように生み出していくのか。「人と自然を媒介する超自然」という視点からその営為を探ることが、祖霊や精霊や「神」とともに生きる人びとが主体性を発揮し得る資源管理・自然保護のあり方を考えるうえで、重要な意味をもつものと思われる。

(1)「セリ(*seli*)」は、土地の言葉で特定資源・地域の利用を一定期間禁止すること(あるいはそのような禁制がかけられた状態)を表す言葉として用いられている。「セリカイタフ」は、森における狩猟を一定期間禁止する禁制を意味する。

(2)とはいえ、入会的に利用されてきた日本の山野河海における禁猟(漁)の慣行の多くは、民間信仰、神事や儀礼と結びついており、その基礎には民俗的な自然観やカミへの観念が存在している[秋道：一九九五b：二〇九-二一九]。また、サシに関しても、その実施に際して教会でのお祈りや宗教儀礼が行われることが多い[Kissya 1993: 16-17; Rahail 1995: 42-46; Harkes and Novaczek 2002: 248-249]。つまり、入会規制を通じた資源管理においても、サシに基づいた資源管理においても、実際には、社会的強制と超自然的強制がともに作動し、社会経済的な意味が見出されているとともに、宗教的な意味づけがなされたものも少なくないと思われる。

(3) ここで「コモンズ論」とは、森林、灌漑用水、河川、ため池、牧草地、野生動物などの「コモンプール資源(common pool resources)」──すなわち、他の潜在的利用可能者を排除することが技術的に困難であり、かつ利用が他の潜在的利用可能者の福利を一部差し引く控除性を伴う資源[Berkes et al. 1989: 91-93]──の管理をめぐる議論を指す。

(4) 秋道智彌は『自然はだれものか』の序章で、次のように述べている。「近代における開発と保護の論理だけによって人間と自然の関係がきめられ、両者のあいだに一分のスキもないことになれば、それは人間の独善であり、おごりではないか。人間は自然をすべて掌握しているわけでも支配しているわけでもない。自然のめぐみをうけてきた森の民、海の民は自然のなかにカミの世界を見出した。そのカミにたいして、人びとは日々の幸を感謝するとともに、畏怖の念をわすれなかった。自然を開発もするが、保護もわすれないという重層的な思考と実践があった。(中略)自然のなかで保護すべき場所は、資源を管理するための場であり、カミのいる聖地でもあったのである。また、カミのことを語ると、それは宗教であるとか実証性がないと指摘されることがある。しかし、そうした近代主義こそ問題にすべきなのである。また、カミの世界を追求することは、過去に退行して『伝統』的な民俗を探ることをさすわけでもない。カミの世界を組み込んだ新しい自然観、世界像の創出こそ今後注目し、その実現を目指すべきなのである」[秋道一九九九:一八-一九]。また、『コモンズの人類学』で資源管理と超自然について再びふれ、「多くの村落や共同体社会では、人びとが認識し、利用するあらゆる空間は、私有地や共有地、公有地だけで完全に埋め尽くされているわけではない。そこには、聖なる森、精霊の宿る海や河があり、立入禁止の神聖な場がある。(中略)人間はすべての空間や財を、私有にしろ、公有にしろ、『私物化』しているのではなく、自然やカミの領域を持っているし、またそのような社会を持続しているのである。目には見えている風景や景観でありながら、本当は目に見えない世界の存在を認知する文化があり、その底力の意義を大きく取り上げるべきと考えたい」と述べ、「カミや神聖性をコモンズの議論のなかで語る可能性とその意義」[秋道二〇〇四:二一九-二二〇]を強調している。

(5) 秋道は、明文化された取り決めに限らず、一定の関係者のあいだだけで確認されているルールや、暗黙の了解事項や宗教的なタブーなど、地域の人びとが実践する資源利用にかかわる慣行や規制を「しきたり」と呼び［秋道一九九五a：一八九；秋道一九九五b：一七―一八］、そうした「しきたり」に依拠しながら、国家や国際機関の推進する「科学的管理」とは無縁のところで、地域の人びとが独自に実践している資源管理を「民俗的資源管理（資源管理の民俗）」と呼んだ［秋道一九九五a：一八七―二三三；秋道一九九五b：二三一―二四二］。なお、ここで「科学的管理」とは、科学的で普遍的な基礎をもち、資源量や資源の生態学的な性質や分布をもとにした生態学的な手法を用いた資源管理――具体的には、資源を獲る頻度や量を制限し、獲ってもよい資源の総量、すなわちクォータ（quota）やその大きさを決める制限的な方法や人工ふ化・育成を行ったり、幼個体を栽培して大きく育てたり、本来、分布しないところに移植して増やすなどの増殖的な方策など――を意味する［秋道一九九五b：二三三―二三四］。

(6) マカエカイタフの名は、父と子のあいだでも秘密にされていることが多い。たとえば、老齢のために森に入ることができないN・AP（六三歳）は一人息子のYp・AP（二五歳）にまだマカエカイタフの名を教えていなかった。彼は体がもっと衰え、自分の命もそう長くはないと感じたら、息子に伝えると語っていた。なお、Yp・APは森の中でセリカイタフの解禁儀礼を行うとき、マカエカイタフの名を唱えず、彼が知る範囲でこの森を代々保有・管理してきた者の名を唱えて、それらの霊を呼び、解禁のお祈りをあげる。その後、N・APが家で小さな皿の上にタバコを供えてマカエカイタフの名を唱え、改めて解禁のお祈りをあげるという。

(7) このように、長期間にわたって人が踏み込むことのない事実上の「サンクチュアリ」となっている森は、クスクスなどの狩猟獣を増やし、増えた個体を周辺に溢出《いっしゅつ》させるという「スピルオーバー効果」を発揮しているものと思われる。

(8) ここで「所有権」という用語を用いないのは、次の理由による。「所有権」は、一般に「特定の物を排他的に支配し、使用・収益および処分の機能を有する権利」といった意味で用いられる。アマニオホ村では、森は後述するように、古皿や現金を媒介として売買の対象となっているので、森に対する諸権利には処分権が含まれるとみてよい。しかし、森に対する権利は、何者にも妨げられない権利ではない。本章では近代法における絶対的・排他的権利であるところの「所有権」と区別し、他者からの制約を受ける相対的権利という意味をこめて、「保有権」と呼ぶことにする。「保有権」という用語をあてたのは、独占的・排他的支配権の典型であるローマ法型の「土地所有権」に対して、「規制」や「計画」に拘束されたゲルマン法型の土地支配が「土地保有権」と呼ばれてきたことをふまえている［篠塚一九七四：六-八］。

（9）アマニオホ村のペトゥアナンのなかには、隣村のマライナ村が保有する森が存在する。この森はおそらく、婚姻に伴って権利が譲渡されたものである。このように他村の村びとが保有する森は、ここではカウントしていない。集落から東に約二㎞の場所に、村民が共有する森が三つある。ずっと昔に集落や墓地があり、現在は森林になっているところ（*amahaha/ keramatia*）が二カ所と、何らかの理由で立ち入りが禁止されている森林（*makahala*）が一カ所である。これらの森は景観的には老齢二次林だが、「猟場」とは認識されていない。これらの森も、ここではカウントしていない。

（10）本表は、二〇〇三年七月九日、一三日、二〇日、二七日の四回に分けて三四人を対象に行ったグループインタビューとその後の補足調査より作成した。ただし、記載したカイタフは網羅的ではない。クラマット集落（アイルブッサール村）やワハイ村（いずれも北海岸沿岸部）の中学・高校に子どもを就学させるためなどにより一時的に村外に居住している者の保有するカイタフは記載していない。保有形態の略号の意味は以下のとおり。ＫＬ：ロフノ共有林（*kaitahu lohuno*）、ＫＳ：ソア共有林（*kaitahu soa*）、ＫＫ：複数世帯共有林（*kaitahu keluarga*）、ＫＰ：世帯林（*kaitahu perorangan*）。また、保有者、保有権の相続・移譲の歴史に関する認識に齟齬のあった森についてはＤｉｓと記した。類型は保有権の移譲の経緯による。それぞれの略号の意味は以下のとおり。ＫＭ：カイタフムトゥアニ、ＫＮＮ：カイタフナフナフイ、Ｋｋａ：カイタフカトゥペウ、ＫＨ：カイタフヘリア、ＫＦ：カイタフヌヌイ、ＫＴ：カイタフトフトフ、ＫＲ：カイタフレラ／カイタフアラシハタ、Ｋｔｕ：カイタフトゥカル。詳細は二七九ページ表5-3参照。また、保有者、保有権の相続・移譲の歴史に関する認識に齟齬のあった森についてはＤｉｓと記した。Ｕｎは保有者に話が聞けず、不明だったものを指す。†のある森は「悪い霊（sira tana kina など）」が住むと信じられていたり、セリをかけたまま他村へ保有者が転出したりという理由で、二〇年以上も猟が行われていない。

（11）ソアを異にする複数の人びとが共有する森は「カイタフロフノ（*kaitahu lohuno*）」と呼ばれている。このカテゴリーにはソアＡに属する甲とソアＢに属する乙の二人だけで共有される森も含まれる。そのような森はここでは「複数世帯共有林」とし、複数のソアの全成員が共有する森のみを「ロフノ共有林」とした。ところで、この「ロフノ共有林」の来歴には、次のことが考えられる。アマニオホ村には一一のソアが存在しており、それらは域外から移住してきた、あるいは婚入してきた三つのソアと、この地域の先住者である八つのソアからなる。後者はリリハタ・ポトアとリリハタ・ラケアの二つの出自集団を起源にもつと考えられている。村にはかつてリリハタ・ラケアに属していた七つのソアが共有するロフノ共有林があるが、これはソアが細かく分岐していく過程で分割されなかった森と考えられる。また、かつてソアを異にする人びとが中国製やオランダ製の大型の古皿や織物などを出し合って森を購入することがあった。そうした森のなかには、購入者と現在の村びととの系譜関係がわからなくなった結果、ロフノ共有林になったものもある。

(12) 息子も甥も親族名称は「ウアセナ(*uasena*)」で、同じである。

(13) モラーらは、慣習的な方法で資源を利用してきた地域の人びとにとって、狩猟資源をモニタリングするためのもっとも実用的で、もっともよく知られている指標は、「単位努力量あたりの収穫量(Catch per Unit of Effort: CPUE)であると述べている[Moller et al. 2004]。本章が取り上げた事例でも、山地民は仕留められた獲物の数から、狩猟動物の個体数動向を判断していた。また、セリカイタフのかけられた森では、森との長年のかかわりあいのなかで蓄積されてきた在来知を総動員しながら、地面や下層植生、幹や樹冠部の枝葉に残されたわずかな痕跡を手がかりとして、狩猟資源の回復度合を直感的に推しはかっている。資源動向を把握するための迅速で手間のかからないこのようなモニタリング技法に基づいた管理は、資源ストックを正確に把握したり、利用可能な資源量を予測したりすることに重きをおいてきた従来のフォーマルな「量的」管理アプローチとは異なる。山地民の在地型森林管理は、迅速で簡便なモニタリングを通じて、そのときどきの資源と生態系からのフィードバックが管理の方向を指し示す「資源と生態系の質的な管理(qualitative management of resources and ecosystems)」[Berkes et al. 2000: 1259]と言えるものであり、その点では「順応的管理」と共通した性格をもつと言ってよい[Berkes et al. 2000: 1259-1260]。

(14) ここで「物語」とは、「ある行為者が、ある行為をすることによって、世界にどのようなできごとが生じたかを時間の経緯に沿って記述(筆者注：陳述)したものであり、それによって語り手と聞き手に、できごととできごと(行為とできごと)のあいだの因果関係を了解させる」語り[竹沢　一九九九：六三]を意味している。

(15) 「物語」にみられる「観念と出来事の経緯の相互反照性」については浜本[一九八九：四一-四三]を参照。

(16) 「教会のサシ」は通常、他者による資源利用を防ぐために保有者によって実施されるものであり、保有者は事前に村における教会活動をとりしきる信徒評議会(Majelis Jemaat)に対象となる資源と場所を伝え、サシの宣言を依頼する。このとき、教会に一〇〇〇～一万ルピアのお布施を納める。次の日曜日の礼拝のときに、教会でそのサシの実施が宣言され、対象とする資源が多くの収穫をもたらし、サシを解く前に資源が採取されることがないよう、また資源を採取した者に災厄をもたらすよう、祈りが捧げられる。解禁するときも同様に、お布施を納め、教会で宣言される。「教会のサシ」も、セリカイタフと同様に、違反すると神の怒りにふれ、超自然的な制裁が加えられるという信仰に支えられているのである。アマニオホ村では、果樹や畑作物は特定の個人や集団（親族関係で結ばれた人びと）によって保有されているが、それらの資源の他者の利用は、かなり「おおらか」に許容されている。このような行為は、後で保有者に採取したことを伝えさえすれば、決して非難されるべき行為だとはみなされない（ただし、保有者に伝えない場合、その行為は「盗み」と観念される）。そのため、他者の利用からどうしても保護したい資源については、そのことがわかるように標を立てて、利用を禁止してきた。また、サゴヤシについても、伐採してでんぷんを採取する場合には、事前に保有者に許可を得る必要があるが、屋根材などの用途に利用するために葉を採取する場合は、わざわざ断りを入れなくてもよいことになっている。そのため、集落から比較的近い場所にあるサゴヤシ林では、多量の葉が採取され、生育が阻害される場合がある［笹岡二〇〇六a：一四一］。そのような場合に禁制をかけた。以前は、二本の棒を並行に直立させたり交差させたりした「アナホハ」と呼ばれる一種の「占有標」［菅二〇〇六：三一三―三一四］を当該資源のそばに設置するだけでよかったが、二〇〇〇年ごろからは、（その背景については詳しいことは不明だが）この占有標があっても資源を採取する者が現れ始める。以上を背景に、おもにビンロウヤシ、サゴヤシ、そして、ココヤシを対象とした「教会のサシ」が頻繁に行われるようになった。

(17) 調査時点（二〇〇七年）で筆者が確認したかぎりにおいては、森を対象とした「教会のサシ」の事例が四事例あった。二事例はアマニオホ村出身の村外転出者が実施したもので、二事例はアマニオホ村在住の村びとが実施したものである。村で最初に森を対象に「教会のサシ」を行ったのは、アマニオホ村出身で、南海岸沿岸部のハトゥメテ村に転居していたS・Eである。第1章でふれたように、テルティ湾沿岸部一帯では二〇〇〇年にムスリム住民とクリスチャン住民の激しい争いが起き、多くの避難民（クリスチャン住民）がアマニオホ村を含む内陸部の村に避難した。S・Eも避難民の一人である。彼は、父方のいとこの男性が保有する森で五カ月ほど罠猟をした後、二〇〇一年に教会を通じてサシをかけた。セリカイタフでは効力が弱いと考えたからである（ちなみに、彼は獲物が増えてきたころ、サシを解禁して再び猟を行う予定であったが、南海岸沿岸部の治安がよくなったため出身村に戻った。サシの解禁のためには、サシを実施した者の同意が必要であり、保有者の独断では解禁できない。彼は出身村に戻る前に解禁しなかったため、その後も、この森には教会のサシがかけられたままである）。
（18）セリカイタフのかけられた森でオウムを捕獲する場合、その森の保有者（管理者）に断りを入れて、一時的にセリカイタフを解いてもらうべきものと考えられている。通常、その解禁儀礼は集落内で行われる。しかし、一九九〇年代以降、セリカイタフのかけられた森で、無断でオウム猟を行う者が現れたという。
（19）アマニオホ村では猟の貢献度にかかわらず、ともに森に入った者同士、猟果を均等に分ける慣行がある（一三三ページ参照）。
（20）石井美保は、市場経済化や近代化の圧力に対して象徴的な手段で対抗し、近代に捕捉されない独自の歴史意識を構築する宗教実践に焦点をあてる議論を「象徴的抵抗論」と呼び、それが数々の批判にさらされるなかで理論的な洗練を重ね、発展していった議論を総称して「モダニティ（modanity）」論と呼んでいる［石井二〇〇七：四－五］。「モダニティ論」は、石井によると、「妖術や呪術を近代化の進展とともに消滅すべきローカルで前近代的な信念とみなす従来の見方に対して、主権国家の成立やグローバル化といった近代的変化こそが呪術・宗教現象の活性化と新たな展開をうながすことを指摘し、世界規模で進行する同時代的な現象として妖術や呪術を捉える視点」［石井二〇〇七］を提供してきた。そこで述べられているのは「妖術や呪術」といった宗教現象だが、資源利用を律する超自然的な存在や力への観念についても同様のことが言えると思われる。
（21）実際に、世界宗教の伝播や移民の流入といった社会変化を経験しながらも、資源利用にかかわるタブーが存続したり、再生されたりする事例が存在する［Chidhakwa 2001: 16; Saj et al. 2006: 295–297］。

終章　住民主体型保全へ向けて

調査に対して常に協力的だった村の長老たち(アマニオホ村)

一　セラム島の自然保護に対する提言

本書で明らかになった知見とセラム島の自然保護をめぐる現況とを照らしあわせながら、今後この地域で暮らす人びとが主体性を発揮できる自然保護を模索・推進していくために、いかなる取り組みが求められるかについて検討を加えたい。ここでは、①在地の森林資源管理の承認と尊重、②希少オウムの捕獲圧軽減のための「代替戦略」、③内発的合意に基づく空気銃猟の規制、④人と自然とを隔てる公園管理の見直し、の四点を取り上げる。

1　在地の森林資源管理の承認・尊重

現行の（希少種の保護や国立公園管理にかかわる）自然保護法制は、行為者や行為の目的と手段を選ばず、一元的に山地民の野生動物利用を禁止している。しかし、第2章で明らかにしたように、狩猟獣（クスクスとティモールシカ）は、タンパク質量換算で、捕獲・採取される動物性資源の約七割弱を占める。そして、分配に着目すれば、分け与えることに内在する「楽しさ」を感じたり、他者とのかかわりあいのなかに生きていることや「このように生きるのがよいのだ」と考えられている「生」を実感し、山地民としての集団的アイデンティティを再確認できる実践である。つまり、狩猟獣の利用は、経済的欲求充足に特化したオウムの利用とは異なり、単に「胃袋を満たす」ためだけではなく、地域固有の文脈に埋め込まれた社会文化的存在として、自らの「生」を充実させるための営為、すなわち「生き方」とかかわる営為である。

セラム島ではクスクスやティモールシカの個体数動向を探る調査は一度も行われておらず、住民の捕獲によって絶滅が危ぶまれるほど個体数の減少傾向にあることを示す証拠はいまのところ存在しない。このように、必要性すらはっきりしない現行の法的規制が厳格に施行されれば、山地民が自らの「生」を充実させるための手段を奪うだけではなく、その生存権をも脅かすことになる。したがって、これらの野生動物に対しては、現行の野生動物保護法制や国立公園管理にみられるような、「上から、外から」の中央集権的で一元的な法的規制によって利用を禁止するやり方ではなく、日常的な利用を前提とした管理方策が求められる。

「利用を前提とした管理」は、第5章で論じたように、山地民自身が実践してきたものである。山地民は「緩やかに開かれた森のなわばり制」や「セリカイタフの禁制」など、在地の森の利用規範に依拠して、独自の方法で森の利用秩序を生み出してきた。そうした在地の資源管理は、狩猟資源やそれをめぐる社会関係の保全に何らかの程度寄与してきたと考えられる。

このように、野生動物の利用が生計維持上不可欠の要素となっており、在地の規範に基づいてそうした野生動物資源がそれなりにうまく管理されている場合、その利用を一元的な法的規制によって全面的に禁止するのは、地域の実情から乖離した非現実的な保護政策であると言ってよい。

こうした乖離状況は、セラム島に限ったことではなく、インドネシア各地のとくに遠隔地の農山村でみられる可能性が高い。地域の人びとの利用・管理を通じた野生動物とのかかわりあいを完全に断ち切るような、希少種保護にかかわる現行の一元的な法制度（とくに生物資源・生態系保全法や種の保存に関する政府令）を根本から改める必要があろう。

2 希少オウムの捕獲圧軽減のための「代替戦略」

オオバタンとズグロインコは既述のとおり、生息地の破壊とともに、地域住民の捕獲によって個体数が大きく減少してきたと考えられており、国際自然保護連合の「レッドリスト」では「危急種（VU）」と評価されている。そして、いずれも一九九〇年代末に希少種の保護にかかわる法令により「保護動物」に指定され、捕獲・商取引が全面禁止された。しかし、今日に至るまで密猟と違法商取引は続いている。こうした事態に対して、国際野鳥保護団体Bird Life Internationalは、厳格な州政府令の制定、新たな監視ポストの設置、公平な罰金刑（捕獲者に軽く、仲買人や輸出者に重い科料を科す）の厳行など、密猟や違法取引の取り締まりを強化するための施策を提案している。しかし、そうした保護政策は、次に述べるように、実効性の面でも社会的公正性の面でも問題がある。

密猟や違法商取引を取り締まるためには、多くの人員と費用が必要となる[Songorwa. 1999: 2063]。だが、インドネシアのように予算や人的資源が不足している国では、法的規制の効果的な強制はできない[Lee et al. 2005: 478]。また、違法商取引の取り締まりによって密売ルートが一旦は閉鎖しても、需要があるかぎり再び新たなルートがつくられることが多く、密猟・密売の根絶は非常に困難であると考えられている[Bowen-jones et al. 2003: 397]。また、オーストラリア政府による野生オウムの商取引禁止措置が稀少種の価格上昇を招き、密猟や違法商取引に対する強力なインセンティブを醸成したように[Cooney and Jepson 2006: 19; Moyle 2003: 50]、野生動物の利用を制限する法的規制は、保全に対してまったく逆の効果をもたらす危険性をも孕んでいる。

また、そもそも希少野生オウムの個体数減少にもっとも重大な影響を与えてきたのは、商業伐採など低地で展開する開発事業である。しかし、こうした開発事業は、国立公園の外で行われるかぎりは容認されている。一方、現行の保護政策のもとでは、「経済的弱者」といえる山地民の、いわば「生きていくための営み」であるオウム猟は例外なく禁止されている。このような社会的公正性を欠く保護政策を現場で厳格に適用した場合、山地民から強い反発を受けることは必至であろう。

したがって、「上から、外から」の法的規制による強権的・排他的アプローチに替わる何らかの保全策を考えなければならない。そのひとつとして、ここでは「代替戦略（substitution strategy）」[1]の可能性について指摘しておきたい。

第3章で明らかにしたように、オウムの捕獲・販売は、過酷で危険を伴うとともに、「よい値」で売れるかどうかわからないという点で不確実性が高い生業である。したがって、山地民は、オウム猟を現金獲得手段として必ずしも高く評価していない。猟は利用可能な機会や資源をできるかぎり活用して利潤最大化を図るというより、特定の具体的な必要を満たすためのものであり、非集約的（断続的かつ小規模）に行われてきた。その結果、オウムへの依存は、丁字収入が得られなかったことなどに起因する長びく現金困窮期に高まる傾向にあった。

それゆえ、何らかの適切な方法によって山地民の「現金の必要」が一定程度充足される条件を生み出せれば、稀少野生オウムの狩猟圧を低下させていくことが可能かもしれない。とくに、丁字の収穫量や価格を安定させる施策や、丁字に替わる収入源を創出する取り組みは、稀少野生オウムの保全にとって有益な効果をもたらす可能性がある[2]。

筆者の判断では、こうした試みは、強権的・排他的に利用を全面的に禁止するアプローチよりもはるかに現実的である。次に述べるように、オオバタンは食用に利用するため、しばしば空気銃で撃たれている。強権的・排他的アプローチによって市場に出せる「森の商品」としてのオウムの価値がなくなれば、空気銃猟の犠牲になるオオバタンの数はさらに増えるかもしれない。捕獲・商取引の全面禁止を強権的に進め、利用を通じたオウムと人との関係を断ち切るよりも、捕獲圧の軽減を試みながら、村びとが将来何らかの理由で現金に困窮したときに「救荒収入源」としてオウムを利用できる道を残しておくことが重要であると考えられる。

3 内発的合意に基づくオオバタンを対象とした空気銃猟の規制

アマニオホ村では二〇〇〇年ごろから、空気銃を用いておもにハト科の野鳥を対象とした猟が行われている（写真終-1）。空気銃保持者は、二〇〇四年の段階では一一世帯（全世帯の約一九％）だったが、〇七年には一九世帯（約三二％）に、一〇年には二一世帯（約三五％）に膨れ上がった。オオバタンの肉はニワトリによく似ていて、美味であると考えられている。しかも、人を見かけるとけたたましく喚《な》く習性があり、比較的見つけやすい。そのため、オオバタンもしばしば空気銃猟の標的になってきた。

写真終-1　空気銃で野鳥を撃つ男性（アマニオホ村）

筆者は、空気銃保持者全員に、銃で撃ち落とした数（仕留めた数）や命中させた鳥の何割程度を撃ち落としたかなどについて聞き取りを行い、撃たれたオオバタンの数を推計した。村びとによると、オオバタンは被弾してもすぐに木から落ちず、飛んで逃げることも多い。しかし、いったんは逃げても、いずれは森で死ぬと考えられている。したがって、被弾した鳥のすべてが死亡したと仮定して死亡数を推計した。

表終-1に示すように、二〇〇三〜〇六年に空気銃猟の犠牲となったオオバタンは、四一羽(〇三年)、三五羽(〇四年)、一四羽(〇五年)、一五羽(〇六年)であった。商品として価値のあるオオバタンを「食べるためだけに殺すのはもったいない」という理由で、「森でオオバタンを見かけても撃たない」と述べる空気銃保持者も少なくなかったが[3]、一部の村びとによって多くのオオバタンが撃たれていることがわかる。その数は、二〇〇五年を除けば、ペット交易用に捕獲された数(〇三年:二一羽、〇四年:二五羽、〇五年:二六羽、〇六年:三羽)よりも多い。したがって、オオバタンの保全のためにまず検討すべき課題は、空気銃猟の禁止であろう。

表終-1　空気銃によるオオバタンの推定死亡数

空気銃保持者（銃購入年）	2003年	2004年	2005年	2006年
Ym・AP(1998年)	0	5(3)	0	0
Yp・AP(1999年)*	2(1)	0	0	0
He・Li(1999年)	0	0	0	0
Ag・Li(1999年)	0	0	0	0
D・AP(2000年)	10(4)	5(2)	4(3)	0
Yk・Li(2000年)*	0	0	0	0
Ha・Li(2000年)*	0	0	0	0
D・MsP(2001年)	0	3	0	0
Sk・AS(2001年)	25(5)	20(4)	10(3)	7(5)
Ym・AS(2002年)	4(4)	2(2)	0	0
Yk・AS(2003年)	0	0	0	0
I・MsP(2005年)*	—	—	0	0
L・Li(2005年)	—	—	0	0
B・My(2005年)	—	—	0	0
Sp・AS(2005年)*	—	—	0	0
A・E(2006年)	—	—	—	0
B・Li(2006年)	—	—	—	3(0)
R・MsP(2006年)*	—	—	—	5(2)
F・AP(2006年)*	—	—	—	0
計	41	35	14	15

出所：フィールド調査。
注1：弾が命中したものの、遠くへ逃げて捕獲できなかった鳥も含め、被弾した鳥のすべてが死亡したと仮定した。(　)内の数字は実際に仕留めた数。
注2：*は2003～06年にオオバタンを捕獲したことのある者。

こうしたイニシアティブは、以下の理由から、山地民の内発的な合意形成が可能な要素を含んでいる。まず、空気銃猟のおもな対象はハト科の野鳥なので、オオバタンを撃つことが禁止されても、空気銃猟を行う者はそれほど困らない。また、被弾後に飛んで逃げ、無駄死にする鳥も多いため、捕獲数が少ないにもかかわらず地域個体群に与えるダメージが大きいと考えられる。こうした非効率な資源利用は、将来の現金獲得機会を減らすことにもつながる。

実際、話を聞いてみると、オオバタンの捕獲経験のない者も含め、ここで述べたような理由から、空気銃でオオバタンを撃つことを「よくない」と考えている村びとも少なくない。しかし、山地民はもめごとを徹底して回避するため(第2章、第5章参照)、それが表立って語られる機会はほとんどない。オオバタンは村から市場に出せる数少ない「森の商品」であり、それを食用のためだけに銃で撃つのは、将来の現金獲得機会を奪うことにつながるのでよくないという論理は、捕獲経験の有無にかかわらず、多くの村びとに了解可能なものであろう。したがって、「よそ者」による適切なファシリテーションを通じて、そうした論理を村びとが共有できれば、空気銃猟を禁止する新たなルール構築に向けた合意形成へと道が開けるかもしれない。

4　人と自然を隔てる公園管理の見直し

ゾーニングに依拠した公園管理は基本的に、人間を自然(生物多様性)の破壊者、あるいは(潜在的)脅威とみなして、人間活動を一定の固定された区域内に限定することで自然を守ろうとするものである。セラム島山地民社会の文脈では、こうした人と自然とを隔てようとする管理は、少なくとも次の二つの点で問題がある。すなわち、広大な森(猟場として利用されている原生林・老齢二次林)を散在的かつ循環的に利用する山地民の猟のあり方と相容れないという問題と、広い範囲でパッチ状に展開する土地・植生への半栽培的はたらきかけ(在来農業)を媒介とする野生生物と人とのかかわりあいを制限してしまうという問題である。

第5章で述べたように、村の領域内にあるカイタフは二五〇以上の森に細かく区分され、その一つひとつに名前がつけられ、特定の保有者が存在していた。村びとによると、こうした森の「なわばり制」は、中央セラムの内陸山地部全域でみられ、保有者がいない原生林・老齢二次林は存在しないという。一面に広がる緑の景観は、「外部者」には単なる森にしか見えない。だが、そこには無数の目に見えない境界線がひかれており、一つひとつの森に、相続の来歴、先代の保有者と現在の村びととの系譜関係、販売・贈与・科料の支払いなどによる森の権利の移転の経緯、先代の保有者が残したイティナウ（二七九ページ参照）など、「保有の歴史」に関する山地民の知識が結びついている。

マヌセラ国立公園で今後どのようにゾーニングが行われるかは不明だが、中央セラムの森に無主地がないことをふまえると、多かれ少なかれ、山地民と森との結びつきを断ち切るものになる可能性が高い。ゾーニングに依拠した管理は、公園内の一部の土地を「伝統ゾーン」にして（それが設定されるならばの話だが）、そこでの地域住民の慣習的資源利用を部分的・限定的に許容する一方で、その他の土地は住民を排除するエリアとして固定するからである。こうした公園管理は、山地民の散在的で循環的な森の利用・管理――広大なカイタフを細分化し、特定の森林区で集中的に猟を行い、獲物が減ってくるとセリカイタフをかけて森を休めるという慣習的な利用・管理――と相容れないものである。

国による法的規制が既存の資源利用秩序を崩壊させ、事実上のオープン・アクセス状態をつくり出し、野生生物資源の劣化を導く可能性が指摘されている［Hutton and Dickson 2001: 448-449］。マヌセラ国立公園においても、ゾーニングに依拠して厳格な管理が実行されれば、もともと在地の規範によって精緻な境界区分と柔軟で適応的なアクセスコントロールが行われていた土地に、新たに「上から、外から」の法的規制をかぶせることで、同様の事態を招来する恐れもあるだろう。

次に、パッチ状に展開する在来農業を制限するという問題である。マヌセラ国立公園の重要な管理目的のひとつは、オオバタンに代表されるこの地域固有の希少野生生物の保護である。オオバタンは、ダマール採取林やフォレストガーデンといった、人が自然環境や植物と絶えず相互作用することでつくり出され、維持されている森(「共創林」)を採餌や営巣の場として、日常的に利用している(第4章)。

ダマール採取林やフォレストガーデンは、非常に広い地域にわたってパッチ状に分散しており、[4] その一部(とくにダマール採取林)は国立公園内に点散している(第4章)。このように、国立公園を含む広い土地にパッチ状に分散する共創林の存在がオオバタンにとって良好な生息環境を創出・維持しているとするならば、特定の狭い区域で農業を集中的に行うことを促し、そのほかの区域では人為を排除するようなゾーニングに基づく管理モデルは、オオバタン保全にとって必ずしも有効な施策とはいえない可能性がある。

また、在来農業(とくにアーボリカルチュア)を通じて「豊かで多様性に富んだ森林景観」が維持、創出されることで、地域の人びとが多様な森林生態系サービス(さまざまな林産物)を享受できると同時に、この地域の生物多様性が相対的に高いレベルで保たれているとするならば、希少種をはじめとする野生生物の保全にとっては、「人の生活域」と「野生生物の生活域」とを相互排他的に隔てる管理ではなく、両者が重なり合うことで生み出されている「野生生物と人との関係性」を守ることが大切であろう。

中央セラムでは、おもに北海岸側の低地を中心に、一九八〇年代から、移住事業、カカオ・プランテーション(カカオ)、商業伐採などの開発が進んだ。国立公園内の一部ではメルバウなどの違法伐採も起きている。また、二〇〇九年には、北海岸沿岸部の三地域でオイルパーム・プランテーション開発が始まった。さらに、イサル川中流域(ハトゥオロ村周辺)に水力発電のためのダムを建設する計画も浮上している(第1章)。

このように外部からのさまざまな開発圧力にさらされている状況で、この地域の自然を守るうえに国立公園が果たし得る役割は大きく、その存在意義そのものは否定できない。今後、国立公園に求められるのは、国や企業が推し進める開発行為を厳格に排除する一方、周辺地域にもともと暮らしてきた人びとに対しては、それまでの資源利用慣行を一律に規制するのではない、より柔軟な対応ではないだろうか。つまり、人間の活動を一律に、一定の固定された区域内に限定するような硬直した公園管理ではなく、大規模開発を厳格に規制しつつ、僻地山村住民の散在的で循環的な森の利用やパッチ状に展開する在来農業を排除しない、新たな管理のあり方を模索する必要があると考える。

二　住民主体型保全に求められる視点

最後に、本書のより一般的なインプリケーションとして、住民主体型保全を模索・推進していくうえで、研究者をはじめ保護にかかわる「外部者」にいかなる視点が求められるかについて若干の検討を加えてみたい。住民主体型保全に求められる視点として、筆者がこれまでの議論をもとに導き出したのは、「人びとの『生きがい』を損なうことのない自然保護」、「『人間を内に含んだ自然』を守る自然保護」、そして「人びとの超自然観をふまえた自然保護」である。以下、順に述べていこう。

1　人びとの「生きがい」を損なうことのない自然保護

筆者は先に、セラム島山地民の希少オウムの捕獲圧を軽減するために、代替戦略の有効性を示唆した。それは、あくまでも、オウムの商業利用に伴う危険性・過酷性・不確実性により、山地民の多くが必ずしも現金獲得手段として高い価値をおいていなかったからである。一方、狩猟獣のサブシステンス利用は、地域固有の文脈に埋め込まれた社会文化的存在として、山地民が自分たちの「生」を充実させるうえで重要な役割を果たしていた。このように、野生動物利用が人びとの「生き方」や「生きがい」と密接に結びついている場合、これまでの参加型保全の取り組みでしばしば行われてきたような別の手段の創出（たとえば養魚や家畜飼養プロジェクトなど）を通じて保全を図る手法は、功を奏さないかもしれない。

従来、地域住民にとっての野生動物利用の意味・重要性が語られる際、議論の中心に据えられてきたのは、その栄養的あるいは経済的側面（もしくはその両方）であった。(5) これまでの議論においては、生物多様性保全という普遍的な価値と地域の人びとの生活というローカルで個別的な価値を調和させる局面で、彼／彼女たちの「生き方」や「生きがい」の問題にふみこむ視点は弱かったのではないだろうか。名実ともに「住民主体」といえる保全を実現するためには、可能なかぎり地域の人びとの生活世界に入り込みながら、保護の対象となっている野生生物資源の利用が地域の人びとにいかなる「生きられた経験」を与えているのかを詳細に明らかにし、地域の人びとの「生きがい」を損なうことのない資源管理・自然保護のあり方を模索していく必要があろう。(6)

2 「人間を内に含んだ自然」を守る自然保護

次に指摘したいのは、「『人間を内に含んだ自然』の保護」の必要性である。ここでの主張は、前節の最後に述べた内容と重複するが、改めて提示しておこう。

自然保護の代表的な手段のひとつは、「文化／自然の二元論」に基づいて人と自然とを分離し、両者にとって相互排他的な空間をつくり出すことで自然を守ろうとする「ゾーニングに基づく保全モデル（zone-based conservation model）」［Goldman 2003: 844-855］である。こうした、人と自然とを分かつ手法は、セラム島山地民の散在的で循環的な森の利用（第5章）やパッチ状に展開する在来農業（第4章）のように、相対的に広い範囲で拡散的に行われている非集約的な資源利用様式にはそもそもなじまない。また、ある特定の区域において資源利用の集中化を促進したり、在地の資源管理の仕組みを崩壊させたりして、結果として資源の荒廃を招く恐れもある[Goldman 2003: 841-845; Hutton and Dickson 2001: 448-449; 服部二〇〇四：一一九-一二一]。

土地・植生への半栽培的はたらきかけを伴う在来農業は、熱帯林の中に多様な生態環境を生み出し、たとえばオオバタンのように、「二次的自然」に依存・適応した「希少種」の保全に図らずも寄与している場合があり得る。地域によっては、在来農業が生物多様性の向上・維持に何らかの程度寄与していることもあるかもしれない。人間をその内に含む生態系のなかで、希少種や生物多様性が保全されているとするならば、「人為を排除して手つかずの自然を守る」という方法は地域の社会と自然の双方にマイナスの影響を与えることになる。

以上の点をふまえると、拡散的な土地・資源利用がみられる地域においては、「自然と人間との重なり」[鳥越 2001: 10-14]を前提としたうえで、両者の持続的な関係を維持・創出していく方策の考案が求められる。その一つの方向性は、既述のとおり、外発的な大規模開発をコントロールしつつ、地域の人びとの資源利用慣行を組み込んだ新たな保護地域管理のモデルの模索であろう。

3　人びとの超自然観をふまえた自然保護

赤嶺淳は、世界的に野生生物保護の潮流があるなか、資源利用者の文化を考慮しないグローバルスタンダードの一律な強要では生物資源の保護は実現困難であるため、資源管理は「地域」主導で行うべきであるとし、フォーマルな法や制度に安易に頼らず、「地域の内在力」の発掘の必要性を指摘している[赤嶺二〇〇七：三〇四]。山越言も同様に、地域の自然保護(森林や野生生物の保全)を進めていく際には「在来性のポテンシャル」[掛谷二〇〇一]をあくまで信頼し、そこから内発的に生み出されるアイデアを科学的理念・知見と対話させていく姿勢が重要であると指摘している[山越二〇〇六：一三二]。

身のまわりの野生生物資源に直接依存して暮らす人びとが多く存在する熱帯の農山村地域の文脈では、そうした「地域の内在力」や「在来性のポテンシャル」から浮かび上がってくる取り組みこそが、自然保護における地域の人びとの主体性や（地域の生活保全という意味での）社会的公正性を確保するうえでもっとも確実な方法のひとつだと考えられることから、筆者も赤嶺や山越の指摘に同意する。ただ、ここで強調しておきたいのは、そうした「地域の内在力」や「在来性のポテンシャル」には超自然的存在との相互関係のなかで資源利用秩序を生み出している地域の人びとの営為も含まれるべきだ、という点である。

近年、資源管理や自然保護において地域の力をいかに活かしていくかが活発に議論されている。しかし、第5章で述べたように、超自然的強制メカニズムに支えられた資源管理の実例やそれが地域の資源の持続的利用や自然保護にいかなるかたちで貢献できるのか、といった観点からの研究はあまりなされてこなかった。また、途上国における実際の資源管理・自然保護の取り組みにおいても、人びとの超自然観と結びついた在地の資源管理の実践を積極的に尊重するような努力は、これまで十分に払われてきたとは言いがたい。

そうした事態の背景を一律に論じることはできないだろうが、ひとつには超自然観と結びついた在地の資源管理が、歴史的に周縁化され、政治的に弱い立場にある人びとによって実践されているために、外部者の目に映りにくい「不可視」の存在となっているということがあげられるだろう[Alcorn 2005: 39-40; Colding and Folke 2001: 596]。そしてもうひとつは、資源管理にかかわる「外部者」の世界観が、西欧近代的な「科学的合理主義」に強い価値を置いてきた、ということが深く関係しているのではないだろうか。つまり、祖霊や精霊やカミといった超自然的存在は、科学的合理性の欠如した「虚構」であり「遅れたもの」であるとして排除されたり、そうした超自然的存在への観念は「近代化」により人びとが科学的合理性を獲得していくなかで、やがて「消えゆくもの」と考えられてきたのではないだろうか。

第5章で例証したように、ムトゥアイラや精霊といった超自然的存在は、セラム島山地民の生活世界ではまぎれもないリアリティであり、人びとの森の利用(狩猟動物の利用)を律する規範が作動する場において現実に強い影響力を発揮し、野生動物(狩猟資源)とそれをめぐる社会関係の保全に貢献してきたと考えられる。

超自然的存在と「共に生きている」人びとが可能なかぎり主体性を発揮し得る資源管理・自然保護を進めるためには、「自然保護」や資源の「科学的管理」の名のもとに、ローカルな文脈に埋め込まれた「人」「超自然」「自然」の相互関係を断ち切るような介入を避け、祖霊や精霊やカミとの相互関係のなかで資源利用秩序を生み出している地域の人びとの営為にまずは目を向けることが必要である。そして、人びとの超自然観がどのような形で介在しながら資源利用をめぐる秩序が生成・維持されているのか、超自然的強制に支えられた資源管理は人と自然(資源)の関係の持続可能性にどのような影響を及ぼし、より幅広い社会文化的コンテクストとのあいだにどのように位置づけられるのか、そして、そうした事象には近年どのような変化がみられるのか——こうした問いかけのなかから、望ましい保全策を探っていくことが求められるであろう。

三　民族誌的アプローチの重要性

本書では、セラム島の僻地山村を対象に、「山地民にとっての野生動物利用の意味・重要性」と「『在来知』に基づく山地民の営為が野生動物と人との関係の持続可能性に与える影響」という二点に着目して、ローカルな文脈に埋め込まれた複雑で多面的な「人と野生動物とのかかわりあい」——「利用を通じたかかわりあい」(第2章、第3章)、「在来農業によって結ばれるかかわりあい」(第4章)、「超自然的存在を媒介とするかかわりあい」(第5章)——を、詳細かつ包括的に描き出すことを試みてきた。

これまでの議論から明らかなように、自然保護をめぐる現行の政策は、それらの「かかわりあい」を断ち切る内容をもっていた。「自然を守る」という名目で行われる地域社会に対する外部からのさまざまな介入は、保護を推進する側の都合にあわせて、ローカルな文脈に埋め込まれた「人と自然とのかかわりあい」を、より単純なものに再編成する作用をもっている。こうした「自然保護のシンプリフィケーション」は、地域の人びとにさまざまな形で「受苦」を強いるばかりでなく、地域の自然に対しても負の影響を及ぼす可能性をはらむ。

こうした事態を回避し、地域の人びとが可能なかぎり主体性を発揮できるような新たな自然保護を実現するには、ローカルな文脈に埋め込まれた「人と自然とのかかわりあい」を分断するような介入を改め、地域の人びとと自然との、地域固有の複雑で多面的な「かかわりあい」に沿った保全策を模索していく必要がある。

「人と自然とのかかわりあい」は地域ごとに多様であるため、住民主体型の保全計画は、それぞれの地域で個別具体的に考案されるべきものである[Berkes 2004: 624]。その際、フィールドワークという経験的調査手法をとおして人びとの生活世界に可能なかぎり接近し、これまで参加型保全をめぐる議論で十分に主題化されてこなかった、地域の人びとにとっての野生生物利用の意味・重要性および生物多様性や生物資源の保全に地域の人びとが果たす役割などに着目しながら、地域固有の複雑で多面的な人と自然とのかかわりあいを詳細かつ包括的に描き出す民族誌的手法は、有効なアプローチの一つとなり得ると考えられる。

そうした作業は長い時間と多くの労力を伴うものであろうが、新たに導入されようとする保全のための外部からの介入については、「よそ者」が「何をすべきか」だけではなく、「何をしてはいけないか」について多くの有益な示唆を与えるであろう。すでに動いている保全の取り組みについては、シンプリフィケーションを伴う保全が地域の人びとに強いる不可視の受苦に対する理解を助けることで、保全のための取り組みを、より社会的に公正なものに変えていく力になるであろう。

むろん、以上のような主張はさほど目新しいものではないかもしれない。にもかかわらず本書を通じてその点を改めて強調したいのは、近年の保全をめぐる議論や実践において、シンプリフィケーションを推し進めかねない憂慮すべき事態が存在するからである。

序章で述べたように、参加型保全におけるここ数十年の苦い経験から、地域住民は生物多様性に対する（潜在的）脅威である、あるいは、地域住民は経済的便益最大化を志向する功利主義者であるといった、過度に一般化された地域住民像を基本的前提とする「新たな原生保護主義」の言説や、ＰＥＳ（生態系サービスへの直接的な支払い）に代表されるネオリベラルな保全手法を賞揚する言説が大きな力をもちつつある（一〇ページ参照）。また、今後、環境ガバナンスのカギとなる協働管理は、何らかの利害関係を有する多様な主体が管理をめぐる意思決定に影響力を行使することを可能にする仕組みであり、「住民参加型」という衣をまといながらも、より強力な発言権をもつ「よそ者」が保全をめぐる問題とその解決方法を定義することで、保全に伴う費用を弱者が一方的に負担するといった事態を生みかねない危うさをも併せ持つ（二八〜三二ページ参照）。

このような状況があるからこそ、徹底的に地域の固有性にこだわって、多面的で複雑な人と自然の関係性を、多面的で複雑なものとして描き出す民族誌的なアプローチ――不十分ながらも本書はその実験的な試みといえるものであった――が、今後、より重要な意味をもつのではないだろうか。

（1）サラフスキーとウォレンバーグは、生物多様性保全（自然保護）の取り組みを、地域住民の生活と保全との関係に基づいて、①無連関型、②間接連関型、③直接連関型に類型化している。それら三タイプは、それぞれ次の保全戦略に対応している。すなわち、①「柵と罰金のアプローチ」に基づく排他的な保護地域管理戦略、②緩衝地帯における家畜飼養やアグロフォレストリーなど、より保全的な代替的生計手段の創出・促進によって生物多様性への依存を緩和する「代替戦略（substitution strategy）」、③資源を収穫しながら管理するジンバブエの固有資源のための共有地管理計画（CAMPFIRE）[Logan and Moseley. 2002]やブラジルの採取保護区[Brown and Rosendo 2000]、そして世界各地で行われているエコツーリズムなど、住民が生物多様性から直接利益を得られる条件をつくり出すことで保全インセンティブを醸成する「リンクされたインセンティブ戦略（linked incentive strategy）」である[Salafsky and Wollenberg 2000: 1422–1425]。なお、ここで代替戦略を希少オウムの保全を図るうえで有効なアプローチとして提示するのは、次の二つの理由による。一つは、セラム島の稀少野生オウムの繁殖生態や棲息密度などがまだ十分にわかっておらず、持続的に猟を行いながら管理するという方策にはリスクが伴うこと、もう一つは、アマニオホ村のように険しい山道を徒歩で一～二日かけないと到達できないようなアクセスの悪い地域では、エコツーリズムをとおして村びとがオウム保全から十分な便益を得ることは非常に困難であると思われることからである。

（2）とはいえ、「代替戦略」に基づく過去の取り組みには、①非持続的な資源利用を抑止するのに十分な便益を生み出すことがしばしば困難である[Wells et al. 2004: 407]、②地域住民の生活水準の向上によって野生生物資源への需要や農地拡大の動因が高まる場合がある[Langholz 1999; Wunder 2001 など]、③外部からの脅威に対抗するインセンティブを住民に与えられない[Brown 2002: 7-8; Salafsky and Wollenberg 2000: 1424-1425]といった批判が寄せられている。また、「代替戦略」に基づく保全策を進めるとしても、内外からの脅威を軽減するためには何らかの法的強制が必要となる、という見解もある[Kiss 2004: 102; McShane and Newby: 2004: 54]。

（3）二〇〇七年二月に実施した聞き取りでは、「撃たない」と回答したのは、空気銃保持者一九人中一四人（七四％）であった。

（4）村びとによると、マニラコパールノキや果樹などの有用樹が一〇本にも満たない小規模なダマール採取林やフォレストガーデンもたくさん存在しているという。

（5）熱帯における狩猟と野生動物保全に関する論文集[Bennett and Robinson 2000b]のなかでも、地域住民にとっての野生動物利用の意味を社会文化的側面から詳細に分析した論文はみあたらない(野生動物利用の社会文化的重要性が指摘されている場合でも、その内実については簡単にふれられるにとどまっている)。

(6) ここでの主張は、赤嶺淳が提唱する「地域環境主義」[赤嶺二〇〇五]とも通底する。赤嶺は、ワシントン条約によるナマコなどの海産動物の商業取引規制によって、東南アジアの漁民の生業活動が変容を強いられていることを受けて、地域の人びとの「生きがいを損なわせない」資源管理、あるいは「価値観、生き方を考慮した資源管理」を推進すべきであると主張している。「地域環境主義」について赤嶺は次のように述べている。「(ナマコなどの海産動物を)捕まえたいという漁民の願望と、それが達成されたときの充実感、そのことで得られる名声は、金銭に置き換えられないはずである。(中略)漁民にも『生活』を選択する権利はある。漁民の生きがいを損なわせない方向で資源管理を推進すべきである。そうでなければ漁民の協力など得られるわけがない。それら漁民の価値観、生き方を考慮した資源管理を提案するためには、地域において、個別の、人びとの顔を想定しながら作業を進めていくしかない。地域住民の価値観を重視した資源管理の模索――それが私の意図する地域環境主義である」[赤嶺二〇〇五:六]。

あとがき

本書の著者校正を終えてまもない二〇一二年一月末から三月初旬にかけて、アマニオホ村を再訪した。まずは、このときに目にした、いくつかの特筆すべき変化や出来事を書きとめておきたい。

村では、小規模ではあるが、一部の村びとによる陸稲の栽培が始まっていた。陸稲は、村での教会活動を指導するためにマルク・プロテスタント教会(GPM)から二〇一〇年に派遣された牧師が、「村の食生活の改善」を目的に、翌年に持ち込んだものである。村びとが協働で開いた「信徒の畑(Kebun Jemaat)」に植えられていた陸稲は、私が村を訪れたときには、高さ三〇㎝ほどに成長していた。また、数人の村びとが、籾米を牧師から分けてもらい、自分の根菜畑の隣に小さな陸稲畑を作っていた。

第4章で述べたように、同一の地域で半永久に収穫が可能なサゴと比較して、一~二年の耕作後、耕作地を移動させる陸稲栽培は、森林との競合性が相対的に高い。今後、陸稲栽培が村全体に広まり、米への依存が高まるのかどうかはわからない。だが、もし陸稲栽培の比重が高まれば(その可能性は低いかもしれないが)、地域の森林景観や森林利用にも少なからず影響を与える可能性がある。

また、以前から村びとのなかには、川エビや魚を獲るために、デシス(Decis)と呼ばれる殺虫剤を用いる者がいた。漁の持続可能性の低さや健康上の問題から、村長が村の寄り合いの場で利用を禁じるよう呼びかけていたものの、デシスを使った漁はなくならなかった。しかし、前述の牧師は二〇一一年に、村長との話し合いを経て、教会で祈りをあげ、漁を行うためにデシスを川に撒くことを永久に禁じる「教会のサシ」(第5章参照)を宣言する。新たな資源利用規制が実施されたのである。

「教会のサシ」の効力は大きく、それ以来、村でデシスを用いる者はいなくなり、多くの村びとがこのイニシアティブを高く評価していた。第5章で、超自然観に支えられた資源管理の実践について述べたが、この「デシスのサシ」の事例からも、超自然的存在とのかかわりあいのなかで、新たな資源利用の秩序を生みだしていこうとする人びとの志向性がうかがえる。今後、こうした新たな資源管理がどのように推移していくのか見守っていきたい。

さらに、沿岸部で急速に進む開発の波が内陸山地部に押し寄せることを見越して、開発企業に自分たちの土地を渡さないための動きが芽生えていた。アマニオホ村の領地内には、隣接するナサハタ村の村人が保有する土地（サゴヤシ林や森）が、数は多くないが存在している。その逆もある。隣村の村びとの土地が、村の領地内に点在しているのは、婚姻などを通じてサゴヤシ林や森の権利が委譲されたり、保有者が隣村に移住したりしたことによるものだ。

土地を企業に手放した沿岸部の村びとの現在の状況をみて、アマニオホ村でもナサハタ村でも、村びとのあいだには、〝いくらお金を積まれても、村の土地（村の領地内にある土地すべてを指し、個人が保有する土地も含む）を企業に売ってはならない〟という考え方が共有されている、という。しかし、隣村の領地内に土地を持っている村びとのなかには、今後、隣村に相談することなく、企業に土地を売る者が出てこないとも限らない。それを防ぐため、村境に沿って流れる川のほとりに記念碑を建て、そこに両村の村人が集まり、「ムトゥアイラ（祖霊）と川の精霊の立ち会いのもと」で、両村の領地内にある土地を企業に売らないことを誓う「儀式」を行う準備が、両村の村長やその他のリーダーによって進められていた。

第1章で述べたように、アマニオホ村が位置する中央セラムでは、北海岸を中心に急激に開発が進んでいる。とくに、島の南北を結ぶ縦断道路の建設（二〇〇六年）によって、県都からのアクセスが格段に改善されてから、北海岸での開発は加速化した。二〇〇九年には、北海岸の三つの場所でオイルパーム・プランテーションの造成が始まり、さらに、アマニオホ村が位置するマヌセラ峡谷に、牧場や果樹プランテーション造成の計画も持ち上がった。加えて、今回の訪問時に村長から聞いたのだが、シアテレ村から大きな弧を描いてファウル村を結ぶ「山岳部横断道路」の建設計画もあるという。前述の「儀式」の計画が持ち上がってきた背景には、このように、これまでとは比べ物にならない規模と速度で展開する開発事業への村びとの危機感がある。

本書を通じて描いたように、山地民の暮らしは森との多様で親密なかかわりあいのなかで成り立っている。だが、今後、「上から、外から」の開発の荒波のなかで、そうした山地民と森の関係性が大きな変化を経験するであろうことは間違いない。

何ひとつ断定的なことは言えないが、今後、沿岸部を中心にさまざまな開発プログラムが展開し、国立公園の自然の「希少性」が高まると、自然保護を推進しようとする外部者（環境ＮＧＯや林業省）は、残された「自然」に高い価値を見出し、国立公園管理や「希少」保護動物種の保護を強化する可能性がある。インドネシアの他地域がそうであるように、この地域でも、おそらく今後、「『守られるべき自然』を残すための地域」と「開発を推進していくための地域」に土地が明確に分離されるのではないだろうか。

こうした、いわば「景観の二極分化」のなかで、これまで実質的な管理があまり行われてこなかった国立公園は、人の手の加わることが極力避けられる森になり、山地民の生活の舞台は、森の中から森の外へとしだいに押しやられ、公園の外で進められる大規模土地・資源開発の末端に身をおいて生きていく道を探さなければならなくなる可能性がある。山地民が、たとえばオイルパーム・プランテーションやエビ養殖場の労働者として生きていくことを望むのであれば、それでもよい。しかし、筆者には彼らがそのような生き方を望むとは思えない。

保護と開発による「景観の二極分化」――これも本書の冒頭で述べたシンプリフィケーションのひとつの形である――は、森との多様で親密なかかわりあいのなかで生きてきた地域の人びとの暮らしや人生をどのように変えるのか。その問いへの答えを求め、今後もフィールドワーカーの「端くれ」として地を這いずりまわっていきたい。

本書は、東京大学大学院農学生命科学研究科に提出した博士論文をもとにし、一部はすでに発表した以下の論文を含んでいる。ただし、いずれも大幅に加筆・修正した。

「コモンズとしてのサシ——東インドネシア・マルク諸島における資源の利用と管理」井上真・宮内泰介編『コモンズの社会学』新曜社、二〇〇一年、一六五〜一八八ページ。

「セラム島のクスクス猟」尾本恵市・濱下武志・村井吉敬・家島彦一編『ウォーレシアという世界』岩波書店、二〇〇一年、一〇一〜一二五ページ。

Customary Forest Resource Management in Seram Island, Central Maluku: The "Seli Kaitahu" System. *TROPICS*, Vol. 12(4), 2003, pp. 247-260.

「サゴヤシを保有することの意味——セラム島高地のサゴ食民のモノグラフ」『東南アジア研究』第四四巻二号、二〇〇六年、一〇五〜一四四ページ。

「ウォーレシア・セラム島山地民の『つきあいの作法』に学ぶ」井上真編『躍動するフィールドワーク——研究と実践をつなぐ』世界思想社、二〇〇六年、二六〜四四ページ。

「インドネシア東部・セラム島沿岸住民による海産資源管理の実態と今後の課題」『海洋水産エンジニアリング』第七巻六八号、二〇〇七年、二三〜三六ページ。

「インドネシア東部セラム島の在来農業と自然景観の関わり——『根栽畑』経営の小規模性と景観の多様性に着目して」『熱帯林業』第六八号、二〇〇七年、五七〜六七ページ。

「サゴ基盤型根栽農耕と森林景観のかかわり——インドネシア東部セラム島Manusela村の事例」『Sago Palm』Vol.15(1-2), 2007, pp.16-28.

「熱帯僻地山村における『救荒収入源』としての野生動物の役割——インドネシア東部セラム島の商業的オウム猟

の事例」『アジア・アフリカ地域研究』第七‐二号、二〇〇八年、一五八〜一九〇ページ。

「超自然的存在と『共に生きる』人びとの資源管理――インドネシア東部セラム島山地民の森林管理の民俗」井上真編『コモンズ論の挑戦』新曜社、二〇〇八年、一三〇〜一五二ページ。

「『生を充実させる営為』としての野生動物利用――インドネシア東部セラム島における狩猟獣利用の社会文化的意味」『東南アジア研究』第四六巻三号、二〇〇八年、三七七〜四一九ページ。

「『超自然的強制』が支える森林資源管理――インドネシア東部セラム島山地民の事例より」『文化人類学』第七五巻四号、二〇一一年、四八三〜五一四ページ。

「社会的に公正な生物資源保全に求められる『深い地域理解』――『保全におけるシンプリフィケーション』に関する一考察」『林業経済』第六五巻二号、二〇一二年、一〜一八ページ。


本書で用いた資料の大部分は、日本学術振興会海外特別研究員(二〇〇二年採用)としてインドネシア科学院社会文化研究センター(PMB-LIPI)に派遣されているあいだ(二〇〇二〜〇五年)に収集したものである。また、一部は、博士課程の大学院生および日本学術振興会特別研究員(DC2)(二〇〇〇年採用)として、東京大学大学院農学生命科学研究科森林科学専攻(林政学研究室)に在籍中(二〇〇〇〜〇二年)の調査研究、およびサゴヤシ学会の「長戸　公」学術奨励研究助成(二〇〇六年度)を受けて実施した補足調査(二〇〇七年二月)で得られたものである。さらに、本書の原稿の加筆・修正作業は、現在の職場である国際林業研究センター(CIFOR)で実施されている研究プロジェクト、「多様な森林生態系ベネフィットの持続的利用に関する研究――生物多様性がもたらす森林生態系サービス評価手法とその応用」に対する日本政府の外務省拠出金と、独立行政法人森林総合研究所による本研究プロジェクトへの支援によって可能になった。

本書のもとになっている博士論文の執筆の過程において、主査をしていただいた井上真教授(東京大学大学院農学生命科学研究科）には、セラム島でのフィールドワークのきっかけを与えてくださって以来、さまざまな局面で多くの御指導・御鞭撻を賜った。同時に、本の共同執筆者としてたびたび執筆の機会を与えていただくとともに、いくつかの研究プロジェクトの研究協力者に加えていただき、それを通じて研究への大きな励ましをいただいた。

私が修士課程・博士課程の大学院生だったときの指導教官の一人であり、博士論文の審査で副査を務めてくださった永田信教授（東京大学大学院農学生命科学研究科）からは、大学院生時代より丁寧な研究指導と心温かい励ましをいただいた。

また、秋道智彌教授（総合地球環境学研究所）、村井吉敬教授（早稲田大学アジア研究機構）、林良博教授（東京大学大学院農学生命科学研究科）には、博士論文の副査を引き受けていただき、論文審査の過程で多くの有益なコメントを頂戴した。とくに、秋道先生には、大学院に入りたてのころに読んだ『海洋民族学——海のナチュラリストたち』（東京大学出版会）や『なわばりの文化史——海・山・川の資源と民俗社会』（小学館）をはじめ、その後出された数々の著書から、実に多くを学ばせていただいた。地域の人びとの生活世界に可能なかぎり入り込みながら資源管理や自然保護の問題を考えていきたいという本書の基本的な問題意識は、秋道先生の著書に拠るところが大きい。そして、村井先生からは、二〇〇〇年ごろより私が深くかかわるようになったインドネシア民主化支援ネットワーク（ＮＩＮＤＪＡ）の活動をともにさせていただくなかで、インドネシア東部地域の面白さや、周縁化された人びとの立場に立った研究の大切さなど、多くのことを教えていただいた。さらに、「ヒトと動物の関係学会」や「生き物文化誌学会」といった、人と動物とのかかわりを扱うユニークな学会の活動の推進のために力を注いでこられた林先生に、ご多忙を極めるなかで拙論文の副査を快くお引き受けいただいたことは、望外の喜びであった。

インドネシアでの調査研究では、インドネシア科学院社会文化研究センターに客員研究員として派遣中のカウンターパートであるMr. I. P. G. Antariksa（PMB-LIPI）より、調査遂行上のアドバイスをいただくとともに、センター内で研究発表をする機会を設定していただくなど、さまざまな面でお世話になった。また、筆者が修士課程の大学院生だったころからの知己である Dr. Herman Hidayat（PMB-LIPI）は、現地調査から戻った私を快く御自身の研究室に迎え入れ、議論の相手をしてくださった。さらに、Mr. Ruben Silitonga（Biro Kerjasama IPTEK-LIPI）には、調査許可やその延長の手続きでたいへんお世話になった。

現地調査を進めるなかでは、植物の同定をしてくださり、残念ながらすでに故人となられた Mr. Willem F. Ferdinandus（Pattimura University）、調査の手伝いをしてくださり、アンボンやワハイに立ち寄った際には寝る場所や食事を提供していただいた Ms. Sara de Lima（Ambon の福音伝道師［当時］）や Mr. Botam Amanukuany（アイルブッサール村住民）から、多大なる支援と御厚情を得た。

本書に用いた二次資料の一部は、ジャカルタとボゴールとマカッサルで収集し、その過程では、とくに Mr. Wahuyu Widodo（Puslitbang Biologi, LIPI）、Mr. Lambert M. Louis（Birdlife Indonesia）、そして Mr. Simon Dean Badcock（The University of Adelaide［当時］）各氏から格別の援助をいただいた。また、田谷徹（ボゴール農科大学［当時］）、轟英明（PT. Marumitsu Indonesia［当時］）各氏から、資料収集時の生活でさまざまな便宜を図っていただいた。

本書を完成させる過程では、井上真教授率いる国際森林環境学研究室（東京大学大学院農学生命科学研究科）のゼミの場で何度か発表する機会をいただき、大学院生や社会人の方がたから寄せられたコメントから、多くを学ばせていただいた。書籍所収の拙論文でお世話になった編集者の方がた、学術雑誌や掲載した拙論文の匿名の査読者の方がたからは、鋭い御批評や、本書の改善に役立つたいへん有意義な御指摘をいただいた。また、博士論文の審査をしていただいた先生方のほかに、とくに、福家洋介准教授（大東文化大学）、及川洋征氏（東京農工大学）、田中求氏（東京大学）、矢倉研二郎氏（阪南大学）、高橋進教授（共栄大学）、小泉都氏（京都大学）からは、データのまとめ方、分析方法、学名表記などについて、きめ細かなコメントや資料を頂戴した。

NINDJAのスタッフ諸氏からは、地域と真摯にかかわる姿勢について教えられることが実に多かった。「宗教抗争」で揺れる研究対象地を前に途方に暮れている筆者に、地域とかかわり続けるモチベーションを与えてくださったのも、村井先生をはじめとするNINDJAの仲間である。

国際林業研究センターで現在筆者がかかわっている「協働型土地利用管理計画・持続的制度設計(Collaborative Land Use Planning and Sustainable Institutional Arrangement: CoLUPSIA)」プロジェクトは、セラム島を対象地の一つとしている。本プロジェクトが実施したマヌセラ国立公園管理事務所スタッフなどを対象としたワークショップでの研究発表や、プロジェクト代表者Dr. Yves Laumonierをはじめとするメンバーとの意見交換を通じて、本書の改善に役立つ多くの刺激をいただいた。また、同僚のDr. Aaron J. M. Russellには、外国人の人名の読み方についてご教示いただいた。

この場を借りて、これらの方々や組織に心より感謝申し上げます。

そして本書は、「違法行為」に関する調査のためにやってきたにもかかわらず、私を温かく迎え入れてくださったアマニオホ村の村びとたちの御協力なしには、完成させることができなかった。とくに、村に滞在中、宿泊と食事の面倒をみていただき、家族同然の扱いを受けたYotam Amanukuanyさん(Bapak Raja)とDortea Amanukuanyさん(Ibu Raja)には、言葉では言い表せないほどの御厚意を賜った。小柄で、声が大きく、豪快に笑う姿がどことなく私の父に似ていることからすぐに親しみを覚えたBapak Rajaとは、ヤシ酒を飲みながら実にいろいろなことを話した。村を発ち、街に向かう私の身を案じ、出発の朝にはいつも旅の安全を願うお祈りをあげてくださり、私の調査研究が将来日の目を見ることをいつも応援し、励ましてくださった。また、Ibu Rajaは私の健康を気遣い、いつもおいしい食事を出していただいた。私がマラリアに罹り、寝床から身動きが取れなくなったときも、親身になって看病してくださった。高熱で体力が衰え、一日食事をまったく摂ることができなくなっていた私が、出されたお粥を久しぶりに口に入れたとき、思わず飛び上がって喜んでくれた彼女の愛くるしい笑顔を忘れることができない。

ここですべての名前をあげることはできないが、本書に結実した研究を進めるうえでお世話になったすべての方がたに、心より御礼申し上げます。

本書の編集・刊行では、コモンズの大江正章さんに非常にきめ細やかな原稿のチェックをしていただき、またいくつかの重要な間違いを指摘していただいた。大江さんと初めてお会いしたのは、約一五年前、私が大学院修士課程に入りたてのころである。市民団体「地域自立発展研究所（ＩＡＣＯＤ）」が主催した勉強会のあと近くの居酒屋で開かれた飲み会のテーブルで、私の真向かいに座っていらしたのが大江さんだった。出版社コモンズを創設されて間もないころである。

隣に座っていた別の方から、大江さんが独立前に勤めていた学陽書房で『コモンズの海――交流の道、共有の力』（中村尚司・鶴見良行編著）や『コモンズの経済学』（多辺田政弘著）などの本を世に送り出していたことを聞いた。それらの本を私はどれも読んでおり、多くの刺激と感銘を受けていた。その場で「将来博士論文を本にする場合はコモンズから出版させていただきたいので、そのときはどうぞよろしくお願いします」と言った。いま考えると、ずいぶん生意気なことを言ったと思うが、大江さんは「楽しみに待っています」といったようなことを言われたのを覚えている。

あれからかなりの時間が経ってしまったが、こうして、大江さんの手を経て、私にとっての初めての単著をコモンズから出版させていただいたことを心よりうれしく思う。この場を借りて、深くお礼を申し上げたい。本書が、環境・食・農・アジア・自治をテーマにひとつひとつ大切に本を創ってきた大江さんの名を汚すことがないことを祈るばかりである。

私事になり恐縮だが、本研究がまとまるのを辛抱強く待ち、ときに励まし、ときに厳しい批判をよせ、研究を側面支援してくれた妻・こはぎ、いつも心配をおかけした義父母・村松広武さんと和子さん、そして、大学院の進学を経済的に支援し、これまで応援し続けてくれた両親・笹岡逸輝とヨシエにも、この場を借りて深く御礼を申し上げたい。

最後に、本書の完成をその笑顔で図らずも後押ししてくれた娘・花香に、愛情と感謝をこめて、本書を捧げたい。

二〇一二年五月

笹岡　正俊

栽培の環境社会学――これからの人と自然』昭和堂，pp. 1-20.
村井吉敬　1998『サシとアジアと海世界――環境を守る知恵とシステム』コモンズ.
室田武・三俣学，多辺田政弘(補)　2004『入会林野とコモンズ――持続可能な共有の森』日本評論社.
文部科学省科学技術・学術審議会資源調査分科会　2005「五訂増補 日本食品標準成分表」http://www.mext.go.jp/b_menu///////shingi/gijyutu/gijyutu3/toushin/05031802/002/001.pdf（アクセス 2007 年 3 月 26 日）.
安間繁樹　1997「狩猟具」京都大学東南アジア研究センター(編)『事典 東南アジア――風土・生態・環境』弘文堂，pp. 160-161.
山内昶　1992『経済人類学の対位法』世界書院.
山越言　2006「野生チンパンジーとの共存を支える在来知に基づいた保全モデル――ギニア・ボッソウ村における住民運動の事例から」『環境社会学研究』12: 120-134.
山本由徳　1998『熱帯作物要覧 25 サゴヤシ』国際農林業協力協会.
横山正樹　2002「『開発パラダイム』から『平和パラダイム』へ」戸崎純・横山正樹(編)『環境を平和学する！――「持続可能な開発」からサブシステンス志向へ』法律文化社，pp.42-51.
吉田集而　1997「香辛料」京都大学東南アジア研究センター(編)『事典 東南アジア――風土・生態・環境』弘文堂，pp. 172-173.
吉田よし子・菊池裕子　2001『東南アジア市場図鑑――植物篇』弘文堂.
米田政明　2005『保護区と地域住民の共生――エコシステム・アプローチによる生態系保全と保護区管理の統合』国際協力機構・国際協力総合研修所.

林におけるバカ・ピグミーの例から」『エコソフィア』13: 113-127.
塙狼星　2002「半栽培と共創――中部アフリカ，焼畑農耕民の森林文化に関する一考察」寺嶋秀明・篠原徹(編)『エスノ・サイエンス』京都大学学術出版会，pp.71-119.
浜本満　1989「フィールドにおいて『わからない』ということ」『季刊人類学』20(3): 34-51.
福永真弓　2006「現場から環境倫理を立ち上げるために――その戦略群について」『公共研究(21世紀型COEプログラム「持続可能な福祉社会に向けた公共研究拠点」公共研究センター紀要)』3(2): 172-197.
古川久雄　1997「香料貿易とマルク」京都大学東南アジア研究センター(編)『事典 東南アジア：風土・生態・環境』弘文堂，pp. 474-475.
細川弘明　2005「異文化が問う正統と正当――先住民族の自然観を手がかりに環境正義の地平を広げるための試論」『環境社会学研究』11: 52-69.
増田研　2005「『野生の宝庫』としての行く末」福井勝義(編著)『社会化される生態資源――エチオピア絶え間なき再生』京都大学学術出版会.
増田美砂　1991「農地と林地の相克――インドネシアの事例より」『熱帯農業』35: 302-306.
松井和久　2002『スラウェシだより――地方から見た激動のインドネシア』日本貿易振興会アジア経済研究所.
松井健　1989『セミ・ドメスティケイション――農耕と遊牧の起源再考』海鳴社.
松田素二　2002「支配の技法としての森林保護――西ケニア・マラゴリの森における植林拒否の現場から」宮本正興・松田素二(編)『現代アフリカの社会変動――ことばと文化の動態観察』人文書院，pp. 323-344.
三橋淳　2005「サゴムシ」『Sago Palm』13: 35-47.
三俣学・室田武　2005「環境資源の入会利用・管理に関する日英比較――共同的な環境保全に関する民際研究に向けて」『国立歴史民俗博物館研究報告』123: 253-322.
宮内泰介　1995「太平洋島嶼部における家族の二重戦略――ソロモン諸島アノケロ村の事例から」佐藤幸男(編)『南太平洋島嶼国・地域の開発と文化変容――「持続可能な開発」論の批判的検討』名古屋大学大学院国際開発研究科，pp.101-120.
宮内泰介　1996「開発の岐路」秋道智彌・関根久雄・田井竜一(編)『ソロモン諸島の生活誌――文化・歴史・社会』明石書店，pp.315-326.
宮内泰介　2006「レジティマシーの社会学へ――コモンズにおける承認のしくみ」宮内泰介(編)『コモンズをささえるしくみ――レジティマシーの環境社会学』新曜社，pp.1-32.
宮内泰介　2009「『半栽培』から考えるこれからの環境保全」宮内泰介(編)『半

高村奉樹　1994「21 世紀の作物サゴヤシ」『日本農芸化学会誌』68: 830-832.
高谷好一　1985『東南アジアの自然と土地利用』勁草書房.
竹内潔　1995「狩猟活動における儀礼性と楽しさ――コンゴ北東部の狩猟採集民アカのネット・ハンティングにおける協同と分配」『アフリカ研究』46: 57-76.
竹沢尚一郎　1999「物語世界と自然環境」鈴木正崇(編)『講座人間と環境 10 大地と神々の共生――自然環境と宗教』昭和堂，pp.59-83.
田中耕司　1996「生活者の『森』と観察者の『森』」山田勇(編)『森と人の対話――熱帯からみる世界』人文書院，pp.222-248.
鶴見良行　2000『鶴見良行著作集 8 海の道』みすず書房.
徳丸亜木　2006「森神」福田アジオ・新谷尚紀・湯川洋司・神田より子・中込睦子・渡邉欣雄(編)『精選 日本民俗辞典』吉川弘文館，pp.563-564.
戸田清　1994『環境的公正を求めて――環境破壊の構造とエリート主義』新曜社.
豊田由貴夫　2003「パプアニューギニア，セピック地域における多品種栽培の論理」吉田集而・堀田満・印東道子(編)『人類の生存を支えた根栽農耕――イモとヒト』平凡社，pp.95-111.
鳥越皓之　1997『環境社会学の理論と実践――生活環境主義の立場から』有斐閣.
鳥越皓之　2001「人間にとっての自然――自然保護論の再検討」鳥越皓之(編)『講座 環境社会学 第 3 巻 自然環境と環境文化』有斐閣，pp. 1-23.
中尾佐助　2004『中尾佐助著作集 第 1 巻 農耕の起源と栽培植物』北海道大学図書刊行会.
西崎伸子　2001「人と土地を分かつ自然保護――エチオピア，センケレ・スウェニーズハーテビースト・サンクチュアリーと地域住民の関係」『アフリカ研究』58: 59-73.
西崎伸子　2004「住民主体の資源管理形成とその持続のための条件を探る」『環境社会学研究』10: 89-102.
西谷大　2004「環境利用の変容と生活適応戦略」篠原徹(編)『中国・海南島――焼畑農耕の終焉』東京大学出版会，pp. 55-96.
日本パプアニューギニア友好協会　1984「パプアニューギニア熱帯植物資源の活用に関する調査研究報告書」日本パプアニューギニア友好協会.
野本寛一　2004「禁伐伝承と入らずの森――民俗学の視点から」上田正昭(編)『探究「鎮守の森」――社叢学への招待』平凡社，pp.45-82.
野本寛一　2006『神と自然の景観論――信仰環境を読む』講談社.
野本寛一　2008『生態と民俗――人と動植物の相渉譜』講談社.
服部志帆　2004「自然保護計画と狩猟採集民の生活――カメルーン東部州熱帯

佐藤仁　2002a『稀少資源のポリティクス――タイ農村にみる開発と環境のはざま』東京大学出版会.
佐藤仁　2002b「『問題』を切り取る視点――環境問題とフレーミングの政治学」石弘之(編)『環境学の技法』東京大学出版会, pp.41-75.
佐野静代　2005「エコトーンとしての潟湖における伝統的生業活動と『コモンズ』――近世～近代の八郎潟の生態系と生物資源の利用をめぐって」『国立歴史民俗博物館研究報告』123: 11-34.
篠塚昭次　1974『土地所有権と現代――歴史からの展望』日本放送出版協会.
篠原徹　1996「自然観の民俗」佐野賢治・中込睦子・谷口貢・古家信平(編)『現代民俗学入門』吉川弘文館, pp. 30-40.
島上宗子　2003「地方分権化と村落自治――タナ・トラジャ県における慣習復興の動きを中心として」松井和久編『インドネシアの地方分権化――分権化をめぐる中央・地方のダイナミクスとリアリティー』アジア経済研究所, 159-225.
神頭成禎　2008「インドネシアにおける慣習法的土地の維持と宗教性――ロンボク島バヤン村を事例として」『環境社会学研究』14: 170-183.
菅豊　1998「深い遊び――マイナー・サブシステンスの伝承論」篠原徹(編)『現代民俗学の視点 第1巻 民俗の技術』朝倉書店.
菅豊　2005『川は誰のものか――人と環境の民俗学』吉川弘文館.
菅豊　2006「占有標」福田アジオ・新谷尚紀・湯川洋司・神田より子・中込睦子・渡邉欣雄(編)『精選 日本民俗辞典』吉川弘文館, pp.313-314.
菅豊　2008「コモンズの喜劇――人類学がコモンズ論に果たした役割」井上真(編)『コモンズ論の挑戦』新曜社, pp.2-19.
杉原弘恭　1994「日本のコモンズ『入会』」宇沢弘文・茂木愛一郎(編)『社会的共通資本――コモンズと都市』東京大学出版会, pp.101-126.
鈴木恒之　1997「東インド会社」京都大学東南アジア研究センター(編)『事典東南アジア――風土・生態・環境』弘文堂, pp. 306-307.
鈴木正崇(編)　1999『講座人間と環境 10 大地と神々の共生――自然環境と宗教』昭和堂.
須田一弘　1995「パプアニューギニア・クボ族のサゴ作りの生産性について」『SAGO PALM』3: 1-7.
須田一弘　2002「山麓部――平準化をもたらすクボの邪術と交換」大塚柳太郎(編)『ニューギニア――交錯する伝統と近代』京都大学学術出版会, pp.87-126.
スブヤクト　1985「アンボンの文化」クンチャラニングラット編『インドネシアの諸民族と文化』めこん, pp.215-216.
セルトー・M(山田登世子訳)　1987『日常的実践のポイエティーク』国文社.

笹岡正俊　2005b「治安維持を名目にした国軍の『紛争地ビジネス』——インドネシア東部マルク諸島」『週刊金曜日』2005年12月2日号：37-39.
笹岡正俊　2006a「サゴヤシを保有することの意味——セラム島高地のサゴ食民のモノグラフ」『東南アジア研究』44(2): 105-144.
笹岡正俊　2006b「ウォーレシア・セラム島山地民の『つきあいの作法』に学ぶ」井上真(編)『躍動するフィールドワーク——研究と実践をつなぐ』世界思想社，pp. 26-44.
笹岡正俊　2006c「海をわたるオウム——生きもの博物誌：オオバタン」『月刊みんぱく』30(11): 20-21.
笹岡正俊　2007a「インドネシア東部・セラム島沿岸住民による海産資源管理の実態と今後の課題」『海洋水産エンジニアリング』7(68): 23-36.
笹岡正俊　2007b「インドネシア東部セラム島の在来農業と自然景観の関わり——『根栽畑』経営の小規模性と景観の多様性に着目して」『熱帯林業』68: 57-67.
笹岡正俊　2007c「『チャカレレ・ダンス』事件とアンボンの今後」『Indonesia Alternative Information』96: 2-4.
笹岡正俊　2007d「サゴ基盤型根栽農耕と森林景観のかかわり——インドネシア東部セラム島 Manusela 村の事例」『Sago Palm』15(1-2): 16-28.
笹岡正俊　2008a「熱帯僻地山村における『救荒収入源』としての野生動物の役割——インドネシア東部セラム島の商業的オウム猟の事例」『アジア・アフリカ地域研究』7(2): 158-190.
笹岡正俊　2008b「超自然的存在と『共に生きる』人びとの資源管理——インドネシア東部セラム島山地民の森林管理の民俗」井上真(編)『コモンズ論の挑戦——新たな資源管理を求めて』新曜社 , pp.130-152.
笹岡正俊　2008c「『生を充実させる営為』としての野生動物利用——インドネシア東部セラム島における狩猟獣利用の社会文化的意味」『東南アジア研究』46(3)：377-419.
笹岡正俊　2010「住民参加型の資源管理——コミュニティ基盤型管理から協働管理へ」総合地球環境学研究所(編)『地球環境学辞典』弘文堂，pp.322-333.
笹岡正俊　2011「『超自然的強制』が支える森林資源管理——インドネシア東部セラム島山地民の事例より」『文化人類学』75(4)：483-514.
佐々木高明　1989『東・南アジア農耕論——焼畑と稲作』弘文堂.
佐々木高明　1998『地域と農耕と文化——その空間像の探究』大明堂.
佐々木高明　2003「根栽農耕文化論の成立と展開——オセアニア・東南アジアの文化史復元に関する若干の問題」吉田集而・堀田満・印東道子(編)『イモとヒト——人類の生存を支えた根栽農耕』平凡社，pp. 269-288.

北西功一　2004「狩猟採集社会における食物分配と平等——コンゴ北東部アカ・ピグミーの事例」寺嶋秀明(編)『平等と不平等をめぐる人類学的研究』ナカニシヤ出版，pp.53-91.
黒田末寿　1999『人類進化再考——社会生成の考古学』以文社.
湖中真哉　2006『牧畜二重経済の人類学——ケニア・サンブルの民族誌的研究』世界思想社.
小松かおり・塙狼星　2000「許容される野生植物——カメルーン東南部熱帯林の混作文化」『エコソフィア』6: 120-134.
近藤史　2003「タンザニア南部高地における在来谷地耕作の展開」『アジア・アフリカ地域研究』3: 103-139.
サーリンズ・M.(山内昶訳) 1984『石器時代の経済学』法政大学出版局.
坂本寧男　1995「半栽培をめぐる植物と人間の共生関係」『講座地球に生きる 4 自然と人間の共生』雄山閣，pp.7-36.
笹岡正俊　2000a「ケイ・ブッサール(Kei Besar)島の慣習法に基づく資源管理」『環境社会学研究』6：209-216.
笹岡正俊　2000b「フィールド日記——セラム島のクスクス猟——インドネシア東部島嶼地域の森のしきたり」『エコソフィア』5: 62-63.
笹岡正俊　2001a「コモンズとしてのサシ——東インドネシア・マルク諸島における資源の利用と管理」井上真・宮内泰介(編)『シリーズ環境社会学 2 コモンズの社会学——森・川・海の資源共同管理を考える』新曜社，pp. 165-188.
笹岡正俊　2001b「セラム島のクスクス猟」尾本惠市・濱下武志・村井吉敬・家島彦一(編)『海のアジア 4 ウォーレシアという世界』岩波書店，pp. 101-125.
笹岡正俊　2001c「追い詰められるセラム島の山地民——『宗教抗争』に揺れるインドネシア・マルク諸島の辺境を歩く」『世界』686: 190-196.
笹岡正俊(編)　2001d『流血のマルク——インドネシア軍・政治家の陰謀』インドネシア民主化支援ネットワーク(NINDJA)／コモンズ.
笹岡正俊　2002「和平会議の行方——マルク抗争」『Indonesia Alternative Information』41: 5-8.
笹岡正俊　2003「マルク——特殊部隊が暗躍する『宗教』紛争」インドネシア民主化支援ネットワーク編『失敗のインドネシア——民主化・改革はついえたのか』インドネシア民主化支援ネットワーク(NINDJA)／コモンズ，pp. 79-89.
笹岡正俊　2004「合板——巨大財閥が進めた森林破壊」佐伯奈津子・村井吉敬編『インドネシアを知るための 50 章』明石書店，pp. 51-55.
笹岡正俊　2005a「再燃したインドネシアのアンボン抗争——求められる真相究明」『世界』736: 260-268.

大村敬一　2002a「『伝統的な生態学的知識』という名の神話を超えて――交差点としての民族誌の提言」『国立民族学博物館研究報告』27(1)：25-120.
大村敬一　2002b「カナダ極北地域における知識をめぐる抗争――共同管理におけるイデオロギーの相克」秋道智彌・岸上伸啓(編)『紛争の海――水産資源管理の人類学』人文書院，pp. 149-167.
沖浦和光　2001「ザビエルの訪れた香料列島」尾本惠市・濱下武志・村井吉敬・家島彦一(編)『海のアジア4ウォーレシアという世界』岩波書店，pp. 153-178.
遅沢克也　1990「南スラウェシのサゴヤシとサゴ生産――熱帯低地開発論」京都大学大学院農学研究科提出博士論文.
遅沢克也　1995「インドネシアのサゴ生産――熱帯生物資源利用の第一試案」日本大学農獣医学部国際地域研究所(編)『東南アジアの食品加工業』龍渓書舎，pp. 109-137.
尾本惠市・笹岡正俊・新妻昭夫・弘末雅士　2001「マルク『宗教抗争』はなぜ起きたのか――ウォーレシアの歴史と現在」尾本惠市・濱下武志・村井吉敬・家島彦一(編)『海のアジア4ウォーレシアという世界』岩波書店，pp. 215-249.
尾本惠市・濱下武志・村井吉敬・家島彦一(編)　2001『海のアジア4ウォーレシアという世界』岩波書店.
掛谷誠　1983「『妬み』の人類学――アフリカの事例を中心に」大塚柳太郎(編)『現代の人類学 生態人類学』至文堂，pp.229-249.
掛谷誠　1994「焼畑農耕社会と平準化機構」大塚柳太郎(編)『講座地球に生きる3 資源への文化適応――自然との共存エコロジー』雄山閣，pp. 121-145.
掛谷誠　2001「アフリカ地域研究と国際協力――在来農業と地域発展」『アジア・アフリカ地域研究』1: 68-80.
川田美紀　2006「共同利用空間における自然保護のあり方――霞ヶ浦北浦湖岸の一集落を事例として」『環境社会学研究』12: 136-149.
岸上伸啓　2003a「狩猟採集民社会における食物分配の類型について――「移譲」，「交換」，「再・分配」」『民族学研究』68/2: 145-164.
岸上伸啓　2003b「狩猟採集民社会における食物分配――諸研究の紹介と批判的検討」『国立民族学博物館研究報告』27(4): 725-752.
北西功一　1997「狩猟採集民アカにおける食物分配と居住集団」『アフリカ研究』51: 1-28.
北西功一　2001「分配者としての所有者――狩猟採集民アカにおける食物分配」市川光雄・佐藤弘明(編)『講座生態人類学2 森と人の共存世界』京都大学学術出版会，pp.61-91.

ける〈超常現象〉の民族誌』世界思想社.
石毛直道　1978「ハルマヘラ島，Galela族の食生活」『国立民族学博物館研究報告』3巻2号：159-270.
市川光雄　1994「漁労活動の持続を支える社会機構」大塚柳太郎(編)『講座 地球に生きる3資源への文化適応――自然との共存のエコロジー』雄山閣，pp. 195-218.
市川光雄　2002「『地域』環境問題としての熱帯林破壊――中央アフリカ・カメルーンの例から」『アジア・アフリカ地域研究』2: 292-305.
市川光雄　2003「環境問題に対する三つの生態学」池谷和信(編)『地球環境問題の人類学――自然資源へのヒューマンインパクト』世界思想社，pp. 44-64.
井上真　1995『焼畑と熱帯林――カリマンタンの伝統的焼畑システムの変容』弘文堂.
井上真　2004a『コモンズの思想を求めて――カリマンタンの森で考える』岩波書店.
井上真　2004b「自然環境保全のための『協治』」井村秀文・松岡俊二・下村恭民(編著)『環境と開発』日本評論社，pp. 75-93.
今村薫　1993「サンの協同と分配――女性の生業活動の視点から」『アフリカ研究』42: 1-25.
イリイチ・I.（玉野井芳郎・栗田彬訳）2006『シャドウ・ワーク――生活のあり方を問う』岩波書店.
岩井雪乃　1999「自然保護区と地域住民の生計維持――セレンゲティ国立公園とロバンダ村の事例」『アフリカ研究』55: 51-66.
岩井雪乃　2001「住民の狩猟と自然保護政策の乖離――セレンゲティにおけるイコマと野生動物のかかわり1993年」『環境社会学研究』7: 114-128.
ウォーレス・A. R.（新妻昭夫訳）1993『マレー諸島――オランウータンと極楽鳥の土地〈下〉』ちくま学芸文庫.
江原由美子　1985『生活世界の社会学』勁草書房.
ジョン・F・オーツ(浦本昌紀訳）2006『自然保護の神話と現実――アフリカ熱帯雨林からの報告』緑風出版.
大塚柳太郎　1993「パプアニューギニア人の適応におけるサゴヤシの意義」『Sago Palm』1: 20-24.
大野健一　1998「普遍主義のパラダイムをこえて――非欧米社会の市場経済化」川田順造・岩井克人・鴨武彦・恒川恵一・原洋之助・山内昌之(編)『岩波講座開発と文化7人類の未来と開発』岩波書店，pp. 19-36.
大林太良　1987「セラム」石川栄吉・梅棹忠夫・大林太良・蒲生正男・佐々木高明・祖父江孝男(編)『文化人類学事典』弘文堂，p. 935.

Eastern Asia and Oceania. Japan Center for Area Studies, National Museum of Ethnology.

Zerner, C. 1994a. Through a Gereen Lens: The Construction of Customary Environmental Law and Community in Indonesia's Maluku Islands. *Law & Society Review* 28(5): 1084-1099.

Zerner, C. 1994b. Transforming Customary Law and Coastal Management Practices in the Maluku Islands, Indonesia, 1870-1992, in Western D, Wright, R. M. and Strum S. C., eds., *Natural Conections: Perspectives in Community-based Conservation.* Island Press, pp.80-112.

【日本語文献】

赤嶺淳　2005「資源管理は地域から——地域環境主義のすすめ」『日本熱帯生態学会ニューズレター』58：1-7.

赤嶺淳　2007「環境主義をこえて——利尻島にみるナマコの自主管理」秋道智彌(編)『資源人類学８資源とコモンズ』弘文堂，pp.279-307.

秋道智彌　1995a『海洋民族学——海のナチュラリストたち』東京大学出版会.

秋道智彌　1995b『なわばりの文化史——海・山・川の資源と民俗社会』小学館.

秋道智彌　1997「サシ——伝統的資源管理慣行」京都大学東南アジア研究センター編『事典 東南アジア——風土・生態・環境』弘文堂，pp. 362-363.

秋道智彌　1999「自然はだれのものか——開発と保護のパラダイム再考」秋道智彌編『自然はだれのものか——「コモンズの悲劇」を超えて』昭和堂，pp.6-19.

秋道智彌　2004『コモンズの人類学——文化・歴史・生態』人文書院.

秋道智彌　2007「森と人の生態史」日高敏隆・秋道智彌編『森はだれのものか？——アジアの森と人の未来』昭和堂，pp.2-23.

安室知　2000「農山漁村の民俗と生物多様性」宇田川武俊(編)，農林水産技術情報協会監修『農山漁村と生物多様性』家の光協会，pp.34-150.

生田滋　1998『大航海時代とモルッカ諸島——ポルトガル，スペイン，テルナテ王国と丁字貿易』中公新書.

生田滋　2001「香料と人類史」尾本惠市・濱下武志・村井吉敬・家島彦一(編)『海のアジア４ウォーレシアという世界』岩波書店，pp. 129-152.

池上良正　1999「癒される死者 癒す死者——民俗・民衆宗教の視角から」新谷尚紀(編)『死後の環境——他界への準備と墓』昭和堂，pp.80-98.

池谷和信　2003『山菜採りの社会誌——資源利用とテリトリー』東北大学出版会.

石井美保　2007『精霊たちのフロンティア——ガーナ南部の開拓移民社会にお

The Future of Integrated Conservation and Development Projects: Building on What Works, In McShane, T. O. and Wells, M. P., eds., *Getting Biodiversity Projects to Work: Toward More Effective Conservation and Development*. Columbia University Press, pp.397-421.

Welp, M., Hamidovic, D., Buchori, D. and Ardhian, D. 2002. The Uncertain Role of Biodiversity Management in Emerging Democracies. In O'riordan and Stoll-Kleemann, S. eds., *Biodiversity, Sustainability and Human Communities: Protecting beyond the Protected*. Cambridge University Press, pp.260-291.

Western, D. and Wright, M. 1994. *Natural Connections: Perspectives in Community-based Conservation*. Island Press.

Wiersum, K. F. 1997. Indigenous Exploitation and Management of Tropical Forest Resources: an Evolutionary Continuum in Forest- People Interactions. *Agriculture. Ecosystems and Environment* 63: 1-16.

Wilshusen, P. R., S. R. Brechin, C. L. Fortwrangler and P. C. West. 2002. Reinventing a Square Wheel: Critique of a Resurgent "Protection Paradigm" in International Biodiversity Conservation. *Society and Natural Resources* 15:17-40.

Wilshusen, P. R., Brechin, S. R., Fortwangler, C. L. and West, P. C. 2003. Contested Nature: Conservation and Development at the Turn of the Twenty-First Century. In Brechin, S. R., Wilshusen, P. R., Fortwangler, C. L. and West, P. C. 2003. *Contested Nature: Promoting International Biodiversity with Social Justice in the Twenty-First Century*. State University of New York Press, pp.1-22.

Wolff, X. Y. and Florey, M. J.1998. Foraging, Agriculture, and the Culinary Practices among the Alune of West Seram, with implications for the Changing Significance of Cultivated Plants as Food stuffs. In Pannell, S. and Benda-Beckmann, F. V. eds., *Old World Places, New World Problems: Exploring Issues of Cultural Diversity, Environmental Sustainability, Economic Development and Local Government in Maluku, Earsten Indonesia*. Center for Resource and Enviromental Studies, Australian National University, pp. 267-320.

Woodford, E. 1997. Insights Into the Wildlife Trade in Gia Lai Province, Central Viet Nam. Australian National University. Accessed May 24, 2001 at http://coombs.anu.edu.au/~vern/rtccd/gialai.html.

Wunder, S. 2001. Poverty alleviation and tropical forests- What scope for synergies? *World Development* 29(11): 1817-1833.

Wunder, S. 2005. Payments for environmental servies: some nuts and bolts, CIFOR Occasional Paper No.42., Center for International Forestry Reserch.

Yoshida, S. and Matthews, P. J. 2002. JCAS Symposium Series No. 16 Vegeculture in

Practice and Institutions: The Case of Sasi Lola in the Kei Islands, Indonesia. *World Development* 28(8): 1461-1479.

Thorburn, C. C. 2001. The House that Poison Built: Customary Marine Property Rights and the Live Food Fish Trade in the Kei Islands, Southeast Maluku. *Development and Change,* 32: 151-180.

Townsend, P. K. 1974. Sago production in a New Guinea economy. *Human Ecology* 2: 217-236.

Townsend, W. R. 2000. The Sustainability of Subsistence Hunting by the Siriono Indians of Bolivia. In Robinson J. G. and Bennett, E. L. eds., Hunting for Sustainability in Tropical Forest. Columbia University Press, pp. 267-281.

Tsing, A. L., Brosius, J. P. and Zerner, C. 2005. Introduction: Raising Questions about Communities and Conservation. In Brosius, J. P., Tsing, A. L. and Zerner, C. eds., *Communities and Conservation: Histories and Politics of Community-Based Natural Resource Management.* Walnut Creek: Alta Mitra Press, pp.1-34.

Tunny, M. A. 2006. Haruku people prefer nature to glittering offer of gold, *The Jakarta Post* (June 27, 2006).

UNEP-WCMC (United Nations Environment Programme-World Conservation Monitoring Centre). 1996. *Tropical Moist Forests and Protected Areas: The Digital Files.* Version 1. World Conservation Monitoring Centre, Centre for International Forestry Research, and Overseas Development Administration of the United Kingdom.

UNEP-WCMC (United Nations Environment Programme-World Conservation Monitoring Centre). 2000. *Subset of V 4.0 UNEP-WCMC Protected Areas Global GIS dataset.* UNEP-WCMC.

UNEP-WCMC. CITES-listed species database. Accessed November 7, 2005 at http://www.cites.org/eng/resources/species.html.

Valeri, V. 2000. *The Forest of Taboo: Morality, Hunting, and Identity among The Huaulu of The Moluccas.* The University of Wisconsin Press.

Virtanen, P. 2002. The Role of Customary Institutions in the Conservation of Biodiversity: Sacred Forests in Mozambique. *Enviromental Value* 11: 227–241.

Wadley, R. L. 1997. *Circular Labor Migration and Subsistence Agriculture: A Case of the Iban in West Kalimantan, Indonesia.* PhD. Thesis Arizona State University.

Wadley, R. L. and Colfer, C. J. P. 2004. Sacred Forest, Hunting, and Conservation in West Kalimantan, Indonesia. *Human Ecology* 32(3): 313-338.

Wells, M. P. and Brandon, K. 1992. *People and Parks: Linking Protected Area Management with Local Communities.* IBRD/World Bank.

Wells, M. P., Mcshane, T. O., Dublin, H. T. O'Connor, S. and Redford, K. H. 2004.

Smiet, F. 1985. Notes on the Field Status and Trade of Molluccan Parrots. *Biological Conservation* 34: 181-194.

Smith, D. A. 2005. Garden Game: Shifting Cultivation, Indigenous Hunting and Wildlife Ecology in Western Panama. Human *Ecology* 33(4): 505-537.

Smith, E. A. and Wishnie, M. 2000. Conservation and Subsistence in Small-Scale Societies. *Annual Review of Anthropology* 29: 493-524.

Soehartono, T. and Mardiastuti, A. 2003. *Pelaksanaan Konvensi CITES di Indonesia.* Japan International Cooperation Agency (JICA).

Songorwa, A. 1999. Community-Based Wildlife Management (CWM) in Tanzania: Are the Communities Interested? *World Development* 27(12): 2061-2079.

Sponsel, L. E. 1992. The Environmental History of Amazonia: Natural and Human Disturbances and the Ecological Transition. In Steen, H. and Tucker R. eds., *Changing Tropical Forests.* Forest History Society, pp. 233-251.

Springer, J. 2009. Addressing the Social Impacts of Conservation: Lessons from Experience and Future Directions. *Conservation and Society* 7(1): 26–29.

Stearman, A. M. 2000. A Pounds of Flesh: Social Change and Modernization as Factors in Hunting Sustainability Among Neotropical Indigenous Societies. In Robinson J. G. and Bennett, E. L. eds., *Hunting for Sustainability in Tropical Forest.* Columbia University Press, pp.233-250.

Stern, P. C., Dietz, T., Dolsak, N., Ostrom, E. and Stonich, S. 2002. Knowledge and Questions After 15 Years of Research. In Ostrom, E., Dietz, T., Dolsak, N., Stern, P. C., Stonich, S. and Weber, E. U., eds., *The Drama of the Commons.* National Academy Press, pp.445-489.

Sub Balai Konservasi Sumber Daya Alam Maluku. 1997. *Rencana Pengelolaan Taman National Manusela Periode Tahun 1997-2022 Buku* Ⅱ, Departmen Kehutanan, Kantor Wilayah Propinsi Maluku, Balai Konservasi Sumber daya Alam Ⅷ, Sub Balai Konservasi Sumbur Daya Alam Maluku. Unpublished Paper.

Tashiro, Y. 1995. Economic Difficulties in Zaire and the Disappearing Taboo against Hunting Bonobos in the Wamba Area. *Pan Africa News* 2(2): 8-9.

Taylor, J. 1992. *A Status Survey of Seram's Molluccan Endemic Avifauna.* n.d. Unpublished Paper.

Tejeda-Cruz, C. and Sutherland, W. J. 2004. Bird Responses to Shade Coffee Production. *Animal Conservation* 7: 169-179.

Terborgh, J. 1999. *Requiem for Nature.* Whasington DC: IslandPress/ Shearwater Books.

Thorburn, C. C. 2000. Changing Customary Marine Resource Management

Ruttan, L. M. 1998. Closing the Commons: Cooperation for Gain or Restraint? *Human Ecology,* 26(1): 43-66.

Saikia, A. 2006. The Hand of God: Delineating Sacred Groves and their Conservation Status in India's Far East. *Paper presented at the 11th Biennial Conference of the International Association for the Study of Common Property,* Bali Indonesia June 19 -June 23, 2006.

Saj, T. L., Mather, C. and Sicotte, P. 2006. Traditional Taboos in Biological Conservation: The Case of Colobus vellerosus at the Boabeng-Fiema Monky Sanctuary, Central Ghana. *Social Science Information* 45(2): 285-310.

Salafsky, N. and Wollenberg, E. 2000. Linking Livelihoods and Conservation: A Conceptual Framework and Scale for Assessing the Integration of Human Needs and Biodiversity. *World Development* 28(8): 1421-1438.

Salipi, B. and Surmiati. 1996. *Hak Ulayat Masyarakat Maritim- Perubahan Sistem Traditonal Pengelolaan Sumber Daya Laut Desa Dufa-Dufa, Ternate, Maluku Utara.* PMB-LIPI.

Samura, A. 1999. Pengelolaan Sumber Daya Alam Masyarakat Kakorotan. In Kartika, S. and Gautama, C., eds., *Menggugat Posisi Masyarakat Adat Terhadap Negara.* AMAN, pp. 216–222.

Sasaoka, M. 2003. Customary Forest Resource Management in Seram Island, Central Maluku: The "Seli Kaitahu" System, *TROPICS* 12(4): 247-260.

Scott, J. C. 1976. *The Moral Economy of the Peasant: Rebellion and Subsistence in Southeast Asia.* Yale University Press.

Scott, J. C. 1998. *Seeing Like a State: How to Improve the Human Condition Have Failed.* Yale University Press.

Sejatnika, Jepson, P., Soehartono, T. R., Crosby, M. J. and Mardiastuti, A. 1995. *Melestarikan Keanekaragaman Hayati Indonesia: Pendekatan Daerah Burung Endemik.* PHPA/ Birdlife Internatinal- Indonesia Programme.

Shepherd, G. 2004. Poverty and Forests: Sustaining Livelihoods in Integrated Conservation and Development, In McShane, T. O. and Wells, M. P., eds., *Getting Biodiversity Projects to Work: Toward More Effective Conservation and Development.* Columbia University Press, pp.340-371.

Shepherd, CR. and Sukumaran, J. 2004. *Open Season: An analysis of the pet trade in Medan, Sumatra 1997-2001.* Traffic Southeast Asia.

Shimoda H. and Power, A. P. 1986. Investigation into Development and Utilization of Sago Palm Forest in the East Sepik Region, Papua New Guinea. In Yamada, N. and Kainuma, K. eds., *Sago-'85: Proceedings of the Third International Sago Symposium, Tokyo.* The Sago Palm Research Fund, pp.94-104.

Forests of Yuunan Province, China. In Vershuuren, B., Wild, R., McNeely, J. and Oviedo, G., eds., *Sacred Natural Sites: Conserving Nature and Culture.* Earthscan, pp.98–106.

Peterson, N. and Matsuyama, T. eds., 1991. *Cash, Commodisation and Changing Foragers (Senri Ethnological Studies 30).* National Museum of Ethnology.

ProFauna Indonesia. Accessed September 12, 2006 at http://www.profauna.or.id/Indo/index-indo.html.

Project Bird Watch (PBW). 2006. Accessed September 12, 2006 at http://www.indonesian-parrot-project.org/news.html.

Rahail, J. P. 1995. *Batbatang Fitra Fitnangan–Tata Guna Tanah dan Laut Traditional Kei.* Yayasan Sejati.

Rasyad, S. and K. Wasito. 1986. The Potential of Sago Palm in Maluku (Indonesia). In Yamada, N. and K. Kainuma eds., *Sago-'85: Proceedings of the Third International Sago Symposium, Tokyo.* The Sago Palm Research Fund, pp. 1-6.

Redford, K. H. 1991. The Ecologically Noble Savege, *Cultural Survival Quarterly* 15(1): 46-48.

Reyes, E. 2002. Rusa timorensis, Animal Diversity Web. Accessed May 31, 2007 at http://animaldiversity.ummz.umich.edu/site/accounts/information/Rusa_timorensis.html.

Rijksen, H. D and Person, G. 1991. Food from Indonesia's Swamp Forest: Ideology or Rationality? *Landscape and Urban Planning* 20: 95–102.

Roe, D., Mayers, J., Grieg-Gran, M., Kothari, A., Fabricius, C. and Hughes, R. 2000. *Evaluating Eden: Exploring the Myths and Realities of Community-Based Wildlife Management.* Series No.8. International Institute for Environment and Development (IIED).

Roe, D., Mulliken, T., Milledge, S., Mremi, J., Mosha, S. and Grieg-Gran, M. 2002. *Biodiversity and Livelihoods Issues No.6, Making a Killing or Making a Living?: Wildlife Trade, Trade Controls, and Rural Livelihoods.* TRAFFIC and IIED Stevenage.

Ros-Tonen, M. A. F. 2000. The Role of Non-Timber Forest Products in Sustainable Tropical Forest Management. *Holz als Ro-und Werkstoff* 58: 196-201.

Ros-Tonen, M. A. F. and Wiresum, K. F. 2003. The Importance of Non-timber Forest Products for Forest-Based Rural Livelihoods: An Evolving Research Agenda. *Paper presented at the GTZ/CIFOR International Conference on Livelihoods and biodiversity 19-23 May 2003, Bonn,* Amsterdam Research Institute for Global Issues and Development Studies(AGIDIS)/ Universiteit van Amsterdam (UvA), pp.1-20.

and Culture. Princeton University Press.

Nadasdy, P. 2005. Transcending the Debate over the Ecologically Noble Indian: Indigenous Peoples and Environmentalism. *Ethnohistory* 52(2): 291-331.

Nakashima, D. 1991. The Ecological Knowledge of Belcher Island Inuit. *Arctic Anthropology* 36(1/2): 38-53.

Naughton-Treves, L. 2002. Wild Animals in the Garden: Conservung Wildlife in Amazonian Agroecosystems. *Annals of the Association of American Geography* 92(3): 488-506.

Neumann, R. P. 1998. *Imposing Wilderness: Struggles Over Livelihood and Nature Preservation in Africa*. University of California Press.

Neumann, R. P. and Hirsch, E. 2000. *Commercialization of Non Timber Forest Products: Review and Analysis of Research*. Center for International Forestry Research (CIFOR) and FAO.

Nielsen, M. R. 2006. Importance, Cause and Effect of Bushmeat hunting in the Udzungwa Mountains, Tanzania: Implications for Community Based Wildlife Management. *Biological and Conservation* 128: 509-516.

Novaczek, I., Harkes, I. H. T., Sopacua, J. and Tatuhey, M. D. D. 2001. *An Insitutional Analysis of Sasi Laut in Maluku, Indonesia.*, ICLARM-The World Fish Center Tech. Rep. 59.

Ohtsuka, R. 1983. *Oriomo Papuans: Ecology of Sago-Eaters in Lowland Paua*. The University of Tokyo Press.

Ohtsuka, R and Suzuki, T, eds. 1990. *Population Ecology of Human Survival: Bioecological Studies of the Gidra in Papua New Guinea*. The University of Tokyo Press.

Olafson, H. 1995. Taboo and Environment, Cebuano and Tagbanuwa: Two Case of Indigenous Management of Natural Resources in the Philippines and Their Relation to Religion. *Philippine Quarterly of Culture and Society* 23(1): 20-34.

Ormsby, A. and Edelman, C. 2010. Community–based Ecotourism at Tafi Atome Monkey Sanctuary, a Sacred Natural Site in Ghana. In Verschuuren, B., Wild, R., McNeely, J. and Oviedo, G., eds., *Sacred Natural Sites: Conserving Nature and Culture*. Earthscan, pp.233–243.

Ostrom, E., Dietz, T., Dolsak, N., Stern, P. C., Stonich, S. and Weber E. U. eds., 2002. *The Drama of the Commons*. National Research Council.

Pattikayhatu, J. A., J. Talakua and J. Ririhena. 1993. *Sejarah Daerah Maluku*. Proyek Penerbitan, Pengkajian dan pembinaan nilai-nilai Budaya Maluku, Departmen Pendidikan dan Kebudayaan.

Pei, S. J. 2010. The Road to the Future? The Biocultural Values of the Holy hill

Issue: Maritime Anthropology: 29–38.

McCay, B. J. and Acheson, J. M. 1987. Human Ecology of Commons. In McCay, B. J. and Acheson, J. M. eds., *The Question of Commons- The Culture and Ecology of Communal Resources.* The University of Arizona Press.

McCay, B. J. and Acheson, J. M. eds., 1987. *The Question of Commons-The Culture and Ecology of Communal Resources.* The University of Arizona Press.

McShane, T. O. and Newby, S. A. 2004. Expecting the Unattainable: The Assumptions Behind ICDPs, In McShane, T. O. and Wells, M.P. eds., *Getting Biodiversity Projects to Work: Toward More Effective Conservation and Development.* Columbia University Press, pp49-74.

Medina, A., Harvey, C. A., Merlo, D. S., Vilchez, S. and Hernandez, B. 2007. Bat Diversity and Movement in an Agricultural Landscape in Matiguas, Nicaragua. *Biotropica* 39(1): 120-128.

Merlo, L. 2002. Phalanger orientalis. Animal Diversity Web. Accessed May 30, 2007 at http://animaldiversity.ummz.umich.edu/site/accounts/information/Phalanger_orientalis.html

Mertz, O. 2002. The Relationship between length of fallow and crop yields in shifting cultivation: a rethinking. *Agroforestry Systems* 55: 149-159.

Metz, S and Nursahid, R. 2004. Trapping and Smuggling of Salmon-crested Cockatoos: An Undercover Investigation in Seram, Indonesia. *Psitta Scene* 16(4): 8-9.

Millennium Ecosystem Assessment 2005. *Ecosystems and Human Well–Being: Synthesis.* Island Press.

Mogelgaard, K. 2003. Helping People, Saving Biodiversity. An Overview of Integrated Approaches to Conservation and Development. *Population Action International Occasional Paper March 2003.* Population Action International.

Moller, H., F. Berkes, O'brian-Lyver, P. and Kislalioglu, M. 2004. Combining science and traditional ecological knowledge: monitoring populations for co-management. *Ecology and Society* 9(2), Accessed May 30, 2007 at http://www.ecologyandsociety.org/vo19/iss3/art2

Montesori, J. 2000. Tumpang- Tindih Kepentingan di Lore Lindu. *Suara Pembaruan* (Minggu, Oktober 22, 2000).

Morrow, P. and Hensel, C. 1992. Hidden Dimmension: Minority- Majority Relationships and Use of Contested Terminology. *Arctic Anthropology* 29(1): 38-53.

Moyle, B. 2003. Regulation, Conservation and Incentives. In Oldfield, S. ed., *The Trade in Wildlife: Regulation for Conservation.* EARTHSCAN, pp.41-51.

Mulder, M. B. and Coppolillo, P. 2005, *Conservation: Linking Ecology, Economics,*

Lewis, H. T. 1993. Traditional Ecological Knowledge: Some Definitions. In Williams, N. and Baines, G. eds., *Traditional Ecological Knowledge: Wisdom for Sustainable Development.* Center for Resource and Environmental Studies, Australian National University, pp. 8-12.

Li, T. M. 2002. Engaging Simplifications: Community-Based Resource Management, Market Processes and State Agendas in Upland Southeast Asia. *World Development* 30(2): 265-283.

Logan, B. I. and W. G. Moseley. 2002. The political ecology of poverty alleviation in Zimbabwes Communal Areas Management Programme for Indigenous Resources (CAMPFIRE). *Geoforum* 33: 1-14.

MacDonald, A. A. 1993. The Sulawesi Warty Pig, In Oliver, W. L. R. ed., *Pigs, Peccaries and Hippos: Status Survey and Conservation Action Plan.* IUCN, pp.155-160.

MacDonald, D. 2000. Economies and Peronhood: Demand Sharing among the Waradjuri of New South Wales, In Wenzel, G., Hovelsrud-Broda, G. and Kishigami, N., eds., The Social Economy of Sharing: Resource Allocation and Modern Hunter-Gatherers, *Senri Ethnological Studies* 53: 87-111.

MacNeely, J. A. and Schroth, G. 2006. Agroforestry and Biodiversity Conservation- Traditional Practices, Present Dynamics, and Lessons for the Future. *Biodiversity and Conservation* 15: 549-554.

Mantjoro, E. 1996. Traditional Management of Communal-Property Resources: The Practice of the Sasi System. *Ocean & Coastal Management* 32(1): 17-37.

Marsden, S. J. 1995. *The Ecology and Conservation of the Parrots of Sumba, Buru, and Seram, Indonesia.* Ph. D. Dissertation, Department of Biological Sciences. The Manchester Metropolitan University.

Marsden, S. J. 1998. Changes in Bird Abundance following Selective Logging on Seram, Indonesia. *Conservation Biology* 12(3): 605-611.

Marsden, S. J. and Fielding, A. 1999. Habitat associations of parrots on the Wallacean islands of Buru, Seram and Sumba. *Journal of Biogeography* 263: 439-446.

Marsden, S. J. and Pilgrim, J. D. 2003. Factors influencing the abundance of parrots and hornbills in pristine and disturbed forests on New Britain, PNG. *Ibis,* 145(1): 45-53.

McCay, B. J. 1978. Systems ecology, people ecology, and the anthropology of fishing communities. *Human Ecology* 6: 397–422.

McCay, B. J. 1980. A Fishermen's Cooperative, Limited: Indigenous Resource Management in a Complex Society. *Anthropological Quarterly* 53(1), Special

Khumbongmayum, A. D., Khan, M. L. and Tripath, R. S. 2004. Sacred groves of Manipur-ideal centres for biodiversity conservation. *Current Science* 87(4): 430-433.

Kimura, D. 1992. Daily Activities and social association of the Bongando in central Zaire. *African Study Monographs* 13(1): 1-31.

Kinnaird, M. F. 2000. Parrot, Politics, Spices and Guns. *PsittaScene* 12(3): 14-15.

Kinnaird M. F., O'Brien T. G., Lambert F. R. Purmiasa D. n.d. 2003 *Project Kakatua Seram: Current Status and Conservation Needs of the Seram Cockatoo, Cacatua Moluccensis.* PHPA/Birdlife International/Wildlife Conservation Society Indonesia Program. n.p. Unpublished paper.

Kinnaird M. F., O'Brien T. G., Lambert F. R., Purmiasa D. 2003. Density and distribution of the endemic Seram Cockatoo Cacatua moluccensis in relation to land use patterns. *Biological Conservation* 109: 227-235.

Kiss, A., 2004. Making Biodiversity Conservation a Land-Use Priority. In McShane, T. O. and Wells, M. P. eds., *Getting Biodiversity Projects to Work: toward More Effective Conservation and Development.* Columbia University Press, pp.98-123.

Kissya, E. 1993. *Sasi Aman Haru-ukui.* Yayasan Sejati.

Kitanishi K. 2000. The Aka and Baka: Food Sharing among Two Central Africa Hunter-gatherer Groups. In Wenzel, G. W., Hovelsrud-Bronda, G. and Kishigami, K. eds., *The Social Economy of Sharing: Resource Allocation and Modern Hunter–Gatherers (Senri Ethnological Studies No.53).* National Museum of Ethnology, pp.149–169.

Kompas Cyber Media. 2005 (Maret 30). ProFauna: Stop Perdagangan Kakatua Seram!, Kompas Cyber Media. Accessed September 13, 2006 at http://www.kompas.com/teknologi/news/0503/30/161326.htm.

Langholz J. 1999. Exploring the effects of alternative income opportunities on rainforest use: insights from Guatemala's Maya Biosphere Reserve. *Society and Natural Resources* 12: 139–49.

Latinis, K. 1996. Hunting the Cuscus in Western Seram: The Role of the Phalanger in Subsistence Economies in Central Maluku. *CAKALELE* 7: 17-32.

Latinis, K. 2000. The Development of Subsistence System Models for Island Southeast Asia and Near Oceania: The Nature and Role of Arboriculture and Arboreal-based Economies. *World Archaeology* 32(1): 41-67.

Lee, R J., Gorog, A J., Dwiyahreni, A., Siwu, S., Riley, J., Alexander, H., Paoli, GD., Ramono, W. 2005. Wildlife Trade and Implications for Law Enforcement in Indonesia: A Case Study from North Sulawesi. *Biological Conservation* 123(4): 477-488.

Ethnological Studies No. 53). National Museum of Ethnology, Japan, pp.7-26.

Hutton, J. 2005. Back to the Barriers? Changing Narratives in Biodiversity Conservation, *Forum for Development Studies* No.2: 341–370.

Hutton, J. and Dickson, B. 2001. Conservation Out of Exploitation: a Silk Purse from a Sow's Ear? In Reynolds, J. D., Mace, G. M., Redford, K. H. and Robinson, J. G., eds., *Conservation of Exploited Species*. Cambridge University Press, pp.440-461.

Ingold, T. 1991. Notes on the Foraging Mode of Production. In Ingold, T., Riches, D. and Woodburn, J. eds., Hunters and Gatherers Volume 1: History, Evolution and Social Change. *BERG*, 269-285.

Ishige, N. 1980. Hunting. In Ishige, N. ed., *The Galela of Halmahera: A Preliminary Study*. National Museum of Ethnology, pp.247-259.

IUCN. 2005. IUCN Red List: Categories and Criteria. Accessed October 9, 2005 at http://www.redlist.org/info/categories_criteria.html.

IUCN. 2006. 2006 IUCN Red List of Threatened Species. Accessed May 28, 2007 at www.iucnredlist.org

Jeanrenaud, S. 2002. *People-Oriented Approaches in Global Conservation: Is the Leopard Changingits Spots?* International Institute for Environment and Development (IIED) and Brighton:Institute for Development Studies (IDS).

Jones, B. T. B. and Murphree, M. W. 2004. Community-Based Natural Resource Management as a Conservation Mechanism: Lessons and Directions. In Child, B. ed, *Parks in Transition: Biodiversity, Rural Development and the Bottom Line*. IUCN, pp.63-103.

Jones, S. 2006. A Political Ecology of Wildlife Conservation in Africa. *Review of African Political Ecology* 109: 483-495.

Juniper, T. and Parr, M. 1998. *Parrots- A Guide to the Parrots of the World*. Pica Press.

Kaya, M., Kammesheidt, L. and Weidelt, H.-J. 2002. The Forest Garden System of Saparua Island, Central Maluku, Indonesia, and its Role in Maintaning Tree species Diversity. *Agroforestry Systems* 54: 225-234.

Kellert, S. R., Mehta, J. N., Ebbin, S. A. and Lichtenfeld, L. L. 2000. Community Natural Resource Management: Promise, Rhetoric, and Reality. *Society and Natural Resources* 13: 705-715.

Kennedy, J. and Clarke, W. 2004. Cultivated Landscapes of the Southwest Pacific, Resource Management in Asia-Pacific Working Paper No.50. Resource Management in Asia-Pacific ProgramResearch School of Pacific and Asian Studies, The Australian National University.

Hardin, G. 1968. The Tragedy of the Commons. *Science* 162: 1243–1248.

Harkes, I. and Novaczek, I. 2002. Presence, performance, and institutional resilience of sasi, a traditional management institution in Central Maluku, Indonesia. *Ocean & Coastal Management* 45: 237-260.

Harkes, I. and Novaczek, I, 2003. Institutional Resilience of Marine Sasi, a Traditional Fisheries Management System in Central Maluku, Indonesia, Persoon, G. A., van Est, D. M. E. and Sajise, P. E. eds., *Co-management of Natural Resources in Asia: A Comparative Perspective.* Nias Press, pp.63-85.

Harlan, J. R. 1992. *Crops & Man* (Second Edition). American Society of Agronomy and Crop Science Society of America, Inc.

Harvey, C., Gonzalez, J. and Somarriba, E. 2006. Dung Beetle and Terrestrial Mammal Diversity in Forest, Indigenous Agroforestry Systems and Plantain Monocultures in Talamanca, Costa Rica. *Biodiversity and Conservation* 15: 555-585.

Headland, T. N. 1997. Revisionism in Ecological Anthropology. *Current Anthropology* 38(4): 605-630.

Healey, C. 1995. Traps and Trapping in the Aru Islands. *CAKALELE.* 6: 51-65.

Helgen, K. M. 2003. A Review of the rodent fauna of Seram, Moluccas, with the description of a new subspecies of mosaic-tailed rat, Melomys rufescens paveli. *The Journal of Zoology* 261: 165-172.

Herrmann, T. M. 2006. Indigenous Knowledge and Management of Araucaria Araucana Forest in the Chilean Andes: Implications for Native Forest Conservation. *Biodiversity and Conservation* 15: 647-662.

Hill, K. and Padwe, J. 2000. Sustainability of Ache Hunting in the Mbaracayu Researve, Paraguay, In Robinson J. G. and Bennett, E. L. eds., *Hunting for Sustainability in Tropical Forest.* Columbia University Press, pp.79-105.

Hughes, R. and Flintan, F. 2001, Integrating Conservation and Development Experience: A Review and Bibliography of the ICDP Literature, *Biodiversity and Livelihoods Issues* No. 3. International Institute for Environment and Development.

Hunn, E. 1993. What in Traditional Ecological Knowledge. In Williams, N. and Baines, G. eds., *Traditional Ecological Knowledge: Wisdom for Sustainable Development.* Center for Resource and Environmental Studies, Australian National University, pp. 13-15.

Hunt, R. 2000. Forager Food Sharing Economy: Transfers and Exchanges. In Wenzel, G. W., Hovelsrud-Bronda, G. and Kishigami, N. eds., *The Social Economy of Sharing: Resource Allocation and Modern Hunter-Gatherers (Senri*

In Berkes, F. and Folke, C. eds., *Linking Social and Ecological Systems: Management Practices and Social Mechanisms for Building Resilience.* Cambridge University Press, pp. 30-47.

Galudra, G. 2003. Conservation policies versus reality: Case study of flora, fauna and land utilization by Local communities in Gunung Halimun-Salak national park Gamma Galudra. ICRAF Southeast Asia Working Paper, No. 2003-4.

Galvin, K. A., Thornton, P. K., de-Pinho, J. R., Sunderland, J. and Boone, R. B. 2006. Integrated Modeling and its Potential for Resolving Conflicts between Conservation and People in the Rangelands of East Africa. *Human Ecology* 34(2): 155-183.

Garnett, S. T., Sayer, J. and du Toti, J. 2007. Improving the Effectiveness of Interventions to Balance Conservation and Development: a Conceptual Framework. *Ecology and Society* 12(1): 2. Accessed March 1, 2008 at http://www.ecologyandsociety.org/vol12/iss1/art2/ .

Geisler, C. 2003. A New Kind of Trouble: Eviction in Eden. *International Social Science Journal* 55(1): 69-78.

Gibson, C. C and Marks, S. A. 1995. Transforming Rural Hunters into Conservationists: An Assessment of Community-Based Wildlife Management Programs in Africa. *World Development* 23(6): 941-957.

GOI/FAO. 1996. *National Forest Inventory of Indonesia: Final Forest Resources Statistics Report.* Field Document No. 55. Directorate General of Forest Inventory and Land Use Planning, Ministry of Forestry, Government of Indonesia (GOI); and Food and Agriculture Organization of the United Nations (FAO).

GOI/World Bank (Ministry of Forestry, Government of Indonesia and World Bank). 2000. Digital dataset on CD-ROM. GOI/World Bank.

Goldman, M. 2003. Partitioned Nature, Privileged Knowledge: Community-based Conservation in Tanzania. *Development and Change* 34(5): 833-862.

Hackel, J. D. 1999. Community Conservation and the Future of Africa's Wildlife. *Conservation Biology* 13(4): 726-734.

Hames, R. 2007. The Ecologically Noble Savage Debate, *The Annual Review of Anthropology* 36: 177-190.

Hamilton, L. S. 2002. Forest and Tree Conservation: Through Metaphysical Constraints. *The George Wright Forum* 19(3): 57–78.

Hansen, P. K. 1995. *Shifting Cultivation Adaptations and Environment in a Mountainous Watershed in Northern Thailand.* PhD. Thesis. Institute of Agricultural Sciences, Royal Veterinary and Agricultural University.

Landscapes in the Atlantic Forest of Southern Bahia, Brazil. *Biodiversity and Conservation* 15: 587-612.

Farida, W. R., Semiadi, G. and Wirdateri. 1999. Pemanfaatan Kuskus oleh Masyarakat Pedalaman Irian Jaya. *Berita Biologi* 4(5): 341-342.

Flannery, T. 1995. *Mammals of the south-west Pacific & Moluccan Islands.* Reed Books.

Flood, J. 1990. 'Tread softly for you tread on my bones': the development of cultural resource management in Australia. In Cleere, H. ed., *Archaeological Heritage Management in the Modern World.* Routledge, pp. 79–101.

Folke, C., Berkes, F. and Colding, J. 1998. Ecological Practices and Social Mechanisms for Building Resilience and Sustainability. In Berkes, F. and Folke, C. eds., *Linking Social and Ecological Systems: Management Practices and Social Mechanisms for Building Resilience.* Cambridge University Press, pp. 414-436.

Forshaw, J. M. and Cooper, T. M. 1989. *Parrots of the World* (Third Edition). Lansdowne Editions.

Fortwangler, C. L. 2003. The Winding Road: Incorporating Social Justice and Human Rights into Protected Area Polisies. In Brechin, S. R., Wilshusen, P. R., Fortwangler, C. L. and West, P. C. 2003. *Contested Nature: Promoting International Biodiversity with Social Justice in the Twenty-First Century.* State University of New York Press, pp. 25-40.

Fowler, T. C. 2003. The Ecological Implications of Ancestral Religion and Reciprocal Exchange in a Sacred Forest in Karendi (Sumba, Indonesia).*Worldview* 7(3): 303-329.

Fox, D. 1999. Spilocuscus maculates. Animal Diversity Web. Accessed May 29, 2007 at http://animaldiversity.ummz.umich.edu/site/accounts/information/Spilocuscus_maculatus.html

Fraga, J. 2006. Local perspectives in conservation politics: the case of the R´ıa Lagartos Biosphere Reserve, Yucat´an, M´exico. *Landscape and Urban Planning* 74: 285-295.

Fraser, D.J., Coon, T., Prince, M.R., Dion, R. and Bernatchez, L. 2006. Integrating Traditional and Evolutionary Knowledge in Biodiversity Conservation: a Population Level Case Study. *Ecology and Society* 11(2): 4. Accessed May 23, 2007 at http://www.ecologyandsociety.org/vol11/iss2/art4/

FWI (Forest Watch Indonesia) and GFW (Global Forest Watch). 2002. *The State of the Forest- Indonesia.* World Resource Institute.

Gadgil, M., Heman, N. S. and Reddy, B. M. 1998. People, Refugia and Resilience.

Edward, I. D. 1993. Introduction. In Edward, I. D., A. A. Macdonald and J. Proctor. eds., *Natural History of Seram, Maluku, Indonesia.* Jntercept Ltd.: 1-12.

Edward, I. D., J. Proctor and S. Riswan. 1993. Rain Forest Types in the Manusela National Park. In Edward, I. D., A. A. Macdonald and J. Proctor. eds., *Natural History of Seram, Maluku, Indonesia.* Intercept Ltd.: 63-74.

Ellen, R. 1978. *Nuaulu settlement and ecology: An approach to the environmental relation of an eastern Indonesian community (Verhandelingen van het Koninklijk Instituut voor Taal-, Land-en Volkenkunde 83).* The Hague: Martinus Nijhoff.

Ellen, R. 1979. Sago subsistence and the trade in apices: A provisional model of ecological succession and imbalance in Molluccan history, In Burnham, P. C. and R. F. Ellen eds., *Social and Ecological Systems.* Academic Press, pp.43-74.

Ellen, R. 1993a. Human Impact on the Environment of Seram, In Edward, I. D., A. A. Macdonald and J. Proctor. eds., *Natural history of Seram, Maluku, Indonesia.* Intercept Ltd., pp. 191-205.

Ellen, R. 1993b. *Nuaulu Ethnozoology- A Systematic Inventory.* Center for Social Anthropology and Computing in co-operation with the Centre of South-East Asian Studies, University of Kent.

Ellen, R. 1993c. *The Cultural Relations of Classification: An Analysis of Nuaulu Animal Categories from Central Seram.* Canbridge University Press.

Ellen, R. 1996. Individual Strategy and Cultural Reguration in Nuaulu Hunting. In Ellen, R. and K. Fukui eds., *Redefining Nature.* Berg, pp. 597-635.

Ellen, R. and Harris, H. 2000. Introduction. In Ellen, R. Parkes, P. and Bicker eds., *Indigenous Environmental Knowledge and Its Transformations: Critical Anthropological Perspectives.* Harwood Achademic Publishers, pp. 1-29.

Emerton, L. n. d. Community Conservation Research in Africa: Principles and Comparative Practice Paper No. 5 The Nature of Benefits and the Benefits of Nature: Why Wildlife Conservation Has Not Economically Benefitted Communities in Africa. Institute for Development Policy and Management, University of Manchester.

Eves, H. E. and Ruggiero, R. G. 2000. Socioeconomics and the Sustainability of Hunting in the Forest of Northern Congo(Brazzaville). In Robinson J. G. and Bennett, E. L. eds., *Hunting for Sustainability in Tropical Forest.* Columbia University Press, pp.427-454.

Fairhead, J. and Leach, M. 1996. *Misreading the African Landscape,* Cambridge University Press.

Faria, D., Laps, R. R., Baumgarten, J. and Cetra, M. 2006. Bat and Bird Assemblages from Forests and Shade Cacao Plantations in two Constructing

Regional Workshop: 8-9 October 2001, Maputo, Mozambique.
CITES. Appendices I, II and III. Accessed October 9, 2005 at http://www.cites.org/eng/app/appendices.shtml.
CITES-listed species database. Accessed November 7, 2005 at http://www.cites.org/eng/resources/species.html.
Coates, B. J. and Bishop, K. D. 2000. *Pandauan Lapangan Burung-Burung di Kawasan Wallacea: Sulawesi, Maluku dan Nusa Tenggara.* Birdlife International Indonesia Programme.
Colding, J. and Folke, C. 2001. Social Taboo: "Invisible" System of Local Resource Management and Biological Conservation. *Ecological Applications* 11(2): 584-600.
Collar, N. J., Andreev, A. V., Chan, M. J., Crosby, S., Subramanya and Tobias, J. A. 2001. *Threatened Birds of Asia: The BirdLife International Red Data Book.* BirdLife International.
Conservation International. Biodiversity Hot spot: Wallacea. Accessed April 14, 2007 at http://www.biodiversityhotspots.org/xp/Hotspots/wallacea/.
Cooney, R. and Jepson, P. 2006. The International Wild Bird Trade: What's Wrong with Blanket Bans? *Oryx* 40(1): 18-23.
Denham, T. 2004. The Roots of Agriculture and Arboriculture in New Guinea: Looking beyond Austronesian Expansion, Neolithic Packages and Indigenous Origins. *World Archaeology* 36(4): 610-620.
Departmen Kehutanan. 2003. *Kumpulan Peraturan Perundangan Bidang Konservasi, Departmen Kehutanan.* Japan Internatinal Cooperation Agency (JICA).
Departmen Kehutanan, Direktrat Jenderal Perlindungan Hutan dan Konservasi Alam and Japan International Cooperation Agency(JICA). 2004a. *Kumpulan Peraturan Perundangan Terkait Dengan Konservasi Sumberdaya Alam hayati dan Ekosistemnya. Buku I.* Departemen Kehutanan, Dirjen PHKA and JICA.
Departmen Kehutanan, Direktrat Jenderal Perlindungan Hutan dan Konservasi Alam and Japan International Cooperation Agency(JICA). 2004b. *Kumpulan Peraturan Perundangan Terkait Dengan Konservasi Sumberdaya Alam hayati dan Ekosistemnya. Buku II.* Departemen Kehutanan, Dirjen PHKA and JICA.
Dinas Perkebunan n. d. Harga Pasar Balan. Unpublished Paper.
Dolsak, N. and Ostrom, E. eds., 2003. *The Commons in the New Millennium: Challenges and Adaptations.* The MIT Press.
Dowie, M. 2006. Conservation Refugees: When Protecting Nature Means Kicking People Out. *Seedling* January 2006: 6-12.

BPS (Badan Pusat Statistik) Accessed March 10, 2007 at http://www.bps.go.id/sector/population/table3.shtml

Broad, S., Mulliken, T., and Roe, D. 2003. The Nature and Extent of Legal and Illegal Trade in Wildlife. In Oldfield, S. ed., *The Trade in Wildlife: Regulation for Conservation.* EARTHSCAN, pp.3-22.

Brockington, D. and Igoe, J. 2006. Eviction for Conservation: A Global Overview. *Conservation and Society* 4(3): 424-470.

Bromley, D. W. ed. 1992. *Making the Commons Work: Theory, Practice, and Policy.* ICS Press.

Brown, K. 2002. Innovations for Conservation and Development. *The Geographical Journal* 168(1): 6-17.

Brown, K and Rosendo, S. 2000. Environmentalists, Rubber Trappers and Empowerment: The Political and Economic Dimensions of Extractive Reserves. *Development and Change* 31: 201-227.

Bryant, R. and Bailey, S. 1997. *Third World Political Ecology.* ROUTLEDGE.

Budcher, B. and Dressler, W. 2007. Linking Neoprotectionism and Environmental Governance. *Conservation and Society* 5(4): 586–611.

Byers, B. A., Cunliffe, R. N., and Hudak, A. T. 2001. Linking the Conservation of Culture and Nature: A Case Study of Sacred Forests in Zimbabwe. *Human Ecology* 29(2): 187-218.

Campbell, B. M. and Luckert, M. K. 2002. Toward Understanding the Role of Forests in Rural Livelihoods. In Campbell, B. M. and Luckert, M. K., eds., *Uncovering the Hidden Harvest: Valuation Methods for Woodland & Forest Resources.* EARTHSCAN, pp.1-16.

Campbell, M. O. 2004. Traditional Forest Protection and Woodlots in the Coastal Savannah of Ghana. *Environmental Conservation* 31(3): 225-232.

Cernea, M. and Schmidt-Soltau, K. 2006. Poverty Risks and National Parks: Policy Issues in Conservation and Resettlement. *World Development* 34(10): 1808-1830.

Chapin, M. 2004. A Challenge to Conservationists, *World · Watch,* November/December 2004. World Watch Institute, pp. 17-31.

Chardonnet, Ph., Des Clers, B., Fischer, J., Gerhold, R., Jori, F. and Lamarque, F. 2002. The Value of Wildlife, *Rev. sci. tech. Off. int. Epiz.* 21(1): 15-51.

Chauvel, R. 1990. *Nationalists, Soldiers and Separatists.* KITLV Press.

Chidhakwa, Z. 2001. Continuity and Change: The Role and Dynamics of Traditional Institutions in the Management of the Haroni and Rusitu forests in Chimanimani, Zimbabwe. Paper prepared for the CASS/PLAAS CBNRM 3rd

Ecological Systems: Management Practices and Social Mechanisms for Building Resilience. Cambridge University Press, pp.98-128.

Berkes, F. 1999. *Sacred Ecology: Traditional Ecological Knowledge and Resource Management.* Taylor and Francis.

Berkes, F. 2002. Cross-Scale Institutional Linkages: Perspective from the Bottom Up. In Ostrom, E., Dietz, T., Dolsak, N., Stern, P. C., Stonich, S., and Weber, E. U. eds., *The Drama of the Commons.* National Academy Press, pp.293-321.

Berkes, F. 2004. Rethinking Community-Based Conservation. *Conservation Biology* 18(3): 621-630.

Berkes, F., Colding, J., and Folke, C. 2000. Rediscovery of Traditional Ecological Knowledge as Adaptive Management. *Ecological Applications* 10(5): 1251-1262.

Berkes, F., Feeny, D., McCay. B and Acheson, J. M., 1989, The Benefit of the Commons. *Nature* 340: 91-93.

Bhagwat, S. A. and Rutte, C. 2006. Sacred groves: potential for biodiversity Management. *Frontiers in Ecology and the Environment* 4(10): 519–524.

Birdlife International. 2001. Threatenes Birds of Asia: *The Birdlife International Red Data Book.* Birdlife International.

Birdlife International. 2005. Species factsheets. Accessed October 10, 2005 at http://www.birdlife.org/datazone/index.html.

Bohannan, P. and Dalton, G. 1962. Introduction. In Bohannan, P. and Dalton, G.'eds., *Market in Africa.* Northwestern University Press, pp.1-26.

Borrini-Feyerabend, G., Farvar, M. T., Nguinguiri, J. C. & Ndangang, V. A. 2000. *Comanagement of Natural Resources: Organising, Negotiating and Learning–by–Doing.* GTZ and IUCN.

Boven, K. and Morohashi, J. 2002. *Best Practices Using Indigenous Knowledge.* Nuffic and UNESCO/MOST.

Bowen-Jones, E., Brown, D., and Robinson, E. J. Z., 2003. Economic commodity or environmental crisis? An Interdisciplinary Approach to Analyzing the Bushmeat Trade in Central and West Africa. *Area* 35(4): 390-402.

Bowler, J. and Taylor, J. 1989. An Annotated Checklist of The Birds of Manusela National Park, Seram. *KUKILA* 4(1-2): 3-29.

Bowler, J. and Taylor, J. 1993. The Avifauna of Seram. In Edwards, I. D., Macdonald, A. A., and Proctor, J eds., *Natural History of Seram, Maluku Indonesia.* Intercept, pp.143-159.

BPS (Badan Pusat Statistik) Kabupaten Maluku Tengah. 2004. *Maluku Tengah Dalam Angka 2003.* Badan Pusat Statistik, Kabupaten Maluku Tengah.

316-341.

Balai Taman Nasional Manusela. 2004. *Rencana Pengelolaan dan Pembangunan Taman Nasional Manusela Wilayah Utara dan Selatan Tahun 2005.* Departmen Kehutanan Direktrat Jenderal Perlindungan Hutan dan Konservasi Alam Balai Taman Nasional Manusela. Unpublished paper.

Balee, W. and Erickson, C. L. 2006. Time, Complexity, and Histrical Ecology. In Balee, W. and Erickson, C. L. eds., *Time and Complexity in Historical Ecology.* Columbia University Press, pp.1-17.

Balint, P. J. 2006. Improving Community-Based Conservation Near Protected Areas: The Importance of Development Variables. *Environmental Management* 38(1): 137-148.

Barrow, E. and Murphree, M. 2001. Community Conservation: From Concept to Practice. In Hulme, D. and Murphree, M. eds., *African Wildlife and Livelihoods: The Promise and Performance of Community Conservation.* James Currey, pp. 24-37.

Benda-Beckmann, F., Benda-Beckmann, K., and Brouwer, A. 1995. Changing "Indigenous Environmental Law" in the Central Moluccas: Communal Regulation and Privatization of Sasi. *Ekonesia* II : 1-38.

Bennett, B. C. 2002. Forest Products and Traditional Peoples: Economic, Biological, and Cultural Considerations. *Natural Resources Forum 26*: 293-301.

Bennett, E. and Robinson, J. G. 2000a. *Hunting of Wildlife in Tropical Forests: Implications for Biodiversity and Forest Peoples.* Environment Department Papers No.76. The World Bank.

Bennett, E. and Robinson, J. G. 2000b. Hunting for the Snark, In Robinson, J. G. and Bennett, E., eds., *Hunting for the Sustainability in Tropical Forests.* Columbia University Press, pp. 1-9.

Bennett, E. L., Nyaoi, A. J. and Sompud, J. 2000. Saving Borneo's Bacon: The Sustainability of Hunting in Sarawak and Sabah. In Robinson, J. G. and Bennett, E., eds., *Hunting for the Sustainability in Tropical Forests.* Columbia University Press, pp. 305-324.

Berkes, F. 1977. Fishery Resource Use in a Subarctic Indian Community. *Human Ecology* 5: 289–307.

Berkes, F. 1993. Traditional Ecological Knowledge in Perspective. In Inglis, J. ed., *Traditional Ecological Knowledge*. International Development Research Center, Canadian Museum of Nature, pp. 1-10.

Berkes, F. 1998. Indegenous Knowledge and resource management systems in the Canadian subarctic. In Berkes, F. and Folke, C. eds., *Linking Social and*

参考文献

【外国語文献】

Acheson, J. M. 1975. The Lobster Fiefs: Economic and Ecological Effects of Territoriality in the Maine Lobster Industry. *Human Ecology* 3: 183-207.

Acheson, J. M., Willson, J. A. and Steneck, R. S. 1998. Manageing Chaotic Fisheries. In Berkes, F. and Folke, C. eds., *Linking Social and Ecological Systems: Management Practices and Social Mechanisms for Building Resilience.* Cambridge University Press, pp.390–413.

Alcorn, J. B. 1993. Indigenous Peoples and Conservation. *Conservation Biology 7*: 424–447.

Alcorn, J. B. 2005. Dances around the Fire: Conservation Organizations and Community–Based Natural Resource Management. In Brosius, J.P., Tsing, A.L., and Zerner, C. eds., *Communities and Conservation: Histories and Politics of Community-Based Natural Resource Management.* Alta Mitra Press, pp.37–68.

Alvard, M. S. 1993. Testing the "Ecological Noble Savage" Hypothesis: Interspecific Prey Choice by Piro Hunters of Amazonian Peru. *Human Ecology* 21(4): 355–387.

Anthwal, A., Sharma, R.C., and Sharma, A. 2006. Sacred Groves: Traditional Way of Conserving Plant Diversity in Garhwal Himalaya, Uttaranchal. *The Journal of American Science* 2(2): 35-38.

Auzel, P. and D. S. Wilkie 2000 Wildlife Use in Northern Congo: Hunting in a Commercial Logging Concession. In Robinson J. G. and Bennett, E. L. eds., *Hunting for Sustainability in Tropical Forest*. Columbia University Press, pp. 413-426.

Badcock, S. 1996a. *Report#1 Social Characterization. Social Assessment-Maluku Regional Development Project (MRDP), Maluku Integrated Conservation and Natural Resource Project (MACONAR).* n.p. Unpublished paper.

Badcock, S. 1996b. *Final Report-Social Assessment: Maluku Regional Development Project (MRDP), Maluku Integrated Conservation and Natural Resource Project (MACONAR).* n.p. Unpublished paper.

Bailey, R. C. 1996. Promoting Biodiversity and Empowering Local People in Central African Forest. In Sponsel, L. E., Headland, T. N. and Bailey, R. C. eds., *Tropical Deforestation: The Human Dimension.* Columbia University Press, pp.

◆◆◆人名索引◆◆◆

【や行】

【ら行】

【わ行】

【た行】

【な行】

【は行】

【ま行】

【さ行】

◆◆◆事項索引◆◆◆

〈著者紹介〉
笹岡正俊（ささおか・まさとし）
1971 年　広島県生まれ。
1995 年　東京農工大学環境資源学科卒業。
1999 年　東京大学大学院農学生命科学研究科修士課程修了。
2002 年　東京大学大学院農学生命科学研究科博士課程単位取得満期退学。
2010 年　第 14 回日本熱帯生態学会吉良賞奨励賞受賞。
インドネシア科学院社会文化研究所（PMB-LIPI）客員研究員 / 日本学術振興会海外特別研究員、財団法人自然環境研究センター研究員、独立行政法人森林総合研究所特別研究員などを勤める。
現　在　国際林業研究センター（CIFOR）研究員、博士（農学）。
専　門　環境社会学・環境人類学、インドネシア地域研究。
主　著　『躍動するフィールドワーク——研究と実践をつなぐ』（井上真編、共著、世界思想社、2006 年）、『コモンズ論の挑戦——新たな資源管理を求めて』（井上真編、共著、新曜社、2008 年）。
主論文　「社会的に公正な生物資源保全に求められる『深い地域理解』——『保全におけるシンプリフィケーション』に関する一考察」（『林業経済』第 65 巻 2 号、2012 年）、「『超自然的強制』が支える森林資源管理——インドネシア東部セラム島山地民の事例より」（『文化人類学』第 75 巻 4 号、2011 年）、「熱帯僻地山村における『救荒収入源』としての野生動物の役割——インドネシア東部セラム島の商業的オウム猟の事例」（『アジア・アフリカ地域研究』第 7-2 号、2008 年）、「『生を充実させる営為』としての野生動物利用——インドネシア東部セラム島における狩猟獣利用の社会文化的意味」（『東南アジア研究』第 46 巻 3 号、2008 年）。

資源保全の環境人類学
インドネシア山村の野生動物利用・管理の民族誌

二〇一二年六月一〇日　初版発行

著者　笹岡正俊

発行者　大江正章
発行所　コモンズ
東京都新宿区下落合一—五—一〇—一〇〇二
TEL〇三（五三八六）六九七二
FAX〇三（五三八六）六九四五
振替　〇〇一一〇—五—四〇〇一二〇
info@commonsonline.co.jp
http://www.commonsonline.co.jp/

印刷・東京創文社／製本・東京美術紙工
乱丁・落丁はお取り替えいたします。
ISBN 978-4-86187-073-6 C 3039

＊好評の既刊書

ぼくが歩いた東南アジア 島と海と森と
●村井吉敬 本体3000円＋税

いつかロロサエの森で 東ティモール・ゼロからの出発
●南風島渉 本体2500円＋税

アチェの声 戦争・日常・津波
●佐伯奈津子 本体1800円＋税

流血のマルク インドネシア軍・政治家の陰謀
●笹岡正俊編著 本体800円＋税

徹底検証ニッポンのODA
●村井吉敬編著 本体2300円＋税

血と涙のナガランド 語ることを許されなかった民族の物語
●カカ・D・イラル著、木村真希子・南風島渉訳 本体2800円＋税

タブー パキスタンの買春街で生きる女性たち
●フォージア・サイード著、大田まさこ監訳 本体3900円＋税

写真と絵で見る**北朝鮮現代史**
●金聖甫他著、李泳采監訳・解説、韓興鉄訳 本体3200円＋税

脱成長の道 分かち合いの社会を創る
●勝俣誠／マルク・アンベール編著 本体1900円＋税

脱原発社会を創る30人の提言
●池澤夏樹・坂本龍一・池上彰・小出裕章・飯田哲也・田中優ほか 本体1500円＋税

生物多様性を育む食と農 住民主体の種子管理を支える知恵と仕組み
●西川芳昭編著 本体2500円＋税